普通高等教育系列教材

# SolidWorks 2020 建模与仿真

郭士清　庄　宇　运飞宏　等编著

机械工业出版社

本书基于 SolidWorks 公司推出的 SolidWorks 2020 中文版编写，紧跟 SolidWorks 软件的新技术。全书共 6 章，主要介绍 SolidWorks 2020 入门、二维草图绘制、零件建模、装配体设计、工程图、动画与运动仿真分析等，覆盖了机械产品设计与仿真分析的全流程，内容全面，循序渐进，由浅入深。

本书在讲清基本原理和概念的同时，精选工程实例，通过案例分析与实操训练，给读者带来学以致用、知行合一的真实感受。

本书不仅可供高等院校机械类、近机械类专业学生使用，也可供机械产品设计工作者及相关专业的工程技术人员参考使用。

**图书在版编目（CIP）数据**

SolidWorks 2020 建模与仿真 / 郭士清等编著. —北京：机械工业出版社，2022.3（2024.1 重印）
普通高等教育系列教材
ISBN 978-7-111-45362-8

Ⅰ. ①S… Ⅱ. ①郭… Ⅲ. ①计算机辅助设计－应用软件－高等学校－教材 Ⅳ. ①TP391.72

中国版本图书馆 CIP 数据核字（2022）第 015552 号

机械工业出版社（北京市百万庄大街 22 号　邮政编码 100037）
策划编辑：胡　静　　责任编辑：胡　静
责任校对：张艳霞　　责任印制：邓　博

天津嘉恒印务有限公司印刷

2024 年 1 月第 1 版 • 第 7 次印刷
184mm×260mm • 18 印张 • 445 千字
标准书号：ISBN 978-7-111-45362-8
定价：75.00 元

电话服务
客服电话：010-88361066
010-88379833
010-68326294

网络服务
机　工　官　网：www.cmpbook.com
机　工　官　博：weibo.com/cmp1952
金　　书　　网：www.golden-book.com
机工教育服务网：www.cmpedu.com

# 前　言

党的二十大提出，“加快建设制造强国”。实现制造强国，智能制造是必经之路。计算机辅助设计技术是智能制造的重要支撑技术之一，其推广和使用缩短了产品的设计周期，提高了企业的生产率，从而使生产成本得到了降低，增强了企业的市场竞争力，所以掌握计算机辅助设计对高等院校的学生来说是十分必要的。

本书基于 SolidWorks 公司推出的 SolidWorks 2020 中文版编写，紧跟 SolidWorks 软件的新技术。本书基于成果导向教育理念，明确教学目标，设计教材结构，优化教材内容。全书共 6 章，主要介绍 SolidWorks 2020 入门、二维草图绘制、零件建模、装配体设计、工程图、动画与运动仿真分析等，覆盖了机械产品设计与分析的全流程，内容全面，循序渐进，由浅入深。本书在讲清基本原理和概念的同时，精选工程实例，通过案例分析与实操训练，给读者带来学以致用、知行合一的真实感受。

本书为立体化教材，提供了适用于知识学习、能力培养、素质提升的全方位教学辅助材料，案例视频多达 120 多个，随书拓展资源为读者提供了课外拓展学习与测试材料。本书针对三维建模技术的基本理论和方法，以案例实操为主，辅以上机练习，巩固读者学习效果。

本书第 1、2 章由庄宇负责编写；第 3 章由运飞宏、王冬、刘明普负责编写；第 4 章由姜庆昌、袁浩然负责编写；第 5、6 章由郭士清负责编写。本书由郭士清博士进行统稿。

本书在编写期间，范伟东、孙明、王旭、谷明明、付博玺、张宪峰等同学帮助校稿，在此表示感谢。除此之外，本部门的同仁在目标设定、结构设计、内容优化等方面提供了很多的协助，在此表示感谢。

为方便读者学习，本书用到的模型文件、教学课件、操作视频、结果文件、课后练习等文件放入随书“资源文件”中，并按文件类型分类，包括如下内容。

1）“上机练习”文件夹，按章节存放练习内容的准备文件。

2）“模型文件”文件夹，按章节存放案例所用的模型文件。

3）“结果文件”文件夹，按章节存放典型案例的结果文件。

4）“教学课件”文件夹，按章存放教学课件。

5）“操作视频”文件夹，按章存放案例的操作视频文件。

6）“拓展资源”文件夹，存放课外学习与练习文件。

以上资源可登录 www.cmpedu.com 免费注册，审核通过后下载，或联系编辑索取（微信：15910938545，电话：010-88379739）。

由于作者水平有限，书中难免存在疏漏之处，盼各界人士给予指正。

编者

# 目　录

# 第 1 章　SolidWorks 2020 入门

SolidWorks 是一款基于 Windows 开发的三维机械设计软件，其功能强大、操作简单方便、易学易用。

本章主要介绍 CAD/CAE/CAM 的概念及常见系统，SolidWorks 2020 的特点、操作界面、基本操作及操作环境的设置，最后通过一个简单的实例让读者初步了解 SolidWorks 的操作。

通过本章的学习，为后续知识的学习奠定基础。读者可以从以下几个方面开展自我评价。

- 了解 SolidWorks 的操作界面。
- 掌握 SolidWorks 的基本操作，如文件的创建、保存等。
- 掌握 SolidWorks 视图的基本操作，如旋转、平移视图等。
- 掌握 SolidWorks 工作环境设置。
- 了解 SolidWorks 常用术语。

## 1.1　CAD/CAE/CAM 技术简介

产品开发过程大体分为设计、分析和制造 3 个主要环节。提高产品开发效率、缩短开发周期是企业十分关注的问题。其中，设计是对产品的功能、性能、材料等内容进行定义，其主要结果是对产品形状和大小的几何描述。传统设计的几何描述方式是工程视图，载体为图样。现代设计的几何描述方式主要采用三维几何模型，载体为计算机。分析是指对产品的功能和性能进行预测和验证，以保证产品在制造以后能够实现预期功能和满足各种性能指标。分析是保证产品质量的重要环节，是评估设计方案、优化产品结构的重要手段。制造是利用生产系统将设计结果转化为产品实物的过程，主要包括工艺设计、生产调度、加工、装配、检测等环节。

随着计算机科学技术的发展，计算机辅助设计（Computer Aided Design，CAD）、计算机辅助工程（Computer Aided Engineering，CAE）、计算机辅助制造（Computer Aided Manufacturing，CAM）等技术在产品研发过程中得到了广泛应用，使产品从设计、分析到制造的整个过程发生了深刻变化，极大地提高了产品质量和研发效率，已成为企业技术创新和开拓市场的重要技术手段。计算机技术在产品开发过程中的应用如图 1-1 所示。

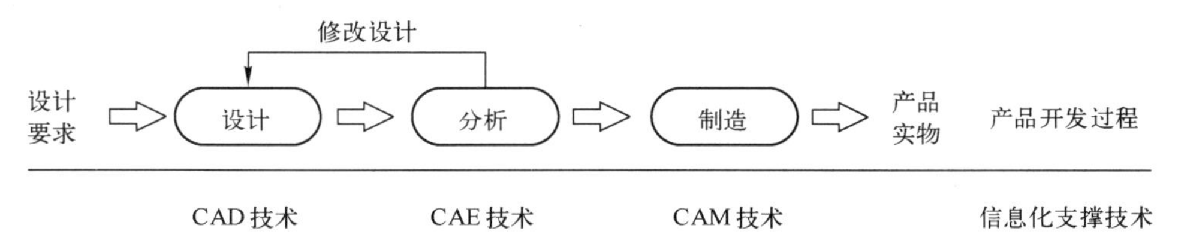


图 1-1　计算机技术在产品开发过程中的应用

CAD、CAE、CAM 是分别支撑设计、分析和制造环节的信息化技术，具有各自独特的功能，且相互内在关联。将 CAD、CAE、CAM 技术有机集成，实现三种技术的一体化应用，是进一步提高产品开发效率的有效途径。

**1. CAD 技术**

CAD 技术是指工程技术人员利用计算机从事工程设计（如草图绘制、零件设计、装配设计等）的方法和技术，其实质是将设计意图转化为计算机表示的可视化模型方法，其作用是表达工程产品的外形结构，为产品评估、分析和制造提供依据。

**2. CAE 技术**

CAE 技术是利用计算机从事工程分析的方法和技术，其实质上是一种数值计算方法，其作用是预测产品性能，为产品结构优化提供依据和手段。工程分析的内容包括产品的运动学与动力学特性分析、强度与刚度分析、振动特性分析、热特性分析、电磁屏蔽特性分析等。针对不同的分析内容，CAE 基于不同的原理和数值方法。因此，广义的 CAE 技术可包括种类繁多的分析方法。

有限元法作为一种有效的数值方法，可用于结构、流体、温度、电磁等物理场的分析，已在航空航天、汽车、机械、电子等行业得到广泛应用，成为目前应用广泛的一种数值计算方法。因此，CAE 软件被很多人直接认为是有限元分析软件，或将有限元分析软件称为 CAE 软件。

**3. CAM 技术**

CAM 技术是利用计算机协助人进行制造活动的一种方法。广义 CAM 是指利用计算机所完成的一切与制造过程相关的方法和技术，涵盖工艺设计、生产规划、制造执行等，但这些环节也有专门的技术和方法，如计算机辅助工艺规划（CAPP）、企业资源规划（ERP）、制造执行系统（MES）等。狭义 CAM 是指利用计算机辅助完成零件数控加工程序的编程，主要内容包括工艺参数设置、加工方法选择、加工路径定义、加工过程仿真与碰撞检验、加工代码生成与后处理等。目前广泛采用狭义的 CAM 概念。

**4. CAD/CAE/CAM 的集成与一体化应用**

在 CAD、CAE、CAM 三种技术中，CAD 系统提供产品的几何模型（包括零件模型和产品装配模型），CAE 系统基于几何模型定义分析模型（如有限元网格的自动划分），CAM 系统利用几何模型定义刀具轨迹。因此，几何模型是三者联系的纽带，如图 1-2 所示。

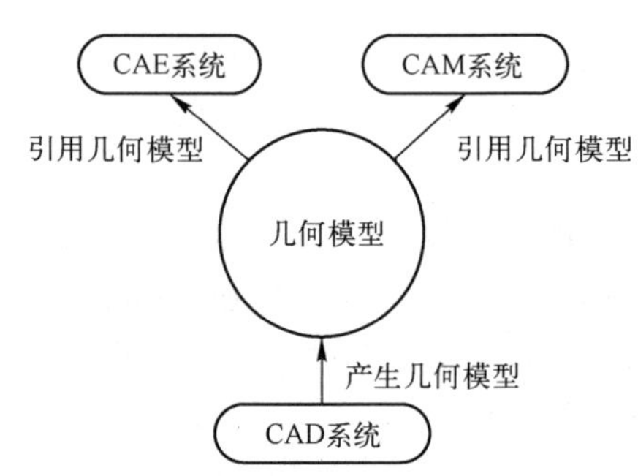

图 1-2　CAD、CAE、CAM 系统的关系

由图 1-2 所示可知，产品的几何模型是 CAE、CAM 系统工作的基础。如果三种系统彼此孤立（称为自动化孤岛），CAE、CAM 系统在工作之前势必要重新建立几何模型，这就会造成大量的重复劳动，从而降低产品的开发效率。因此，CAD 系统产生的几何模型应能为 CAE、CAM 系统所重用，即 CAD 系统产生的几何模型应能够自动完整地传送到 CAE、CAM 系统，这种自动传送的机制就是 CAD/CAE/CAM 的集成方法。对于集成的 CAD/CAE/CAM 系统而言，由于几何模型能在三种系统之间自动传送和共享，因此设计、分析、制造过程可以有机联系在一起。CAD 系统的设计结果能得到 CAE、CAM 系统的分析和制造工艺的验证，且及时指导设计方案的修改，因此形成了以几何模型为中心的 CAD/CAE/CAM 一体化应用。

目前，商用的 CAD、CAE、CAM 一体化软件有 SolidWorks、Creo、I-DEAS、UG、CATIA

等，这些软件均可在统一的平台下实现设计、分析和制造三种功能，且内部统一的数据结构保证了设计数据、分析数据和制造数据的一致性和相关性，从而实现三种过程的联动，即设计数据的更改会自动影响分析模型和制造数据，同时分析、制造环节对设计数据的修改也会自动反映到设计模型中，这种产品数据的全相关性是实现网络环境下并行设计的基础。

**5. 常见 CAD/CAE/CAM 系统**

随着计算机技术的飞速发展，CAD/CAE/CAM 技术也得到了快速发展。特别是 20 世纪 90 年代以来，三维 CAD 技术、具有自动划分网格功能的有限元分析技术、图形化 NC 编程技术得到了广泛应用，涌现出一批功能强大的 CAD/CAE/CAM 系统，继而推动了 CAD/CAE/CAM 技术进入一个新的技术水平和应用阶段。

目前的 CAD/CAE/CAM 系统都具有各自的技术特点和优势，并在不同行业都得到了应用。从功能角度来看，这些系统可分为以下两类。

1）以单一功能为主的 CAD、CAE 或 CAM 系统，如 AutoCAD、SolidEdge 等以设计为主要特征，ANSYS、MSC/NASTRAN、ABAQUS 等以有限元分析为主要特征，MasterCAM 则主要面向制造。这类系统的特点是专业化强，功能突出，特别是专业有限元分析软件的网格划分和计算能力很强。

2）集成的 CAD/CAE/CAM 软件系统，如 SolidWorks、Creo、I-DEAS、UG、CATIA 等，以设计功能为主，集成了部分分析和制造功能。这类系统的特点是将几种功能统一在同一软件平台下，各类数据传输方便，功能无缝集成，易于实现设计、分析和制造的并行，但分析和制造功能不及专业软件强。目前市场上常用的 CAD/CAE/CAM 系统见表 1-1。

**表 1-1 常用 CAD/CAE/CAM 系统**

| 系统名称 | 开发公司 | 类别 | 特点 |
|---|---|---|---|
| SolidWorks | 美国<br>SolidWorks 公司 | 集成化应用软件 | 具有特征建模功能、自上而下和自下而上的多种设计方式；动态模拟装配过程，在装配环境中设计新零件；兼具有限元分析和 NC 功能，但分析和数控加工能力一般 |
| Creo | 美国<br>PTC 公司 | 集成化应用软件 | 率先推出参数化设计技术，设计以参数化为特点，基于特征的参数化设计功能大大提高了产品建模效率。兼具有限元分析和 NC 编程功能，但分析能力一般 |
| UG | 德国<br>西门子公司 | 集成化应用软件 | 将参数化和变量化技术与实体、线框和表面功能融为一体的复合建模技术，有限元分析功能需借助专业分析软件的求解器，CAM 专用模块的功能强大 |
| CATIA | 法国<br>达索公司 | 集成化应用软件 | 率先采用自由曲面建模方法，在三维复杂曲面建模及其加工编程方面极具优势，有限元分析功能需借助专业分析软件的求解器 |
| I-DEAS | 德国<br>西门子公司 | 集成化应用软件 | 采用业界最具革命性的 VGX 超变量化技术，率先推出主模型技术实现设计、分析与制造环节的无缝集成，在 CAD/CAE/CAM 一体化技术方面一直居世界榜首 |
| ANSYS | 美国<br>ANSYS 公司 | 专业有限元分析软件 | 可进行多场和多场耦合分析，包括结构、电磁、热、声、流体等物理场特性的计算，是目前应用非常广泛的一种通用有限元分析软件 |
| AutoCAD | 美国<br>AutoDesk 公司 | CAD 软件 | 二维绘图功能强大，是应用最早的二维 CAD 软件。目前在全球应用非常广泛，在国内拥有巨大的用户群 |
| SolidEdge | 美国<br>EDS 公司 | 专业 CAD 软件 | 独有的内置 PDM 系统使设计者的工作效率大大提高；拥有目前业界公认的最出色的钣金设计模块和一套优秀高效的完整解决方案；专业化的设计环境，使软件易学易用，且具有简单的动静态分析功能 |
| ADAMS | 美国<br>Mechanical Dynamics 公司 | 专业虚拟样机仿真软件 | 集建模、求解、可视化技术于一体的虚拟样机软件，是目前世界上使用最多的机械系统仿真分析软件。可产生复杂机械系统的虚拟样机，真实仿真其运动过程，并快速分析比较多参数方案，以获得优化的工作性能，从而减少物理样机制造及试验次数，提高产品质量并缩短产品研制周期 |

# 1.2 了解 SolidWorks 2020

SolidWorks 公司于 1995 年成功推出了基于 Windows 操作系统及特征建模的实体造型系统 SolidWorks 95。SolidWorks 采用智能化参变量式设计理念及图形用户界面，具有表现卓越的几何造型和分析功能，操作灵活，运行速度快，设计过程简单、便捷，被业界称为“三维机械设计方案的领先者”，受到广大用户的青睐，在机械设计、消费品设计领域成为三维 CAD 设计的主流软件。

## 1.2.1 SolidWorks 软件特点

SolidWorks 采用了参数化和特征建模技术，能方便地创建任何复杂的实体，快捷地组成装配体，灵活地生成工程图，并可以进行装配体干涉检查、碰撞检查、钣金设计，生成爆炸图。利用 SolidWorks 插件还可以进行管道设计、工程分析、高级渲染、数控加工等。可见，SolidWorks 不只是一个简单的三维建模工具，而是一套高度集成的 CAD/CAE/CAM 一体化软件，是一个产品级的设计和制造系统，为工程师提供了一个功能强大的模拟工作平台。

对于习惯以绘图为主的二维 CAD 软件设计师来说，SolidWorks 的功能和特点主要如下。

**1．参数化建模**

SolidWorks 采用的是参数化尺寸驱动建模技术。参数化建模是指在保持原有模型约束条件不变的基础上，通过改变模型尺寸，驱动模型变化以获得新的模型。因此参数化建模的两个核心技术是约束（Constraint）和尺寸驱动（Dimension Driving）。

约束是指对模型几何元素位置和相对位置关系的限制，这些限制能够保证新的模型可以按人的设计意图变化，而不致生成不需要的模型。尺寸驱动是指当尺寸值变化时，模型随之变化以达到新的尺寸值，从而获得新的模型。可见，约束是参数化建模的基础和保证，尺寸驱动是参数化建模的动力，因此参数化建模是一种基于约束的，并能用尺寸驱动模型变化的建模技术，用参数化技术生成的模型称为参数化模型。

对于参数化模型，只要修改模型上的尺寸值，模型就会变化为一种新的模型。图 1-3 所示是一个 V 形槽的参数化模型，模型约束于 V 形槽截面草图上，其中 $L$=150mm，$H$=90mm。如果改变模型上的 $\alpha$ 角及 $L_1$ 尺寸值，就可以生成不同的 V 形槽模型。

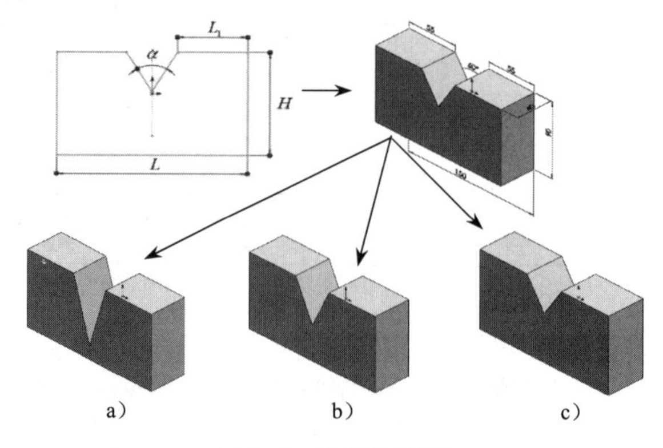


图 1-3 参数化建模

a) $\alpha$=30°，$L_1$=55mm b) $\alpha$=45°，$L_1$=55mm c) $\alpha$=60°，$L_1$=55mm

**2. 特征建模**

为了满足从设计到制造各个环节的信息统一要求，建立统一的产品信息模型，CAD/CAM 一体化软件采用了特征建模技术。特征建模是在实体建模基础上，利用特征的概念面向整个产品设计和生产制造过程进行设计的建模方法，建立的模型包括几何形状拓扑信息（形状特征）、与生产有关的非几何信息（材料特征、精度特征、装配特征、尺寸特征等），还有描述这些信息之间的关系。

**3. 三维实体建模**

三维实体建模是定义一些基本体素，通过基本体素的集合运算或变形操作生成复杂形体的一种几何建模技术，其特点在于三维立体的表面与其实体同时生成。由于实体建模能够定义三维物体的内部结构形状，因此能完整地描述物体的所有几何信息和拓扑信息，包括物体的体、面、边和顶点的信息。利用实体模型可以计算实体模型的体积、质量、重心，可以对实体模型设置颜色、材质并进行渲染，从而创建出一幅真实的产品效果图，如图 1-4 所示。

**4. 多模块数据相关技术**

SolidWorks 采用了全数据相关技术，如图 1-5 所示，即每一模块数据的变化都会通过零件几何模型反映到其他模块。

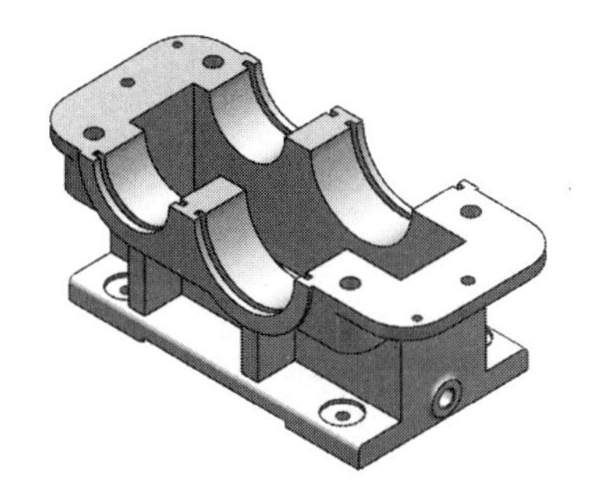

图 1-4　减速器下箱体

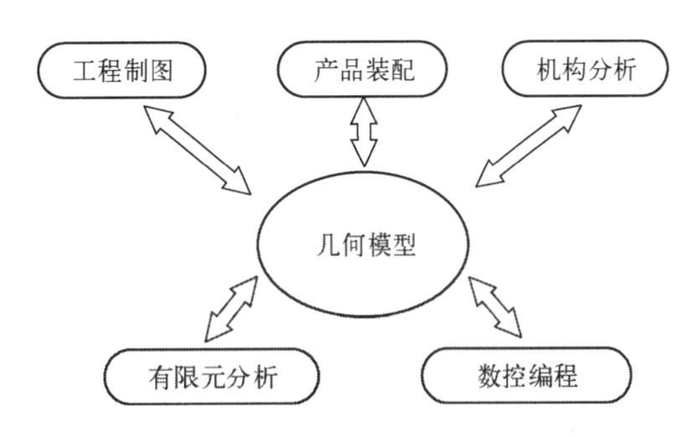


图 1-5　全数据相关的结构示意图

**5. Feature Manager 设计树**

设计师完成的二维 CAD 图样，表现不出线条绘制的顺序、文字标注的先后，不能反映设计师的操作过程。与之不同的是，SolidWorks 采用了 Feature Manager 设计树，如图 1-6 所示，可以详细地记录零件、装配体和工程图环境下的每一个操作步骤，非常有利于设计师在设计过程中的修改与编辑。设计树各节点与图形区的操作对象相互联动，为设计师的操作带来了极大方便。

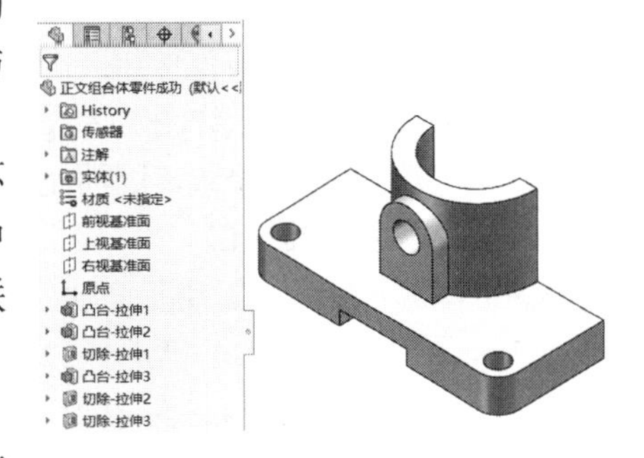


图 1-6　Feature Manager 设计树

**6. 源于黄金伙伴的高效插件**

由于 SolidWorks 在 CAD 领域的出色表现，以及在市场销售上的迅猛势头，吸引了世界上许多著名的专业软件公司成为其黄金合作伙伴。

SolidWorks 向黄金伙伴开放了软件的底层代码，使其所开发的世界顶级的专业化软件与自身无缝集成，为用户提供了高效且具有特色的插件：Circuit Works（电气元件库）、Feature Works（特征识别工具）、Photo View360（高级渲染软件）、Scan To 3D（三维实物扫描数据处理工具）、SolidWorks Motion（运动仿真分析工具）等。

**7．支持国标（GB）的智能化标准件库 Toolbox**

Toolbox 是同 SolidWorks 完全集成的三维标准零件库。SolidWorks 2020 中的 Toolbox 支持中国国家标准（GB），如图 1-7 所示。Toolbox 包含了机械设计中常用的型材和标准件，诸如轴承、结构钢、紧固件、联接件、密封件、动力传动等。在 Toolbox 中，还有符合国际标准（ISO）的三维零件库，包含了常用的动力件——齿轮，与中国国家标准（GB）一致，调用非常方便。Toolbox 是充分利用了 SolidWorks 的智能零件技术而开发的三维标准零件库，与 SolidWorks 的智能装配技术相配合，可以快捷地进行大量标准件的装配工作，其速度之快，令人瞠目。

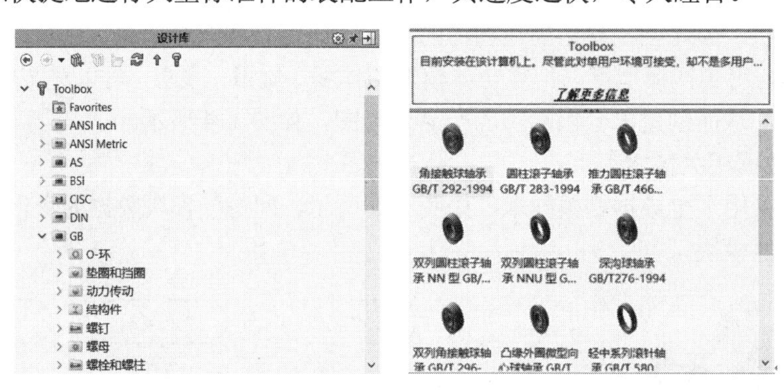


图 1-7　Toolbox 标准件库

**8．e Drawings——网上设计交流工具**

SolidWorks 免费为用户提供 e Drawings（一个通过电子邮件传递设计信息的工具）。该工具专门用于设计师在网上进行交流，当然也可以用于设计师与客户、业务员、主管领导之间的沟通，共享设计信息。e Drawings 可以使所传输的文件尽可能小，极大地提高了在网上的传输速度。e Drawings 可以在网上传输二维工程图形，也可以进行零件、装配体 3D 模型的传输。e Drawings 还允许将零件、装配体文件转存为.exe 类型。

用户无须安装 SolidWorks 和其他任何 CAD 软件，就可以在网上快速地浏览 e Drawings 的*.exe 文件，随意旋转查看三维零件和装配体模型，轻松地接受设计信息。e Drawings 还提供了在网上进行信息反馈的功能，允许浏览者在图样需要更改处圈红批注，并通过留言的方式提出自己的建议，发回给设计者进行修改，因而是一个非常有用的设计交流工具。

**9．API 开发工具接口**

SolidWorks 为用户提供了自由、开放、功能完整的 API 开发工具接口，用户可以选择 Visual C++、Visual Basic、VBA 等进行二次开发。通过数据转换接口，可以很容易地将目前市场上几乎所有的机械 CAD 软件集成到现在的设计环境中来。支持的数据标准有：IGES、STEP、SAT、STL、DWG、DXF、VDAFS、VRML、Parasolid 等，可直接与 Creo、UG 等软件的文件交换数据。

## 1.2.2　SolidWorks 功能模块

SolidWorks 2020 软件包含零件建模、装配体、工程图等基本模块。

**1. 零件建模**

SolidWorks 提供了基于特征的参数化实体建模功能，可以通过特征工具进行拉伸、旋转、抽壳、阵列、拉伸切除、扫描、扫描切除等操作，完成零件的建模。建模后的零件，可以生成零件的工程图，还可以插入装配体中形成装配关系，并且生成数控代码，直接进行零件加工。

**2. 装配体**

在 SolidWorks 中自上而下生成新零件时，要参考其他零件并保持这种参数关系，在装配环境里，可以方便地设计和修改零部件。在自下而上的设计中，可利用已有的三维零件模型，将两个或者多个零件按照一定的约束关系进行组装，形成产品的虚拟装配，还可以进行运动分析、干涉检查等，因此可以形成产品的真实效果图。

**3. 工程图**

利用零件及其装配体模型，可以自动生成零件及装配体的工程图。SolidWorks 中只需指定模型的投射方向或者剖切位置等，就可以得到需要的二维图形，且工程图是全相关的，当修改图样的尺寸时，零件模型、各个视图、装配体都会自动更新。

除了基本建模功能，SolidWorks 还集成了强大的辅助功能，用户在产品设计过程中可以方便地进行三维浏览、运动模拟、碰撞和运动分析、受力分析等。

### 1.2.3 SolidWorks 应用领域

SolidWorks 通常应用于机械产品的设计，它将产品置于三维空间环境进行设计，设计工程师按照设计思想绘制草图，再生成模型实体及装配体，运用 SolidWorks 自带的辅助功能对设计的模型进行功能模拟与分析，根据分析结果修改设计的模型，最后输出详细的工程图，进行产品生产。

由于 SolidWorks 简单易学，并有强大的辅助分析功能，已广泛应用于各个行业中，如机械设计、工业设计、电装设计、消费类产品及通信器材设计、汽车设计等行业中。

## 1.3 SolidWorks 设计方法与过程

机械产品的二维设计过程已经非常清晰，简述为原理设计→装配草图设计→装配图设计→拆画零件图。三维设计的过程与二维相似，但是在手段上却有很大的革新。

在 SolidWorks 软件中，设计者直接设计产品的三维模型，可通过任意视角了解产品的结构。通过产品的模拟装配、运动仿真分析，直观地了解产品设计结果、功能及相关参数。SolidWorks 软件设计的三维模型可直接应用于静力学分析、动力学分析软件中，极大地提高了产品设计的成功率与效率。

产品的设计方法决定了设计效率及成功率。SolidWorks 2020 支持自下而上和自上而下两种设计方法，设计者可以根据自己的设计思路选择产品设计方法。

### 1.3.1 自下而上设计方法

产品的自下而上设计是指设计者独立于装配体设计零件，并把这些零件组装成装配体，零件与装配体通过优化分析后，生成工程图。自下而上设计方法进行产品设计的总体思想如图 1-8 所示，过程如图 1-9 所示。

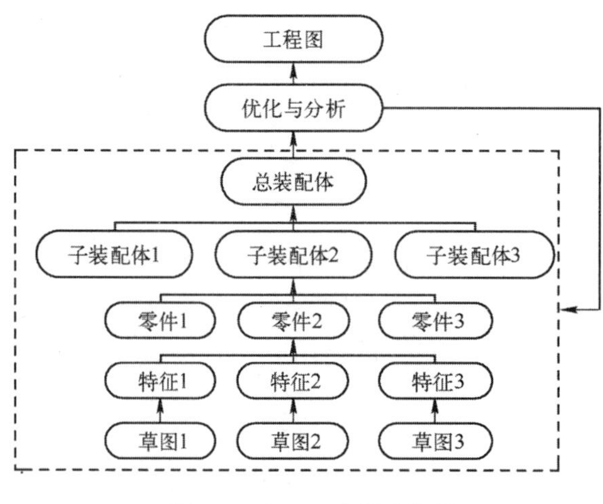


图 1-8　自下而上设计思想

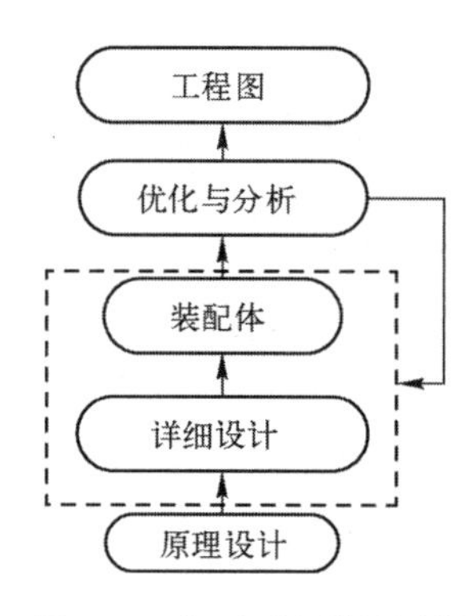


图 1-9　自下而上设计过程

## 1.3.2 自上而下设计方法

自上而下设计是指在装配体的布局草图上布置设计信息，然后把信息传递到下级零部件的产品结构。设计者从开始就把零部件作为系统的一部分并考虑零部件之间的相互作用，随着设计的进行，更多的细节信息被包含到设计当中。通过在一个布局草图中表达整体设计意图，就很容易做出正确的设计修改。因为设计信息包含位置信息，而所有的子装配体都参考这个位置，一旦设计者修改了设计信息，系统会自动更新所有相关零部件。这种设计方法符合产品开发流程，适用于新产品的开发。自上而下设计属于 SolidWorks 的高级设计方法，其设计思想如图 1-10 所示，设计过程如图 1-11 所示。

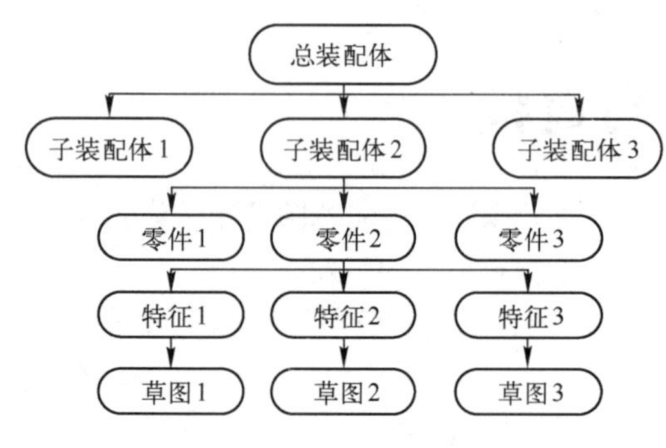


图 1-10　自上而下建模设计思想

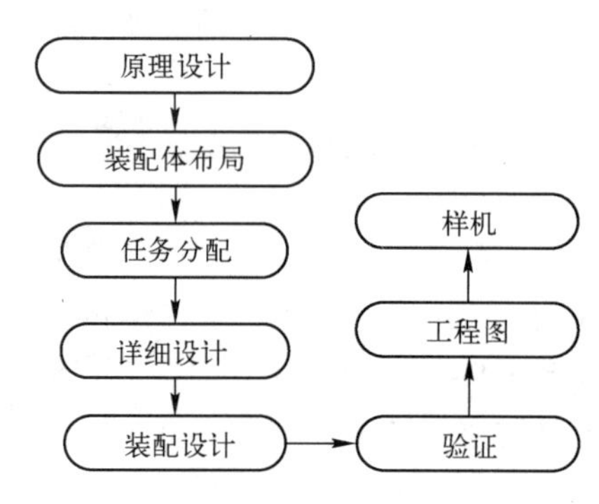


图 1-11　自上而下设计过程

自上而下设计方法的优缺点总结如下。

**1. 自上而下设计优点**

1）符合产品开发流程。自上而下设计过程与产品研发流程基本一致，符合现有的设计习惯，可以完全融入产品研发中。

2）全局性强。总图修改后，设计变更能自动传递到相关零部件，从而保证设计一致。

3）效率高。一处修改而全局变化。在系列零件设计中效率更高，主参数修改→零部件自动更新→所有工程图自动更新，一套新的产品数据自动生成。

**2. 自上而下设计缺点**

1）复杂。零部件之间有大量的关联参考，会增加零部件的复杂度，有时候甚至因为找不到参考源头而无法修改。

2）对工程师要求高。由于参考关联复杂，要求工程师能够熟练操作软件，熟悉产品设计流程和变化趋势。对总工程师的要求更高，如果初始布局不合理，则需要进行大量修改，甚至因为无法修改而导致整体崩溃。

3）对硬件要求高。关联设计带来大量关联计算，尤其是总图的更新，会导致全部相关零部件自动更新，对于计算机硬件和网络速度提出了更高的要求。

4）对数据管理要求高。由于零部件关联很多，所以对数据文件管理的要求非常高，如果管理不善，会导致数据丢失和关联断裂，从而造成设计混乱。

**3. 自上而下设计适用范围**

1）新产品研发。要求在熟练掌握自上而下设计技术的基础上，首先由部件开始尝试，逐步推广到整机设计，否则不仅不能提高设计效率，还会造成设计延误。

2）系列产品设计。主产品定型后，对产品结构与参数传递进行优化。这样在系列产品设计中，通过修改参数就能自动完成大部分重复设计，从而提高设计效率。

由图 1-8 和图 1-10 所示的层次关系可充分说明，在 SolidWorks 系统中，无论采用哪种设计方法，零件设计是核心，特征是关键，草图是基础。

# 1.4 SolidWorks 用户界面

SolidWorks 2020 经过重新设计，极大地利用了空间。虽然功能增加不少，但整体界面并没有多大变化，基本上与 SolidWorks 2019 保持一致。图 1-12 所示为 SolidWorks 2020 的用户界面。

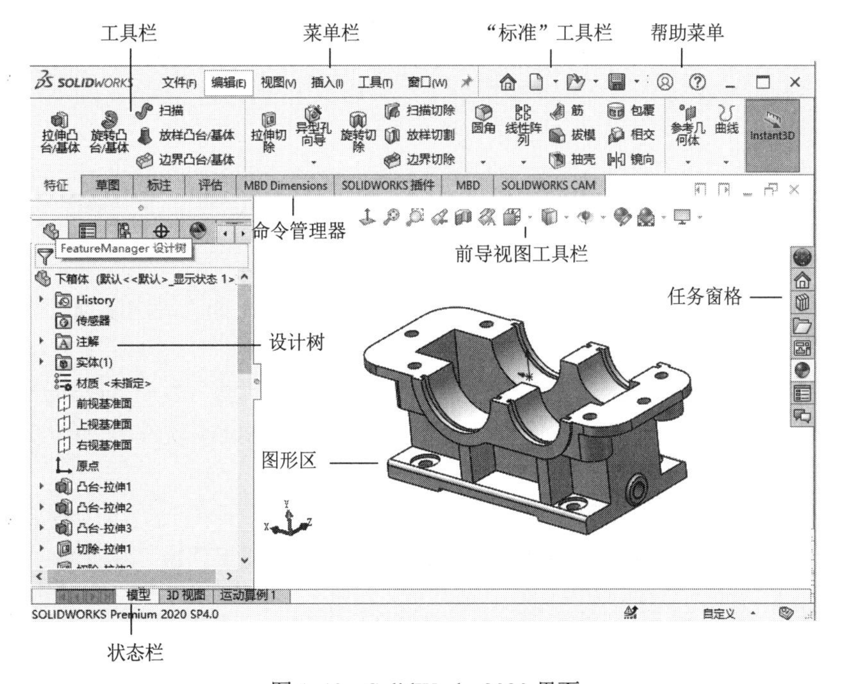


图 1-12　SolidWorks 2020 界面

SolidWorks 2020 用户界面中包括菜单栏、工具栏、“标准”工具栏、命令管理器、设计树、图形区、状态栏、“前导视图”工具栏、任务窗格及帮助菜单等内容，分别介绍如下。

## 1.4.1 菜单栏

SolidWorks 菜单栏中几乎包括所有 SolidWorks 命令。启动 SolidWorks 2020 后，系统只显示基本菜单栏，如图 1-13 所示。

图 1-13 “基本”菜单栏

用户进入不同的设计模块，SolidWorks 2020 会相应更新菜单栏，进入零件建模模块的菜单如图 1-14 所示。

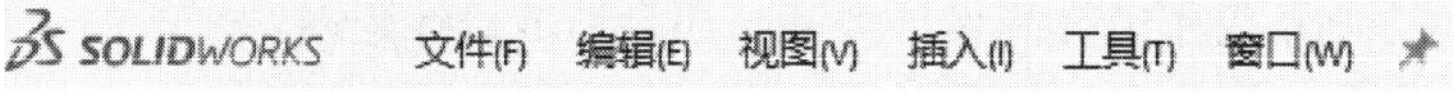

图 1-14 零件建模模块的菜单栏

**1. “文件”菜单**

“文件”菜单包括“新建”“打开”“保存”和“打印”等命令。

**2. “编辑”菜单**

“编辑”菜单包括“剪切”“复制”“删除”以及“压缩”和“解除压缩”等命令。

**3. “视图”菜单**

“视图”菜单包括显示控制的相关命令，如“屏幕捕获”“显示”“修改”“隐藏/显示”和“工具栏”等命令。

**4. “插入”菜单**

“插入”菜单包括“凸台/基体”“切除”“特征”“阵列/镜向”“扣合特征”“曲面”“参考几何体”和“草图绘制”等命令。

**5. “工具”菜单**

“工具”菜单包括多种工具命令，如“草图绘制实体”“几何关系”“测量”“质量特性”和“检查”等命令。

**6. “窗口”菜单**

“窗口”菜单包括“视口”“新建窗口”“层叠”“横向平铺”和“纵向平铺”等命令。

**7. “帮助”菜单**

“帮助”菜单可以提供各种信息查询，例如，“SolidWorks 帮助”命令可以展开 SolidWorks 软件提供的在线帮助文件，“API 帮助主题”命令可以展开 SolidWorks 软件提供的 API 在线帮助文件，这些均可作为用户学习中文版 SolidWorks 2020 的参考。

此外，用户还可以通过快捷键访问菜单命令。在 SolidWorks 中右击，可以激活与上下文相关的快捷菜单。快捷菜单可以在图形区域、Feature Manager（特征管理器）设计树中使用。

## 1.4.2 “标准”工具栏

“标准”工具栏是存放一系列图标式命令按钮的控制条，单击图标按钮等同于执行了相应菜单栏中对应的命令。SolidWorks 2020 中“标准”工具栏与菜单栏并排显示，“标准”工具栏如图 1-15 所示。

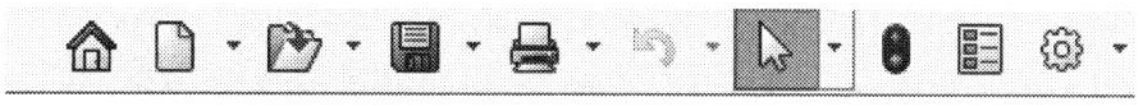

图 1-15 “标准”工具栏

用户可通过选择“视图”→“工具栏”命令中相应选项显示或隐藏某些工具栏。

## 1.4.3 命令管理器

命令管理器（Command Manager）是常用命令按钮的集合，完成同一目的的命令按钮分布在同一控制面板上。如“特征”控制面板上分布着用于创建特征的常用命令按钮，如图 1-16 所示。

图 1-16 “特征”控制面板

若需要使用“草图”控制面板中的命令，可单击命令管理器上的“草图”按钮，切换到“草图”控制面板。

## 1.4.4 管理器窗口

管理器窗口主要包括 Feature Manager 设计树（特征管理设计树）、Property Manager（属性管理器）、Configuration Manager（配置管理器）、Dim Xpert Manager（尺寸专家管理器）和 Display Manager（显示管理器）等部分，如图 1-17 所示。

图 1-17 管理器窗口

**1. Feature Manager 设计树**

（1）Feature Manager 设计树简介

Feature Manager 设计树提供了激活的零件、装配体或工程图的大纲视图，可以更为方便地查看模型或装配体的构造，还可以在设计树窗口中选择特征、草图、工程视图和构造几何体等。Feature Manager 设计树是按照零件和装配体建模的先后顺序，以树状形式记录特征，可以通过该设计树了解零件建模和装配体装配顺序，以及其他特征数据。在 Feature Manager 设计树中包含了 3 个基准平面，分别是前视基准面、上视基准面、右视基准面。这 3 个基准面是系统默认的绘图平面，用户可以直接在上面绘制草图。

（2）Feature Manager 设计树的主要功能

1）选择模型中的项目。在设计树中单击项目名称可选择特征、草图、基准面及基准轴等。SolidWorks 在选择项目时许多功能与 Windows 系统类似，例如，在选择项目的同时按住〈Shift〉键，可以选取多个连续项目；在选择项目的同时按住〈Ctrl〉键，可以选取非连续项目。

2）更改特征的生成顺序。在 Feature Manager 设计树中通过拖动项目可以重新调整特征的生成顺序，这将更改重建模型时特征重建的顺序。

3）更改项目的名称。可以在选中项目的情况下，单击项目名称，进入名称编辑状态，然后输入新的名称。

4）模型退回到早期状态。在设计树中，向上拖动退回控制棒可以将模型退回到早期，如图 1-18 所示。退回前后的模型如图 1-19 所示。

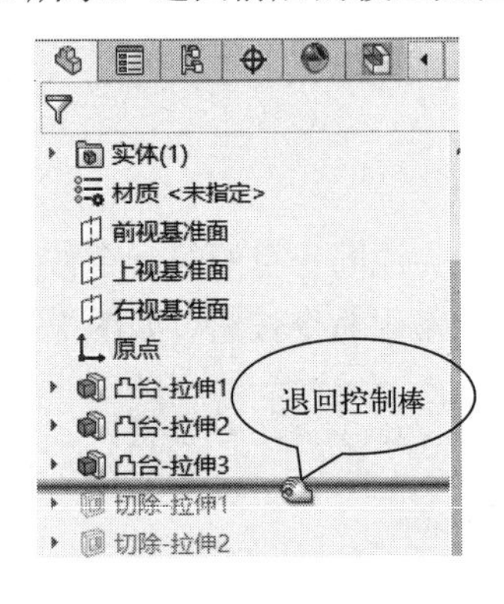

图 1-18　拖动退回控制棒

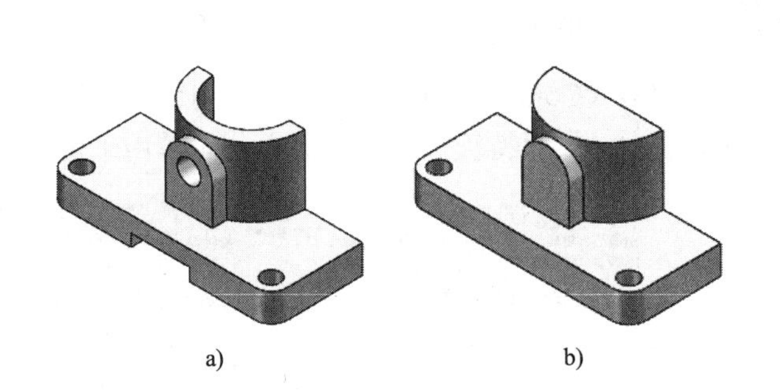


图 1-19　退回前后的模型对比

a) 退回模型前　b) 退回模型后

5）压缩与解除压缩特征。在设计树中，右击需要压缩（解除压缩）的特征，在弹出的快捷菜单中选择“压缩”选项（“解除压缩”选项），可实现特征的压缩（解除压缩）。特征被压缩后，在模型中不再被显示，但是并没有被删除，被压缩的特征在设计树中灰色显示。

6）添加材质。在设计树中，右击“材质”按钮，在弹出的快捷菜单中选择“编辑材料”选项，可为模型添加或修改应用到零件的材质。

**2．Property Manager（属性管理器）**

属性管理器是设置对象（特征、实体）的属性及参数的操作界面。图 1-20 所示为“凸台-拉伸 1”属性管理器。当创建或编辑特征（实体）时，系统会弹出相应的属性管理器。

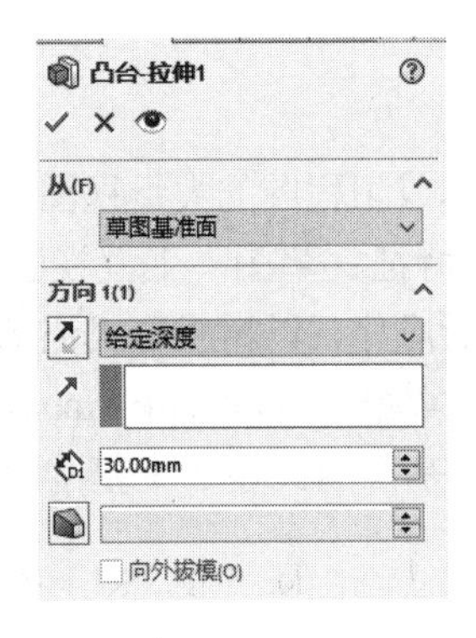


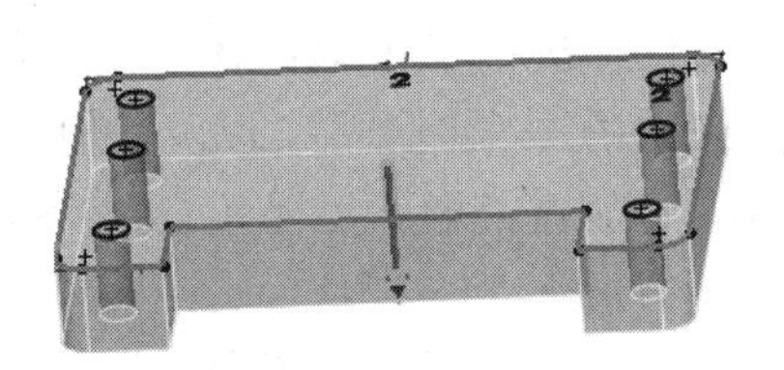

图 1-20　“凸台-拉伸 1”属性管理器

**3．Configuration Manager（配置管理器）**

配置管理器主要管理模型的其他配置，如同一个模型不同的长度、大小和颜色信息等，如图 1-21 所示。

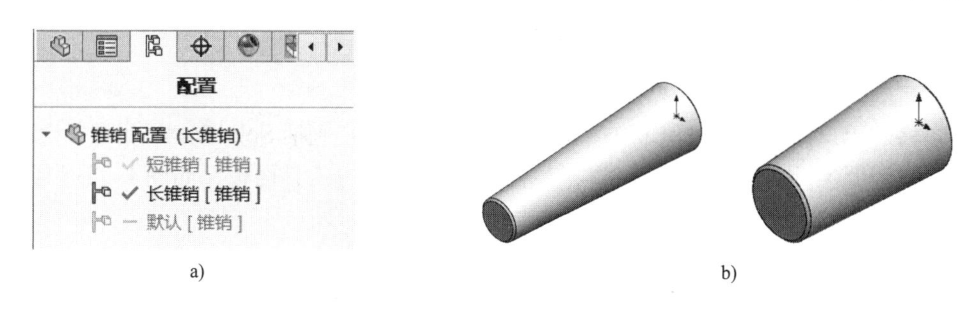


a)　　　　b)

图 1-21　配置管理器

a) 长锥销配置　b) 短锥销配置

配置管理器主要有如下优点。

1）用同一个零件文档可以得到多个零件。设计中，有许多零件具有相同的特征和相似的结构，用户可以使用配置功能仅用一个零件模型生成众多模型。

2）用同一个零件文档可以得到从毛坯到成品整个加工过程的所有模型。

## 1.4.5 状态栏

状态栏位于 SolidWorks 窗口的底部，显示与用户当前执行命令相关的信息。下面列举几种常见状态栏的显示内容。

1）当用户将鼠标指针移到工作界面某一图标上时，会在状态栏显示出图标的定义。

2）当用户在测量特征时，会反馈出测量的信息。

3）当用户在绘制草图截面时，会显示出草图的状态，如是否“欠定义”。

## 1.4.6 图形区

图形区是用户设计、编辑及查看模型的操作区域，位于界面的中间，占据大部分窗口，所有建模等操作都在该区域完成。

## 1.4.7 “前导视图”工具栏

图形区中的“前导视图”工具栏为用户提供快捷的模型外观编辑、视图操作等命令按钮，它包括“整屏显示全图”“局部放大视图”“上一视图”“剖面视图”“视图定向”“显示样式”“显示/隐藏项目”“编辑外观”“应用布景”及“视图设定”等视图命令按钮，如图 1-22 所示。

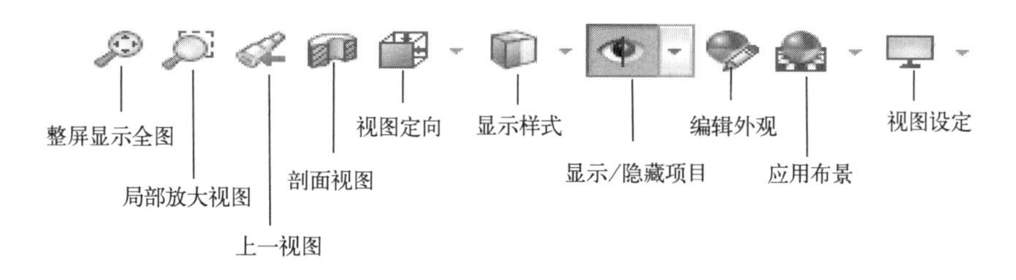


图 1-22　“前导视图”工具栏

### 1.4.8 任务窗格

任务窗格向用户提供当前设计状态下的多种任务工具，它包括 SolidWorks 资源、设计库、文件探索器、视图调色板、外观、布景和贴图以及自定义属性等工具面板，如图 1-23 所示。

图 1-23　任务窗格

## 1.5 SolidWorks 2020 基本操作

了解了 SolidWorks 的入门知识后，要使用 SolidWorks 进行设计工作，必须学会 SolidWorks 的基本操作。本节将详细介绍文件、对象选择和鼠标的基本操作等 SolidWorks 应用基础知识要点，并以实例形式来巩固所学知识。

### 1.5.1 文件的基本操作

与其他 CAD 软件一样，要使用何种模块工作，必须先创建文件。SolidWorks 2020 的文件基本操作包括新建文件、打开文件、保存文件和关闭文件。

**1. 新建文件**

在 SolidWorks 的主窗口中，单击“标准”工具栏中的“新建”按钮，或者选择菜单栏中的“文件”→“新建”命令，即可弹出如图 1-24 所示的“新建 SolidWorks 文件”对话框。在该对话框中有“零件”“装配体”“工程图”3 个按钮，分别代表“零件文件”“装配体文件”及“工程图文件”3 种格式的文件。3 种文件提供了不同的操作环境和功能选项。

（1）零件文件

在零件设计环境中建立的文件，一般为零件的三维模型。零件文件中包含组成该文件的草图和特征，完成的文件扩展名为“*.SLDPRT”。双击“零件”按钮（或单击“零件”按钮，再单击“确定”按钮），进入零件设计环境，生成单一的零件文件。

（2）装配体文件

在装配体设计环境中建立的文件，将两个以上零件按照对应的配合关系，组合起来形成装配体，完成的文件扩展名为“*.SLDASM”。双击“装配体”按钮（或单击“装配体”按钮，再单击“确定”按钮），进入装配体设计环境，生成零件或其他装配体的装配文件。

（3）工程图文件

在工程图环境中建立的文件，将零件或装配体转成工程视图，并加入尺寸、公差配合等，完成的文件扩展名为“*.SLDDRW”。双击“工程图”按钮（或单击“工程图”按钮，再单击“确定”按钮），进入工程图设计环境，生成属于零件或装配体的二维工程图文件。

初次新建文件时，系统弹出“默认模板无效”对话框，如图 1-25 所示。

图 1-24 “新建 SolidWorks 文件”对话框（一）

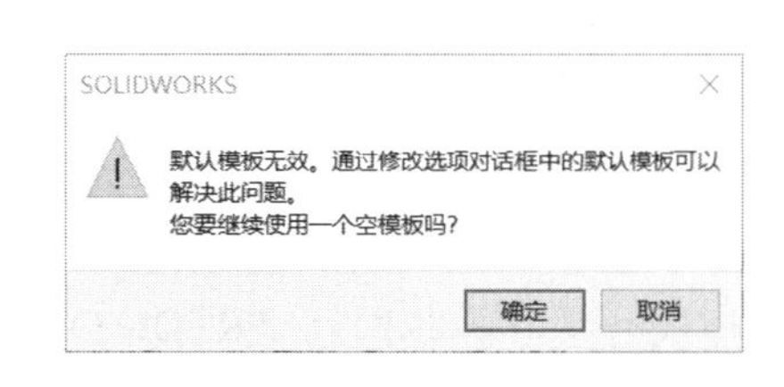


图 1-25 “默认模板无效”对话框

设置默认模板后将不会出现图 1-25 所示的对话框。设置“零件”默认模板的操作如下。

1）单击“标准”工具栏中的“选项”按钮，系统弹出“系统选项(S)-普通”对话框，如图 1-26 所示。

2）单击“系统选项(S)-普通”对话框中的“默认模板”选项，对话框更改为“默认模板”设置界面，如图 1-27 所示。

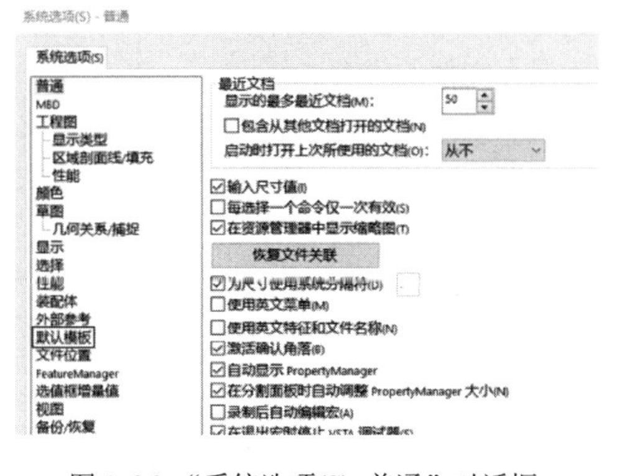


图 1-26 “系统选项(S)-普通”对话框

图 1-27 “系统选项(S)-默认模板”对话框

3）单击“浏览并选择默认的零件模板”按钮，如图 1-27 中①所示，系统弹出“新建 SoildWorks 文件”对话框，如图 1-28 所示。选择“gb_part”模板文件，单击“确定”按钮，完成设置“零件文件”模板操作。同理可设置装配体和工程图默认模板。

如不设置默认模板，可在“新建 SolidWorks 文件”对话框中，单击“高级”按钮，选择相应模板。单击“高级”按钮后，系统显示“模板”选项卡、“MBD”选项卡和“Tutorial”选项卡，如图 1-29 所示。在“模板”选项卡中显示的是具有 GB 标准的模板文件，而“Tutorial”选项卡中显示的是具有 ISO 标准的通用模板文件。

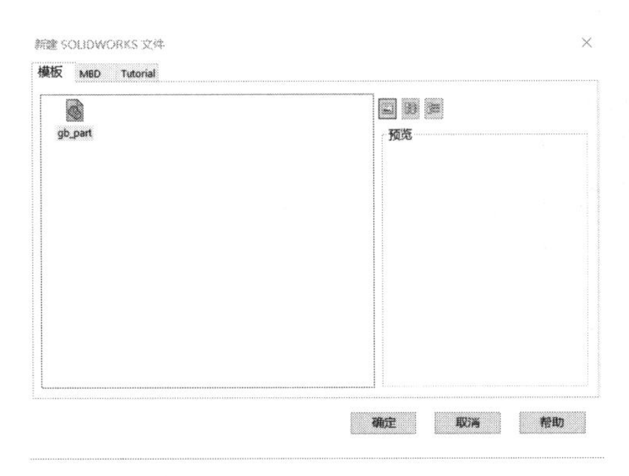


图 1-28 “新建 SolidWorks 文件”对话框（二）

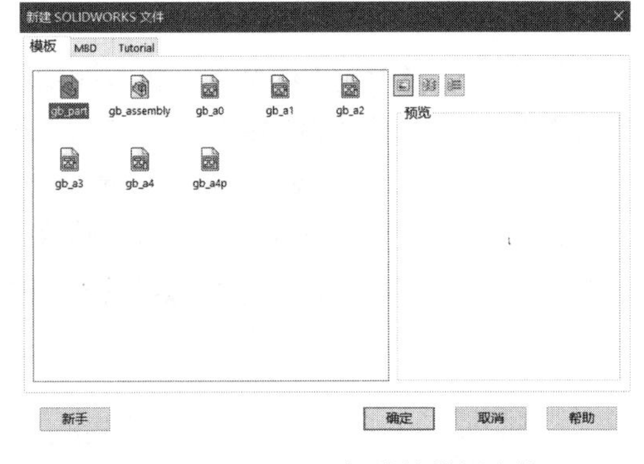


图 1-29 显示 GB 标准的模板文件

选择“模板”选项卡中某一模板文件后，单击“确定”按钮，即进入相应的设计环境。国标“零件”“装配体”的模板文件分别为 gb_part、gb_assembly，其余的为“工程图”模板文件。

除了使用 SolidWorks 提供的标准模板，用户还可以通过系统选项设置来定义模板，并将设置后的模板另存为零件模板(*.PRTDOT)、装配模板(*.ASMDOT)或工程图模板(*.DRWDOT)。

**2. 打开文件**

在 SolidWorks 工作界面中，选择“文件”→“打开”命令，或者在“标准”工具栏中单击“打开”按钮，系统弹出“打开”对话框。找到文件所在的文件夹，然后单击“打开”按钮，即可打开文件，对其进行相应的编辑和操作。

在“文件类型”下拉列表框中，可选择其他软件（如 Creo、Catia、UG 等）生成的文件。

**3. 保存文件**

选择“文件”→“保存”命令，或者单击“标准”工具栏中的“保存”按钮，执行保存文件命令。此时系统弹出“保存”对话框，选择文件存放的文件夹，在“文件名”文本框中输入要保存的文件名称，在“保存类型”下拉列表框中选择所保存文件的类型。

**4. 关闭文件**

在文件保存完成后，就可以关闭该文件（不退出 SolidWorks 系统）。选择“文件”→“关闭”命令，或者单击系统操作界面右上角的“关闭”按钮 ×，可直接关闭该文件。

## 1.5.2 选择对象与取消选择

很多情况下 SolidWorks 2020 中选择对象的方式与 Windows 应用程序相同。如单击选择，再次单击表示取消选择，按〈Ctrl〉键表示多选等。在 SolidWorks 2020 中，为了方便选择，在鼠标指针指向实体时，实体会高亮显示。鼠标指针形状会根据实体类型的不同而改变，由鼠标指针形状可以知道其几何关系和实体类型，如顶点、边线、面、端点、中点、重合、交叉线等几何关系，或者直线、矩形、圆等实体类型。

在默认情况下，退出命令后 SolidWorks 中光标始终处于选择激活状态。当选择模式激活时，可使用鼠标指针在图形区域或特征设计树中选择图形元素。

下面介绍 SolidWorks 2020 中选择对象和取消选择对象的常用方法。

**1. 选择对象**

（1）选择单个实体

单击图形区域中的实体可将其选中。

（2）选择多个实体

如果需要选择多个实体，在选择第一个实体后，按〈Ctrl〉键再次进行选择。

（3）利用鼠标右键进行选择

- 选择环：使用鼠标右键连续选择相连边线组成的环。
- 选择其他：可选择被其他项目遮住或者隐藏的项目。

（4）在特征管理器设计树中选择

- 在特征管理器设计树中单击相应的名称，可以选择模型中的特征、草图、基准面、基准轴等。
- 选择的同时按住〈Shift〉键，可以在特征管理器设计树中选择多个连续项目。
- 选择的同时按住〈Ctrl〉键，可以在特征管理器设计树中选择多个非连续项目。

（5）框选择

框选择是将鼠标指针从左到右拖动，完全位于框内的项目将被选择。默认情况下，框选类型只能选择零件模式下的边线，装配体模式下的零件及工程图模式下的草图实体、尺寸和注解等。

（6）交叉选择

交叉选择是将鼠标指针从右到左拖动，除了框内的对象外，穿越框边界的对象也会被选定。框选类型与交叉选择只能选择零件模式下的边线，装配体模式下的零部件及工程图模式下的草图实体、尺寸和注解等。

（7）逆转选择

在草图绘制时，如果需选择的元素较多，可以利用逆转选择的方法实现，即先选择少数不需要的元素，然后右击，在弹出的快捷菜单中选择“选择工具”→“逆转选择”命令，即可将需要选择的多数元素选中。

**2．取消选择**

取消选择是选择的逆操作，在 SolidWorks 中，该操作和一般的 Windows 应用程序相同，即再次选择已经被选择的对象视为取消选择该对象。

还可以使用以下方法取消已经选择的对象。

- 按〈Esc〉键取消所有选择的对象。
- 在属性管理器“所选实体”列表框中右击，在弹出的快捷菜单中选择“消除选择”命令，则取消对象的选择。

### 1.5.3 鼠标的基本操作

利用 SolidWorks 软件进行设计，离不开对鼠标的操作。在 SolidWorks 中使用三键滚轮鼠标，可以有效提高设计效率。在 SolidWorks 中使用鼠标，同 Windows 系统中的使用方法基本相同，但 SolidWorks 对鼠标键又增加了一些特殊功能，如可以用其实现平移、缩放、旋转、绘制几何图形，以及创建特征等操作。

**1．鼠标左键**

左键是使用频繁的键，在 SolidWorks 中鼠标左键主要有以下几种使用方法。

- 单击：将鼠标指针指向目标，然后单击，用于选择对象，如单击草图实体、设计树中的特征等；选择命令（包括菜单命令、工具栏命令等），如单击命令按钮。

- 双击：将鼠标指针指向目标，然后双击，主要用于激活目标，对操作对象进行属性管理，如双击草图的尺寸，则打开尺寸的属性管理器。
- 拖动：将鼠标指针指向目标，按住鼠标左键不放，移动鼠标指针到合适位置，然后释放左键。如移动草图中无几何关系的实体、工程图中的视图等。
- 〈Ctrl〉+拖动：按住〈Ctrl〉键，将鼠标指针指向目标，按住鼠标左键不放，移动鼠标指针到合适位置，然后释放左键。主要用来复制实体，如复制草图中的实体、装配体中的零件等。

**2．鼠标中键（滚轮）**

鼠标中键主要有以下几种使用方法。

- 拖动：按住中键不放并移动鼠标指针到合适位置。在零件设计环境中，用于旋转模型视图。中键单击模型中的点或线，按住中键不放并移动鼠标指针，可绕点或线旋转模型视图。
- 〈Ctrl〉+拖动：按住〈Ctrl〉键，再按住鼠标中键，移动鼠标指针。在零件设计环境中，将按鼠标移动方向平移模型视图。
- 滚动滚轮：直接上下滚动滚轮。在零件设计环境中放大或缩小模型视图。
- 双击：直接双击中键，系统将视图调至合适大小。

**3．鼠标右键**

右键的常用操作就是单击，其作用主要有以下两个。

- 弹出快捷菜单：单击鼠标右键，弹出相应的快捷菜单。
- 弹出鼠标笔势：在图形区，按住鼠标右键并轻移鼠标指针，系统弹出鼠标笔势。

## 1.6 视图的基本操作

在 SolidWorks 中，可以利用图 1-30 所示的“视图”工具栏（或图 1-31 所示的“前导视图”工具栏）中的各项命令，进行视图显示或隐藏。

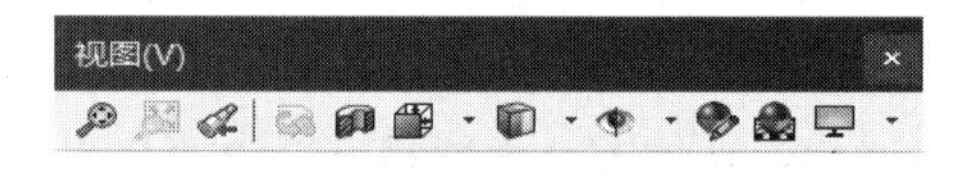


图 1-30 “视图”工具栏

图 1-31 “前导视图”工具栏

选择“视图”→“工具栏”→“视图”命令，或者在工具栏区域右击，在弹出的快捷菜单中选择“工具栏”→“视图”命令，会出现浮动的“视图”工具栏，可以自由拖动将其放在需要的位置上。

“视图”工具栏中有“视图缩放”“视图定向”“视图显示样式”和“隐藏/显示项目”等命令按钮。

### 1.6.1 视图缩放

在设计过程中，要经常改变视角来观察模型，观察模型常用的方法有整屏显示全图、局部放大和上一视图等。

“视图”工具栏中视图缩放相关命令按钮的说明及图解见表 1-2。

表 1-2　视图缩放相关命令按钮说明及图解

| 命令按钮及快捷键 | 说明 | 操作前 | 操作后 |
|---|---|---|---|
| 整屏显示全图 (F) | 单击该按钮，将图形区内的所有模型调整到合适的大小和位置 | | |
| 局部放大 | 单击该按钮，在图形区框选放大范围，即将矩形框范围内的模型放大 | | |
| 上一视图 | 单击该按钮，将视图恢复到变化前的视图状态 | | |

## 1.6.2 平移与旋转视图

**1. 平移视图**

平移视图是将视图移动到合适的位置，以便更好地观察和建模。下面是几种常见的移动视图操作。

1）在工作窗口的空白处右击，然后在弹出的快捷菜单中选择“平移”命令，再按住鼠标左键不放，拖动鼠标移动视图。

2）按住〈Ctrl〉键不放，按住鼠标中键，拖动鼠标移动视图。

3）选择“视图”→“修改”→“平移”命令，再按住鼠标左键不放，拖动鼠标移动视图。

4）按住〈Ctrl〉键，按上、下、左、右方向键，分别向上、下、左、右方向移动视图。

**2. 旋转视图**

为了将视图调至最佳视角观察模型，需要旋转模型。下面是几种常见的旋转视图的操作。

1）在工作窗口的空白处右击，在弹出的快捷菜单中选择“旋转”命令，再按住鼠标左键不放，拖动鼠标旋转视图。若需绕某一直线、点或面进行旋转，应先选择这些点、线或面，再拖动鼠标。

2）按住鼠标中键，拖动鼠标可以旋转视图。

3）按上、下、左、右方向键，可向上、下、左、右方向旋转视图。按〈Shift〉键再按方向键，模型将以 90° 为增量旋转。

## 1.6.3 视图定向

在设计过程中，通过改变视图的定向可以方便地观察模型。在“前导视图”工具栏中单击“视图定向”按钮，弹出“视图定向”列表，如图 1-32 所示。或者选择“视图”→“修改”→“视图定向”命令，系统弹出“方向”对话框，或者按空格键也可以弹出“方向”对话框，如图 1-33 所示。

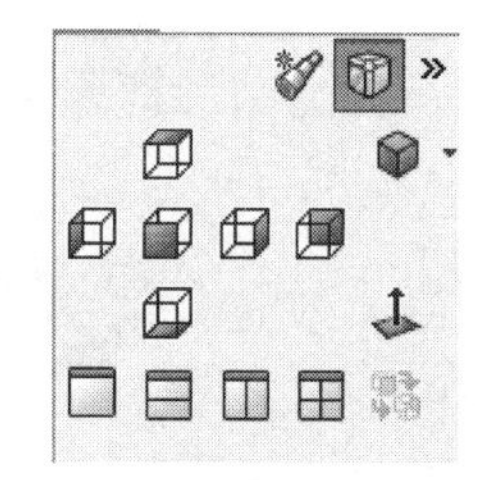

图 1-32 “视图定向”列表

图 1-33 “方向”对话框

“视图定向”列表中各“视图定向”命令的说明及图解见表 1-3。

**表 1-3 “视图定向”命令按钮说明及图解**

| 命令按钮及说明 | 图解 | 命令按钮及说明 | 图解 |
| --- | --- | --- | --- |
| 前视：将零件模型以前视图显示 | | 后视：将零件模型以后视图显示 | |
| 左视：将零件模型以左视图显示 | | 右视：将零件模型以右视图显示 | |
| 上视：将零件模型以上视图显示 | | 下视：将零件模型以下视图显示 | |
| 等轴测：将零件模型以等轴测图显示 | | 左右二等角轴测：将零件模型以左右二等角轴测图显示 | |
| 上下二等角轴测：将零件模型以上下二等角轴测图显示 | | 正视于：将选择的面与屏幕平行，再次单击此按钮，模型将翻转 180° | 正 视 |
| 单一视图：以单一视图窗口显示零件模型 | | 二视图-垂直：以前视图和右视图显示零件模型 | |
| 二视图-水平：以前视图和上视图显示零件模型 | | 四视图：以第一和第三角度投影显示零件模型 | |

用户还可以利用“视图定向”对话框中的“新视图”按钮新建视图定向。“新视图”命令可以将图形区中的当前视图方向以新名称保存在“方向”对话框中。

## 1.6.4 模型显示样式

调整模型以线框图或着色图来显示，有利于模型分析和设计操作。在“前导视图”工具栏中单击“显示类型”的下拉按钮，弹出“视图显示样式”下拉列表，如图 1-34 所示。

图 1-34 “视图显示样式”下拉列表

## 1.6.5 隐藏/显示项目

“前导视图”工具栏中的“隐藏/显示项目”按钮，可以用来更改图形区中项目的显示状态。单击“隐藏/显示项目”的下拉按钮，弹出如图 1-35 所示的下拉列表。

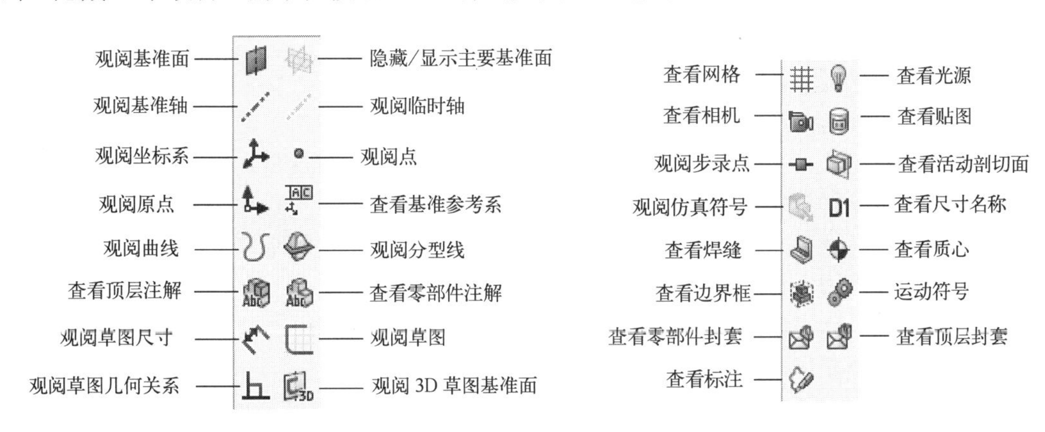


图 1-35 “隐藏/显示项目”下拉列表

## 1.6.6 剖视图

剖视图功能以指定的基准面或面剖切模型，从而显示模型的内部结构，通常用于观察零件或装配体的内部结构。

在“前导视图”工具栏中单击“剖面视图”按钮，或者选择 “视图”→“显示”→“剖面视图”命令，弹出“剖面视图”属性管理器，如图 1-36 所示。“剖面视图”属性管理器各选项含义如下。

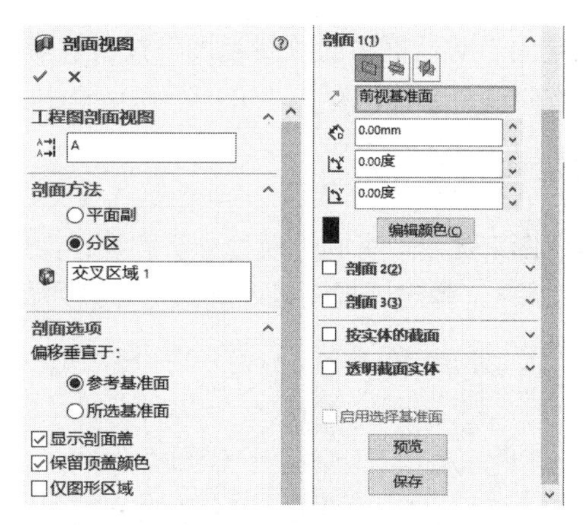

图 1-36 “剖面视图”属性管理器（一）

- 确定✓：单击此按钮，接受创建剖切视图的结果。
- 取消✕：单击此按钮，取消剖切视图的创建，并关闭属性管理器。

（1）“工程图剖面视图”选项组

可以创建工程图的剖视图，在其文本框中输入剖视图名称。

（2）“剖面方法”选项组

- 平面副：通过选择 1～3 个参考面（基准面或平面）来定义剖切面。
- 分区：定义 2 个或 3 个剖切面时（通过“剖面 1”“剖面 2”或“剖面 3”选项组来实现）。系统由参考剖面的“交叉区域”及模型的边界计算剖切区域。一般应用于复杂装配体的局部剖切。

（3）“剖面选项”选项组

- 偏移垂直于参考基准面：垂直于当前指定的参考基准面，按指定的距离生成剖切面。参考基准面可以是模型上的平面或上视基准面、前视基准面、右视基准面，也可以是上述基准面绕 x 轴或 y 轴旋转指定角度生成的平面。
- 偏移垂直于所选基准面：垂直于当前指定的基准面，按指定的距离生成剖切面。基准面为模型上的平面或上视基准面、前视基准面、右视基准面。
- 显示剖面盖：显示零件的剖切面，同时零件以实体形式显示。取消选中此选项，则零件以壳体的形式显示。
- 保留顶盖颜色：在关闭“剖面视图”属性管理器之后，继续显示剖面盖的颜色。

（4）“剖面 1”选项组

“剖面 1”选项组用于创建“剖切面 1”。

- 参考剖面：指定参考剖面。选择一个基准面或面，或单击前视基准面、上视基准面或者右视基准面来指定参考剖面。
- 反转截面方向按钮：单击此按钮，更改生成剖切面的方向。
- 等距距离：设置剖切面与参考平面间的距离，可在微调框中输入距离值。
- X 旋转：在微调框中输入角度值，使选择的参考剖面（基准面或指定的面）绕其自身 y 轴旋转指定的角度，生成剖切面。
- Y 旋转：在微调框中输入角度值，使选择的参考剖面绕其自身 x 轴旋转指定的角度，生成剖切面。

● 编辑颜色：单击此按钮，可以打开“颜色”对话框来编辑剖切面的颜色。

（5）“剖面 2”选项组

“剖面 2”选项组用于创建“剖切面 2”。

选中此复选框，可以通过第 2 个参考剖面选项来创建“剖切面 2”。创建“剖切面 2”后，还可以继续创建“剖切面 3”。

（6）“按实体的截面”选项组

在装配体或多实体零件里创建剖视图时，使用此选项组。该选项组的作用是设置选定的零件或实体是否剖切。

● 要在剖面视图中包含或排除的零件或实体拾取框 ：在图形区选择零件或实体。
● 排除选定项：选择实体或零件后可用。单击此单选按钮，图形区选中的实体或零部件将不被剖切，而其他实体或零部件将被剖切。
● 包括选定项：选择实体或零件后可用。单击此单选按钮，图形区选中的实体或零部件将被剖切，而其他实体或零部件将不被剖切。

（7）“透明截面实体”选项组

在装配体或多实体零件里创建剖视图时，可以将单个实体和零部件设置为透明。

● 要在透明剖切中包含或排除的零部件或实体拾取框 ：在图形区选择零件或实体。
● 排除选定项：选择实体或零件后可用。单击此单选按钮，图形区选中的实体或零部件将不进行透明剖切，而其他实体或零部件将进行透明剖切。
● 包括选定项：选择实体或零件后可用。单击此单选按钮，图形区选中的实体或零件将进行透明剖切，而其他实体或零部件将不进行透明剖切。
● 剖面透明度：调整剖面的透明度。
● 启用选择基准面：选择实体或零件可用。在选择的基准面中心显示三重轴。使用此三重轴来控制所选基准面的位置和角度。

（8）预览

单击“预览”按钮，在图形区显示即将生成的剖视图。按〈Esc〉键，取消显示即将生成的剖视图。

（9）保存

单击“保存”按钮，弹出“另存为”对话框。可以保存模型视图方向和工程图注解视图，如图 1-37 所示。

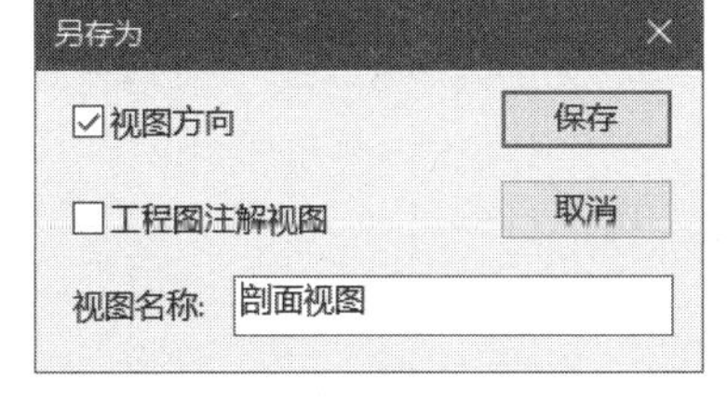


图 1-37 “另存为”对话框

**【例 1-1】** 创建如图 1-38b 所示的零件剖视图

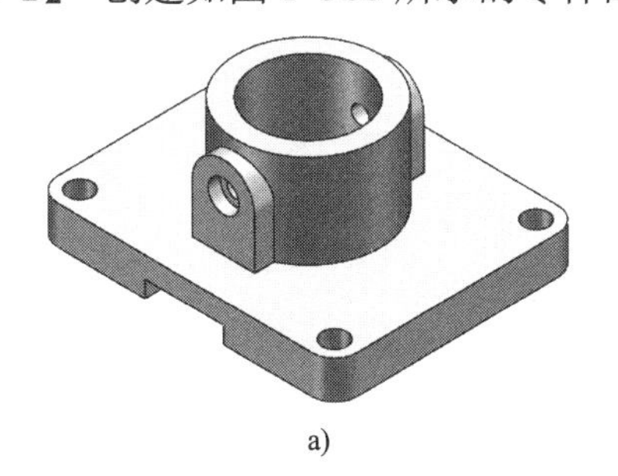

a)

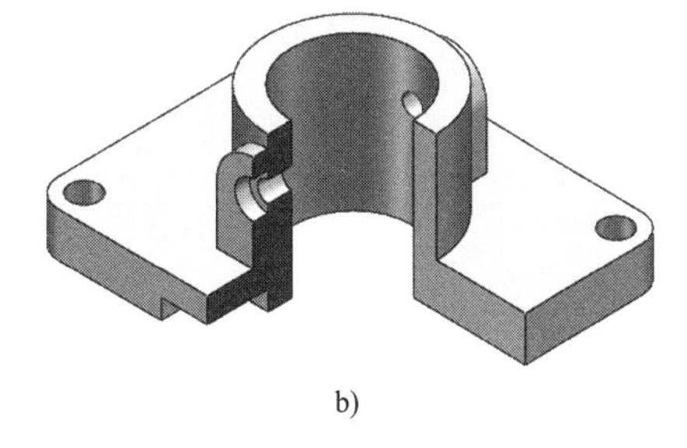

b)

图 1-38 零件剖视图

a) 零件剖切前模型 b) 零件剖切后模型

1）启动 SolidWorks 软件，单击“标准”工具栏中的“打开”按钮，系统弹出“打开”对话框。打开资源文件\模型文件\第 1 章\“例 1-1 剖视素材模型.SLDPRT”文件，如图 1-38a 所示。

2）单击“前导视图”工具栏中的“剖面视图”按钮，在“剖面视图”属性管理器的“剖面 1”选项组中选择“右视基准面”；选中“剖面 2”复选框，在“剖面 2”选项组中选择“前视基准面”；在“等距距离”文本框中输入“-60mm”；其他按默认设置，属性管理器设置如图 1-39 所示。

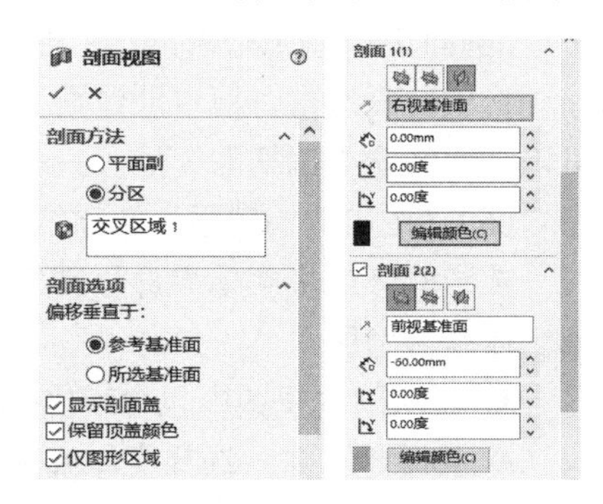


图 1-39 “剖面视图”属性管理器（二）

3）单击“确定”按钮，即可创建模型的剖视图，结果如图 1-38b 所示。再次单击“前导视图”工具栏中的“剖面视图”按钮，可使模型返回完整视图。

## 1.7 SolidWorks 工作环境设置

SolidWorks 工作环境是指软件操作时的界面样式、工具栏分布、背景和零件显示颜色、尺寸显示样式，以及设计时使用的单位等。对于不同的设计领域，不同的设计项目，对工作环境的要求是不同的。因此 SolidWorks 支持个性化的工作环境设置，满足不同设计者的需求。

### 1.7.1 设置工具栏

SolidWorks 有很多工具栏，由于图形区的限制，不能显示所有的工具栏。在建模过程中，用户可以根据需要显示或者隐藏部分工具栏，其设置方法如下。

1）选择“工具”→“自定义”命令，或在工具栏空白区域右击，在弹出的快捷菜单中选择“自定义”命令，此时系统弹出“自定义”对话框，如图 1-40 所示。

图 1-40 “自定义”对话框

2）在对话框中选中需要的工具栏复选框。

3）单击对话框中的“确定”按钮，在图形区中会显示选择的工具栏。将鼠标指针指向工具栏的空白区域，然后拖动工具栏到想要的位置即可。

在图 1-40 所示的对话框中，取消对工具栏复选框的选择，然后单击“确定”按钮，此时在图形区中将会隐藏所选择的工具栏。

在工具栏空白区域右击，在弹出的快捷菜单中选择“工具栏”选项，系统弹出“工具栏”下拉菜单，单击需要的工具栏，则图形区中将会显示选择的工具栏。

## 1.7.2 设置工具栏命令按钮

在系统默认工具栏中，并没有包括平时所用的所有命令按钮，用户可以根据自己的需要添加或者删除命令按钮。

设置工具栏中命令按钮的操作步骤如下。

1）按 1.7.1 节所述操作打开待添加命令按钮的工具栏。

2）选择“工具”→“自定义”命令，或者在工具栏区域右击，在弹出的快捷菜单中选择“自定义”命令，此时系统弹出“自定义”对话框。

3）单击该对话框中的“命令”选项卡，在“命令”选项卡中出现“类别”列表和“按钮”列表，如图 1-41 所示。

图 1-41 “自定义”对话框的“命令”选项卡

4）在“类别”列表中选择相应的工具栏，此时会在“按钮”列表中出现该工具栏中所有的命令按钮。

5）在“按钮”列表中，单击要增加的命令按钮，拖动该按钮到要放置的工具栏中，在工具栏中将出现增加的命令按钮。

6）单击“自定义”对话框中的“确定”按钮，完成命令按钮的添加操作。

如果要删除命令按钮，只要打开“自定义”对话框的“命令”选项卡，在工具栏中选中要删除的按钮，拖动按钮到图形区，即可删除该工具栏中的命令按钮。

## 1.7.3 设置图形区域背景

在 SolidWorks 中，可以更改图形区域的背景，即可将背景设置为某一图片、某单一颜色或渐变色，以适应设计者的个性化需求。

**1. 使用文档布景设置图形区域背景**

1）单击“前导视图”工具栏中的“应用布景”按钮，系统弹出“应用布景”下拉列表，如图 1-42 所示。

2）在下拉列表中选择相应的布景或颜色选项，即完成图形区域背景的设置。

在列表中单击“管理收藏夹”选项，可添加新的布景到列表中。

**2. 使用素色设置图形区域背景**

1）单击“标准”工具栏中的“选项”按钮，此时系统弹出“系统选项（S）-普通”对话框。

2）在“系统选项”选项卡的列表框中选择“颜色”选项，弹出如图 1-43 所示的“系统选项（S）-颜色”对话框。

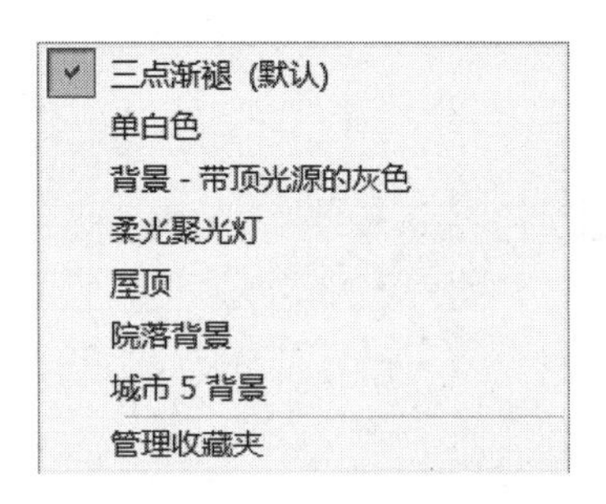


图 1-42 “应用布景”下拉列表

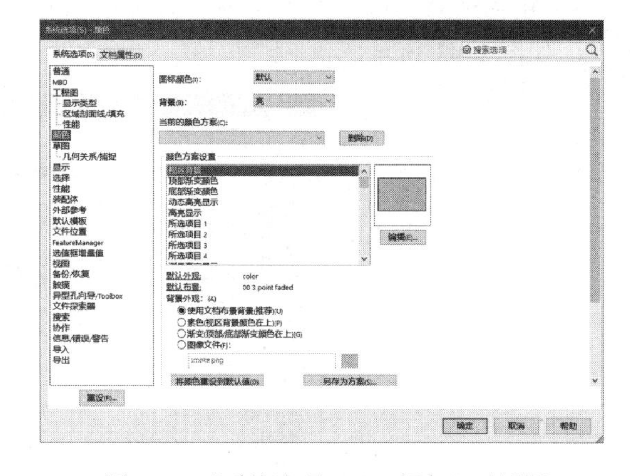

图 1-43 “系统选项（S）-颜色”对话框

3）选择“背景外观”选项组中的“素色（视区背景颜色在上）”选项。

4）在“颜色方案设置”列表框中选择“视区背景”选项，然后单击“编辑”按钮，系统弹出“颜色”对话框，设置颜色，然后单击“确定”按钮，关闭“颜色”对话框。

5）单击“系统选项（S）-颜色”对话框中的“确定”按钮，完成系统背景颜色设置。

“背景外观”选项组中的选项控制着图形区域背景的设置，各选项含义如下。

- 使用文档布景背景（推荐）：使用系统自带的应用布景的场景和颜色作为视区背景。SolidWorks 软件自带的应用布景，资源比较丰富，一般都能满足用户的常规需要。
- 素色（视区背景颜色在上）：设置背景颜色为单色。
- 渐变（顶部/底部渐变颜色在上）：背景颜色由两种颜色渐变而成。选择此选项后，需设置顶部渐变颜色和底部渐变颜色。
- 图像文件：以图像作为背景，可选择的图像格式有很多种。

### 1.7.4 设置实体颜色

系统默认的绘制模型实体的颜色为灰色。在零部件和装配体模型中，为了使图形有层次感和真实感，通常改变实体的颜色。下面结合具体例子说明设置实体颜色的步骤。

**【例 1-2】** 设置特征颜色

1）启动 SolidWorks 软件，单击“标准”工具栏中的“打开”按钮，系统弹出“打开”对话框，打开资源文件\模型文件\第 1 章\“例 1-2　颜色设置素材模型.SLDPRT”文件，如图 1-44 所示。

2）单击“前导视图”工具栏中的“编辑外观”按钮，系统弹出的“颜色”属性管理器，如图 1-45 所示。

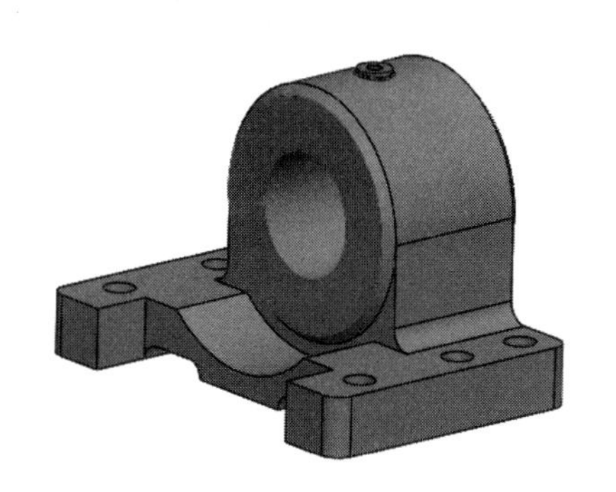

图 1-44　颜色设置素材模型

图 1-45 “颜色”属性管理器

3）在属性管理器中，单击“所选几何体”选项组中的“特征”按钮，然后单击“特征设计树”按钮，选择“凸台-拉伸 1”特征。此时“颜色”属性管理器的“所选几何体”的拾取框中出现“凸台-拉伸 1”，如图 1-46 所示，表明该特征被选中。

4）在“颜色”选项组中，选择要设置的颜色为“红色”。

5）单击属性管理器的“确定”按钮，完成特征的着色。此时的模型状态如图 1-47 所示。

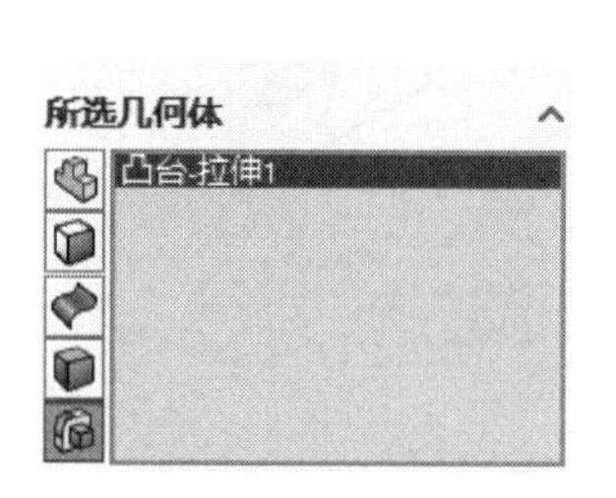


图 1-46　选择“凸台-拉伸 1”特征

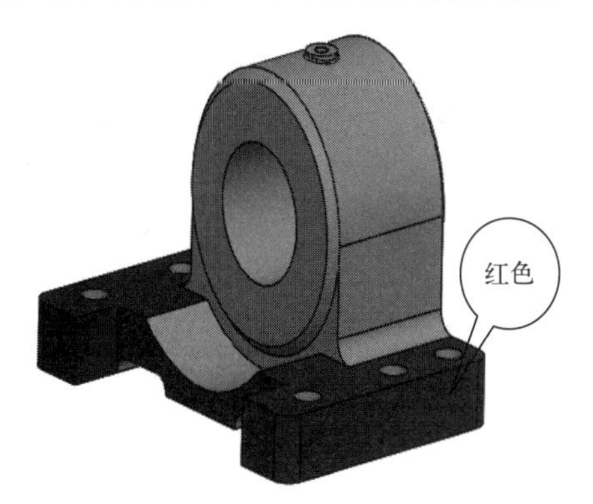


图 1-47　设置颜色后的零件模型

在零件模型和装配体模型中，除了可以对特征的颜色进行设置外，还可以对整个零件、实体、面进行颜色设置。步骤与设置特征颜色类似，不再介绍。

### 1.7.5 设置单位

在三维实体建模前，需要设置好系统的单位，系统默认的单位为 MMGS（毫米、克、秒），可以使用自定义的方式设置其他类型的单位。下面以修改长度单位的小数位数为例，说明设置单位的操作步骤。

1）单击“标准”工具栏中的“选项”按钮 。

2）系统弹出“系统选项（S）-普通”对话框，单击该对话框中的“文件属性”选项卡，然后在左侧列表框中选择“单位”选项，系统弹出“文档属性（D）-单位”对话框，如图 1-48 所示。

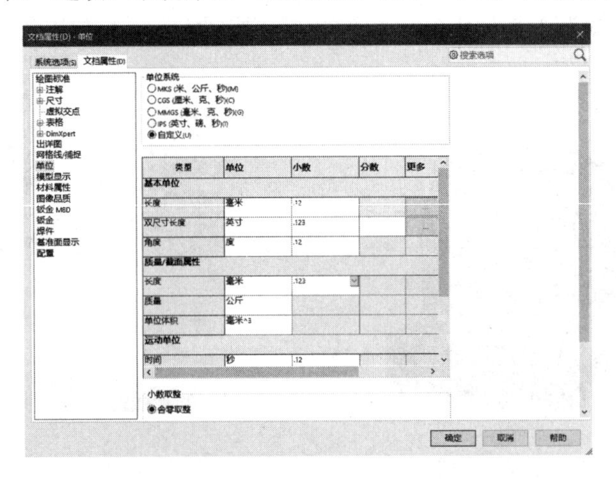


图 1-48 “文档属性（D）-单位”对话框

3）单击“长度”选项的“小数”列，在下拉列表框中选择“无”选项，然后单击“确定”按钮。修改长度单位的小数位数前后比较如图 1-49 所示。

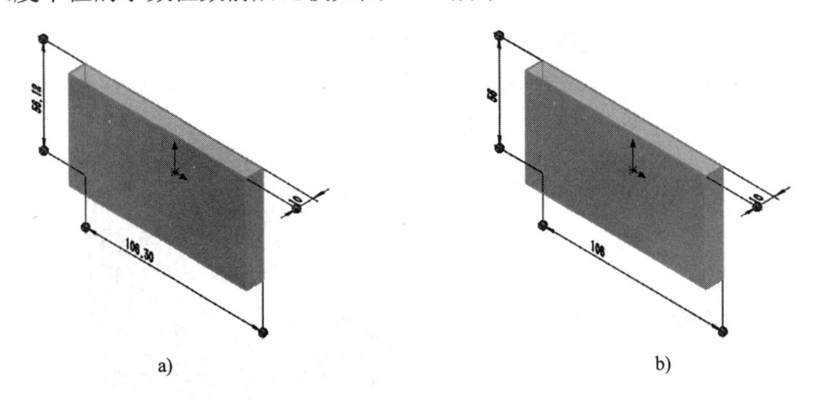


图 1-49 小数位数设置前后比较

a) 设置前 b) 设置后

## 1.8 SolidWorks 建模常用术语

在学习使用一个软件之前，需要对该软件中常用的一些术语有简单的了解，从而避免产生歧义。常用术语如图 1-50 所示。

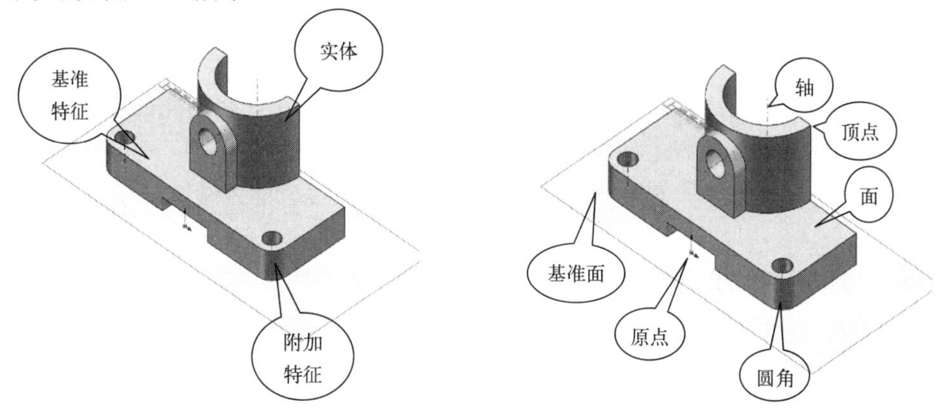


图 1-50　常用模型术语

1）特征：特征是产品信息的集合，兼有形状和功能两种属性，具有按一定拓扑关系组成的特定形状、精度、材料、技术要求和管理等信息。通过它能够实现设计、制造或其他工程任务之间的通信与交流。

狭义的特征是指形状特征，SolidWorks 由基准特征、基本特征、附加特征组成。基本特征是指基本实体，是 SolidWorks 由草图轮廓经拉伸、旋转、扫描等操作形成的三维几何实体。

2）实体：这里的实体是具有独立几何物理属性的空间模型，即以三维形式出现的具有一定体积的物体，包括曲面。草图轮廓通过拉伸、旋转等基本特征生成的三维模型称为基本实体（基本形状），如平板、圆柱体等。在基本实体上进行倒角、孔加工等附加特征操作后得到的三维模型也是实体。因此，实体是由多个特征组合而成的三维模型。SolidWorks 为多实体建模软件，可以在实体的基础上建立其他实体。

3）零件：零件是由多实体组合形成的三维模型。

4）控标：用户在不退出图形区域的情况下拖动控标时，系统自动修改某些参数，如图 1-51 所示。

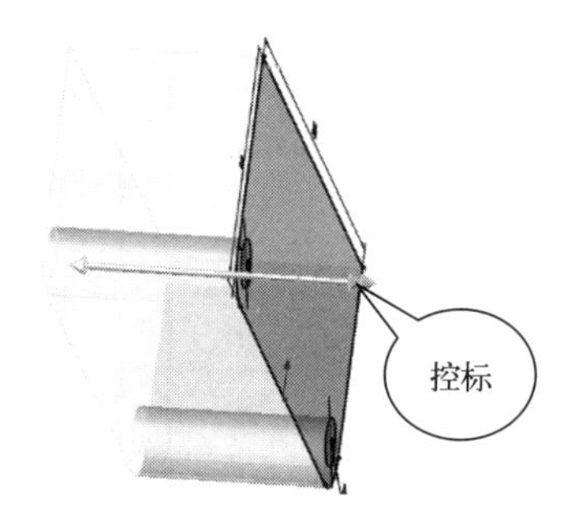


图 1-51　控标

5）顶点：顶点为两个或多个直线或边线相交之处的点。顶点可用来绘制草图、标注尺寸以及许多其他用途。

6）面：面为模型或曲面的所选区域（平面或曲面），模型或曲面带有边界，可辅助定义模型或曲面的形状。

7）原点：模型原点显示为灰色，代表模型的（0，0，0）坐标。当激活草图时，草图原点显示为红色，代表草图的（0，0，0）坐标。尺寸和几何关系可以加入到模型原点，但不能加入到草图原点。

8）平面：平面是平的构造几何体。平面可用于绘制草图、生成模型的剖视图以及用于拔模特征中的中性面等。

9）轴：轴为穿过圆锥面、圆柱体或圆周阵列中心的直线。插入轴有助于建造模型特征或阵列。

10）圆角：圆角为草图内、曲面或实体上的角或边的内部圆形。

11）几何关系：几何关系为草图实体之间或草图实体与基准面、基准轴、边线或顶点之间的几何约束，可以自动或手动添加这些几何约束。

12）模型：模型为零件或装配体文件中的三维实体几何体。

13）自由度：没有由尺寸或几何关系定义的几何体，可自由移动。在二维草图中，有 3 种自由度，沿 x 和 y 轴移动以及绕 z 轴旋转（垂直于草图平面的轴）。在三维草图中，有 6 种自由度，沿 x、y 和 z 轴移动，以及绕 x、y 和 z 轴旋转。

14）坐标系：SolidWorks 中坐标系为三维笛卡儿坐标系，用来给特征、零件和装配体指定笛卡儿坐标。零件和装配体文件包含默认坐标系。可在“特征”控制面板上的“参考几何体”下拉列表中单击“坐标系”按钮，然后自定义坐标系。

15）草图：草图是由点、线、圆弧、圆等基本图形构成的封闭或不封闭的几何图形，是创建特征及三维实体建模的基础。

16）轮廓：草图中几何图形的子集，可以是闭环图形，也可以是开环图形。

17）正视于：执行“正视于”命令，系统自动旋转模型，将选择的平面与屏幕平行。

## 1.9 入门实例

1.9 入门实例

绘制图 1-52 所示的三维模型，并改变模型显示样式。

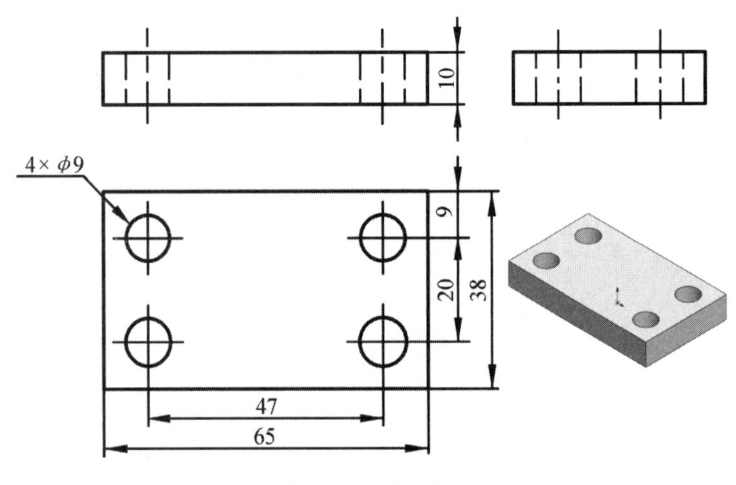


图 1-52 零件图

思路分析：首先绘制草图，利用“拉伸凸台/基体”命令创建基体，最后根据要求改变模型显示样式。绘制的流程图如图1-53所示。

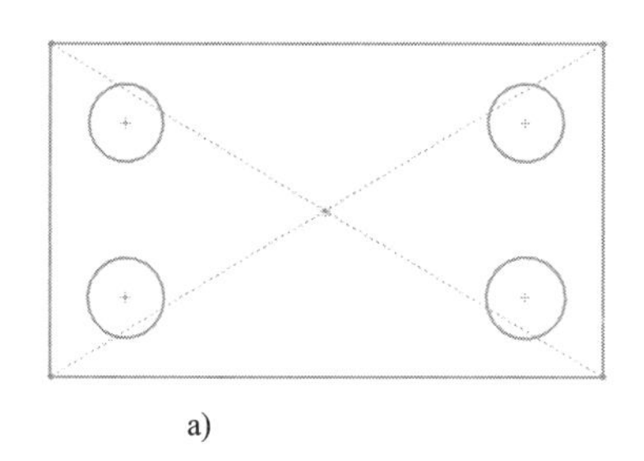

a)

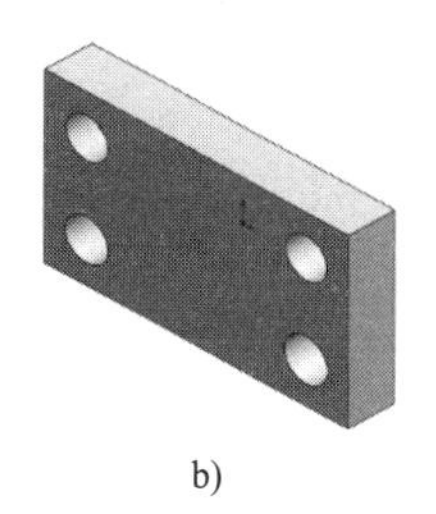

b)

图1-53 绘制流程
a) A 草图1 b) B 凸台拉伸1

**1．新建零件文件**

启动SolidWorks 2020。选择“文件”→“新建”命令，或者在“标准”工具栏中单击“新建”按钮，系统弹出“新建SolidWorks文件”对话框，单击“零件”按钮，再单击“确定”按钮，进入零件设计环境。

**2．创建凸台拉伸1**

（1）创建截面草图1

1）选择绘制面。在特征管理器（设计树）中选择“上视基准面”，此时上视基准面变为蓝色。选择“插入”→“草图绘制”命令，或者单击“草图”控制面板上的“草图绘制”按钮，进入草图绘制环境。在“前导视图”工具栏中单击“正视于”按钮，将模型旋转到草图基准面方向。

2）绘制矩形。单击“草图”控制面板上的“中心矩形”按钮，弹出如图1-54所示的“矩形”属性管理器，捕捉原点，绘制矩形轮廓，单击“确定”按钮，如图1-55所示。

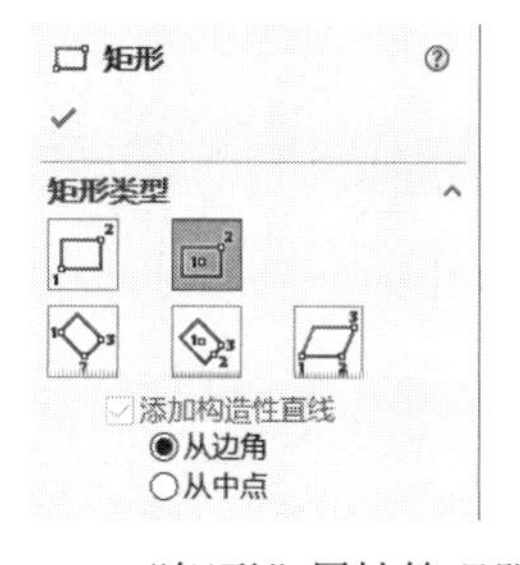


图1-54 “矩形”属性管理器

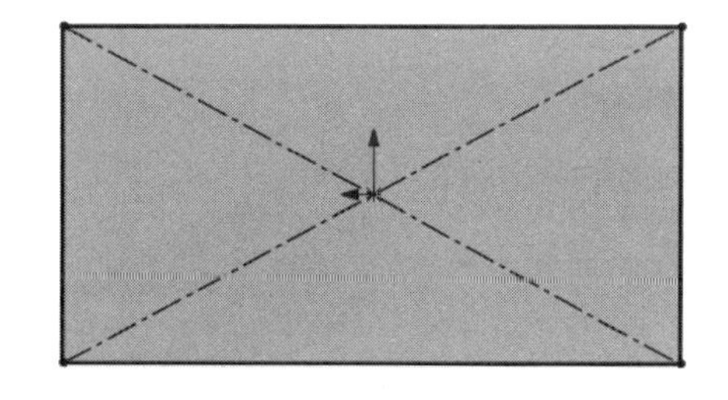

图1-55 绘制矩形

3）绘制圆。单击“草图”控制面板上的“圆形”按钮，弹出如图1-56所示的“圆”属性管理器，在矩形四周绘制4个圆，单击“确定”按钮，如图1-57所示。

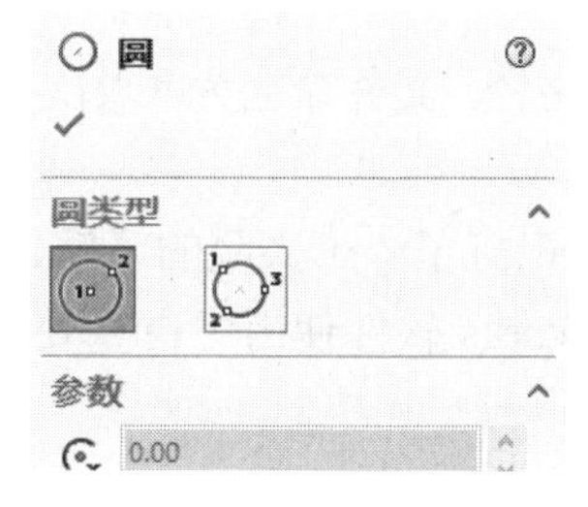


图1-56 “圆”属性管理器

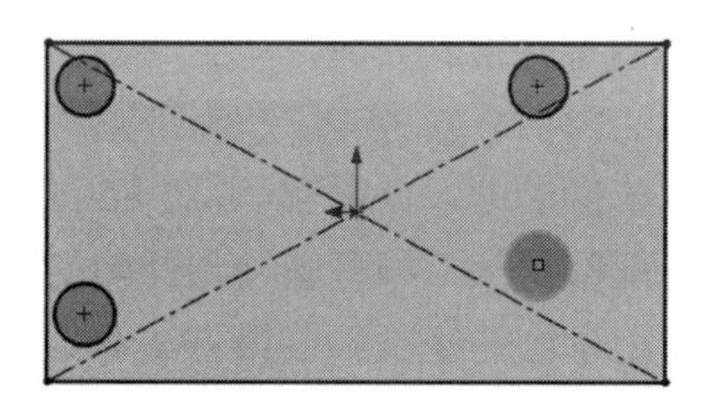

图1-57 绘制圆

4）标注尺寸。单击“草图”控制面板上的“智能尺寸”按钮，标注并修改尺寸，如图 1-58 所示。单击“退出草图”按钮，完成截面草图 1 的绘制，退出草图环境。

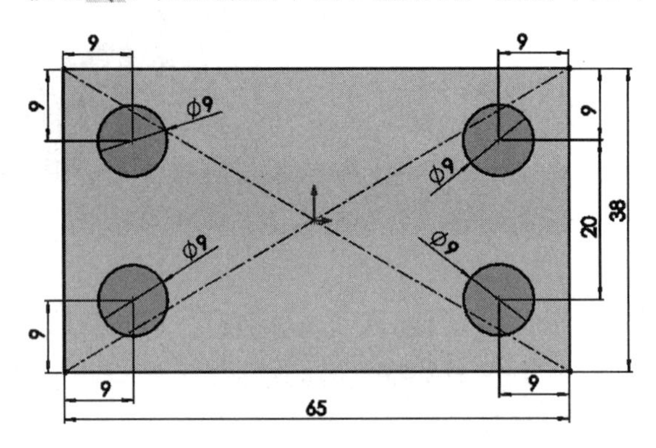


图 1-58　标注修改尺寸

（2）创建凸台拉伸 1

在设计树中选择“草图 1”，单击“特征”控制面板上的“拉伸凸台/基体”按钮，系统弹出“凸台-拉伸 1”属性管理器。将“从”选项组中的“开始条件”选为“草图基准面”，在“方向 1”选项组的“终止条件”下拉列表框中选择“给定深度”，在“深度”文本框中输入“10 mm”。参数设置完后单击“确定”按钮，完成凸台拉伸 1 的创建，如图 1-59 所示。

**3．改变模型显示样式**

选择“视图”→“显示”→“线架图”命令，模型零件的所有边线都将显示，如图 1-60 所示。

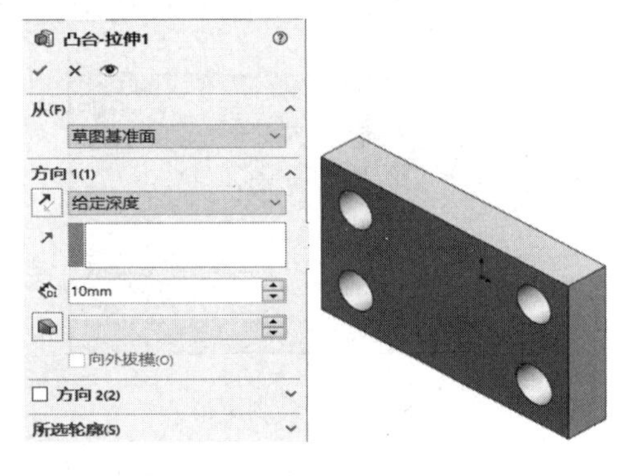


图 1-59　创建凸台拉伸 1

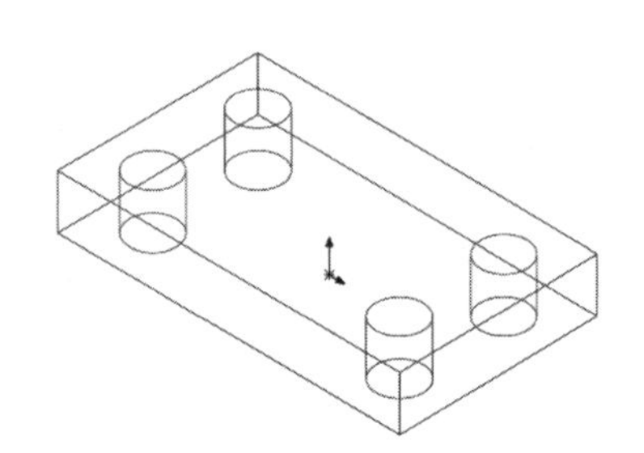

图 1-60　线架图显示

**4．保存文件**

入门实例零件绘制完成，单击“保存”按钮，选择保存路径，文件命名为“入门实例零件”，绘制结束。

通过本实例的学习，相信读者对 SolidWorks 特征建模的知识有了一个大概的了解，SolidWorks 的大部分特征都是从二维草图绘制开始的，草图绘制在 SolidWorks 软件使用中占重要地位，下一章将详细介绍草图的绘制、编辑方法等。

# 上机练习

**1．熟悉操作界面**

1）启动 SolidWorks 2020，进入零件设计环境，熟悉设计界面各要素。

2）调出“快速捕捉”工具栏，关闭工具栏。

3）将“标准视图”工具栏中的“正视于”按钮添加到“前导视图”工具栏中。

**2．视图操作**

1）打开资源文件\上机练习\第 1 章 SW2020 快速入门“上机练习.SLDPRT”文件。

2）对模型进行缩放、平移、旋转操作。

3）分别用 5 种样式显示模型。

4）尝试剖切模型。

5）将背景设置为单白色，按喜好设置实体颜色。

# 第 2 章　二维草图绘制

草图是由点、线、圆、圆弧等基本图形元素构成的封闭或不封闭的几何图形，是创建特征的基础。一个完整的草图包括几何形状、几何关系和尺寸标注等方面的信息。

本章主要介绍草图绘制、草图编辑、几何关系、尺寸标注等基础知识，通过本章的学习，读者可以在以下几方面展开自我评价。

- 理解草图在三维特征建模中的作用。
- 掌握 SolidWorks 草图绘制的基本知识。
- 掌握草图构建的方法，包括草图的绘制、编辑与尺寸标注，合理设置草图几何关系，并能够运用草图检查工具解决草图绘制中出现的问题。

## 2.1　草图绘制基本知识

在介绍具体的草图绘制方法之前，先对草图绘制环境、草图中用到的专门术语进行解释。这样有利于读者加快掌握草图绘制知识。

### 2.1.1　草图界面

启动中文版 SolidWorks 2020，在标准工具栏中单击“新建”按钮，弹出“新建 SolidWorks 文件”对话框，单击“零件”按钮，单击“确定”按钮，进入新建草图界面，如图 2-1 所示，主要分为以下几个模块。

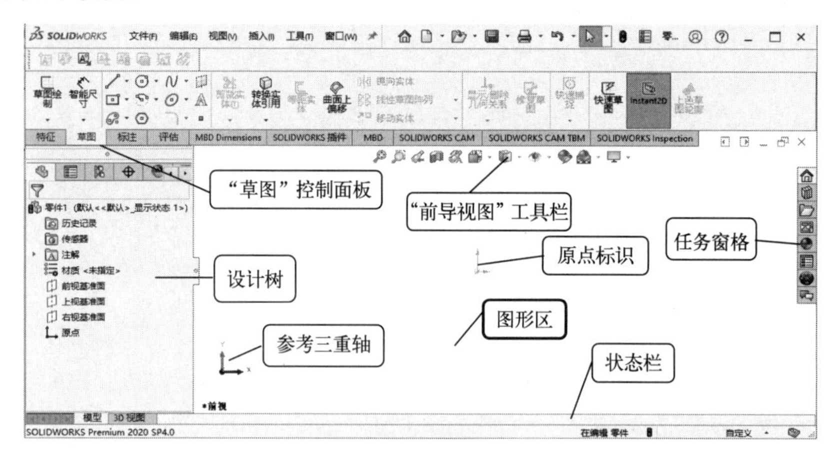


图 2-1　草图界面

**1．“草图”控制面板**

“草图”控制面板上集合了各种绘制草图、编辑草图等命令的快捷按钮，如图 2-2 所示。单击“草图”控制面板上的按钮，执行相应的草图命令，这些命令作用于图形区域的整个草图。

图 2-2 “草图”控制面板

**2. 设计树**

设计树中列出了基准平面，供用户选择草图基准面时使用。新建的草图也会在设计树中显示。

**3. “前导视图”工具栏**

“前导视图”工具栏可以调整当前的视图方向，放大缩小视图，显示和隐藏图形区内容以及选定布景等。

**4. 原点标识**

草图原点即坐标系原点，显示空间原点位置和两个正交轴方向，用户不能对其进行隐藏。通过草图原点可以定义草图中图形元素的位置坐标。

**5. 参考三重轴**

参考三重轴即为图形区域左下角“红绿蓝”的 xyz 坐标轴，主要用来更改零件模型的视图方位。如单击 *X* 坐标轴，视图调整为垂直于该轴的方向，即右视图。

**6. 状态栏**

当草图处于激活状态时，在图形区底部的状态栏中会显示出有关草图状态的帮助信息。对状态栏中显示的信息介绍如下。

1）绘制实体时显示鼠标指针位置坐标。

2）显示“过定义”“欠定义”或者“完全定义”等草图状态。

3）如果在工作时草图网格线为关闭状态，信息提示正处于草图绘制状态，例如，“正在编辑：草图 n”（n 为草图绘制时的标号）。

**7. 图形区**

在图形区中完成草图的绘制、视图的控制等操作。

## 2.1.2 进入草图绘制模式

草图必须绘制在平面上，这个平面可以是基准面，也可以是三维模型上的平面。初始进入草图绘制环境时，系统默认有 3 个基准面：前视基准面、右视基准面和上视基准面，如图 2-3 所示。由于没有其他平面，因此零件的初始草图绘制是从系统默认的基准面上开始的。

进入草图绘制环境有以下几种方法。

1）在特征设计树中选择“基准平面”，然后单击“草图”控制面板上的“草图绘制”按钮，即可进入草图绘制环境。

2）单击“草图”控制面板上的“草图绘制”按钮，在设计树中单击“零件 1”左侧的级联按钮，会出现下拉选项，如图 2-4 所示，选择任意基准平面，即可进入草图绘制环境。

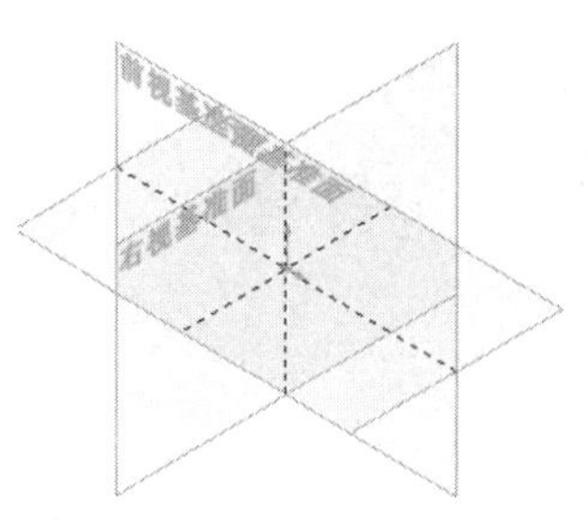

图 2-3　系统默认的基准面

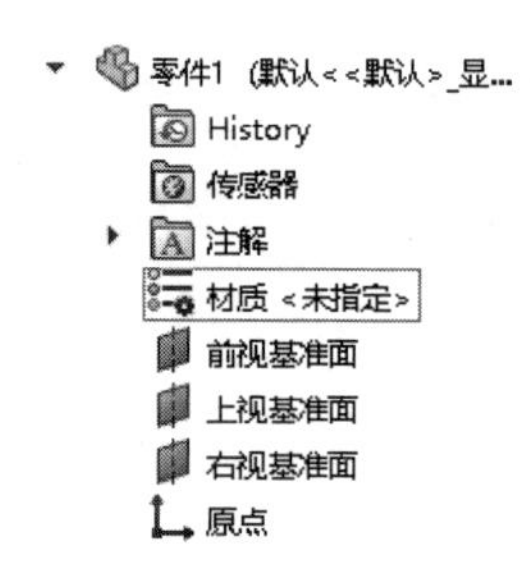


图 2-4　在设计树中选择基准面

3）在三维零件的某个面上绘制草图，应先选择该面，然后单击“草图绘制”按钮，即可进入草绘环境。

①进入草图模式后，图形区原点标识变为红色，同时“草图”控制面板上的“草图绘制”按钮变为“退出草图”按钮。②单击“前导视图”工具栏中的“视图定向”按钮，在下拉列表中选择“正视于”按钮，系统自动将草图平面与屏幕平行，即可开始在该面上绘制草图。

## 2.1.3 退出草图绘制模式

草图绘制完毕后，可立即建立特征，也可以退出草图绘制环境，再建立特征。有些特征的建立，需要多个草图，因此需要掌握退出草图绘制的方法。退出草图绘制的方法主要有以下几种。

1）利用工具栏图标按钮方式。单击“草图”控制面板上的“退出草图”按钮；或单击“标准”工具栏中的“重建模型”按钮，退出草图绘制状态。

2）利用快捷菜单方式。在图形区右击，在弹出的快捷菜单中选择“退出草图”命令，即可退出草图绘制状态。

3）利用图形区的“退出草图”按钮。在绘制草图的过程中，单击图形区右上角的“退出草图”按钮，退出草图绘制状态。

## 2.1.4 草图对象的选择

“选择”状态是 SolidWorks 默认的工作状态。进入草图绘制环境后，“标准”工具栏中的“选择”图标处于激活状态，只有在选择其他命令后，“选择”状态才暂时关闭。

**1．选择预览**

鼠标指针接近对象时，对象变为橙色，说明鼠标已拾取到对象，这种功能称为选择预览。此时，单击选中对象，选中的对象高亮显示。选择不同类型的对象时，鼠标指针显示出不同的形状，选择对象类型与鼠标指针的对应关系见表 2-1。

**表 2-1　选择对象类型与鼠标指针的对应关系**

| 选择对象类型 | 鼠标指针样式 | 选择对象类型 | 鼠标指针样式 |
|---|---|---|---|
| 直线 | | 抛物线 | |
| 端点 | | 样条曲线 | |
| 面 | | 圆和圆弧 | |
| 椭圆 | | 点和原点 | |
| 基准面 | | 草图文字 | |

**2．选择多个操作对象**

很多操作需要同时选择多个对象，可以采用以下两种选择方法。

1）按住〈Ctrl〉键不放，依次选择草图中多个图形对象。

2）按住鼠标左键不放，拖拽出一个矩形，矩形所包围的图形对象都将被选中。

第一种方法的可控性较强，而第二种方法更为快捷。若要取消已经选择的对象，使其恢复到未选择状态，在按住〈Ctrl〉键的同时再次选择要取消的对象即可。

框选选择对象时，根据鼠标指针的拖动方向可分为两种情况：一种是由左向右拖动鼠标，框选草图中图形对象，框选框显示为实线，框选的草图对象只有完全被框住，才能被选中；另一种是由右向左拖动鼠标进行框选，只要草图对象有部分在选择框内，该草图对象即被选中。

## 2.1.5 智能引导与草图捕捉

SolidWorks 2020 提供了智能引导和草图捕捉功能，即引导线和捕捉符号。

**1．引导线**

引导线的作用是提示待定点与已有点的对齐，或者提示待定直线与已有的直线垂直、平行及待定直线与圆弧相切，同时指针旁边显示该位置相应的捕捉符号。

在 SolidWorks 2020 中，引导线用虚线表示，颜色有蓝色和红色两种。蓝色引导线是点的对齐引导线，其作用是确定点的位置。红色引导线是直线的平行、垂直和相切引导线，其作用是确定直线的方向。

**2．草图捕捉符号**

在草图绘制或草图编辑时，会用到草图已有对象上的特殊点，SolidWorks 提供了智能捕捉这些点的工具，称为草图捕捉工具。草图捕捉各选项及其含义见表 2-2。

**表 2-2 草图捕捉各选项及其含义**

| 选项与图标 | 说　明 |
|---|---|
| 点捕捉 | 包含端点与草图点。捕捉下列草图实体的终端：直线、多边形、平行四边形、圆角、圆弧、抛物线、部分椭圆、不规则曲线、点、倒角、中心线 |
| 中心点捕捉 | 捕捉下列草图实体的中心：圆、圆弧、抛物线、部分椭圆 |
| 中点捕捉 | 捕捉直线、多边形、矩形、平行四边形、圆角、圆弧、抛物线、部分椭圆、不规则曲线、倒角、中心线的中点 |
| 象限点捕捉 | 捕捉圆、圆弧、圆角、抛物线、椭圆、部分椭圆的四分之一点 |
| 交叉点捕捉 | 捕捉相遇或相交的草图实体的相交点 |
| 最近端点捕捉 | 适用于所有的草图实体。选择此选项时，只有鼠标指针在捕捉点附近时，才会启用 |
| 相切捕捉 | 捕捉圆、圆弧、圆角、抛物线、椭圆、部分椭圆的相切点 |
| 垂直捕捉 | 创建一条与所选直线呈垂直约束关系的直线 |
| 平行捕捉 | 创建一条与所选直线呈水平约束关系的直线 |
| H/V 捕捉 | 可以将直线的终点捕捉至与所选竖直或水平直线的推理线相交处 |
| H/V 点捕捉 | 将直线垂直或水平捕捉至现有的草图点 |
| 长度捕捉 | 将直线捕捉至网格线设定的增量长度，而不需显示网格线 |
| 网格捕捉 | 捕捉至网格线交点。使用该命令只可进行单次捕捉 |
| 角度捕捉 | 绘制草图时自动捕捉已设定角度。若要设定角度，选择“工具”→“选项”→“系统选项”→“草图”→“几何关系/捕捉”命令，在弹出的选项卡中设定“捕捉角度” |

## 2.1.6 草图状态

草图状态即草图中几何实体的状态，由草图几何体与定义的尺寸之间的几何关系来决定。草图的状态显示在属性管理器中，同时也会显示在状态栏中。最常见的 3 种状态分别如下。

1）欠定义。草图中有些尺寸未定义，欠定义的草图实体呈蓝色，此时草图的形状会随着鼠标的拖动而改变，同时属性管理器中显示“欠定义”符号，如图 2-5 所示。

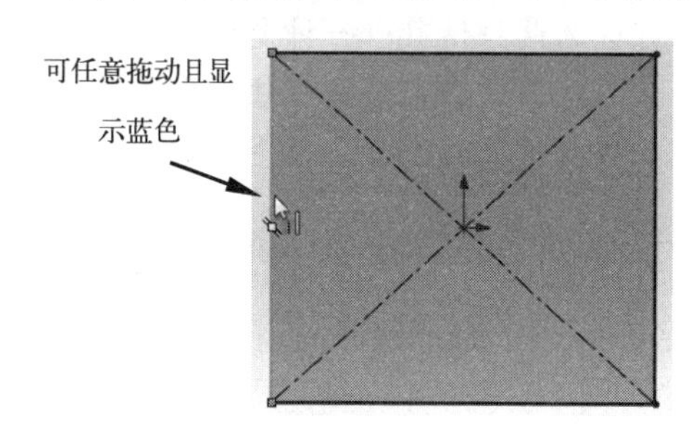


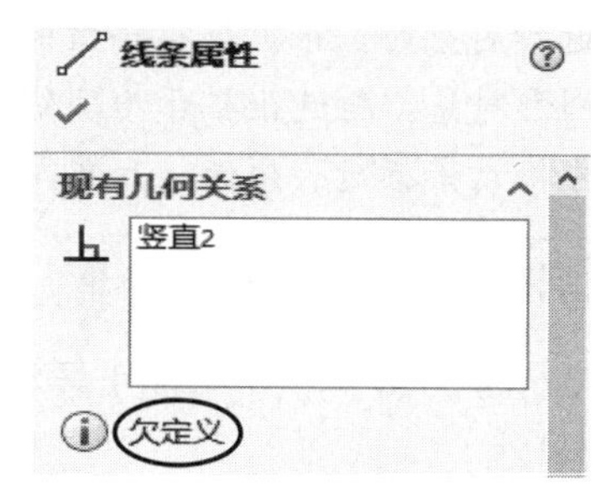


图 2-5　欠定义的草图状态

2）完全定义。完全定义时，草图的位置由尺寸和几何关系完全固定，所有实体呈黑色。

3）过定义。如果对完全定义的草图标注尺寸，系统会弹出提示对话框。草图过定义时，状态信息在状态栏显示，如图 2-6 所示。

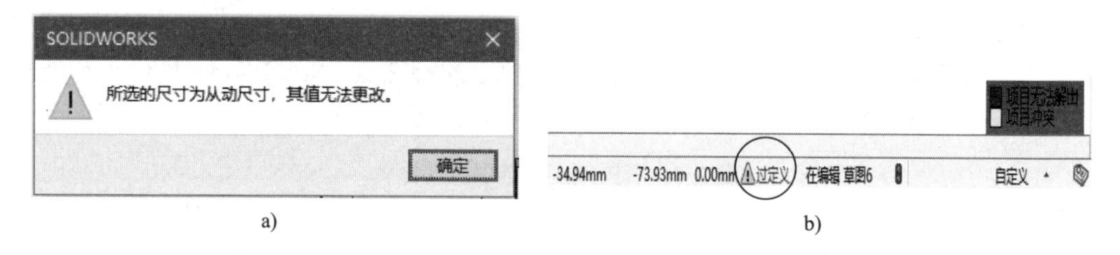


a)　　b)

图 2-6　过定义草图状态

a）提示对话框　b）过定义提示

## 2.1.7 草图中的快捷命令

在草图绘制模式中，熟悉鼠标快捷命令，可以提高操作效率。在 SolidWorks 2020 中，提供了多种终止当前命令的方式供用户选择。

1）双击鼠标左键：退出草图绘制。

2）执行右键菜单中的“结束链”命令，重复上次命令状态，只在绘制直线时有效。

3）执行右键菜单中的“选择”命令，结束当前命令，处于激活状态。

4）按〈Esc〉键，结束当前命令。

## 2.1.8 草图绘制原则

用户在绘制草图过程中应注意以下几个原则。

1）根据建立特征的不同及特征间的相互关系，确定草图的草绘平面和基本形状。

2）零件的第一幅草图应该和原点定位，以确定特征在空间的位置。每一幅草图应尽量简单，不要包含复杂的嵌套，有利于草图的管理和特征的修改。绘图过程中要记住草绘平面的位置，一般情况下可选择“正视于”命令将草图平面与屏幕平行。

3）复杂的草图轮廓一般应用于二维草图到三维模型的转化操作，正规的建模最好不要用复杂草图。

4）尽管 SolidWorks 不要求完全定义草图，但在绘制草图过程中最好使用完全定义的草图。合理标注尺寸与添加几何关系，反映了设计者的思维方式及机械设计能力。

5）绘制实体时要注意 SolidWorks 的系统反馈，可以在绘制过程中确定实体间的关系。在特定的反馈状态下，系统会自动添加草图元素间的几何关系。

6）中心线（构造线）不参与特征的生成，仅起到辅助作用。因此在必要时可使用它来定位或标注尺寸。

7）小尺寸几何体应使用夸张画法，标注完尺寸后改成正确尺寸。

### 2.1.9 草图绘制流程

绘制草图的大致操作流程如下。

1）单击“草图”控制面板上的“草图绘制”按钮，然后选择平面或基准面作为草图绘制平面，进入草图绘制模式。

2）应用“草图”控制面板上各种命令创建草图对象。

3）对绘制的草图添加相应的约束关系，包括尺寸约束与几何约束（几何关系）。

4）单击“草图”控制面板上的“退出草图”按钮，退出草图绘制模式。

## 2.2 草图绘制

草图绘制的对象是平面图形，如直线、矩形、圆弧等，可将这些对象称为草图实体，常用“草图”控制面板上的“草图”绘制工具（命令）按钮，或选择“工具”→“草图绘制实体”菜单下的命令来完成。

### 2.2.1 草图绘制工具

常用草图绘制工具的使用方法见表 2-3。

表 2-3 常用草图绘制工具的使用方法

| 名称与按钮 | 鼠标指针 | 绘制步骤 | 绘制方法 |
| --- | --- | --- | --- |
| 点 |  | 单击 | 单击“草图”控制面板上的“点”按钮，或执行“工具”→“草图绘制实体”→“点”命令，在图形区域中单击以绘制点 |
| 直线 |  | ① ② ③ ④ 19.14 | 单击“草图”控制面板上的“直线”按钮，或执行“工具”→“草图绘制实体”→“直线”命令，在图形区域中单击确定直线方向和长度 |

（续）

| 名称与图标 | 鼠标指针 | 绘制步骤 | 绘制方法 |
| --- | --- | --- | --- |
| 中心线 |  | 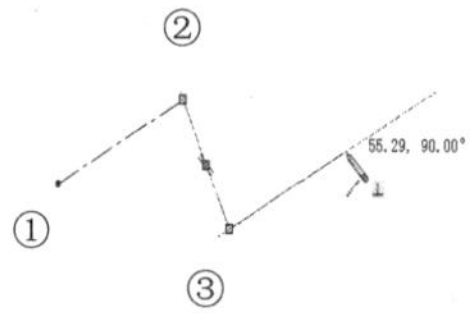 ② ① ③ 55.29, 90.00° | 用法同直线一样。中心线不能用于建立特征，可用于定位、制作镜像草图和旋转草图的轴等辅助线 |
| 圆 |  | 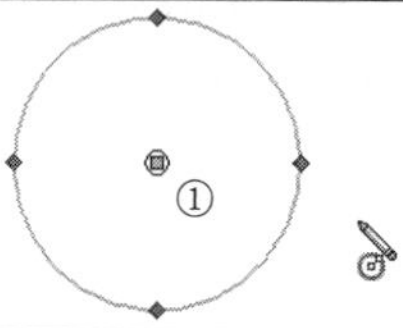 ① | 单击“草图”控制面板上的“圆”按钮，或执行“工具”→“草图绘制实体”→“圆”命令，在图形区域中单击确定圆心，拖动或移动鼠标指针来确定半径 |
| 圆心/起/终点画弧 |  | 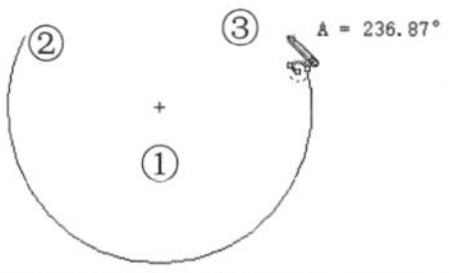 ② ③ A = 236.87° ① | 单击“草图”控制面板上的“圆心/起/终点画弧”按钮。在图形区中单击确定圆弧圆心，移动鼠标指针到圆弧起点的位置单击，拖动鼠标至圆弧的终点再单击 |
| 切线弧 |  | 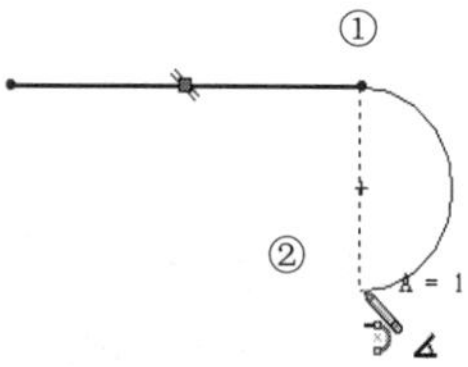 ① ② A = 1 | 单击“草图”控制面板上的“切线弧”按钮，或执行“工具”→“草图绘制实体”→“切线弧”命令。在直线、圆弧、椭圆或样条曲线的端点处单击，拖动鼠标到圆弧的终点再单击 |
| 三点圆弧 |  | 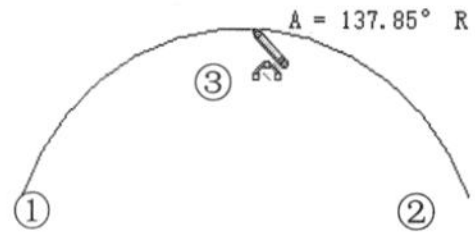 A = 137.85° R ③ ① ② | 单击“草图”控制面板上的“三点圆弧”按钮。单击圆弧的起点位置，再单击圆弧的结束位置，拖动鼠标确定圆弧的半径，最后单击 |
| 矩形 |  | 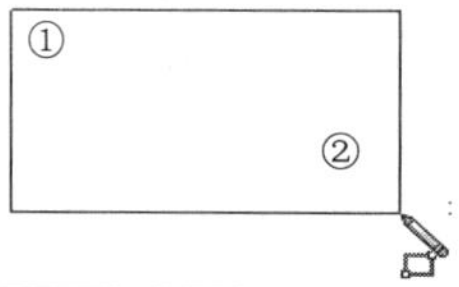 ① ② | 单击“草图”控制面板上的“矩形”按钮。单击确定矩形的第一个角点，拖动鼠标并单击确定矩形的另一点 |
| 平行四边形 |  | 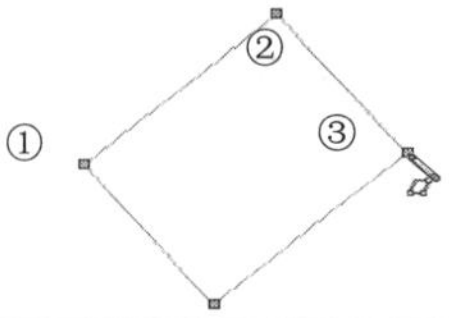 ② ① ③ | 单击“草图”控制面板上的“平行四边形”按钮。单击确定平行四边形的第一个角点，拖动鼠标确定平行四边形一边的方向，再单击确定边长。沿与第1条边线任意夹角方向拖动鼠标，单击确定另一边长 |
| 多边形 |  | 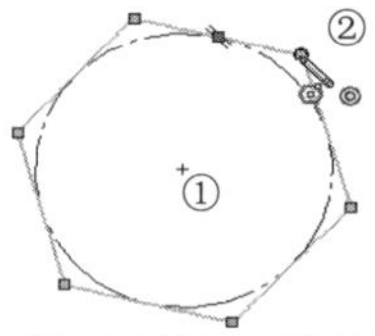 ② ① | 单击“草图”控制面板上的“多边形”按钮。在特征管理器中指定“边数”，单击图形区以定位多边形中心，然后拖动鼠标确定多边形内切圆或外接圆半径 |
| 部分椭圆 |  | 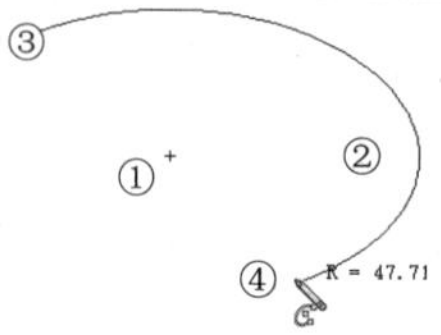 ③ ① ② ④ R = 47.71 | 单击“草图”控制面板上的“部分椭圆”按钮。单击图形区以放置椭圆的中心，拖动鼠标一段距离并单击定义椭圆的一个轴，再拖动鼠标一段距离并单击来定义第二个轴。绕圆周拖动鼠标指针来定义椭圆的范围，然后单击完成部分椭圆的绘制 |

（续）

| 名称与图标 | 鼠标指针 | 绘制步骤 | 绘制方法 |
| --- | --- | --- | --- |
| 椭圆 | | R = 58.07, r = 27.31 ③ ② ① | 单击“草图”控制面板上的“椭圆”按钮。单击图形区放置椭圆中心，拖动鼠标一段距离并单击以设定椭圆的长轴，再拖动鼠标一段距离，然后单击以设定椭圆的短轴 |
| 文本 | | 输入文字 SolidWorks 绘制路径 | 单击“草图”控制面板上的“文本”按钮。选择一条曲线作为路径，其名称出现在“曲线”拾取框中，在“文字”文本框中输入文字，编辑文字属性，单击“确定”按钮 |
| 样条曲线 | | ② ④ ① ③ | 单击“草图”控制面板上的“样条曲线”按钮。单击起始点，向上拖动鼠标一段距离后再单击，向下拖动鼠标一段距离后再次单击，向上拖动鼠标一段距离双击，结束样条曲线绘制 |

## 2.2.2 绘制直线和中心线

在组成草图的几何元素中，以直线和圆弧最为常见。中心线多用于特征参照，如用在对称草图、镜像草图等场合。在草图中，直线显示为实线，中心线显示为虚线。

### 1. 绘制直线

单击“草图”控制面板上的“直线”按钮，鼠标指针变为。在图形区单击确定起点，此时系统弹出“插入线条”属性管理器，如图2-7所示。在图形区任意位置单击，确定直线经过的终点。按〈Esc〉键或双击结束直线绘制。

### 2. 直线属性管理器

完成直线绘制或选中直线后，系统弹出“线条属性”属性管理器，在“线条属性”属性管理器中可以为直线添加“水平”“竖直”“固定”等几何约束关系，也可以将其转换为“构造线”或无限长度的线条。当选中直线时，在属性管理器中会出现直线的各种几何约束状态，如图2-8所示。

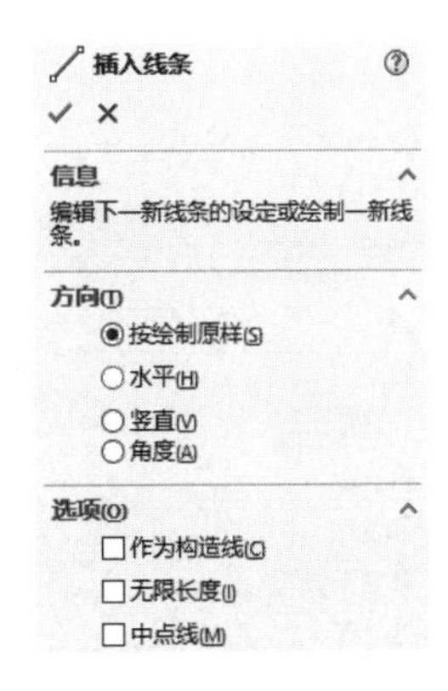


图2-7 “插入线条”属性管理器

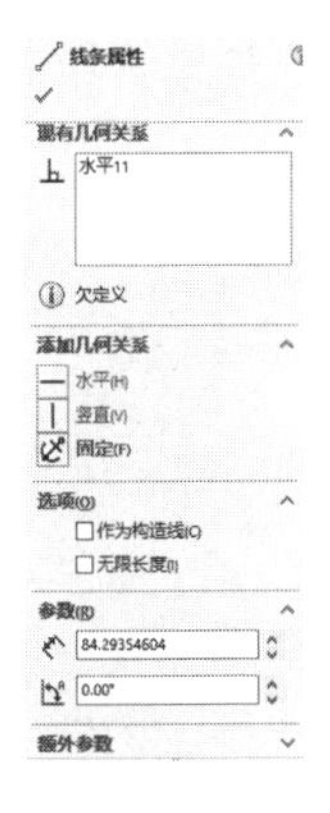


图2-8 “线条属性”属性管理器

“线条属性”属性管理器比“插入线条”属性管理器多出一个“参数”选项组，该选项组两个参数的含义如下：

- “长度”微调框：输入数值作为直线的长度。
- “角度”微调框：输入数值作为直线的角度。

**3．中心线**

利用“中心线”命令可绘制中心线。

1）单击“草图”控制面板上“直线”按钮旁边的下拉按钮，在展开的下拉列表中单击“中心线”按钮；或选择“工具”→“草图绘制实体”→“中心线”命令。执行命令后鼠标指针变为形状。

2）在图形区域单击，放置中心线的起点。

3）在图形区拖动鼠标到合适位置后单击，放置中心线的终点。

要改变中心线属性，可选择绘制的中心线，然后在“线条属性”属性管理器中对其编辑。

### 2.2.3 绘制矩形

矩形和多边形也是由直线构成的，但为了提高绘图的效率，通常不用“直线”命令来创建矩形，而是直接使用“矩形”命令创建。

单击“草图”控制面板上的“矩形”按钮，系统弹出“矩形”属性管理器，如图 2-9 所示。矩形绘制方式有 5 种，分别是“边角矩形”“中心矩形”“3 点边角矩形”“3 点中心矩形”和“平行四边形”。

- 边角矩形：定义矩形两个对角点绘制矩形。
- 中心矩形：定义矩形中心和一个角点绘制矩形。
- 3 点边角矩形：定义矩形的 3 个角点绘制矩形。
- 3 点中心矩形：定义矩形的中心、长度及宽度方向上的两点绘制矩形。
- 平行四边形：定义 3 点绘制平行四边形。

### 2.2.4 绘制多边形

“多边形”命令用于绘制边数为 3～40 的等边多边形。

单击“草图”控制面板上的“多边形”按钮，系统弹出“多边形”属性管理器，如图 2-10 所示。“多边形”属性管理器中各选项含义如下。

图 2-9 “矩形”属性管理器

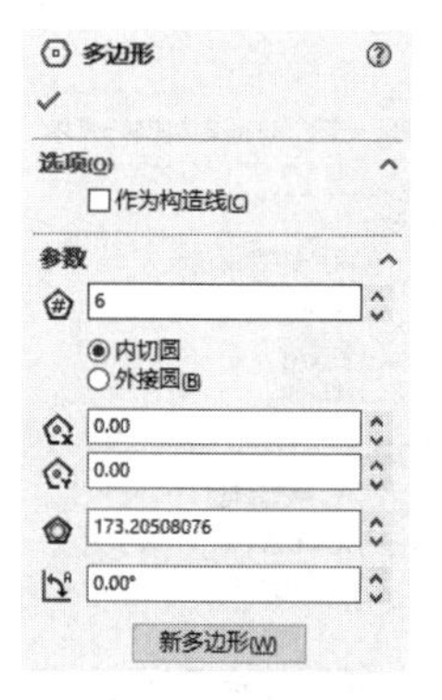


图 2-10 “多边形”属性管理器

（1）“选项”选项组

作为构造线：选中该复选框，则生成的多边形将转换为构造线。取消选中则绘制的多边形为草图实体。

（2）“参数”选项组

- “边数”微调框：在微调框中输入多边形的边数，通常为 3～40 条边。
- “内切圆”单选按钮：由多边形内切圆大小来定义多边形大小，内切圆为构造线。
- “外接圆”单选按钮：由多边形外接圆大小来定义多边形大小，外接圆为构造线。
- “X 坐标置中”微调框：显示多边形中心的 x 坐标，可以在微调框中修改。
- “Y 坐标置中”微调框：显示多边形中心的 y 坐标，可以在微调框中修改。
- “圆直径”微调框：显示内切圆或外接圆的直径，可以在微调框中修改。
- “角度”微调框：显示多边形的旋转角度，可以在微调框中修改。
- “新多边形”按钮：单击该按钮，可以绘制另外一个多边形。

**【例 2-1】** 绘制扳手的多边形孔

例 2-1　绘制扳手的多边形孔

绘制步骤：

1）打开资源文件\模型文件\第 2 章\“例 2-1 绘制扳手的多边形孔.SLDPRT”文件。在设计树中选择“草图 1”并右击，在弹出的快捷菜单中选择“编辑草图”选项，进入草绘模式。草图 1 如图 2-11 所示。

2）单击“草图”控制面板上的“多边形”按钮，弹出“多边形”属性管理器，在“参数”选项组中的“边数”微调框中输入“6”；单击“内切圆”单选按钮；参数设置如图 2-10 所示。

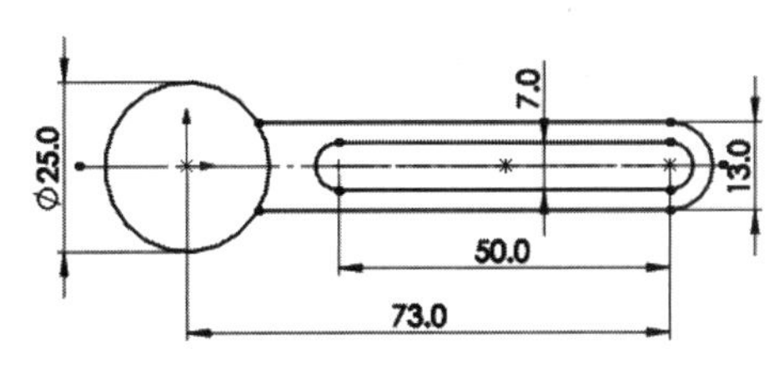


图 2-11　草图 1

3）确定圆心。将鼠标指针移动到大圆圆心上后单击，确定多边形圆心，如图 2-12 所示。

4）确定多边形顶点。移动鼠标指针生成多边形预览，如图 2-13 所示。在合适的位置单击，确定多边形。

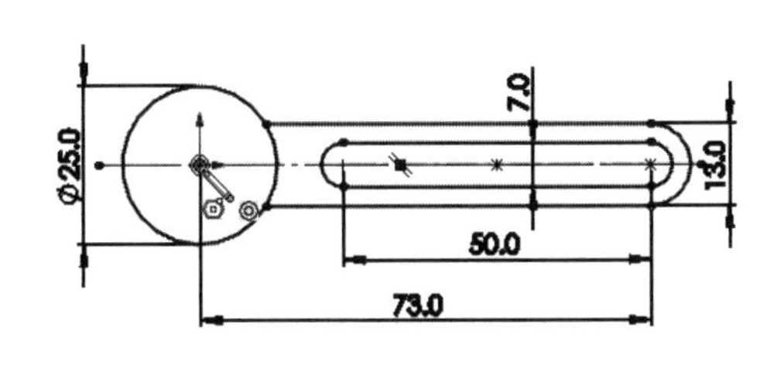


图 2-12　确定多边形中心

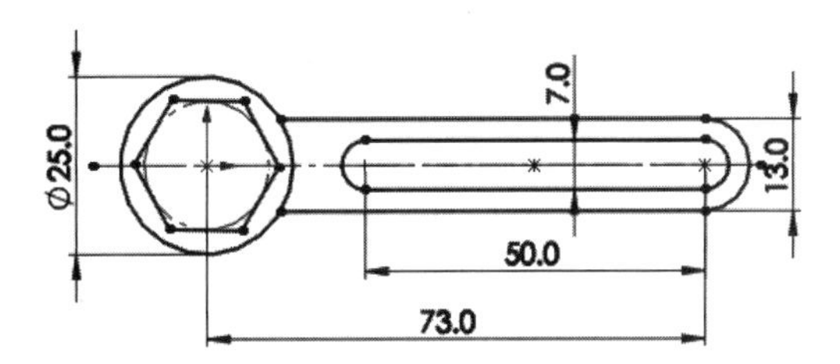


图 2-13　确定多边形顶点

5）修改参数。在“参数”选项组中内切圆“圆直径”微调框中输入“13”，在“角度”微调框中输入“30”，参数设置如图 2-14 所示。

6）单击“多边形”属性管理器中的“确定”按钮，完成多边形的绘制。生成的正六边形如图 2-15 所示。

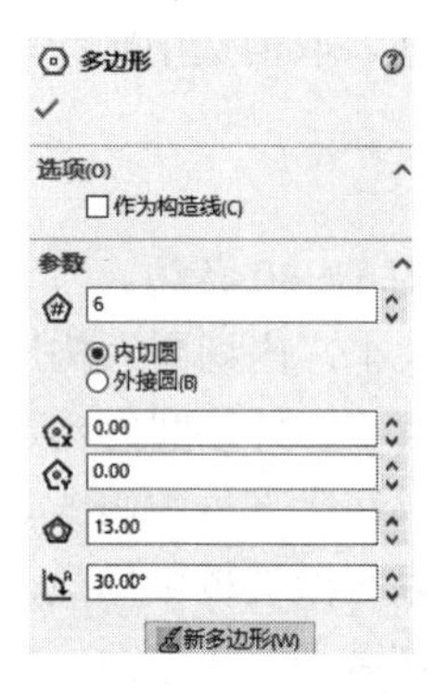


图 2-14 参数设置

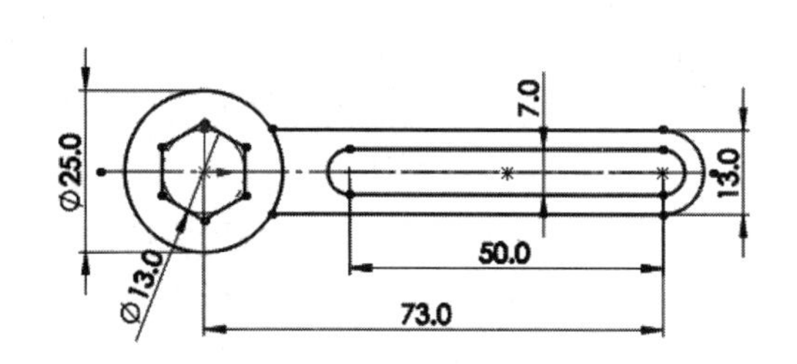


图 2-15 绘制的正六边形

## 2.2.5 绘制圆

圆是草图中最常用的几何元素之一，由“圆”命令创建。

单击“草图”控制面板上的“圆形”按钮，弹出“圆”属性管理器，如图 2-16 所示。在“圆”属性管理器中，“圆类型”选项组的含义如下：

- 圆：通过定义圆心与圆上一点绘制圆。
- 周边圆：通过定义圆上 3 个点绘制圆。

“参数”选项组中各选项用于定义圆的中心坐标与圆半径大小。

图 2-16 “圆”属性管理器

## 2.2.6 绘制圆弧

圆弧即部分圆，也是草图中最常用的几何元素之一，由“圆弧”命令创建。

单击“草图”控制面板上的“3 点圆弧”按钮，系统弹出“圆弧”属性管理器，如图 2-17a 所示。圆弧的绘制方式有“圆心/起/终点画弧”“切线弧”和“3 点圆弧”3 种。圆弧绘制好后，“圆弧”属性管理器会出现“参数”选项组，如图 2-17b 所示。

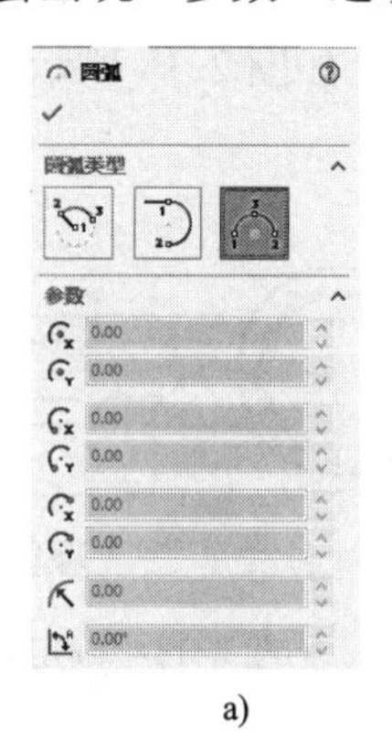


a)

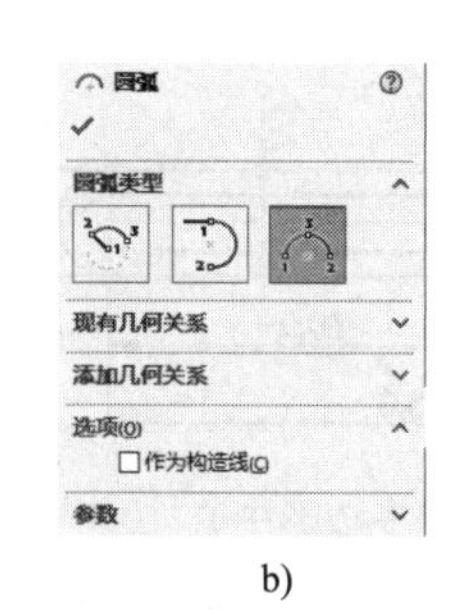


b)

图 2-17 “圆弧”属性管理器

a) 绘制圆弧前 b) 绘制圆弧后

在“圆弧”属性管理器中各选项的含义如下。

- “圆心/起/终点画弧”按钮：画圆弧的方式为先定圆心，再定圆弧起点，最后确定圆弧终点。
- “切线弧”按钮：由圆弧起点和终点定义圆弧，圆弧与起点参考线相切。
- “3 点圆弧”按钮：由圆弧起点、终点和中间某一点定义圆弧。

其他选项组参数与前面介绍的“圆”属性管理器中的参数设置相同。

### 2.2.7 绘制椭圆

椭圆是由中心点、长轴长度与短轴长度确定的，三者缺一不可。本节介绍椭圆的绘制方法。

绘制椭圆的操作步骤如下。

1）在草图绘制状态下，单击“草图”控制面板上的“椭圆”按钮，此时鼠标指针变为形状。

2）在图形区合适的位置单击，确定椭圆的中心。

3）移动鼠标指针，在鼠标指针附近会显示椭圆的“长半轴 R”和“短半轴 r”。在图中合适的位置单击，确定椭圆的“长半轴 R”。再移动鼠标指针，在图中合适的位置单击，确定椭圆的“短半轴 r”，此时弹出“椭圆”属性管理器，如图 2-18 所示。

4）在“椭圆”属性管理器中，修改椭圆的中心坐标、“长半轴”和“短半轴”的大小。

5）单击属性管理器中的“确定”按钮，完成椭圆的绘制，结果如图 2-19 所示。

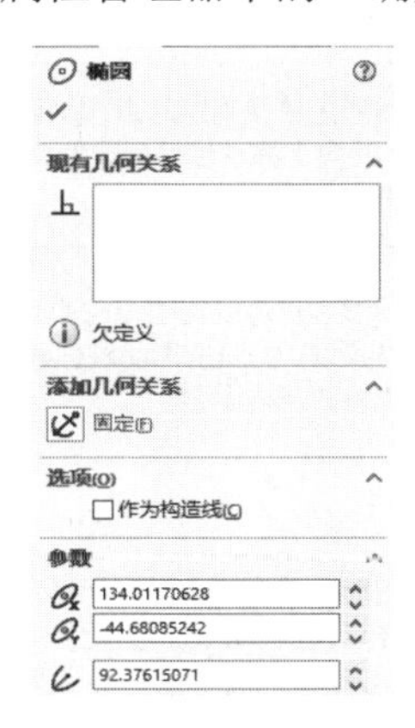


图 2-18 “椭圆”属性管理器

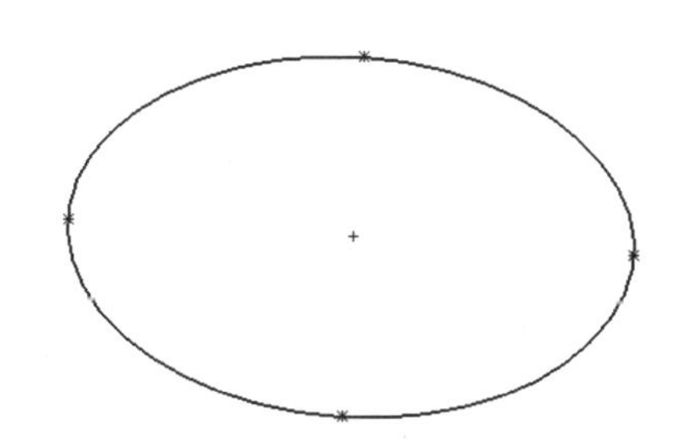

图 2-19 绘制椭圆

椭圆绘制完毕后，按住鼠标左键拖动椭圆的中心和 4 个特征点，可以改变椭圆的形状。通过“椭圆”属性管理器可以精确地修改椭圆的位置和长、短半轴。

### 2.2.8 绘制槽口

“槽口”命令可用来绘制机械零件中具有槽特征的草图。SolidWorks 向用户提供了 4 种槽口曲线绘制类型，包括直槽口、中心点槽口、3 点圆弧槽口和中心点圆弧槽口。

在草图绘制状态下，单击“草图”控制面板上的“直槽口”按钮，系统弹出“槽口”属性管理器，如图 2-20 所示。此时图形区鼠标指针变为形状。

"槽口"属性管理器中各选项含义如下。

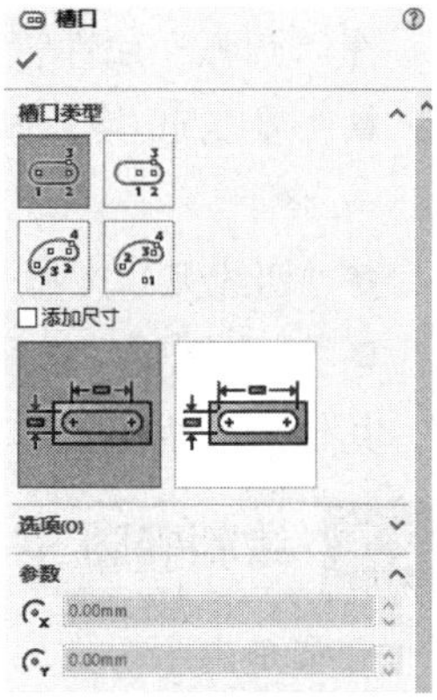

（1）"槽口类型"选项组

● "添加尺寸"复选框：选中此复选框，将显示槽口的长度和圆弧尺寸。

● "中心到中心"按钮：单击此按钮，以两个中心间的长度作为直槽口的长度尺寸。

● 总长度按钮：单击此按钮，以槽口的总长度作为直槽口的长度尺寸。

（2）"参数"选项组

● "X 坐标置中"微调框：在微调框中输入槽口中心点的 x 坐标。

● "Y 坐标置中"微调框：在微调框中输入槽口中心点的 y 坐标。

● "圆弧半径"微调框：在微调框中输入槽口圆弧的半径。

● "圆弧角度"微调框：在微调框中输入槽口圆弧的角度。

● "槽口宽度"微调框：在微调框中输入槽口的宽度。

● "槽口长度"微调框：在微调框中输入槽口的长度。



图 2-20 "槽口"属性管理器

各类型槽口绘制方法见表 2-4。

**表 2-4 各类型槽口绘制方法**

| 名称与图标 | 绘制步骤 | |
|---|---|---|
| 直槽口 |  ① ② ③ | ①在图形区单击确定起点；②向右拖动鼠标确定槽口长度；③向上拖动鼠标确定宽度；④在属性管理器中修改相应参数 |
| 中心点槽口 | 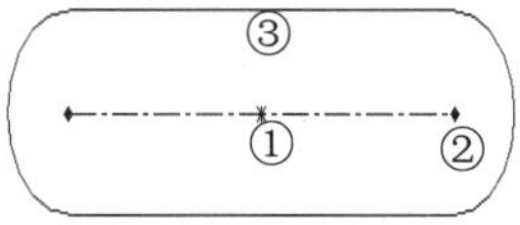 ① ② ③ | ①在图形区单击确定槽口中心点；②向右拖动鼠标确定槽口长度；③向上拖动鼠标确定宽度；④在属性管理器中修改相应参数 |
| 3 点圆弧槽口 | 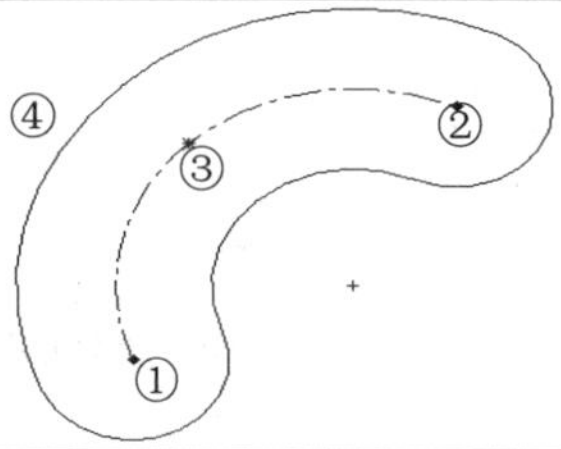 ① ② ③ ④ | ①在图形区单击确定槽口起点；②向右拖动鼠标确定槽口终点；③移动鼠标指针至图形区合适位置单击确定槽口方向；④拖动鼠标确定宽度；⑤在属性管理器中修改相应参数 |
| 中心点圆弧槽口 | 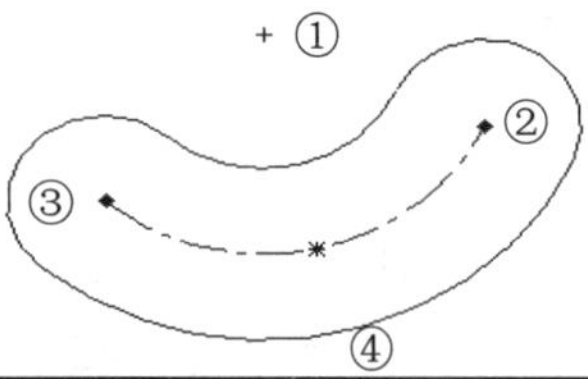 ① ② ③ ④ | ①在图形区单击确定圆弧槽口中心点；②向右拖动鼠标确定槽口起点；③移动鼠标指针至图形区合适位置单击确定槽口终点；④拖动鼠标确定宽度；⑤在属性管理器中修改相应参数 |

## 2.2.9 绘制样条曲线

在创建复杂的曲面造型时，样条曲线是草图中不可缺少的几何元素，样条曲线的可控性及可塑性都非常强，用户可以自由修改样条曲线上每处节点的坐标、角度和曲率。

**1. “样条曲线”属性管理器**

单击“草图”控制面板上的“样条曲线”按钮；或选择“工具”→“草图绘制实体”→“样条曲线”命令；此时鼠标指针变为形状，即可绘制样条曲线。在图形区空白处单击，确定样条曲线的起点，再次单击确定样条曲线的经过点，根据需要单击更多的点，这些点称为型值点。按〈Esc〉键结束样条曲线绘制。

当完成样条曲线绘制或选中一条样条曲线时，会弹出“样条曲线”属性管理器，如图 2-21 所示。在属性管理器中可以显示现有的几何关系，并添加几何关系，将样条曲线设置为构造线，也可以显示样条曲线的曲率。

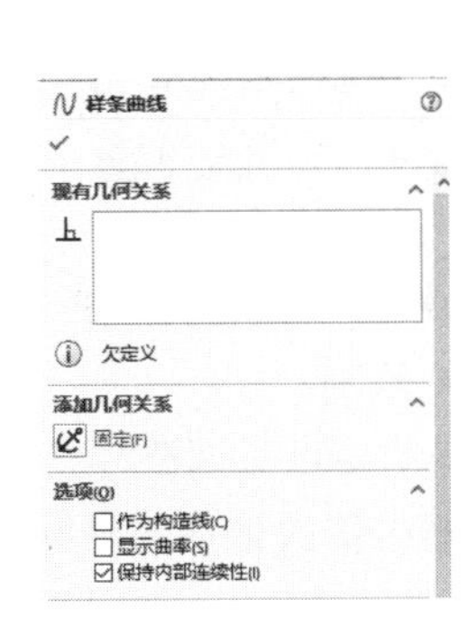

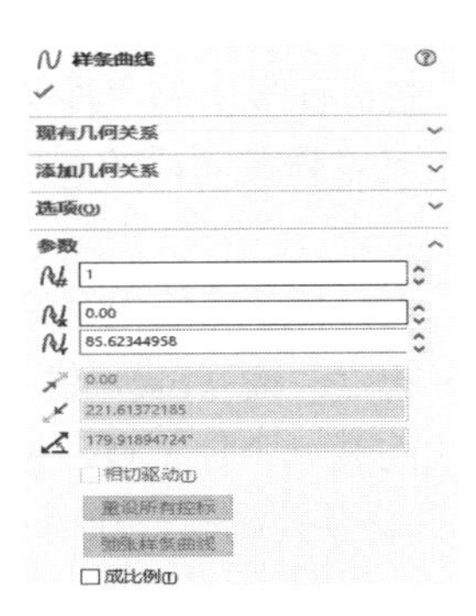


图 2-21 “样条曲线”属性管理器

“样条曲线”属性管理器中各选项的含义如下。

（1）“选项”选项组

- 作为构造线：选中该复选框，样条曲线将转换为构造线，取消选中将得到草图实体。
- 显示曲率：选中该复选框，则生成的样条曲线会显示梳状的曲率图，同时会弹出“曲率比例”属性管理器，以对梳形图的比例与密度进行调节。
- 保持内连续性：选中该复选框，保持样条曲线的内部曲率。选中该复选框时的曲率比例逐渐减小；取消选择时，曲率比例变化会出现断带的现象。

（2）“参数”选项组

该选项组可以显示样条曲线的型值点及其坐标，也可以改变样条曲线的控标。

**2. 编辑样条曲线**

样条曲线的编辑命令集中在右键快捷菜单中。选中样条曲线后右击，弹出的快捷菜单如图 2-22 所示。

1）添加相切控制。选择此命令，在样条曲线上单击，将增加一个型值点，拖动该点的切线控标，可以改变样条曲线在此点周围的形态，如图 2-23 所示。

2）添加曲率控制。选择此命令，在样条曲线上单击，将增加一个型值点，拖动该点可以改变样条曲线的曲率，如图 2-24 所示。

3）插入样条曲线型值点。选择此命令，在样条曲线上单击，可以增加样条曲线型值点。删除型值点的方法是选中型值点后，按〈Delete〉键，也可以选中型值点后右击，在弹出的快捷菜单中选择“删除”命令。

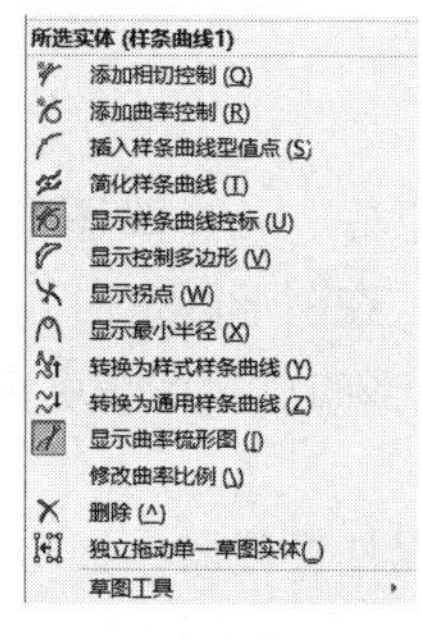


图 2-22 快捷菜单

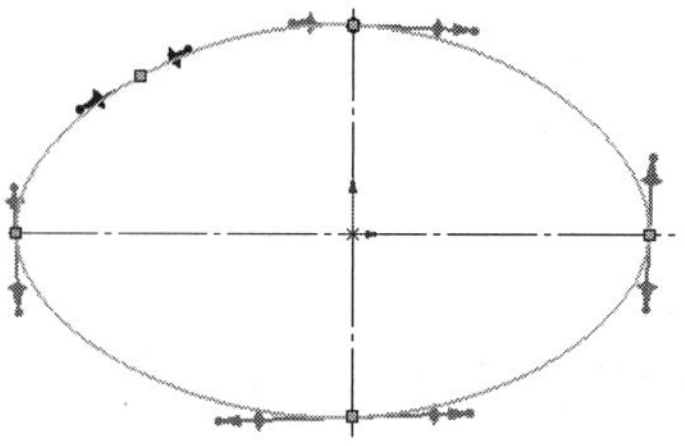

图 2-23 添加相切控制

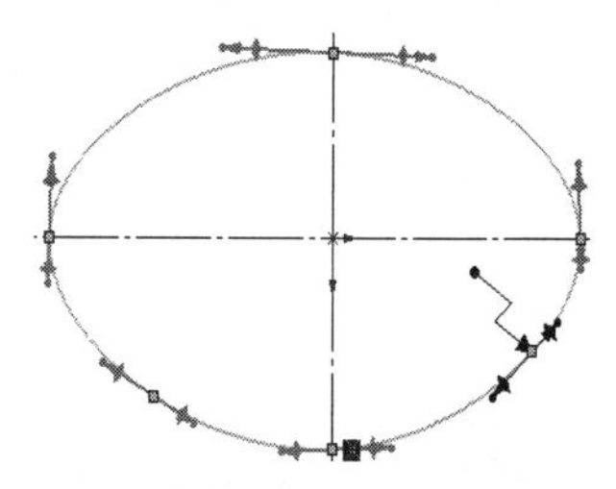

图 2-24 添加曲率控制

**3. 样条曲线的绘制和编辑步骤**

1）单击“草图”控制面板上的“样条曲线”按钮，鼠标指针变为样式。

2）在图形区单击确定样条曲线的起点，拖动鼠标指针，在其他位置单击，确定样条曲线第二控制点。

3）继续添加第三点，样条曲线根据第三点的位置控制前几段曲线的形态。

4）继续添加更多的点，按〈Esc〉键结束样条曲线的绘制。

5）选择样条曲线的某一个控制点，按住鼠标左键拖动该点，调整样条曲线的形状，松开鼠标键停止拖动。也可选择某控制点，在“点”属性管理器中修改该点的坐标。

## 2.2.10 绘制草图文字

例 2-2 添加草图文字

绘制草图时，有时需要加入一些文字注释。SolidWorks 2020 在添加文字之前需要准备一段直线或曲线，用来放置该文字。

下面以实例形式介绍草图文字的插入和编辑步骤。

**【例 2-2】** 添加草图文字

绘制步骤：

1）打开资源文件\模型文件\第 2 章\“例 2-2 添加草图文字.SLDPRT”文件。在设计树中选择“草图 1”并右击，在弹出的快捷菜单中选择“编辑草图”选项，进入草图绘制模式，“草图 1”如图 2-25 所示。

2）单击“草图”控制面板上的“文本”按钮，弹出“草图文字”属性管理器，如图 2-26 所示。

3）添加草图文字。单击“曲线”拾取框，在图形区选中“圆构造线”，然后在“文字”文本框中输入文字，如图 2-27 所示。

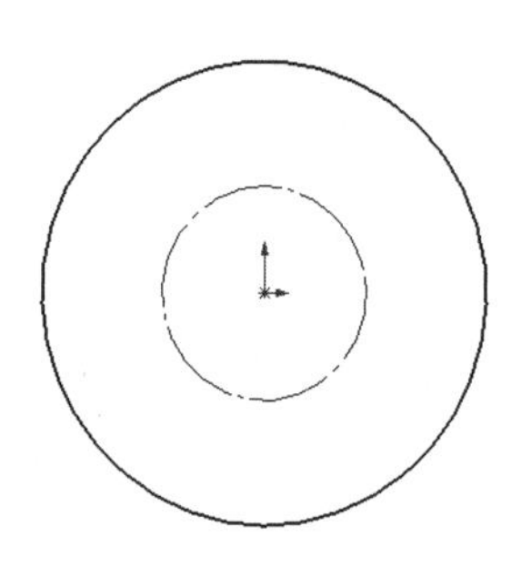

图 2-25 草图 1

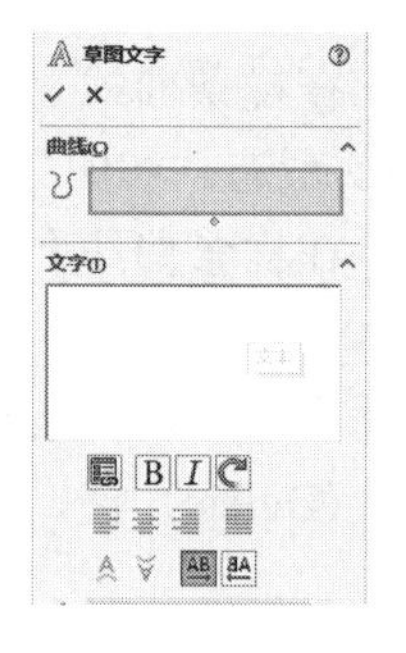


图 2-26 “草图文字”属性管理器

图 2-27 输入文字内容

4）预览文字效果。单击“竖直反转”按钮、“水平反转”按钮，可调整草图文字方向，草图上出现文字预览效果，如图2-28所示。

5）添加文字样式。按住鼠标左键，选中要添加文字样式的字体，单击“加粗”按钮B、“倾斜”按钮I，取消选中“使用文档字体”复选框，将“宽度因子”设置为150%，“间距”不变，生成的文字效果如图2-30所示。

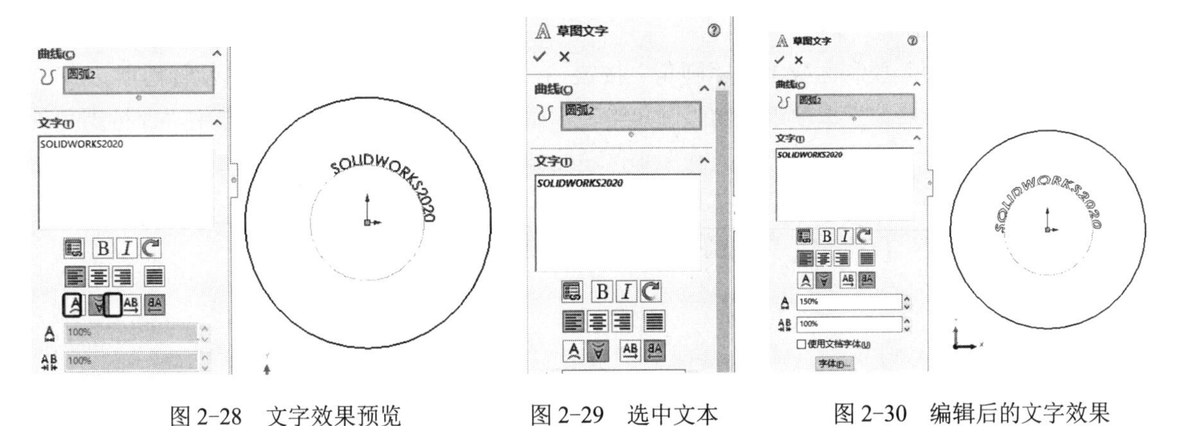


图2-28 文字效果预览　　图2-29 选中文本　　图2-30 编辑后的文字效果

6）单击“确定”按钮，完成文字添加。

# 2.3 草图编辑工具

草图绘制时需对草图元素进行编辑，以符合设计要求，如剪裁多余的线条、绘制圆角、倒角等。另外，重复的草图元素可以使用“复制”“镜像”等命令生成。本节介绍草图绘制中常用的草图编辑工具。

## 2.3.1 圆角与倒角

### 1. 绘制圆角

绘制圆角是指将两个草图实体的交叉处剪裁掉角部，生成一个与两个草图实体都相切的圆弧，此工具在二维和三维草图中均可使用。

单击“草图”控制面板上的“绘制圆角”按钮；或选择“工具”→“草图工具”→“圆角”命令。系统弹出“绘制圆角”属性管理器，如图2-31所示。“绘制圆角”属性管理器中各选项含义如下。

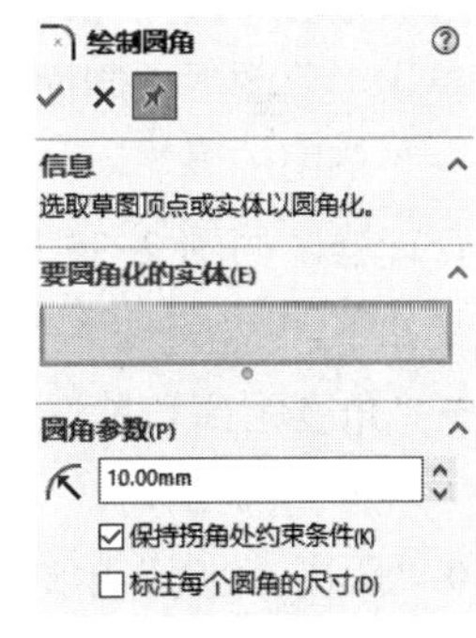


图2-31 “绘制圆角”属性管理器

（1）“要圆角化的实体”选项组

拾取框高亮显示时，在图形区拾取要圆角化的直线或两条直线的交点。

（2）“圆角参数”选项组

- “圆角半径”微调框：在“圆角半径”微调框中输入圆角的半径值。
- 保持拐角处约束条件：如果顶点具有尺寸或几何关系，选中此复选框，将保留约束。

- 标注每个圆角的尺寸：选中此复选框，将尺寸添加到每个圆角。

**【例 2-3】** 绘制圆角

绘制步骤：

1）打开资源文件\模型文件\第 2 章\“例 2-3 绘制圆角.SLDPRT”文件。在设计树中选择“草图 1”并右击，在弹出的快捷菜单中选择“编辑草图”选项，进入草图绘制模式。

2）单击“草图”控制面板上的“圆角”按钮，系统弹出“绘制圆角”属性管理器。

3）单击“圆角参数”选项组中的“圆角半径”微调框，输入“5mm”。选中“保持拐角处约束条件”复选框，如图 2-32 所示。在图形区单击线段 AB、AC、BD、CD，或单击点 A、C、D，图形区将显示预览图形，如图 2-33 所示。

4）单击“确定”按钮，完成圆角的创建，结果如图 2-34 所示。

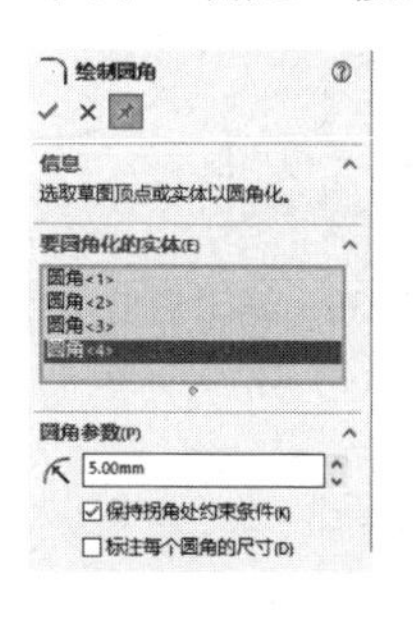


图 2-32　“绘制圆角”属性管理器

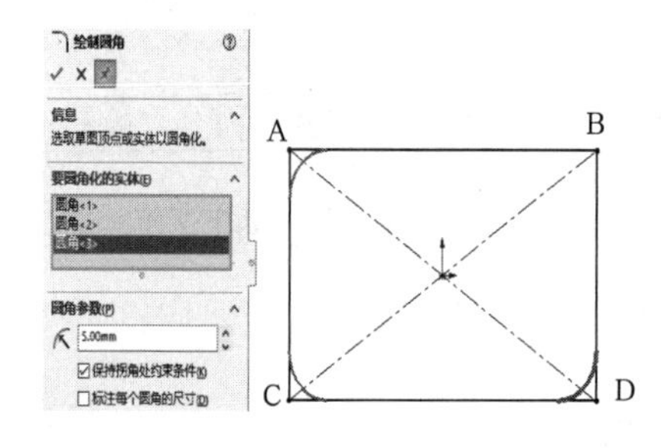


图 2-33　圆角预览

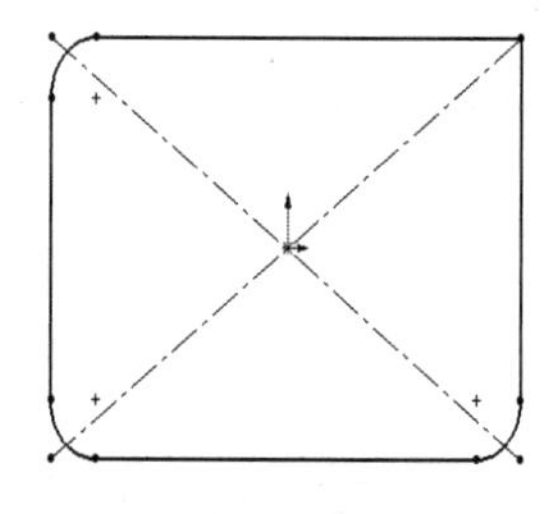

图 2-34　圆角结果

**2．绘制倒角**

绘制倒角命令可将倒角应用到相邻的草图实体中，此命令在二维和三维草图中均可使用。倒角的选取方法与圆角相同。

单击“草图”控制面板上“圆角”按钮，在下拉列表中单击“倒角”按钮，或选择“工具”→“草图工具”→“倒角”命令，系统弹出“绘制倒角”属性管理器，如图 2-35 所示。“绘制倒角”属性管理器中各选项含义如下。

- “角度距离”单选按钮：单击此按钮，以“角度-距离”方式绘制倒角。
- “距离-距离”单选按钮：单击此按钮，以“距离-距离”方式绘制倒角。
- “相等距离”复选框：选中该复选框，将设置的“距离”值应用到两个草图实体中；取消选择，将为两个草图实体分别设置倒角距离值。

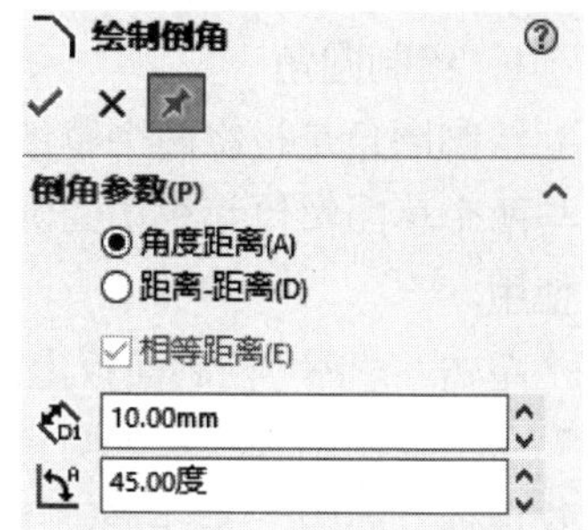


图 2-35　“绘制倒角”属性管理器

以“距离-距离”设置方式绘制倒角时，如果两个倒角距离不相等，选择不同草图实体的次序不同，绘制的结果也不相同，如图 2-36 所示，设置 $D_1$=10mm、$D_2$=20mm。图 2-36a 所示为原始图形；图 2-36b 所示为先选取左侧的直线，后选取右侧直线，形成的倒角；图 2-36c 所示为先选取右侧的直线，后选取左侧直线形成的倒角。

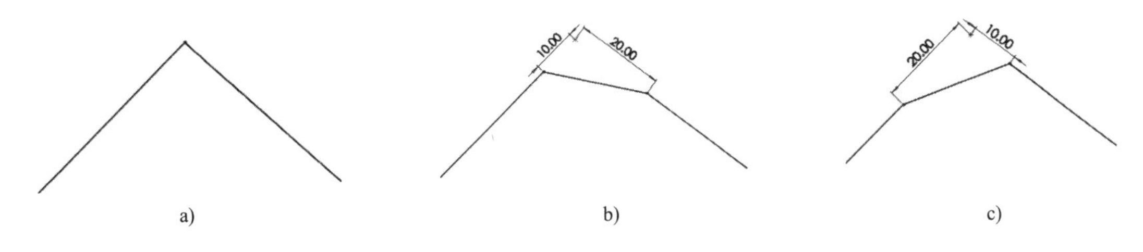


图 2-36　选择直线次序不同形成的倒角

a) 原始图形　b) 先选取左侧直线倒角后图形　c) 先选取右侧直线倒角后图形

## 2.3.2 剪裁实体

绘制的草图往往有部分线条不需要参与实体建模，这时就要用到“剪裁”命令，将多余的线条剪裁掉，使用“剪裁”命令可以剪裁或者延伸某一个草图实体，使之与另一个草图实体重合，或者删除某一草图实体。

单击“草图”控制面板上的“剪裁实体”按钮；或选择“工具”→“草图工具”→“剪裁”命令，弹出“剪裁”属性管理器，如图 2-37 所示。“剪裁”属性管理器各选项含义如下：

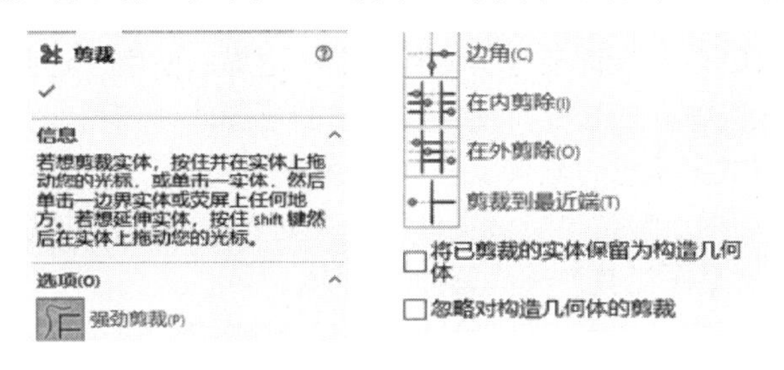


图 2-37　“剪裁”属性管理器

- “强劲剪裁”按钮：单击此按钮，按住左键拖动鼠标，出现拖动轨迹线，轨迹线经过的所有线段被剪除。
- “边角”按钮：单击此按钮，选择两相交线，相交线交叉点外的线被剪除，形成一个边角。如果是未相交的两条线，则边角剪裁会使两线延伸到相交，形成边角。
- “在内剪除”按钮：单击此按钮，用于剪裁实体夹在两边界线之间的部分。选择两边界线，再选择要剪裁的线。
- “在外剪除”按钮：单击此按钮，用于剪裁实体在两边界线之外的部分。选择两边界线，再选择要剪裁的线。
- “剪裁到最近端”按钮：单击此按钮，再单击要剪裁的线，该线段被剪裁到最近的边界。

**【例 2-4】** 剪裁方法应用

例 2-4　剪裁方法应用

绘制步骤：

1）打开资源文件\模型文件\第 2 章\“例 2-4 剪裁方法应用.SLDPRT”文件。在设计树中选择“草图 1”并右击，在弹出的快捷菜单中选择“编辑草图”按钮，进入草绘模式。“草图 1”如图 2-38 所示。

2）剪裁到最近端。单击“草图”控制面板上的“剪裁”按钮，系统弹

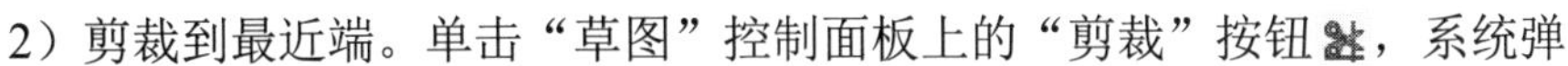

出“剪裁”属性管理器，单击“剪裁到最近端”按钮，然后在图形区依次单击 BA'、BB'，BA' 和 BB'被剪裁，如图 2-39 所示。

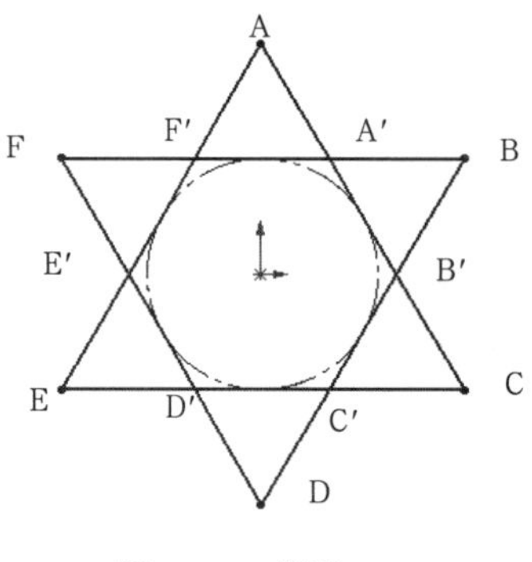


图 2-38　草图 1

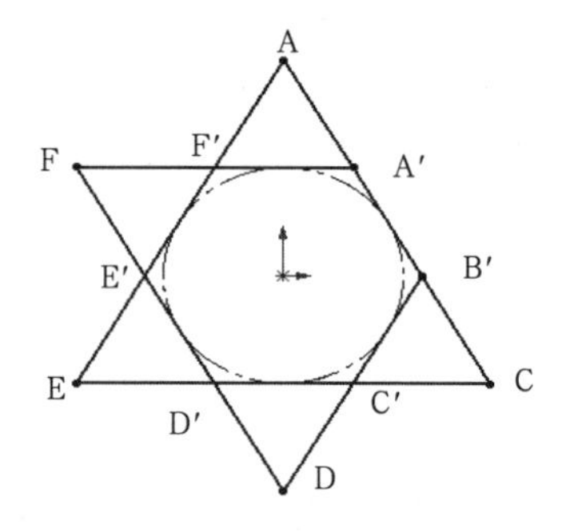


图 2-39　裁剪到最近端

3）单击“确定”按钮，完成剪裁。

如果不选择剪裁方式，系统默认选中上一次的剪裁方式。剪裁方式不同，剪裁的步骤也不同。

### 2.3.3 延伸实体

草图绘制过程中，有时需要延伸某些实体到指定的边界。使用“延伸实体”命令可以增加草图曲线（直线、中心线或圆弧）的长度，使得要延伸的草图曲线与另一草图曲线相交。

用户可以通过以下方式来执行“延伸实体”命令。

1）在“草图”控制面板上单击“剪裁实体”下拉列表中的“延伸实体”按钮。

2）选择“工具”→“草图工具”→“延伸”命令。

【例 2-5】 延伸曲线

例 2-5　延伸曲线

绘制步骤：

1）打开资源文件\模型文件\第 2 章\“例 2-5 延伸曲线.SLDPRT”文件。在设计树中选择“草图 1”并右击，在弹出的快捷菜单中选择“编辑草图”选项，进入草绘模式。“草图 1”如图 2-40 所示。

2）延伸曲线。单击“草图”控制面板上的“延伸实体”按钮，执行“延伸实体”命令。在图形区将鼠标指针靠近要延伸的线段，随后将橙色显示延伸曲线的预览，如图 2-41a 所示。单击完成延伸操作，如图 2-41b 所示。

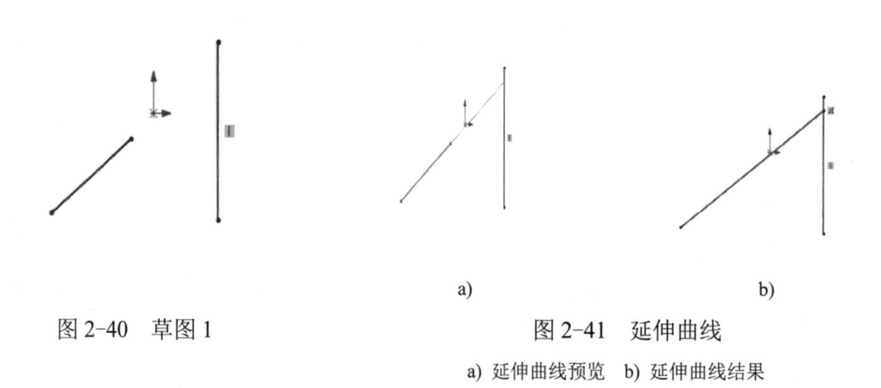


图 2-40　草图 1

图 2-41　延伸曲线

a) 延伸曲线预览　b) 延伸曲线结果

3）此时，“延伸”命令并未退出，可继续延伸其他线段。按〈Esc〉键，则可退出“延伸实体”命令。

## 2.3.4 转换实体引用

转换实体引用是指通过已有的模型或者草图，将其边线、环、面、曲线、外部轮廓线等投影到新的草图基准面上，生成新的草图轮廓。通过这种方式，可以在新建草图基准面上生成一个或多个草图实体。使用该命令时，如果引用的实体发生改变，那么转换的草图实体也会相应地改变。转换实体投影为一点时或转换实体与投影面相交时无法完成操作。

单击“草图”控制面板上的“转换实体引用”按钮，弹出“转换实体引用”属性管理器，如图 2-42 所示。“转换实体引用”属性管理器中各选项含义如下。

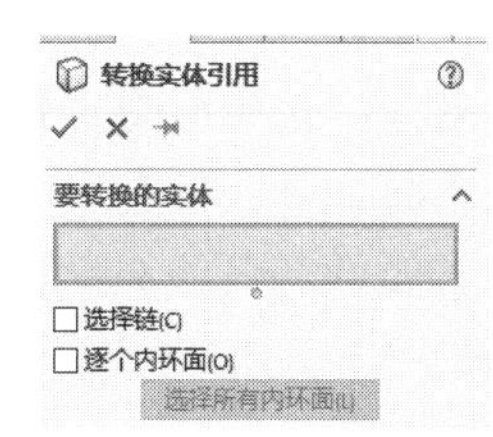


图 2-42 “转换实体引用”属性管理器

- “要转换的实体”拾取框：拾取框高亮显示时，可以在图形区选择待转换的实体，模型中选取的元素在拾取框列表中显示。
- “选择链”复选框：选中此复选框，再单击模型某一边界，与该边界所连的一条封闭链都被选中。

**【例 2-6】** 转换实体引用

例 2-6 转换实体引用

绘制步骤：

1）打开资源文件\模型文件\第 2 章\“例 2-6 转换实体引用.SLDPRT”文件。选择“基准面 1”，单击“草图”控制面板上的“草图绘制”按钮，进入草绘模式。草图素材如图 2-43 所示。

2）单击“草图”控制面板上的“转换实体引用”按钮，系统弹出“转换实体引用”属性管理器，如图 2-44a 所示，单击“要转换引用的实体”拾取框，在图形区选择“圆柱”外轮廓，图形区出现预览图形，如图 2-44b 所示。

3）单击属性管理器中的“确定”按钮，即完成“转换实体引用”命令。

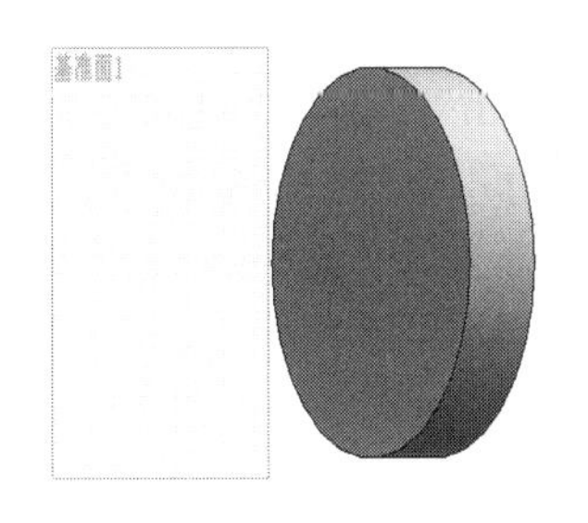


图 2-43 草图素材

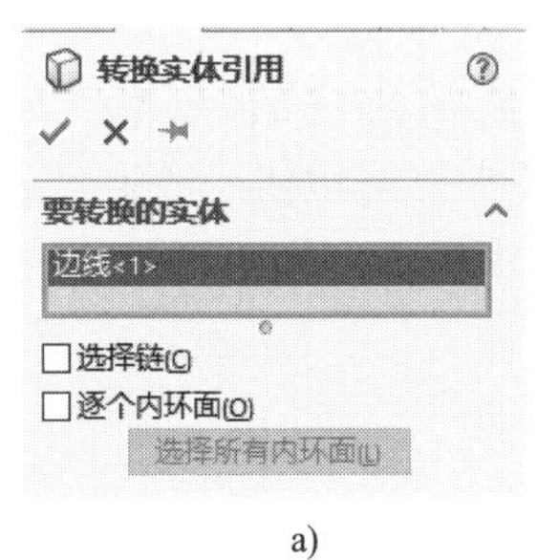


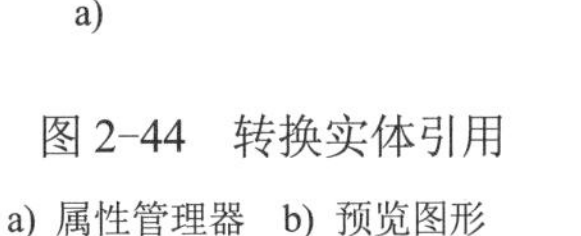

a) b)

图 2-44 转换实体引用

a) 属性管理器 b) 预览图形

## 2.3.5 等距实体

“等距实体”命令可以将选定的边线以一定的距离和方向偏移，生成平行的直线或弧线等。

偏移的边线可以是 1 个或多个草图实体，1 个模型边线或者外部草图曲线。

单击“草图”控制面板上的“等距实体”按钮，弹出“等距实体”属性管理器，如图 2-45 所示；其中“参数”选项组中各选项的含义如下：

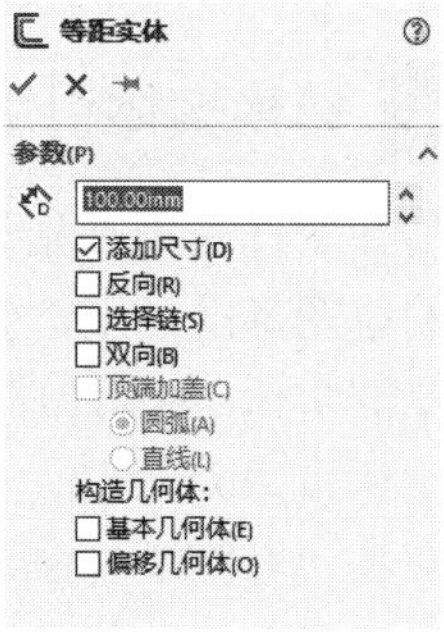

- “等距距离”微调框：在微调框输入等距的距离值。
- 添加尺寸：选中此复选框，生成等距线的同时，还生成距离尺寸标注。
- 反向：选中此复选框，改变草图中等距的方向。
- 选择链：选中此复选框，与选中实体相连的草图实体也被选中。
- 双向：选中此复选框，在所选实体两侧都生成等距线。
- 顶端加盖：只有选中“双向”复选框，才能选择“顶端加盖”。“顶端加盖”选项可使双向等距的两条线在端点处以圆弧或直线封闭。

图 2-45 “等距实体”属性管理器

**【例 2-7】** 等距实体

例 2-7 等距实体

绘制步骤：

1）打开资源文件\模型文件\第 2 章\“例 2-7 等距实体.SLDPRT”文件。在设计树中选择“草图 1”并右击，在弹出的快捷菜单中选择“编辑草图”选项，进入草绘模式，“草图 1”如图 2-46 所示。

2）单击“草图”控制面板上的“等距实体”按钮，弹出“等距实体”属性管理器，选择如图 2-47 所示的圆弧线，生成等距线预览图形。

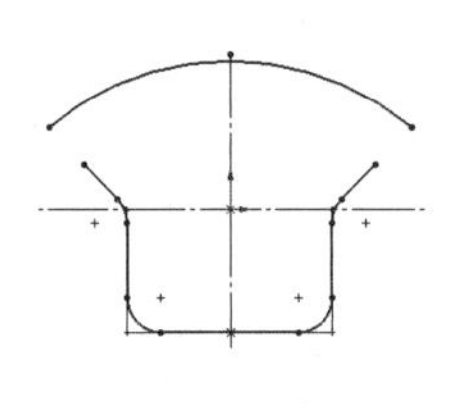

图 2-46 草图 1

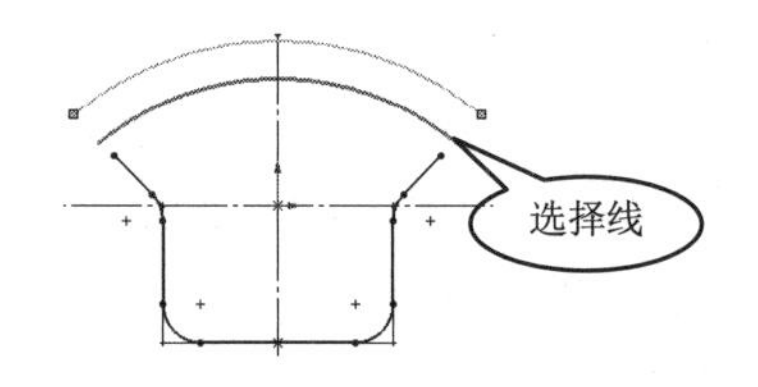


图 2-47 等距线预览

3）在“参数”选项组的“等距距离”微调框中输入“10mm”；选中“双向”复选框；单击“顶端加盖”选项组中的“直线”单选按钮；选中“基本几何体”复选框，参数设置如图 2-48 所示。预览图形如图 2-49 所示，单击“确定”按钮，生成等距线，同时基本体弧线转化为构造线。

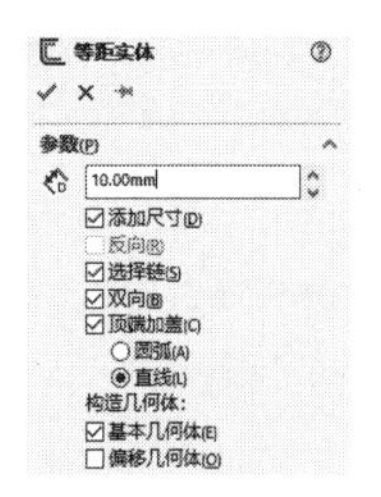


图 2-48 参数设置

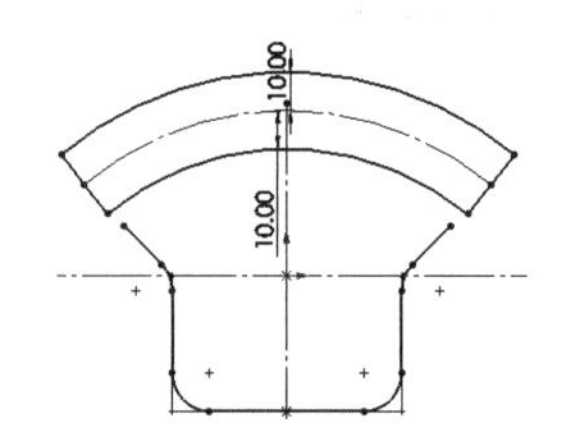


图 2-49 等距实体草图 1

4）单击属性管理器中的“确定”按钮，生成等距实体。

## 2.3.6 移动实体

草图中大多数对象，不能直接用鼠标拖动的方式来移动，可以通过“移动实体”命令将它移动至指定的位置。

单击“草图”控制面板上的“移动实体”按钮，系统弹出“移动”属性管理器，如图2-50所示。“移动”属性管理器中各选项的含义如下。

（1）“要移动的实体”选项组

- “草图项目或注解”拾取框：在图形区拾取待移动实体，选取后拾取框中将会显示。拾取框高亮显示时可用。
- 保留几何关系：选中此复选框，保留移动后实体与其他实体间的几何约束关系。

（2）“参数”选项组

- “从/到”单选按钮：单击此按钮，激活“起点”拾取框，要求选择一个基准点，实体以该点为基准，用鼠标拖动的方式移动。
- “X/Y”单选按钮：单击此按钮，要求输入草图在 x 和 y 方向的移动距离，实体按此距离移动，如图2-51所示。

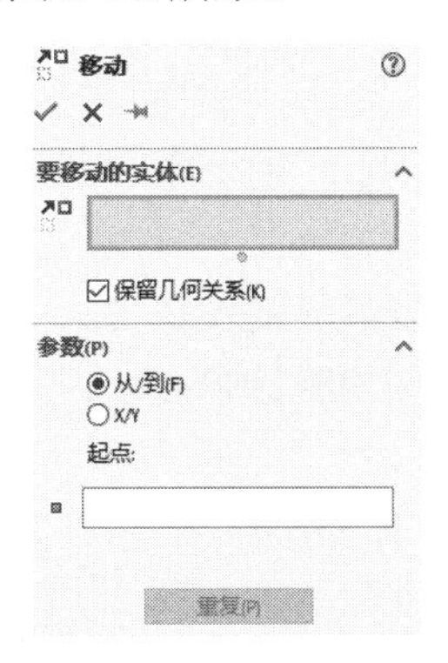


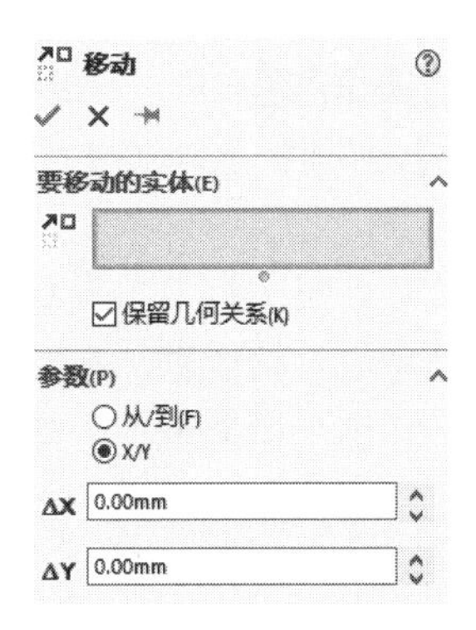


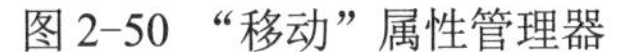

图2-50 “移动”属性管理器　　图2-51 参数输入

移动实体的操作流程如下。

1）单击“草图”控制面板上的“移动实体”按钮，弹出“移动”属性管理器。

2）拾取要移动的对象。

3）定义移动方式：有“从/到”（基准点）和“X/Y”（设定位移）两种方式。

4）如果选择“从/到”方式，先激活“起点”拾取框，在草图上拾取某个点作为基准点，拖动鼠标到需要的位置，单击放置实体，移动命令自动结束。

5）如果选择“X/Y”方式，激活“ΔX”和“ΔY”文本框在文本框中输入相应的数值，实体按指定位移移动。单击“确定”按钮，完成移动。

## 2.3.7 复制实体

在“草图”控制面板上，单击“移动实体”按钮旁的下拉按钮，在下拉列表中选择“复制实体”命令，系统弹出“复制”属性管理器。“复制”属性管理器各选项的含义跟“移动实体”

属性管理器中的相同，不再赘述。

复制实体和移动实体的操作相似，在此不再介绍。不同的是复制实体后，原来的实体仍保留。

## 2.3.8 旋转草图实体

“旋转实体”命令可以将一个实体沿定点旋转指定角度。

**1. “旋转”属性管理器**

单击“草图”控制面板上“移动实体”按钮旁的下拉按钮，展开下拉列表，在下拉列表中选择“旋转实体”命令，弹出“旋转”属性管理器，如图 2-52 所示。“旋转”属性管理器中各选项含义如下。

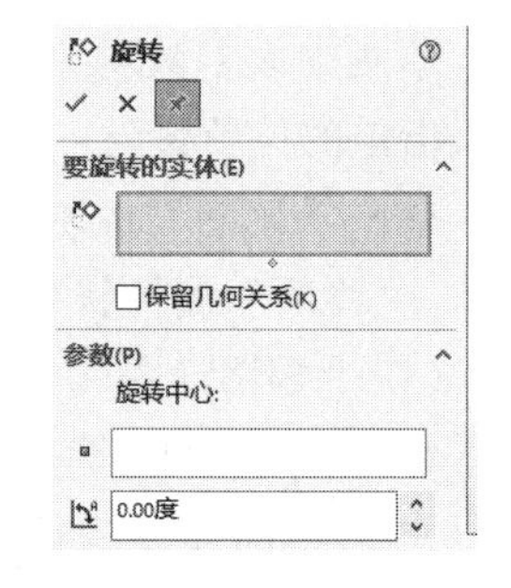


图 2-52 “旋转”属性管理器

（1）“要旋转的实体”选项组

- “草图项目或注解”拾取框：在图形区拾取要旋转的实体。拾取框高亮时可用。
- 保留几何关系：选中此复选框，保留旋转后实体与其他实体间的几何约束关系。

（2）“参数”选项组

- “旋转中心”拾取框：在图形区拾取一点作为旋转中心，实体将以此点为中心旋转。
- “角度”微调框：在微调框中输入旋转角度。

**2. 旋转实体的操作流程**

1）在“草图”控制面板上，单击“移动实体”按钮旁的下拉按钮，在下拉列表中选择“旋转实体”命令。

2）单击“草图项目或注解”拾取框，在图形区拾取要旋转的实体。

3）单击“旋转中心”拾取框，在图形区选取一个点，作为旋转中心。

4）单击“旋转角度”微调框，输入旋转角度。

5）单击属性管理器中的“确定”按钮，完成旋转实体操作。

## 2.3.9 缩放草图

“缩放实体比例”命令通过基准点和比例因子对草图实体进行缩放，可以根据需要在保留原缩放对象的基础上缩放草图。

在“草图”控制面板上，单击“移动实体”按钮旁的下拉按钮，在下拉列表中选择“缩放实体比例”命令，弹出“比例”属性管理器，如图 2-53 所示。“比例”属性管理器中各选项的含义如下。

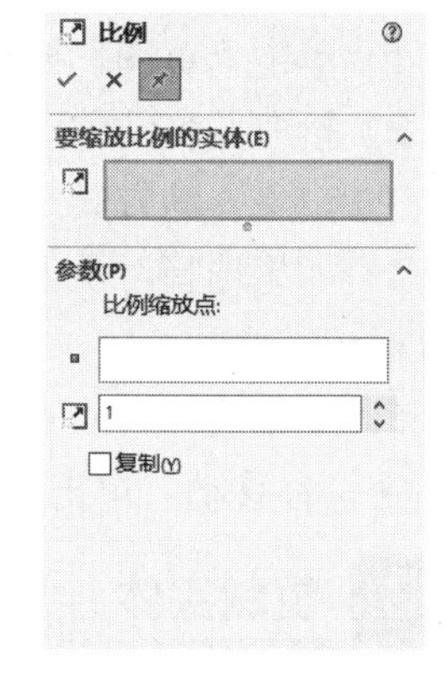


图 2-53 “比例”属性管理器

（1）“要缩放比例的实体”选项组

“草图项目或注解”拾取框：在图形区拾取要缩放的实体。拾取框高亮时可用。

（2）“参数”选项组

- “比例缩放点”拾取框：在图形区拾取待缩放实体上的某点作为基准点。
- “比例因子”微调框：在微调框中输入新实体与原实体的比例，比例因子小于 1 时缩小，大于 1 时放大。

● “复制”复选框：选中此复选框时，生成新实体的同时保留原实体。

● “份数”微调框：只有选中“复制”复选框时，才出现“份数”微调框，调整右侧的微调按钮，生成等比例的一系列实体。

例 2-8 比例缩放五角星

【例 2-8】 比例缩放五角星

绘制步骤：

1）打开资源文件\模型文件\第 2 章\“例 2-8 比例缩放五角星.SLDPRT”文件。在设计树中选择“草图 1”并右击，在弹出的快捷菜单中选择“编辑草图”命令，进入草绘模式。“草图 1”如图 2-54 所示。

2）单击“草图”控制面板上“移动实体”按钮旁的下拉按钮，在下拉列表中选择“缩放实体比例”命令，系统弹出“比例”属性管理器。

3）单击“草图项目或注解”拾取框，在图形区框选“五角星”；单击“参数”选项组中的“比例缩放点”拾取框，在图形区拾取五角星中心点；单击“比例因子”微调框，输入“0.4”；选中“复制”复选框，将“份数”设置为“1”。参数设置如图 2-55a 所示。

4）单击属性管理器中的“确定”按钮，生成如图 2-55b 所示实体。

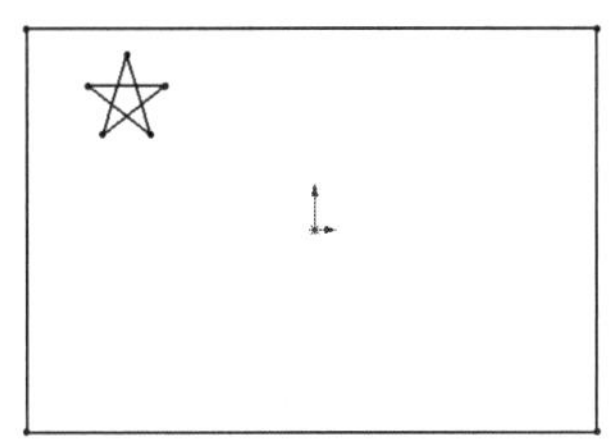

图 2-54 草图 1

a) b)

图 2-55 缩放实体

a) 参数设置 b) 生成实体

## 2.3.10 伸展实体

前面介绍了“延伸实体”命令，“延伸实体”命令是将单条线段伸长到指定边界。“伸展实体”命令是将草图某部分整体拉伸或缩短指定长度。

### 1. “伸展”属性管理器

在“草图”控制面板上，单击“移动实体”按钮旁的下拉按钮，在下拉列表中单击“伸展实体”按钮，弹出“伸展”属性管理器，如图 2-56 所示。“伸展”属性管理器中各选项的含义如下。

● “草图项目或注解”拾取框：在图形区拾取要伸展的实体。拾取框高亮时可用。

● “从/到”单选按钮：单击此按钮，将以“伸展点”拾取框中的点为基准，伸展实体。

● “X/Y”单选按钮：单击此按钮，伸展方式更改为“X/Y”伸展。将沿 x 方向拉伸（或缩短）指定长度，或沿 y 方向拉伸（或缩短）指定长度。

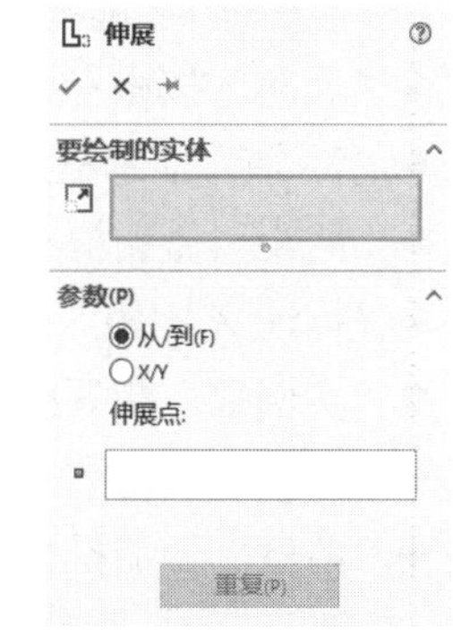


图 2-56 “伸展”属性管理器

● “伸展点”拾取框：在草图中拾取某点作为伸展点。拾取框高亮时可用。

**2. 伸展实体操作步骤**

1）在“草图”控制面板上，单击“移动实体”按钮旁的下拉按钮，在下拉列表中单击“伸展实体”按钮。

2）单击“草图项目或注解”拾取框，在图形区选择要伸展的草图实体。

3）如果选择“从/到”方式伸展，激活“伸展点”拾取框，然后在实体上选择一个点作为伸展点。拖动鼠标，生成伸展实体的预览图形，在需要的位置单击，然后按〈Esc〉键，即完成伸展实体操作。

4）如果选择“X/Y”方式，在“参数”选项组中输入位移增量值。单击“确定”按钮，完成伸展实体操作。

## 2.3.11 线性阵列实体

当草图中需要生成某个重复的实体，该实体以规律的矩形或圆周排列时，可使用阵列方式一次性生成所有实体。阵列包括“线性草图阵列”和“圆周草图阵列”两种方式。线性草图阵列是将草图实体沿一个或者两个轴复制生成多个排列图形。

单击“草图”控制面板上的“线性草图阵列”按钮，弹出“线性阵列”属性管理器，如图 2-57 所示。“线性阵列”属性管理器中各选项含义如下。

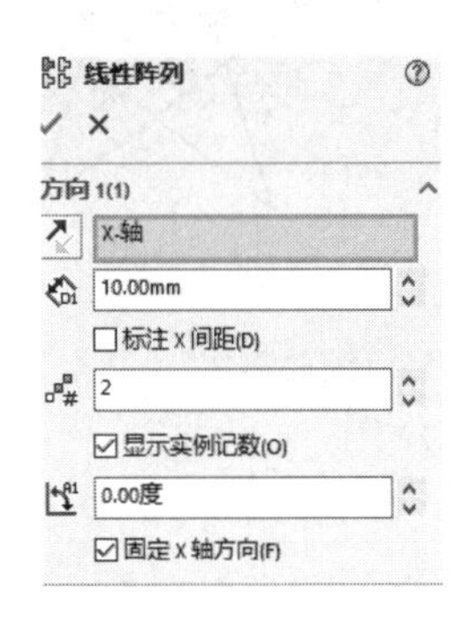

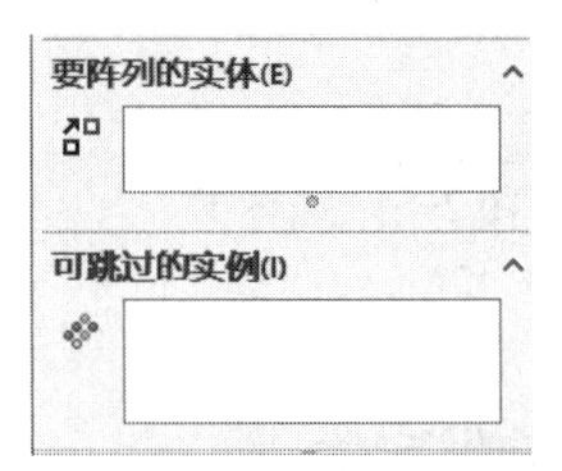


图 2-57 “线性阵列”属性管理器

（1）“方向 1”选项组

● “反向”按钮：单击此按钮，改变阵列方向。

● “X-轴”显示框：系统指定 x 轴为线性阵列方向。

● “间距”微调框：定义阵列后两实体的间距。

● “标注 X 间距”复选框：选中此复选框，标准阵列后实体的间距值。

● “实例数”微调框：定义要阵列生成的实体个数，数目包含源实体。

● “显示实例记数”复选框：选中此复选框，阵列后生成阵列数目的标注。

● “角度”微调框：定义 x 轴与水平方向成一定角度，使其成一定角度的阵列。

（2）“方向 2”选项组中的选项含义与“方向 1”选项组中的相同

默认情况下，只按 x 方向生成直线阵列。如果在 y 方向也要阵列，需要把“方向 2”选项组的“实例数”改为大于 1 的数，这样将在方向 1 和方向 2 同时阵列，生成矩形分布的阵列。

（3）“要阵列的实体”选项组

“要阵列的实体”拾取框：在草图中拾取阵列源实体，在拾取框中显示拾取的实体。拾取框高亮时可用。

（4）“可跳过的实例”选项组

“可跳过的实例”拾取框：激活拾取框，在图形区出现预览图形的“关键点”，单击不想要的实体上的关键点，该实体从预览图形中消失。

例 2-9　线性阵列

**【例 2-9】** 线性阵列

绘制步骤：

1）打开资源文件\模型文件\第 2 章\“例 2-9 线性阵列.SLDPRT”文件。在设计树中选择“草图 1”并右击，在弹出的快捷菜单中选择“编辑草图”命令，进入草绘模式。“草图 1”如图 2-58 所示。

2）单击“草图”控制面板上的“线性草图阵列”按钮，弹出“线性阵列”属性管理器，如图 2-59 所示。

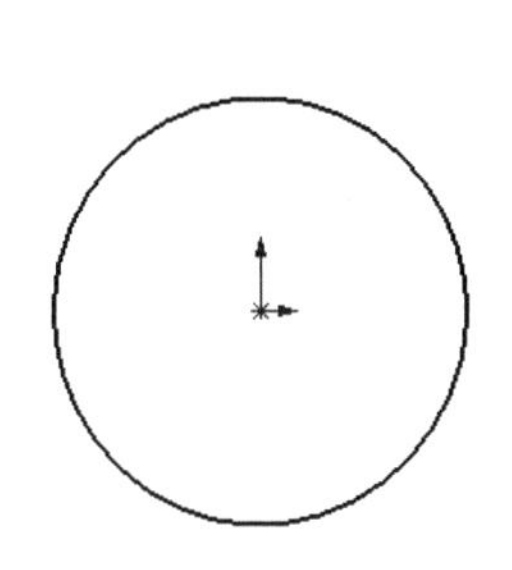

图 2-58　草图 1

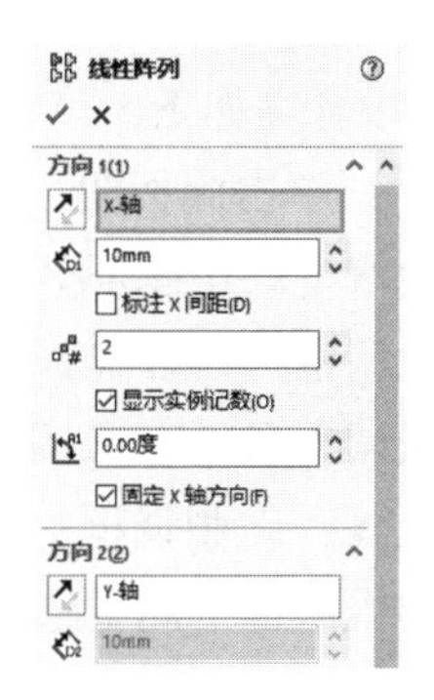


图 2-59　“线性阵列”属性管理器

3）单击“要阵列的实体”拾取框，在图形区选择“圆”；设置“方向 1”选项组，在“间距”微调框中输入“50mm”，在“实例数”微调框中输入“3”，在“角度”微调框中输入“45 度”；设置“方向 2”选项组，在“间距”微调框中输入“70mm”，“实例数”微调框中输入“2”，“角度”微调框中输入“135 度”，参数设置如图 2-60 所示。图形区出现预览图形，如图 2-61 所示。

图 2-60　参数设置

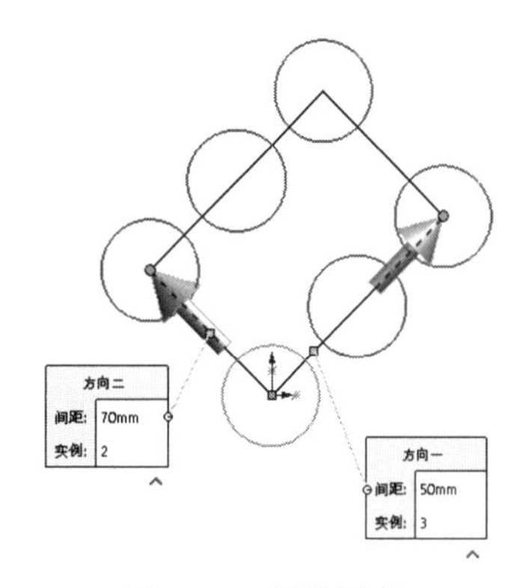


图 2-61　预览图形

4）单击“确定”按钮✓，完成线性阵列操作。

## 2.3.12 圆周草图阵列

圆周草图阵列是指将草图实体沿一个指定大小的圆弧进行环状阵列。

单击“线性草图阵列”按钮旁的下拉按钮，在下拉列表中选择“圆周阵列”命令，系统弹出“圆周阵列”属性管理器，如图 2-62 所示。

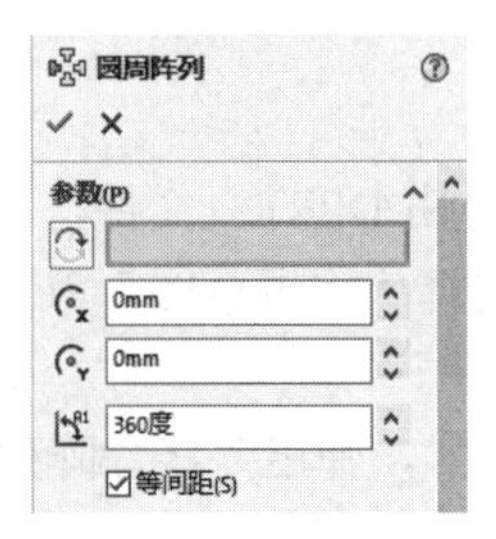


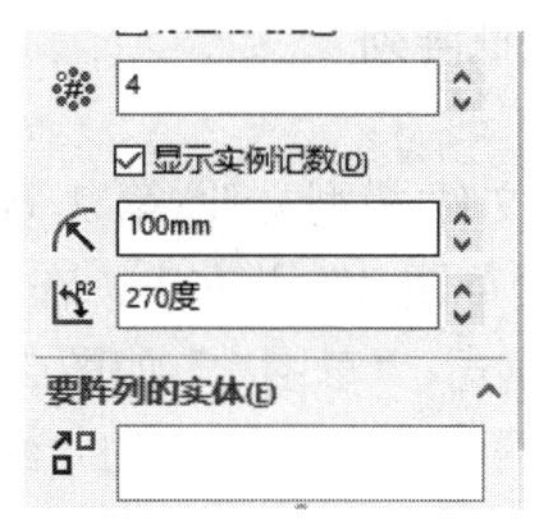


图 2-62 “圆周阵列”属性管理器

“参数”选项组各项含义如下：

- “反向”按钮：单击此按钮，可以反转阵列方向。
- “阵列中心”拾取框：在图形区拾取进行圆周阵列的圆心（中心）。拾取框高亮时可用。
- “中心点 X”微调框：在微调框中定义中心点的 x 坐标。
- “中心点 Y”微调框：在微调框中定义中心点的 y 坐标。
- “间距”微调框：在微调框中输入圆周阵列的总角度，默认为 360°
- “等间距”复选框：选中此复选框，阵列实体按等角度均匀分布。
- “标注半径”复选框：选中此复选框，标注阵列源特征点到阵列中心的距离。
- “标注角间距”复选框：选中此复选框，标注相邻阵列体之间的夹角。
- “实例数”微调框：在微调框中输入要生成的实体数量。
- “显示实例记数”复选框：选中此复选框，生成阵列数量的标注。
- “阵列半径”微调框；在微调框中输入阵列圆周的半径。
- “圆弧角度”微调框：定义所选实体中心与阵列中心连线与 x 轴水平方向夹角。

“要阵列的实体”和“可跳过的实例”两个拾取框与“线性阵列”属性管理器中两个拾取框的含义相同。

## 2.3.13 镜像实体

当草图有轴对称特征时，可以只画出轴一侧的实体元素，通过“镜像”[①]命令，镜像出对称轴另一侧的元素。绘制草图时巧妙利用“镜像”命令，可提高绘图效率。

单击“草图”控制面板上的“镜像”按钮，弹出“镜像”属性管理器，如图 2-63 所示。“镜像”属性管理器各选项含义如下。

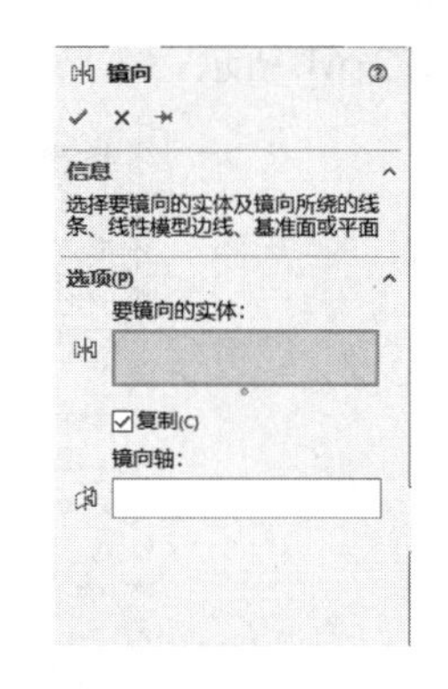


图 2-63 “镜像”属性管理器

① 因软件版本汉化问题，软件中的“镜向”应为“镜像”。

- “要镜像的实体”拾取框：在图形区拾取要镜像的实体，将在拾取框中显示拾取的实体。拾取框高亮时可用。
- “复制”复选框：选中此复选框，生成镜像实体的同时保留镜像源。
- “镜像轴”拾取框：在图形区拾取一条线，作为镜像中心线。

例 2-10 镜像剪刀草图

**【例 2-10】** 镜像剪刀草图

绘制步骤：

1）打开资源文件\模型文件\第 2 章\“例 2-10 镜像剪刀草图.SLDPRT”文件。在设计树中选择“草图 1”并右击，在弹出的快捷菜单中选择“编辑草图”命令，进入草绘模式。“草图 1”如图 2-64 所示。

2）单击“草图”控制面板上的“镜像实体”按钮，弹出“镜像”属性管理器。

3）单击“要镜像的实体”拾取框，在草图中框选整个剪刀。中心线不需要被镜像，按住〈Ctrl〉键，然后单击中心线，中心线被取消选中。单击属性管理器中的“镜像轴”拾取框，在图形区拾取“中心线”作为镜像中心线。参数设置如图 2-65 所示。

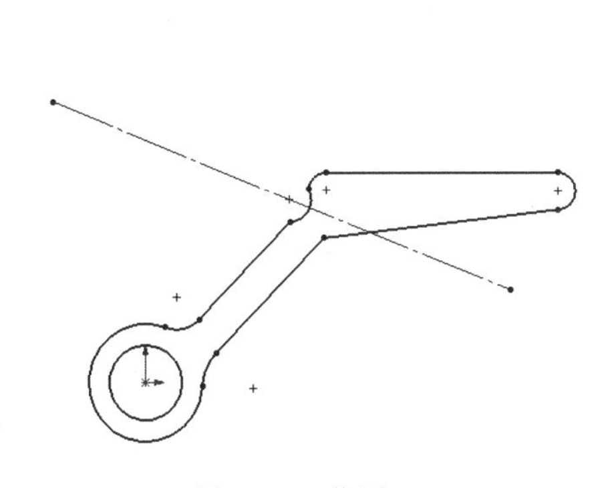

图 2-64　草图 1

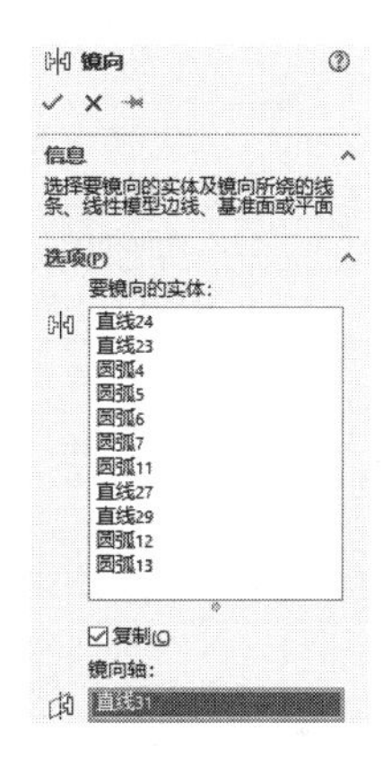


图 2-65　镜像设置

4）参数设置完后，在图形区出现预览图形，如图 2-66 所示，单击“确定”按钮，退出“镜像”命令，完成剪刀绘制，结果如图 2-67 所示。

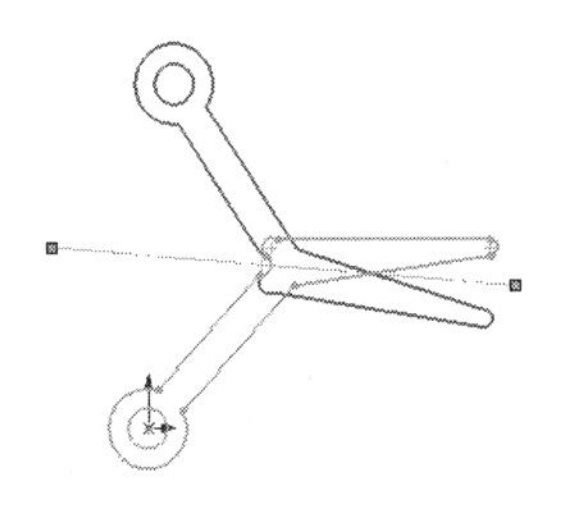

图 2-66　预览图形

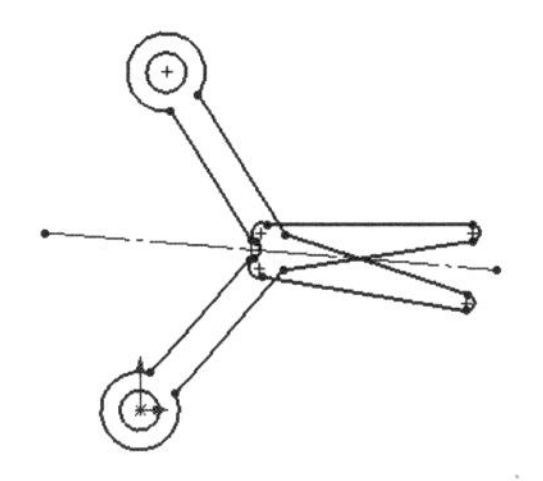

图 2-67　镜像草图

# 2.4　草图几何关系

草图几何关系是指草图实体、草图实体之间或草图实体与基准面、基准轴之间的几何关系，如线段竖直、两直线相互平行等。在 SolidWorks 中可以自动或手动为草图实体添加几何关系。

几何关系与捕捉是相辅相成的，捕捉到的特征就是具有某种几何关系的特征。

## 2.4.1 几何关系类型

绘制草图时使用几何关系可以更容易地控制草图形状，表达设计意图，充分体现人机交互的便利。SolidWorks 中草图实体间的几何关系类型及其说明见表 2-5。

**表 2-5 草图实体间的几何关系类型及其说明**

| 几何关系及其按钮 | 要选择的草图实体 | 说明 |
|---|---|---|
| 水平 | 一条或者多条直线，两个或者多个点 | 使直线水平，或使点水平对齐 |
| 竖直 | 一条或者多条直线，两个或者多个点 | 使直线竖直，或使点竖直对齐 |
| 共线 | 两条或者多条直线 | 使草图实体位于同一条无限长的直线上 |
| 全等 | 两段或者多段圆弧 | 使草图实体位于同一个圆周上 |
| 垂直 | 两条直线 | 使草图实体相互垂直 |
| 平行 | 两条或者多条直线 | 使草图实体相互平行 |
| 相切 | 直线和圆弧、椭圆弧或者其他曲线，曲面和直线，曲面和平面 | 使草图实体保持相切 |
| 同心 | 两个或者多段圆弧 | 使草图实体共用一个圆心 |
| 中点 | 一条直线或者一段圆弧和一个点 | 使点位于圆弧或者直线的中心 |
| 交叉点 | 两条直线和一个点 | 使点位于两条直线的交叉点处 |
| 重合 | 一条直线、一段圆弧或者其他曲线和一个点 | 使点位于直线、圆弧或者曲线上 |
| 相等 | 多条直线、两段或者多段圆弧 | 使草图实体的所有尺寸参数保持相等 |
| 对称 | 两个点、两条直线、两个圆、椭圆或者其他曲线和一条中心线 | 使草图实体保持相对于中心线对称 |
| 固定 | 任何草图实体 | 使草图实体的尺寸和位置保持固定，不可更改 |
| 穿透 | 一个基准轴、一条边线、直线或者样条曲线和一个草图点 | 草图点与基准轴、边线或者曲线在草图基准面上穿透的位置重合 |
| 合并 | 两个草图点或者端点 | 使两个点合并为一个点 |

## 2.4.2 添加几何关系

一般来说，读者在绘制草图的过程中，程序会自动添加其几何约束关系。但是当“自动添加几何关系”的选项(系统选项)未被设置时，这就需要读者手动添加几何约束关系了。

读者可通过以下方式来执行“添加几何关系”命令。

- 在命令管理器的“草图”控制面板上单击“添加几何关系”按钮 上。
- 选择“工具”→“关系”→“添加”命令。
- 选择实体，在弹出的属性管理器中添加几何关系。
- 如果要在多个实体间添加几何关系，按住〈Ctrl〉键，然后依次单击要添加几何关系的实体，弹出“添加几何关系”属性管理器，在弹出的属性管理器中添加几何关系。

执行“添加几何关系”命令后，将显示“添加几何关系”属性管理器，如图 2-68 所示。当选择要添加几何关系的草图曲线后，“现有几何关系”列表框中将显示拾取的草图实体，如图 2-69 所示。

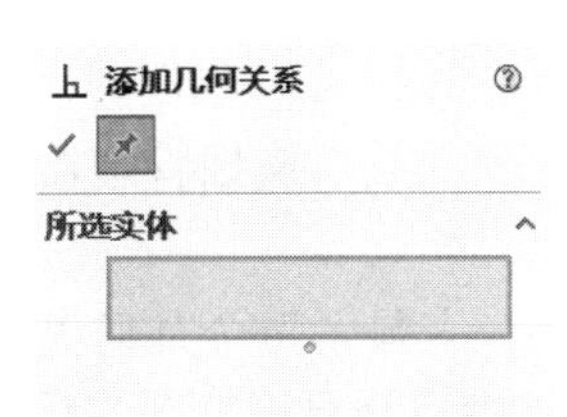


图 2-68 “添加几何关系”属性管理器

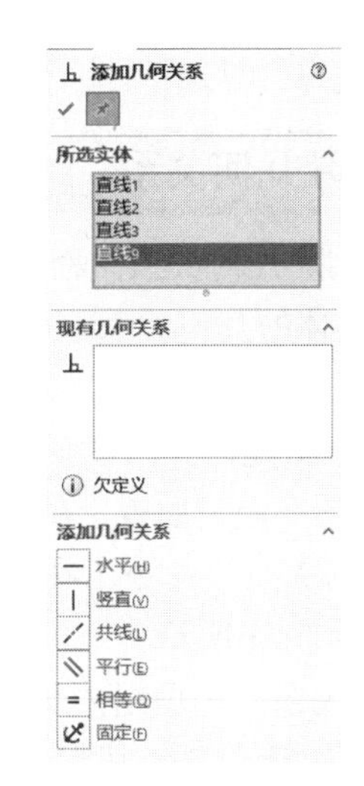


图 2-69 显示草图实体

单击“添加几何关系”选项组中相应几何关系按钮，即为选择的实体添加了相应几何关系。右击“现有几何关系”列表框中的几何关系，在快捷菜单中选择“删除”命令，可删除现有几何关系。

根据所选的草图曲线不同，则“添加几何关系”属性管理器中的几何关系选项也会不同。

**【例 2-11】** 添加几何关系

例 2-11 添加几何关系

绘制步骤：

1）打开资源文件\模型文件\第 2 章\“例 2-11 添加几何关系.SLDPRT”文件。在设计树中选择“草图 1”并右击，在弹出的快捷菜单中选择“编辑草图”命令，进入草绘模式。“草图 1”如图 2-70 所示。

2）单击“草图”控制面板上“显示/删除几何关系”→“添加几何关系”按钮，系统弹出“添加几何关系”属性管理器。在草图中单击要添加几何关系的实体，如图 2-71 所示。

3）在“添加几何关系”选项组中单击“相切”按钮，这时添加的几何关系类型就会显示在“现有几何关系”列表框中。

4）单击“确定”按钮，几何关系添加到草图实体间，如图 2-72 所示。

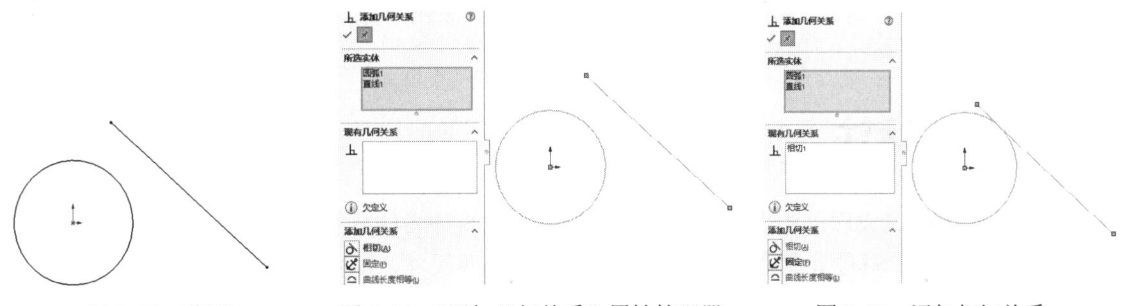

图 2-70 草图 1　　图 2-71 “添加几何关系”属性管理器　　图 2-72 添加相切关系

若要将自动添加几何关系作为系统的默认设置，其操作步骤如下。

1）选择“工具”→“选项”命令，打开“系统选项”对话框。

2）在“系统选项”选项卡的左侧列表框中选择“几何关系/捕捉”选项，然后在右侧区域中选中“自动几何关系”复选框。

### 2.4.3 显示/删除几何关系

利用“显示/删除几何关系”命令可以显示手动和自动应用到草图实体上的几何关系，查看有疑问的特定草图实体的几何关系，还可以删除不再需要的几何关系。此外，还可以通过替换列出的参考引用来修正错误的实体。

如果要显示/删除几何关系，其操作步骤如下。

1）单击“草图”控制面板上的“显示/删除几何关系”按钮，或选择“工具”→“关系”→“显示/删除几何关系”命令，在弹出的“显示/删除几何关系”属性管理器中会显示拾取实体的几何关系，如图 2-73 所示。

2）在“几何关系”选项组中单击要显示的几何关系。在显示每个几何关系时，高亮显示相关的草图实体，同时还会显示其状态。在“实体”选项组中也会显示草图实体的名称、状态等，如图 2-74 所示。

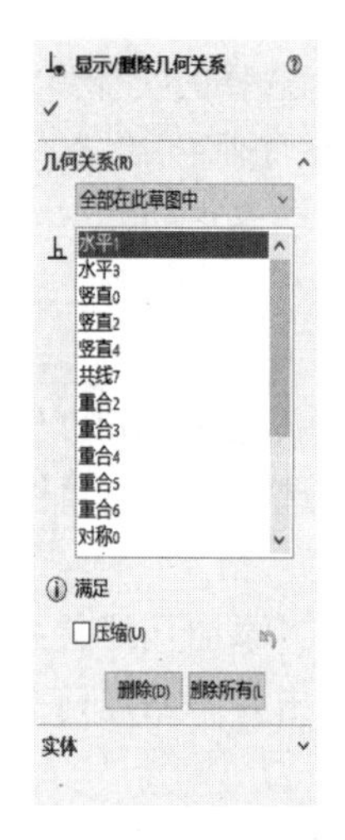


图 2-73　显示的几何关系

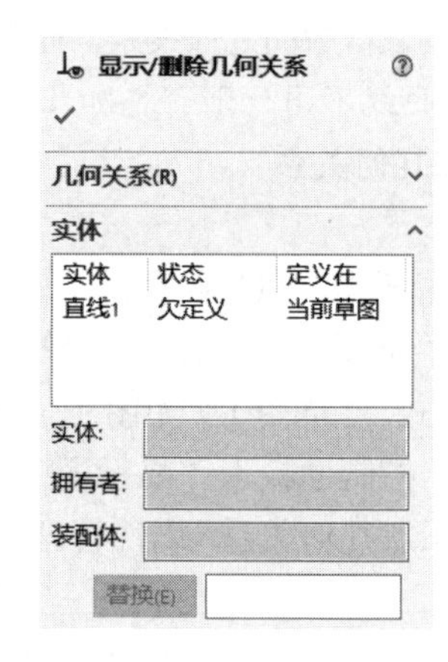


图 2-74　存在几何关系的实体状态

3）选中“压缩”复选框，压缩或解除压缩当前的几何关系。

4）单击“删除”按钮，可将所选的几何关系删除；单击“删除所有”按钮，将删除草图中所有的几何关系。

## 2.5 尺寸标注

草图形状绘制完成后，还需标注尺寸，以准确表达设计者的意图。另外，SolidWorks 中草图元素是尺寸驱动的，标注或修改尺寸，即可修改草图。

在“草图”控制面板上，单击“智能尺寸”按钮旁的下拉按钮，系统弹出“标注方式”下拉列表，包括“智能尺寸”“水平尺寸”“竖直尺寸”等 9 种标注方式，如图 2-75 所示。

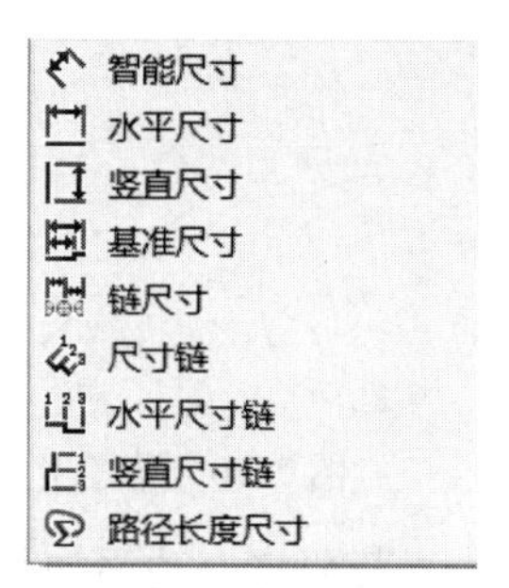


图 2-75　尺寸标注方式

## 2.5.1 标注尺寸

**1. 智能尺寸**

智能尺寸是 SolidWorks 中使用最多的标注方式，系统根据用户选取的对象，自动生成对应的标注。例如，如果选中一个点和一条直线，系统生成距离标注；如果选中两条相交直线，则生成角度标注；选择圆弧，则生成半径或直径标注。

单击“草图”控制面板上的“智能尺寸”按钮，进入智能标注模式，在草图中单击对象，生成相应标注。“智能尺寸”方式虽然可根据对象自动判断标注，但有时候根据鼠标指针移动方式不同，生成的标注也不相同。例如，标注图 2-76 所示的斜线长度，沿竖直、水平、倾斜 3 个方向拖动鼠标，会产生不同的标注结果。再如图 2-77 所示的两条直线的角度，鼠标指针往不同位置移动，标注结果也不同。

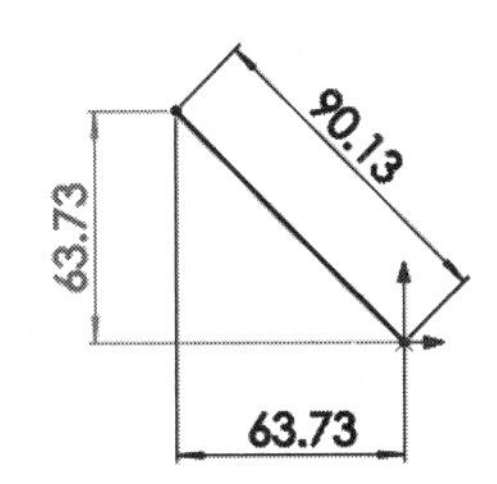


图 2-76 竖直、水平、倾斜智能标注

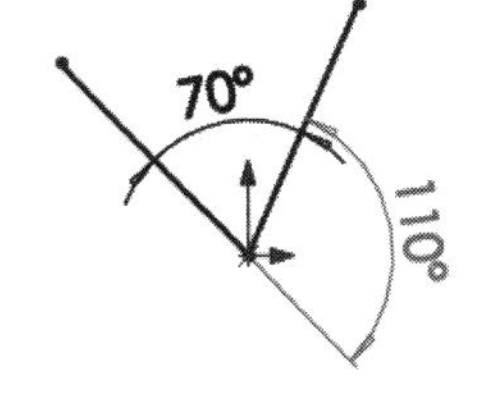


图 2-77 角度的智能标注

“智能尺寸”方式可以标注的对象包括线性尺寸、角度、半径、弧长等。

例 2-12 智能尺寸标注

**【例 2-12】** 智能尺寸标注

绘制步骤：

1）打开资源文件\模型文件\第 2 章\“例 2-12 智能尺寸标注. SLDPRT”文件。在设计树中选择“草图 1”并右击，在弹出的快捷菜单中选择“编辑草图”命令，进入草绘模式。“草图 1”如图 2-78 所示。

在标注尺寸之前，应充分理解草图，选择一个合适的基准。一个合适的基准能使标注的思路清晰，既不遗漏标注，又不重复标注。在本例中，选择左下角两条直角边为基准线。

2）单击“草图”控制面板上的“智能尺寸”按钮，标注尺寸。单击如图 2-78 所示的竖直线，向右移动鼠标指针，生成如图 2-79 所示的标注。在合适的位置单击，放置该尺寸，弹出“修改”对话框，若不修改，关闭该对话框。用同样的方法标注另一条竖直线。

3）水平线尺寸标注。用同样的方法标注上下两条水平线，如图 2-80 所示。

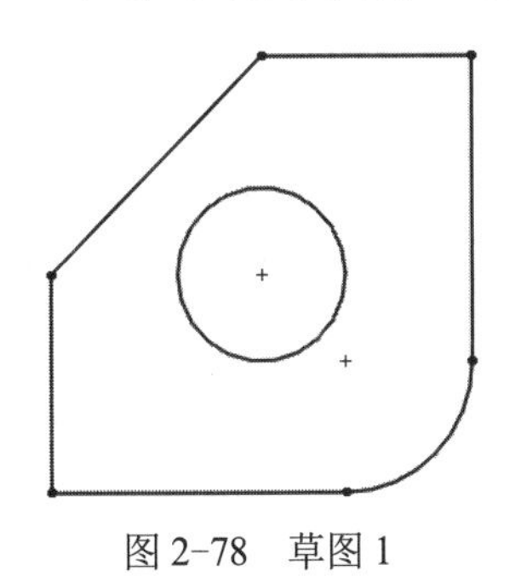

图 2-78 草图 1

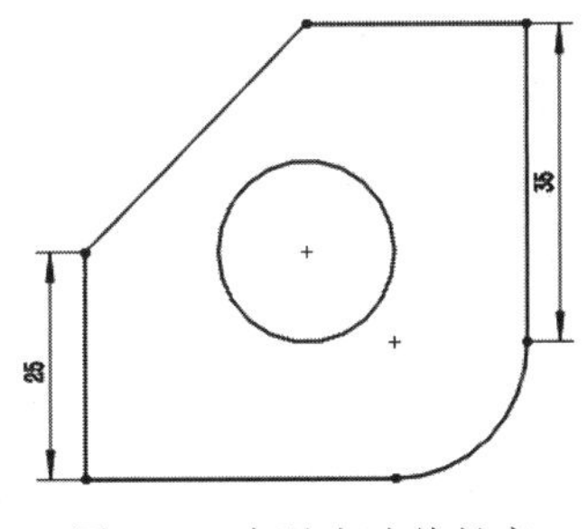


图 2-79 标注竖直线长度

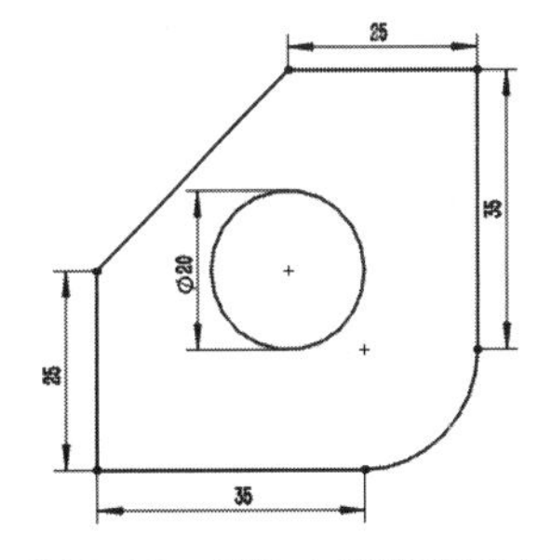


图 2-80 标注水平线和圆直径

4）圆尺寸标注。单击圆，生成圆的直径标注，如图 2-80 所示。弹出“修改”对话框，若不修改，直接关闭该对话框。

5）圆心定位尺寸标注。鼠标指针捕捉到圆心，鼠标指针旁边同时出现标注符号和圆心符号，单击确定标注的起点，然后单击底边线，生成圆心到底边的距离标注。用同样的方法标注圆心到侧边的距离，如图 2-81 所示。

6）圆弧半径标注。单击圆弧，生成圆弧标注，拖动标注到圆弧内侧，如图 2-82 所示。

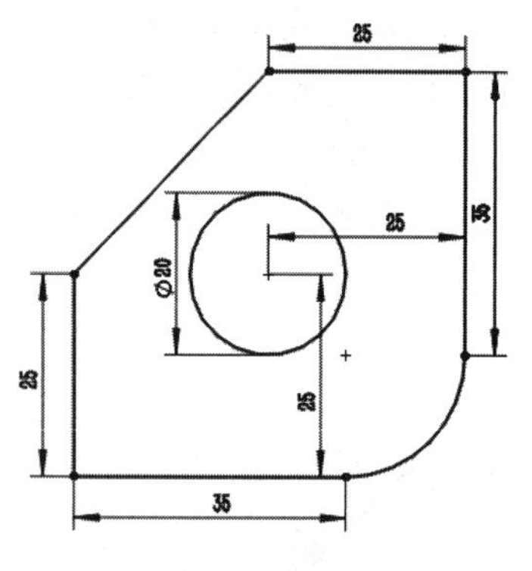


图 2-81　圆心位置标注结果

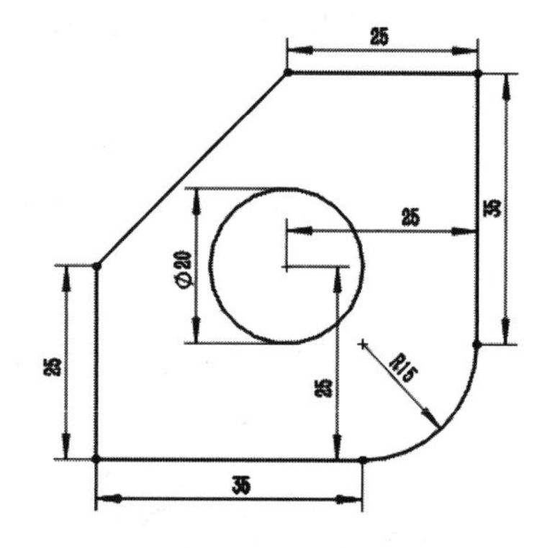


图 2-82　标注半径圆弧

7）弧尺寸标注。单击圆弧，然后依次单击圆弧两端点，生成弧长标注，如图 2-83 所示。单击放置该标注，草图出现定义警告，同时弹出“将尺寸设为从动？”对话框，如图 2-84 所示。在提示中，将弧长尺寸设置为“从动”，警告消除。

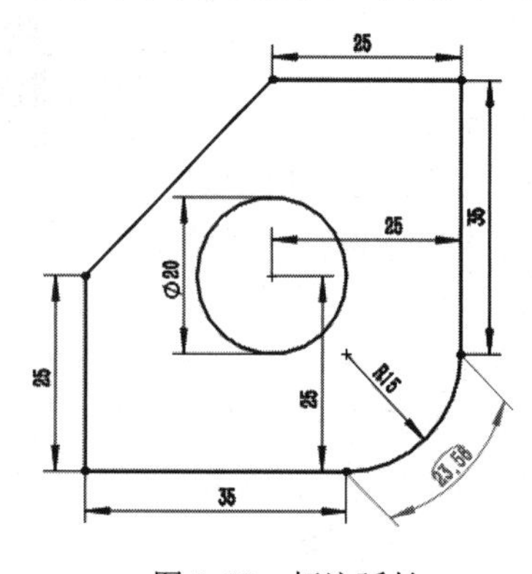


图 2-83　标注弧长

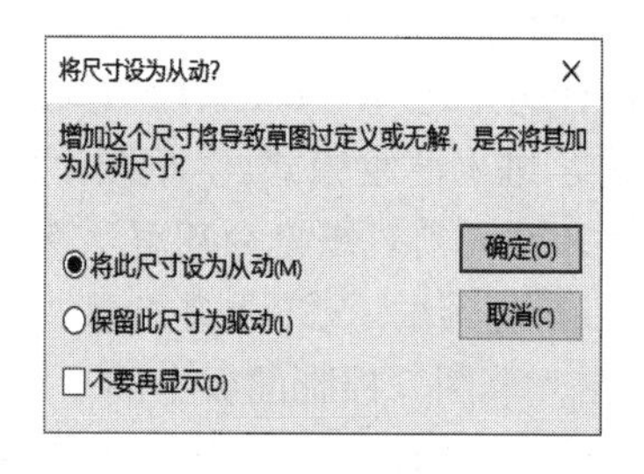


图 2-84　“将尺寸设为从动？”对话框

因为图 2-83 中已经标注了圆弧半径，圆弧角度也由水平和竖直两条线确定为 90°，因此弧长已经是确定的，再标注弧长就是重复标注。设置为“从动”，该尺寸不再驱动几何形状，因此警告消除。从动的尺寸在草图中是灰色的。

8）角度尺寸标注。依次单击上边线和斜线，生成两线的角度标注，如图 2-85 所示。

9）标注完成，按〈Esc〉键，或单击“尺寸”属性管理器中的“确定”按钮，退出“智能尺寸”命令。

注：为了确定该草图标注完整无遗漏，为草图中任意一个实体或端点添加“固定”几何约束，草图所有线条变为黑色，说明完全定义，无遗漏标注，如图 2-86 所示。

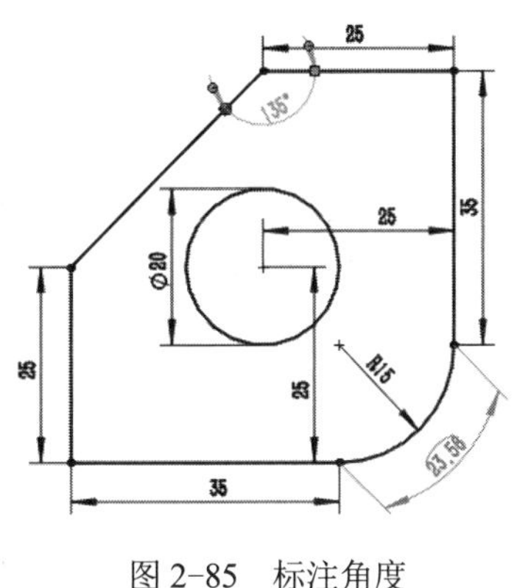


图 2-85　标注角度

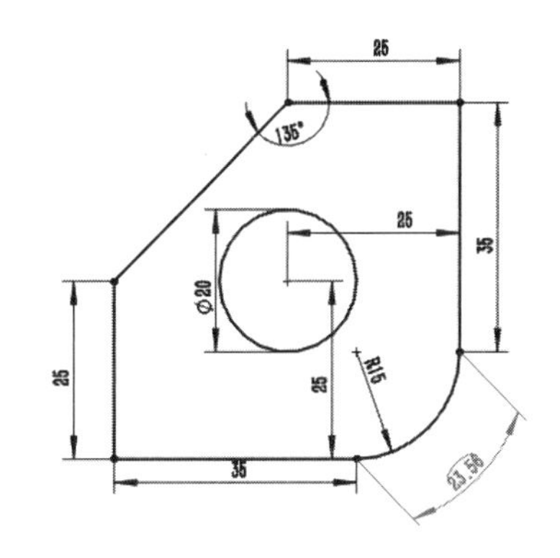


图 2-86　草图完全定义

**2．水平和竖直标注**

“水平标注”方式只标注所选对象的水平距离，而不像“智能尺寸”方式可以拖动位置改变标注方向。“竖直尺寸”方式则只标注竖直距离。

**3．尺寸链**

“尺寸链”方式是从一个基准点开始，连续标注各段间的尺寸。“尺寸链”方式标注的每一个节点的尺寸值，都是相对于基准点的尺寸，如图 2-87 所示。

### 2.5.2 修改尺寸

要修改尺寸，可以双击草图的尺寸，在弹出的“修改”对话框中进行设置，如图 2-88 所示，然后单击“确定”✔按钮完成修改操作。

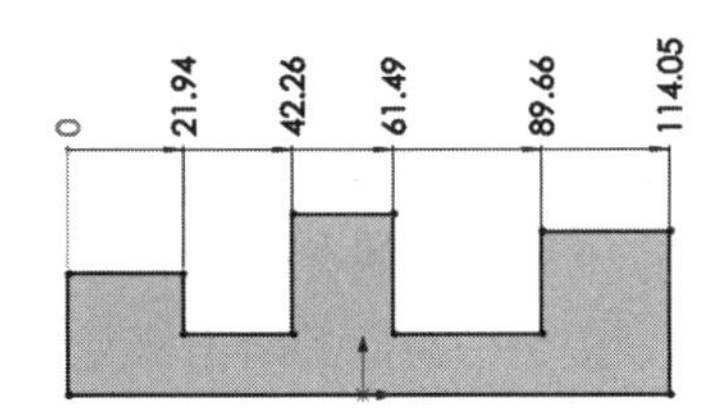


图 2-87　“尺寸链”标注样式

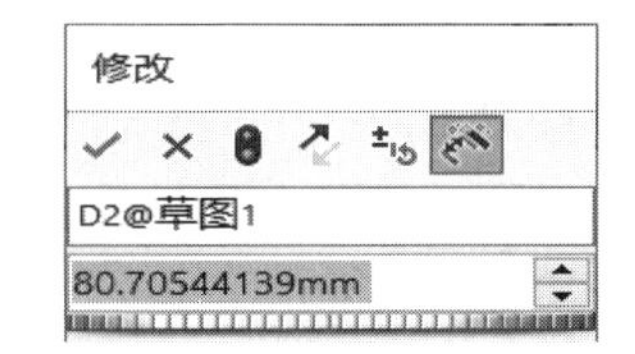


图 2-88　“修改”对话框

如果要删除某个尺寸，选中该尺寸后按〈Delete〉键即可删除该尺寸。

## 2.6 草图检查与修复

草图绘制时可能存在一些错误，如存在小的缝隙、线段重合、开环轮廓等，在使用特征命令将草图生成指定的特征时，系统会出现错误提示信息，有些错误很难通过人眼检查出来。SolidWorks 2020 提供了“修复草图”与“检查草图合法性”命令，可快速检查与修复草图中的问题，提高设计效率。

### 2.6.1 自动修复草图

在草图绘制时，由于误操作，在草图中会产生线段重叠问题，有时产生很细微的线段，人工检查很难发现。重叠的线段为开环轮廓，无法生成特征。SolidWorks 提供的“修复草图”命令可以解决此问题。“修复草图”命令可自动将重叠的线条合并，将共线相连的多段线条合并成一段线条。

例 2-13　修复草图

【例 2-13】 修复草图

1）打开资源文件\模型文件\第 2 章\“例 2-13 修复草图. SLDPRT”文件。在设计树中选择“草图 1”并右击，在弹出的快捷菜单中选择“编辑草图”命令，进入草绘模式。“草图 1”如图 2-89 所示。

2）单击“草图”控制面板上的“修复草图”按钮，或选择“工具”→“草图工具”→“修复草图”命令。系统弹出“修复草图”对话框，如图 2-90 所示。系统将自动合并重合的线段。

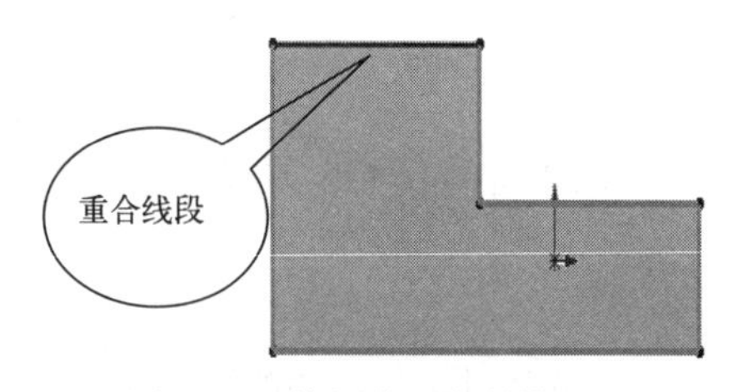


图 2-89　修复草图素材模型

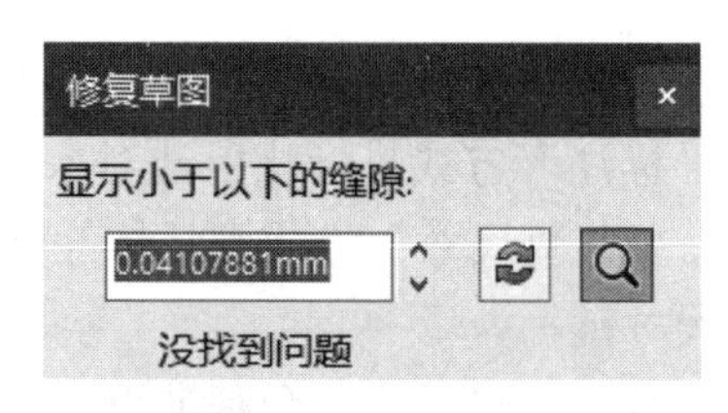


图 2-90　修复草图

3）单击“修复草图”对话框右上角的“关闭”按钮，关闭对话框，完成修复草图操作。

“修复草图”命令还可以检查草图中存在的指定数值以下的缝隙，在文本框中输入指定的数值，单击“放大镜”按钮，在草图中将放大显示存在的缝隙。草图中存在的缝隙应手工修复。

## 2.6.2 草图合法性检查

绘制草图时可能存在一些无法生成特征的错误，如存在小的缝隙、线段重合、开环轮廓等，有些错误很难通过人眼检查出来。SolidWorks 2020 提供了“检查草图合法性”命令，执行该命令，系统自动检查生成指定特征时草图的合法性，给出错误提示信息，并给出修复建议。

【例 2-14】 检查草图

例 2-14　检查草图

1）打开资源文件\模型文件\第 2 章\“例 2-14 草图检查素材. SLDPRT”文件。在设计树中选择“草图 1”并右击，在弹出的快捷菜单中选择“编辑草图”命令，进入草绘模式。“草图 1”如图 2-91 所示。

2）选择“工具”→“草图工具”→“检查草图合法性”命令，系统弹出“检查有关特征草图合法性”对话框，在“特征用法”下拉列表中选择“基体旋转”，如图 2-92 所示。

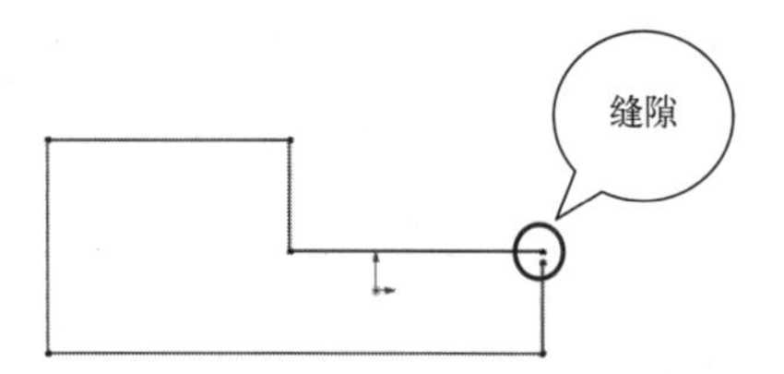


图 2-91　草图检查素材文件

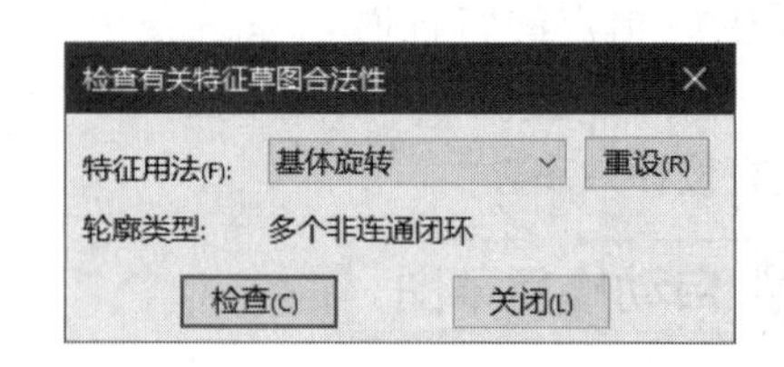


图 2-92　“检查有关特征草图合法性”对话框

3）单击“检查”按钮，系统弹出错误提示信息，如图 2-93 所示。单击“确定”按钮，系统弹出“修复草图”对话框，如图 2-94 所示。在“显示小于以下的缝隙”文本框中输入“5mm”，单击旁边“放大镜”按钮，放大显示草图中存在的间隙，如图 2-95 所示。

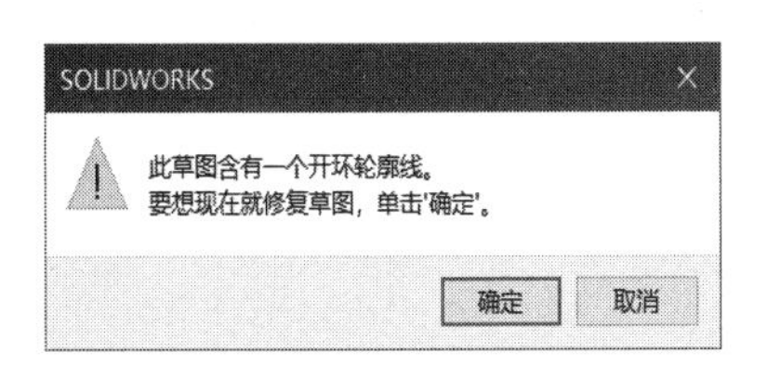


图 2-93　错误提示

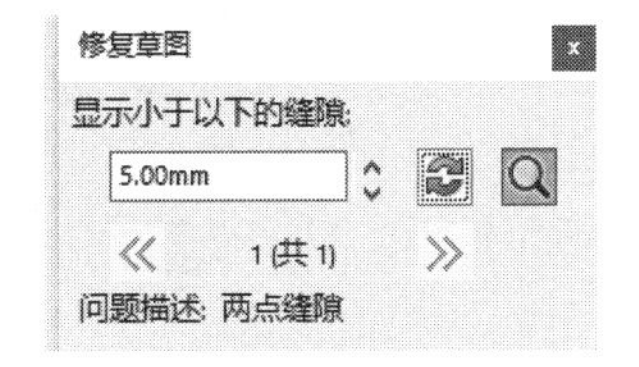


图 2-94　“修复草图”对话框

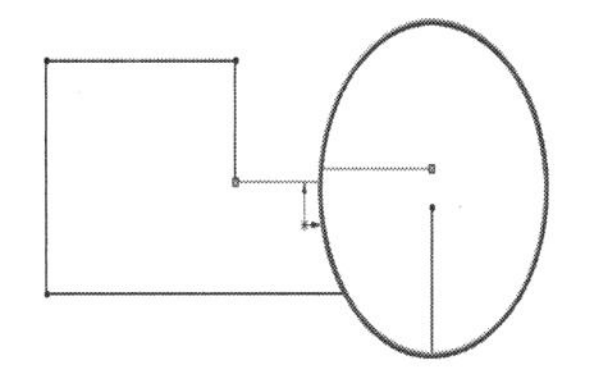

图 2-95　放大显示草图间隙

4）单击“关闭”按钮，关闭“修复草图”对话框，手工修复草图的间隙。再次检查草图合法性，显示“没有找到问题。这草图包含 1 个闭环轮廓和 0 个开环轮廓”，如图 2-96 所示。单击“确定”按钮，再单击“检查有关特征草图合法性”对话框右上角的“关闭”按钮，完成草图的合法性检查工作。

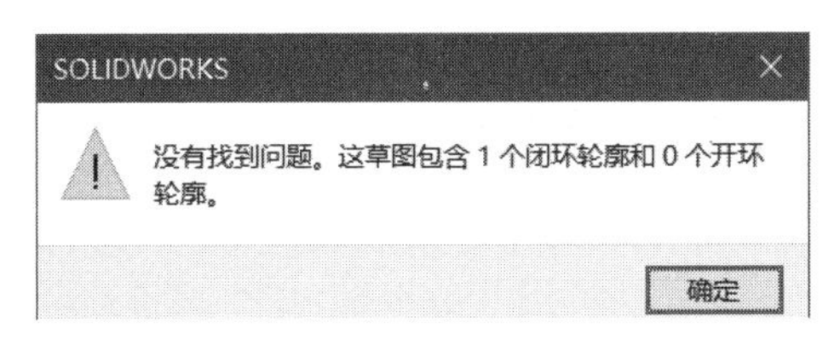


图 2-96　“草图检查信息”对话框

## 2.7　拨叉草图实例

2.7　拨叉草图实例

绘制如图 2-97 所示的拨叉零件二维草图，添加必要的尺寸标注和几何关系，使该草图完全定义。

绘制步骤：

**1．新建零件文件**

启动 SolidWorks 2020，选择“文件”→“新建”命令，或者在“标准”工具栏中单击“新建”按钮，系统弹出“新建 SolidWorks 文件”对话框，单击“零件”按钮，再单击“确定”按钮，进入零件设计环境。

**2．创建草图**

（1）创建截面草图 1

1）在设计树中选择“前视基准面”，单击“草图”控制面板上的“草图绘制”按钮，进入草图绘制环境。

2）单击“草图”控制面板上的“中心线”按钮，弹出如图 2-98 所示的“插入线条”属性管理器，绘制中心线，如图 2-99 所示，单击“确定”按钮。

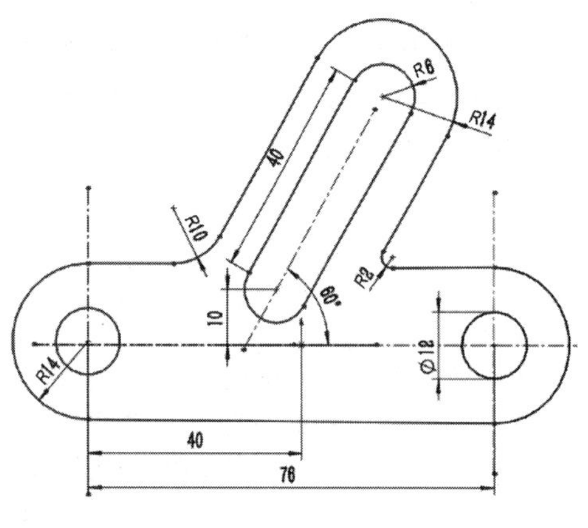

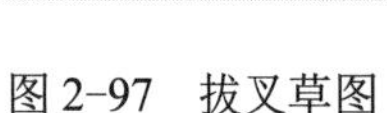

图 2-97　拔叉草图

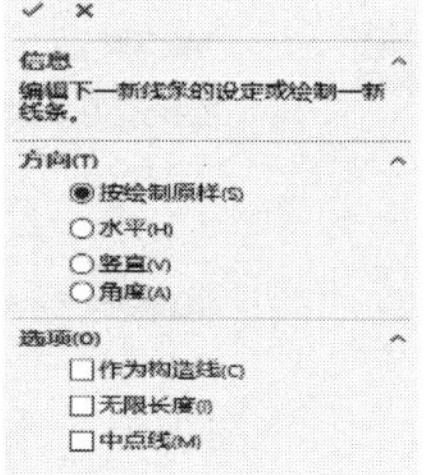
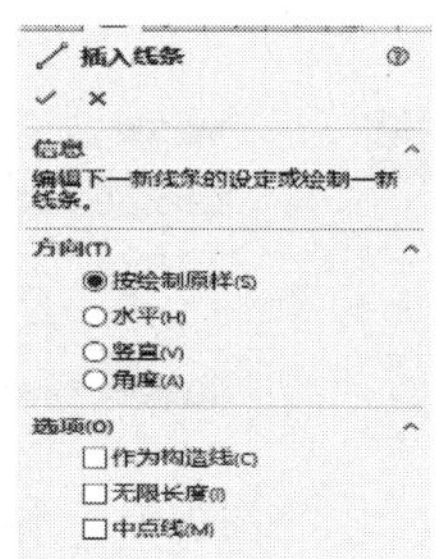


图 2-98　“插入线条”属性管理器

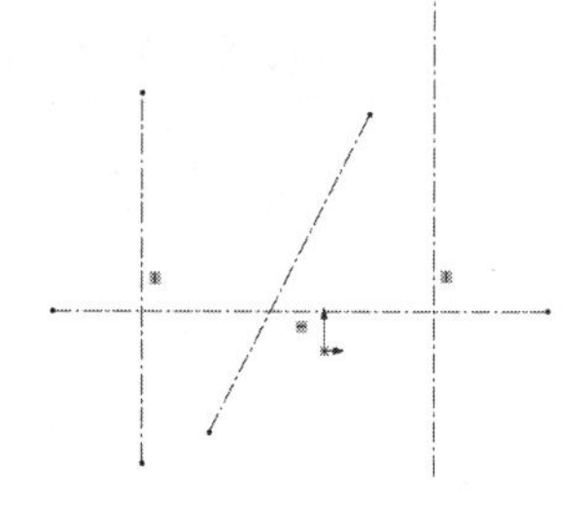

图 2-99　绘制中心线

3）单击“草图”控制面板上的“圆形”按钮，弹出“圆”属性管理器，分别捕捉两竖直中心线和水平中心线的交点为圆心（此时鼠标指针变成）绘制两个圆，单击“确定”按钮，如图 2-100 示。

4）单击“草图”控制面板上“3 点弧”按钮旁的下拉按钮，在下拉列表中选择“圆心/起/终点画弧”命令，弹出“圆弧”属性管理器，分别以第 3）步绘制圆的圆心绘制两圆弧，单击“确定”按钮，如图 2-101 所示。

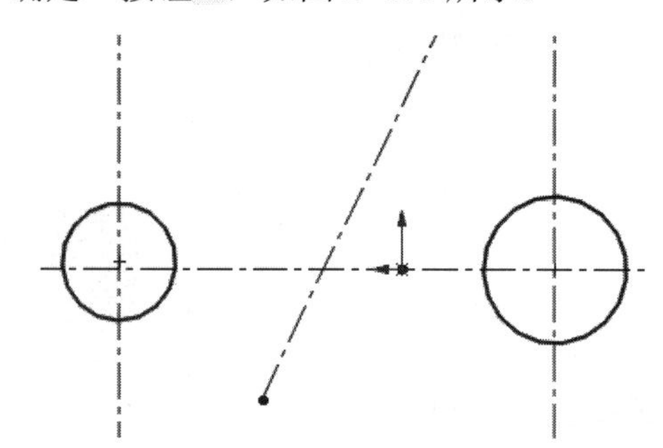

图 2-100　绘制圆 1

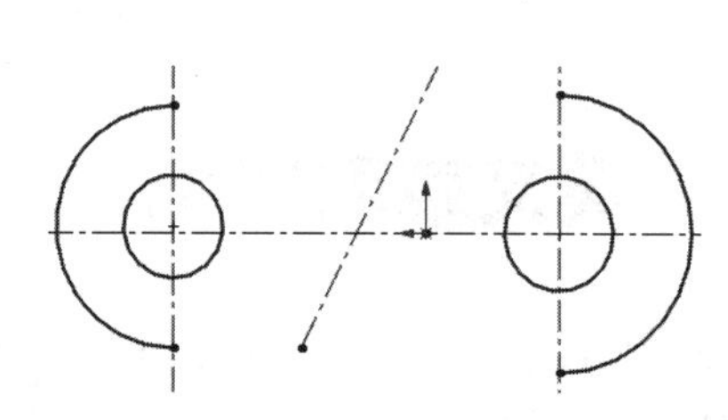

图 2-101　绘制圆弧

5）单击“草图”控制面板上的“圆形”按钮，弹出“圆”属性管理器，分别在斜中心线上绘制 3 个圆，如图 2-102 所示，单击“确定”按钮。

6）单击“草图”控制面板上的“直线”按钮，弹出“插入线条”属性管理器，绘制直线，如图 2-103 所示，单击“确定”按钮。

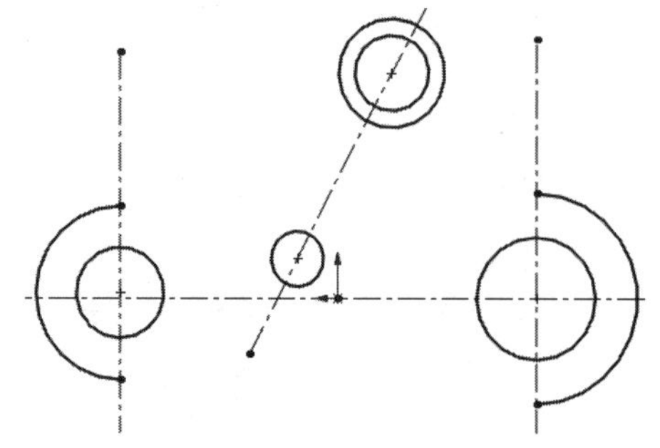

图 2-102　绘制圆 2

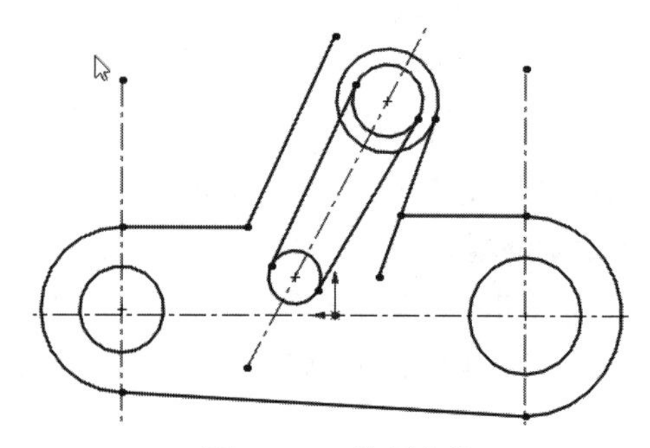

图 2-103　绘制直线

（2）添加几何关系

1）单击“草图”控制面板上的“添加几何关系”按钮，弹出“添加几何关系”属性管理器，如图2-104所示。选择如图2-103所示的两个圆，在属性管理器中单击“相等”按钮＝，使两圆相等，结果如图2-105所示。

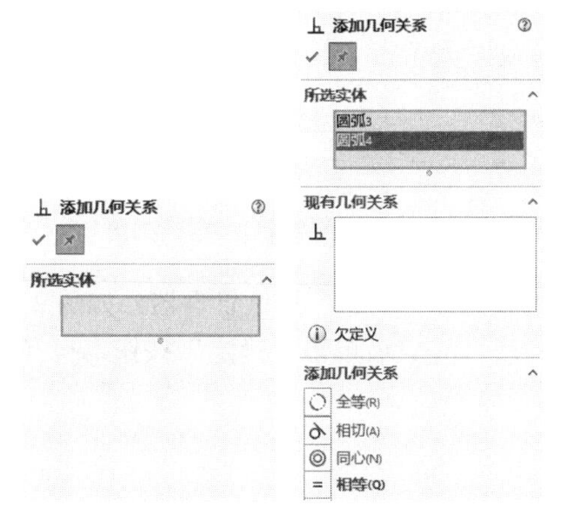


图2-104 “添加几何关系”属性管理器

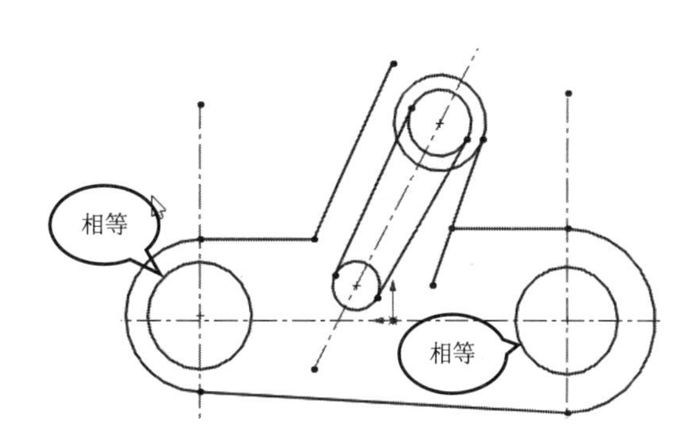


图2-105 添加相等约束1

2）同步骤1)，分别使两圆弧相等以及两小圆相等，结果如图2-106所示。

3）设置小圆与直线相切。选择小圆和直线，单击“草图”控制面板上的“显示/删除几何关系”→“添加几何关系”按钮，在图形区单击小圆和一条直线，在“添加几何关系”选项组中单击“相切”按钮，单击“确定”按钮，即完成相切几何关系的添加，如图2-107所示。重复上述步骤，分别使直线和圆相切。

4）按〈Ctrl〉键，选择4条斜直线，在属性管理器中单击“平行”按钮，使斜直线平行，再单击“确定”按钮，使斜直线平行，如图2-108所示。

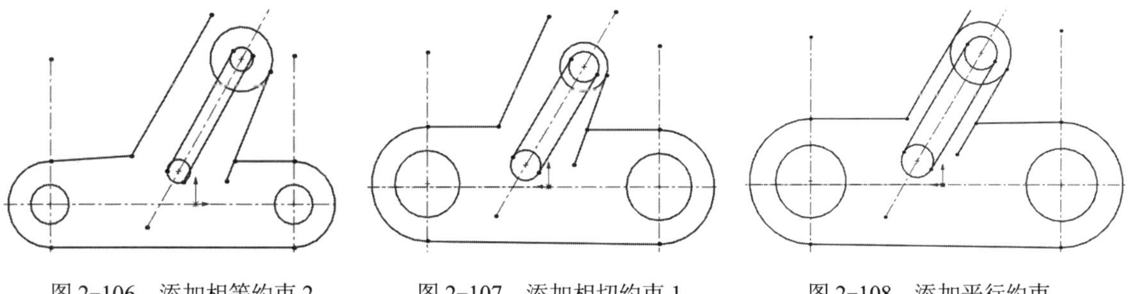

图2-106 添加相等约束2　　图2-107 添加相切约束1　　图2-108 添加平行约束

（3）编辑草图

1）单击“草图”控制面板上的“绘制圆角”按钮，弹出“绘制圆角”属性管理器，如图2-109所示。在“圆角参数”选项组的“圆角半径”微调框中输入“10mm”，选择视图中左侧的两条直线，单击“确定”按钮，结果如图2-110所示。重复“绘制圆角”命令。在右侧创建半径为“2mm”的圆角，结果如图2-111所示。

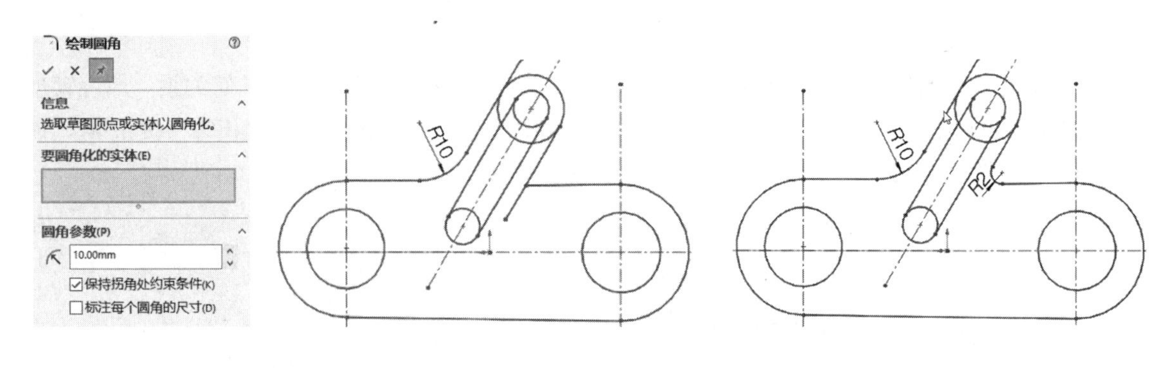


图 2-109 属性管理器　　图 2-110 绘制圆角 1　　图 2-111 绘制圆角 2

2）单击“草图”控制面板上的“剪裁实体”按钮，弹出“剪裁”属性管理器，如图 2-112 所示，单击“剪裁到最近端”按钮，在图形区剪裁线段，完成后单击“确定”按钮，结果如图 2-113 所示。

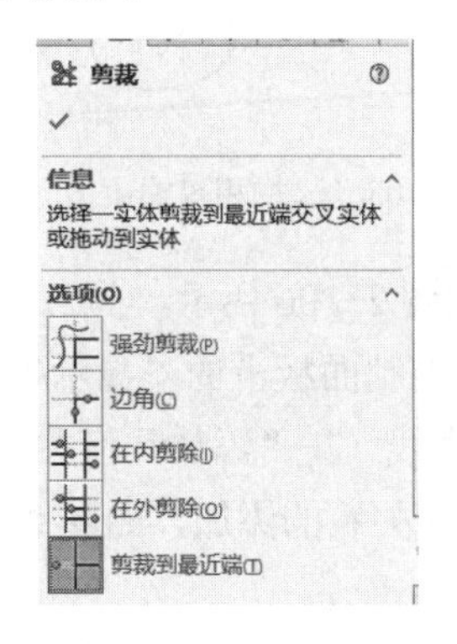


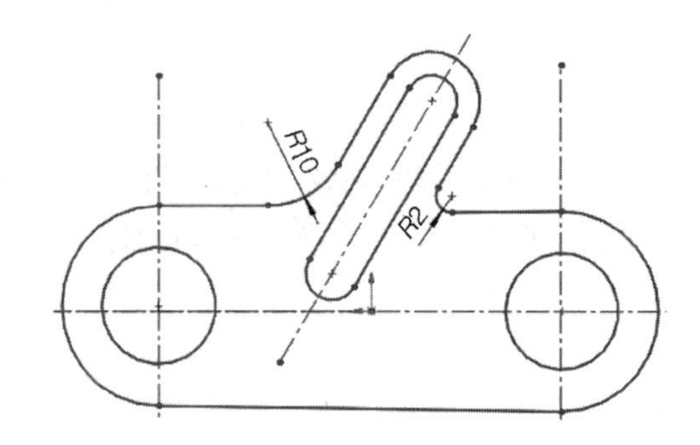


图 2-112 “剪裁”属性管理器　　图 2-113 剪裁多余直线

（4）标注尺寸

单击“草图”控制面板上的“智能尺寸”按钮，标注并修改尺寸，结果如图 2-97 所示。单击“退出草图”按钮，完成“草图 1”绘制，退出草图环境。

**3．保存文件**

拨叉草图绘制完成，单击“标准”工具栏中的“保存”按钮，选择保存路径，文件命名为“拨叉草图”，结束绘制。

本例通过一个典型的零件——拨叉草图的绘制过程将本章所学的草图绘制相关知识进行了综合应用，包括基本绘制工具、基本编辑工具、草图约束工具、尺寸标注工具的灵活应用，为三维造型的绘制进行了充分的基础知识准备。

# 上机练习

通过前面的学习，相信读者对本章知识已有了大致了解，本节将通过图 2-114～图 2-121 所示的 8 个上机练习操作，帮助读者进一步掌握本章的知识要点。

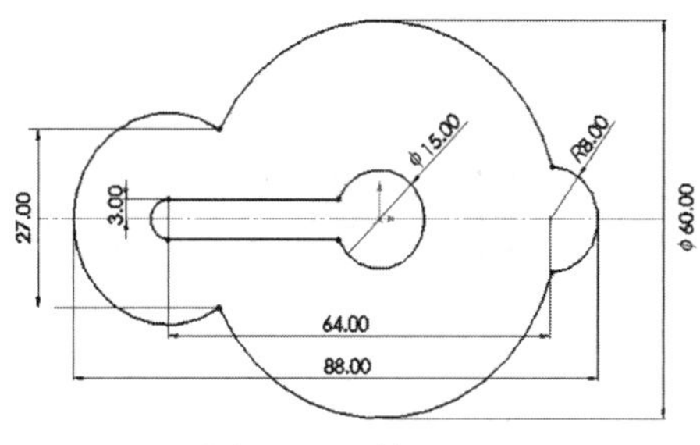


图 2-114　练习 1

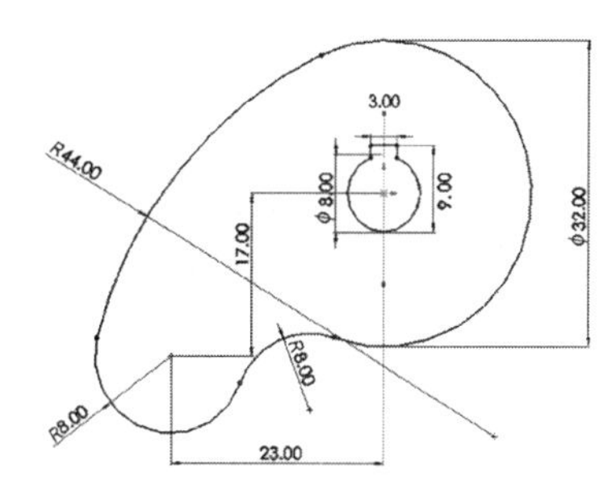


图 2-115　练习 2

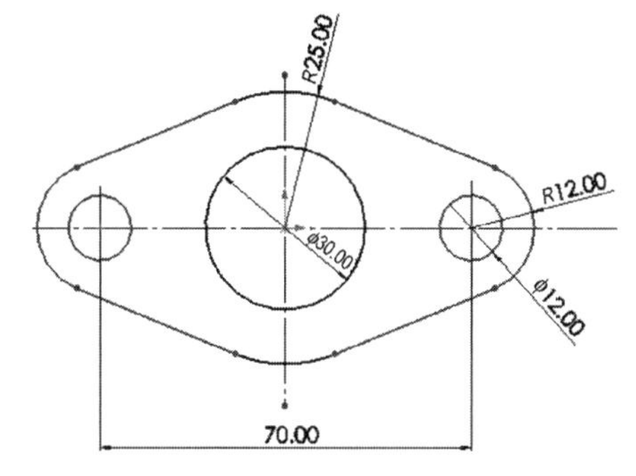


图 2-116　练习 3

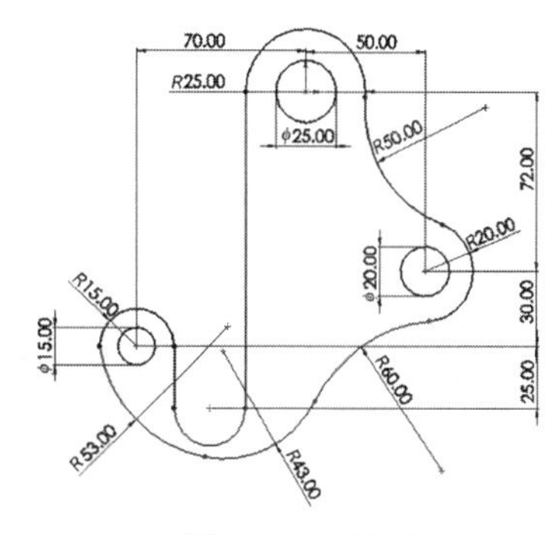


图 2-117　练习 4

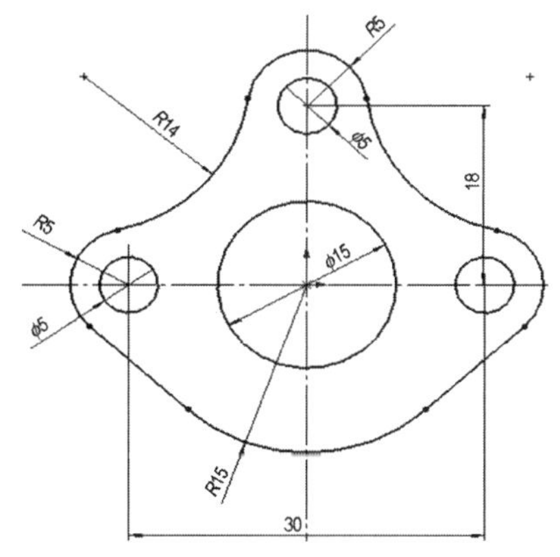


图 2-118　练习 5

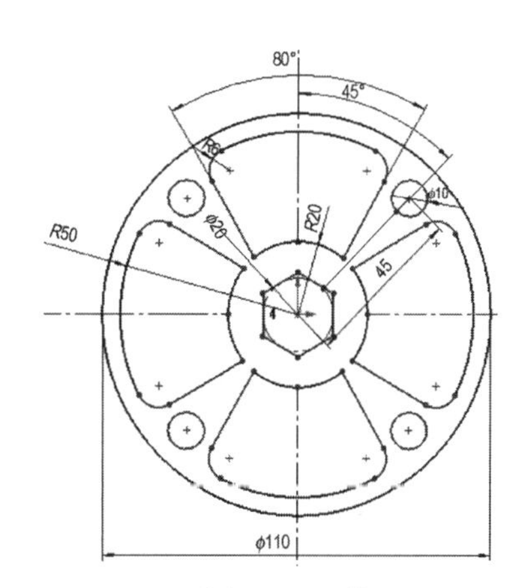


图 2-119　练习 6

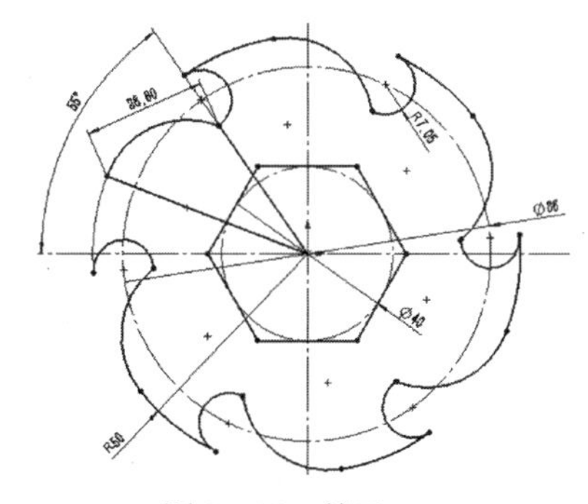


图 2-120　练习 7

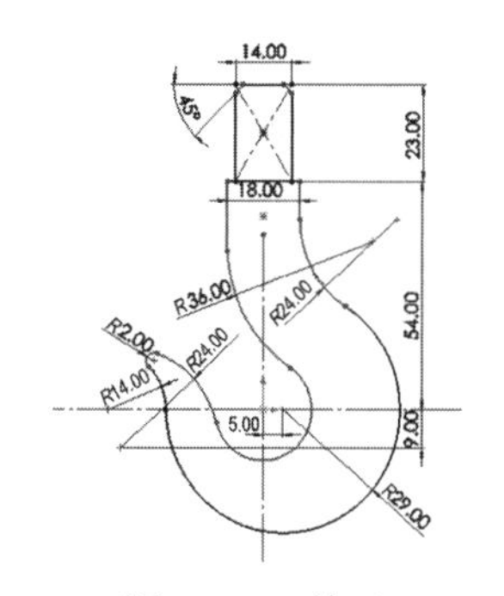


图 2-121　练习 8

# 第3章 零件建模

零件建模是 SolidWorks 的核心功能之一，在 SolidWorks 中零件的建模过程，其实质就是不同特征按照一定形式的组合过程。本章主要介绍 SolidWorks 基本特征建模工具及典型机械零件的 SolidWorks 三维建模过程，以及特征建模的综合应用方法和技巧。本章是读者学习后面装配体设计、工程图等知识的基础。

通过本章的学习，读者可从以下几个方面开展自我评价。

- 掌握 SolidWorks 中零件的几何构成要素，熟悉零件建模的常用方法。
- 掌握组合体零件、轴类零件、盘类零件、叉架类零件、箱体类零件的建模方法。

## 3.1 零件建模基本知识

零件建模是指在计算机上通过三维建模软件对零件进行三维造型，即建造虚拟的模型。通过该模型可以将零件从不同角度展现在使用者面前。另外通过对虚拟模型的一些处理，该模型可以作为后期有限元分析的基础，也可以对其渲染以查看产品最终的效果。

SolidWorks 是基于特征、参数化的实体建模软件。特征建模技术是当今三维 CAD 的主流技术，它大大提高了三维建模的效率和模型编辑的灵活性，同时为后续的 CAPP、CAM 技术的应用提供了极大方便。

### 3.1.1 特征建模

在基于特征的参数化软件中，建立零件三维模型时，零件模型是由一些相对简单的基本特征和附加特征通过一定方式组合而成的。草图（代表截面）或草图中的轮廓经拉伸、旋转、扫描等操作形成的三维几何实体称为基本特征。而利用一系列特征的有序组合形成三维模型的方法称为基于特征的三维建模，简称特征建模（狭义的特征建模）。本章后面内容关于特征的概念，均指形状特征，如拉伸特征、旋转特征、倒角特征、筋特征等。

根据上述建模思想，任何三维模型都可视为一系列特征的有机组合，即三维模型是一系列特征的组合体。图 3-1 所示为基于特征的阶梯轴建模过程。

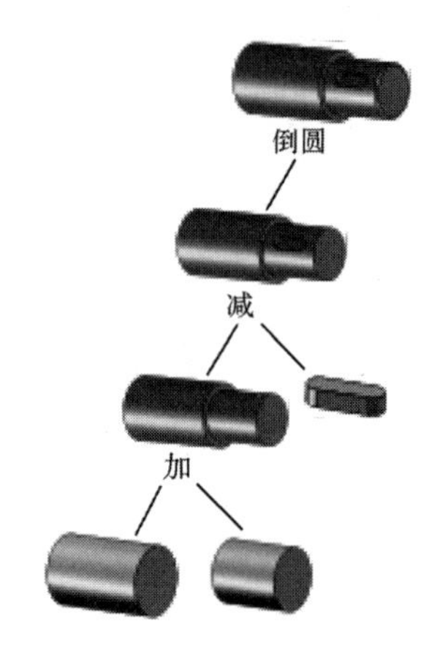

图 3-1 阶梯轴建模过程

特征建模技术的优点如下。

1）建模过程类似产品的实际加工过程，每步操作明确，因此建模十分方便，效率高。

2）三维模型建立后，系统详细记录模型的生成过程，以及每步操作中的特征类型和参数，即每个模型都有一个完整的特征历程树（特征树）。基于该特征历程树，用户可以选择其中任意特征，并对选中特征的定义、几何参数、位置参数以及各种特性进行修改，得到新的三维模型，使得模型修改灵活。

## 3.1.2 SolidWorks 形状特征

SolidWorks 中所建立的形状特征大致可以分为以下几类。

1）基准特征：为基本特征的创建和编辑提供操作的参考，又称为参考特征或辅助特征。基准特征没有物理容积，也不对几何元素产生影响。基准特征包括基准平面、基准轴、基准曲线、基准坐标系和基准点等。SolidWorks 提供了 3 个基准平面——前视基准面、上视基准面和右视基准面。

2）基本特征：也称为基于草图的特征或形变特征，用于构建基本空间实体。基本特征通常要求先草绘出特征的一个或多个截面，然后根据某种形式生成基本特征。基本特征包括拉伸特征、旋转特征、扫描特征等。

3）附加特征：也称为工程特征。用于针对基本特征的局部进行细化操作，即在不改变基本特征主要形状的前提下，对已有特征进行局部修饰的几何特征。附加特征是程序提供或自定义的一类模板特征，其几何形状是确定的，构建时只需提供附加特征的放置位置和尺寸即可。附加特征包括倒角特征、圆角特征、异型孔特征、筋特征等。

## 3.1.3 零件建模的基本方法和步骤

**1．零件建模基本方法**

大多数机械零件都可以看作是由一些基本形体通过叠加、切割（挖切）或叠加与切割复合方式组合而成的。因此，在 SolidWorks 中零件建模方法主要有基本形体的叠加法、切割法及叠加与切割复合方法。图 3-2 所示为叠加法创建零件原理，图 3-3 所示为切割法创建零件原理。

图 3-2 叠加法

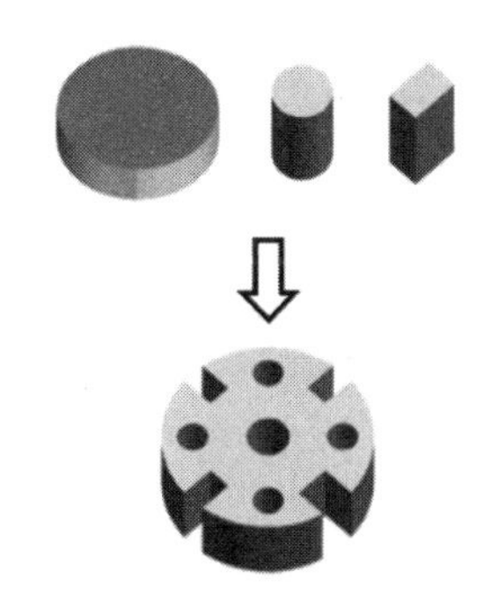

图 3-3 切割法

基本形体可以是一个完整的几何体，如平板、棱柱、棱锥、圆柱、圆锥、球、环等，也可以是不完整的几何体，或是它们的简单组合。在 SolidWorks 软件中，基本形体可通过基本特征命令创建完成。

**2．零件建模基本步骤**

在 SolidWorks 软件中，零件的三维建模过程就是许多基本特征相互间叠加、切割或叠加与切割的复合操作过程。零件三维建模时，首先要对零件进行形体分析，分析该零件由哪些基本形体组成，即分析零件的基本特征及基本特征的组合方式；其次是基本特征的选择，同一形体可以用不同的特征创建，此时需要找到一种最快的绘制方法。

以图 3-4 所示支架零件的建模过程为例，对零件的建模过程总结如下。

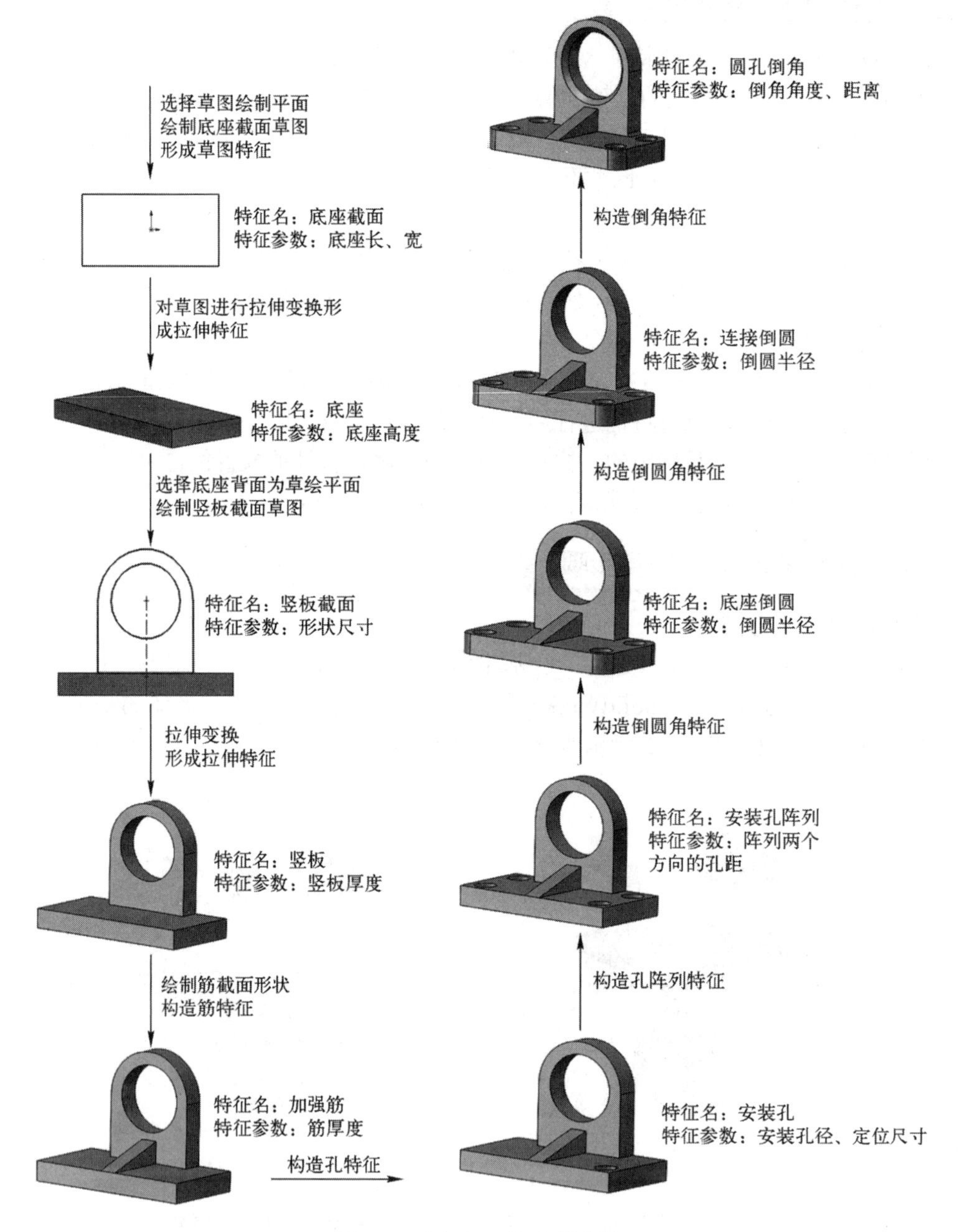


图 3-4　支架的三维建模过程

1）零件的形体分析。分析零件由哪些基本形体组成，形体的组成方式是叠加、切割或复合，及形体的相对位置关系。

2）基本形体的创建。制定、规划生成各基本形体所用的特征工具和具体步骤。

3）其他特征的创建。通过基本特征的组合，创建其他特征。

4）存储零件模型。零件的所有特征创建完成后，保存零件。

在 SolidWorks 软件中，基本特征工具很多，功能强大，但创建基本特征的流程基本一致，主要如下。

1）选择特征命令。

2）指定基准面或创建参考面（参考几何体）。

3）在指定的参考面上绘制所需的草图轮廓，或选择已有的草图。

4）指定创建特征的方向、方式和尺寸。

5）完成特征创建。

在创建一个新的零件时，第一个创建的特征称为基体特征，只能用拉伸凸台/基体、旋转凸台等增料命令来创建，但在基体特征面上添加特征后，如果删除基体特征，其他特征会被同时删除。基体特征的正确选择和创建对整个零件的建模过程起决定性作用。

综上所述，在 SolidWorks 软件中对零件进行三维建模时，典型的工作过程可归纳为如图 3-5 所示的流程图。

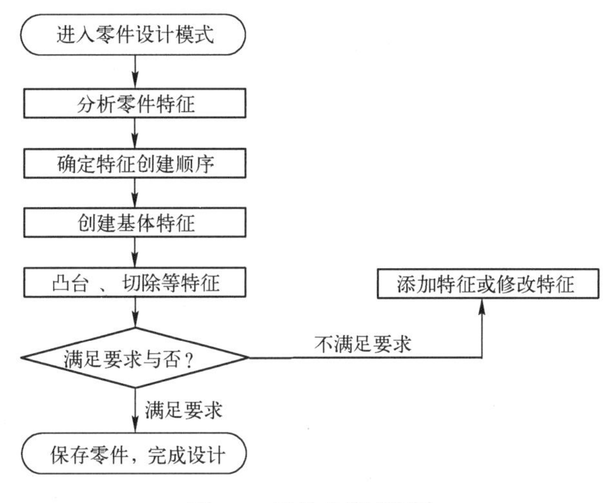


图 3-5　零件建模流程图

## 3.1.4 SolidWorks“特征”工具栏

### 1.“特征”工具栏简介

SolidWorks 的“特征”工具栏提供了多种创建基体特征（基本形体）、附加特征、基准特征的命令按钮，包括拉伸凸台/基体、旋转凸台/基体、倒角等命令，如图 3-6 所示。

图 3-6 “特征”工具栏

各按钮含义如下：

- 拉伸凸台/基体：以一个或两个方向拉伸一草图或绘制的草图轮廓来生成一实体特征。
- 旋转凸台/基体：绕轴心线旋转一草图或所选草图轮廓来生成一实体特征。

- 扫描：沿开环或闭合路径扫描草图或草图轮廓来生成实体特征。
- 放样凸台/基体：在两个或多个轮廓之间添加材料来生成实体特征。
- 拉伸切除：以一个或两个方向拉伸所绘制的轮廓来切除一实体模型。
- 旋转切除：通过绕轴心线旋转草图或轮廓来切除实体模型。
- 扫描切除：沿开环或闭合路径扫描草图闭合轮廓来切除实体模型。
- 放样切除：在两个或多个轮廓之间通过移除材料来切除实体模型。
- 圆角：沿实体或曲面特征中的一条或多条边线来生成圆形内部面或外部面。
- 倒角：在点、边线处生成一个或多个倾斜的平面，用该平面切除原有特征。
- 异型孔向导：给实体添加异型孔。
- 螺纹线：绘制装饰螺纹线。
- 线性阵列：以一个或两个线性方向阵列特征、面及实体。
- 圆周阵列：绕轴阵列特征、面及实体。
- 镜像：相对面或基准面镜像特征、面及实体。
- 筋：给实体添加薄壁支撑。
- 拔模：使用中性面或分型线按所指定的角度削尖模型面。
- 抽壳：从实体移除材料来生成一个薄壁特征。
- 包覆：通过扩展、约束及紧缩曲面将变形曲面添加到平面或非平面上。

**2. “参考几何体”工具栏简介**

“参考几何体”工具栏用于提供生成与使用参考几何体工具，如图 3-7 所示。

图 3-7 “参考几何体”工具栏

- 基准面：添加一参考基准面。
- 基准轴：添加一参考轴。
- 坐标系：为零件或装配体定义一坐标系。
- 点：添加一参考点。
- 质心：添加实体的质心。

**3. Instant3D 简述**

Instant3D 可以通过拖动控标或标尺快速生成和修改模型几何体。零件和装配体支持 Instant3D。

Instant3D 使用户可以拖动几何体和尺寸操纵杆来生成和修改特征，但要生成特征，必须退出草图编辑模式。

# 3.2 参考几何体

在 SolidWorks 中建模时，常需要参考平面、轴线及坐标系等，将这些参考称为参考几何体，包括基准面、基准轴、坐标系及点。本节介绍它们的创建方法。

### 3.2.1 基准面

在 SolidWorks 中，基准面是无限延伸的平面。它可以作为草图绘制的平面、特征放置平面、参考平面等。进入 SolidWorks 零件模块后，系统会自动创建前视、上视、右视这 3 个正交基准面，如图 3-8 所示。

建模时可能会出现不能使用系统 3 个默认基准面和零件表面的情况，这时需要创建基准面来绘制草图。本节介绍创建基准面的基本知识。

**1．“基准面”属性管理器**

单击“特征”控制面板上的“参考几何体”按钮，在弹出的下拉列表中单击“基准面”按钮；或选择“插入”→“参考几何体”→“基准面”命令。系统弹出“基准面”属性管理器，如图 3-9 所示。

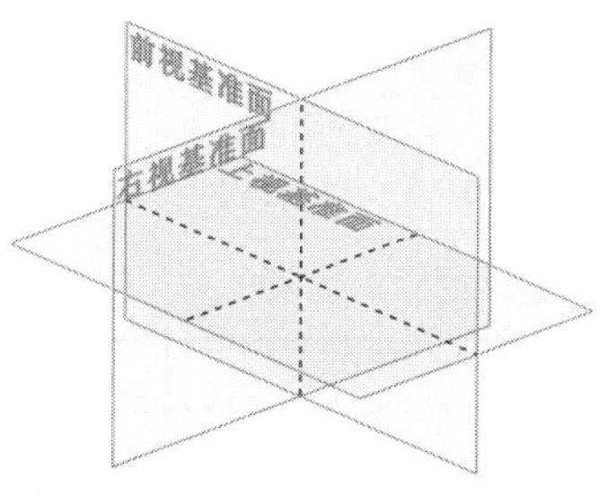


图 3-8　SolidWorks 提供的 3 个正交基准面

图 3-9　“基准面”属性管理器

“基准面”属性管理器分为“信息”选项组和 3 个参考对象选项组。“信息”选项组显示“选取参考引用和约束”，表明基准面没有完全定义，需要继续添加参考对象；“信息”选项组显示“完全定义”，表明可以生成基准面。

**2．创建基准面条件**

创建基准面需具备两个条件：几何参考和约束条件。在“基准面”属性管理器中提供了 3 个参考拾取框。当在模型中拾取一个几何参考对象后，系统默认为第一参考，同时属性管理器中显示约束条件，用来对生成的基准面进行定位约束。

对参考选项组拾取不同的参考对象，约束条件也不相同，具体可分为以下 3 种。

1）参考对象为一个面，约束项目如图 3-10 所示。

2）参考对象为一条线，约束项目如图 3-11 所示。

3）参考对象为一个点，约束项目如图 3-12 所示。

图 3-10　参考对象为面

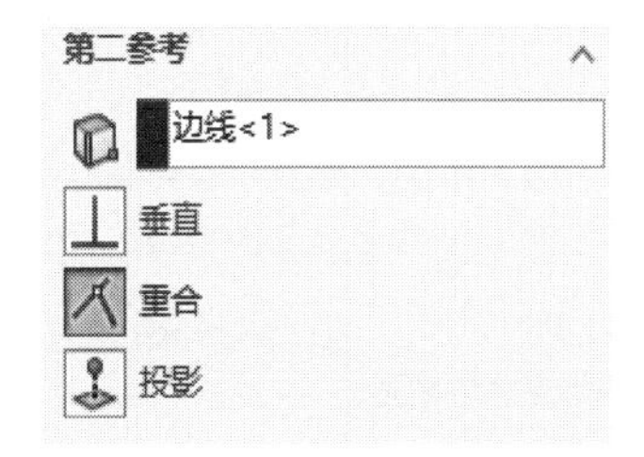


图 3-11　参考对象为线

图 3-12　参考对象为点

根据拾取的几何对象，系统会弹出不同的约束条件分别如下。

- 平行：创建一个与所选择的参考平行的基准面。
- 垂直：创建一个与所选择的参考垂直的基准面。
- 重合：创建一个与所选参考重合的基准面。
- 相切：创建一个与所选参考面相切的基准面（参考选取为曲面）。
- 投影：将几何元素，如点、原点、坐标系等投影到一个选定的投影面上。
- 两面夹角：通过一条边线（或轴线）与参考面成指定夹角生成基准面。
- 距离：创建与参考面等距的基准面。
- 对称：在选择的两个参考面间生成基准面，两个参考面关于基准面两侧对称。

**3. 创建基准面的操作流程**

1）激活“第一参考”拾取框，在图形区拾取基准面的第一个参考。

2）在“第一参考”选项组中添加约束和参数。

3）如有必要，继续添加第二参考，直至该基准面完全定义。

4）单击属性管理器中的“确定”按钮，完成基准面创建。

下面以第一参考选择“面”为例，介绍约束选项的含义，见表 3-1。

**表 3-1 基准面约束选项含义**

| 图　标 | 说　明 | 图　例 |
| --- | --- | --- |
| 第一参考面 | 在图形区选择面作为第一参考 | 参考面<br>基准面 |
| 平行 | 选择此项，将生成一个与选定参考平面平行的基准面 | 基准面<br>参考面 |
| 垂直 | 选择此项，将生成一个与选定参考平面垂直的基准面 | 参考面<br>基准面 |
| 重合 | 选择此项，将生成一个与选定参考平面重合的基准面 | 基准面与参考面重合 |

（续）

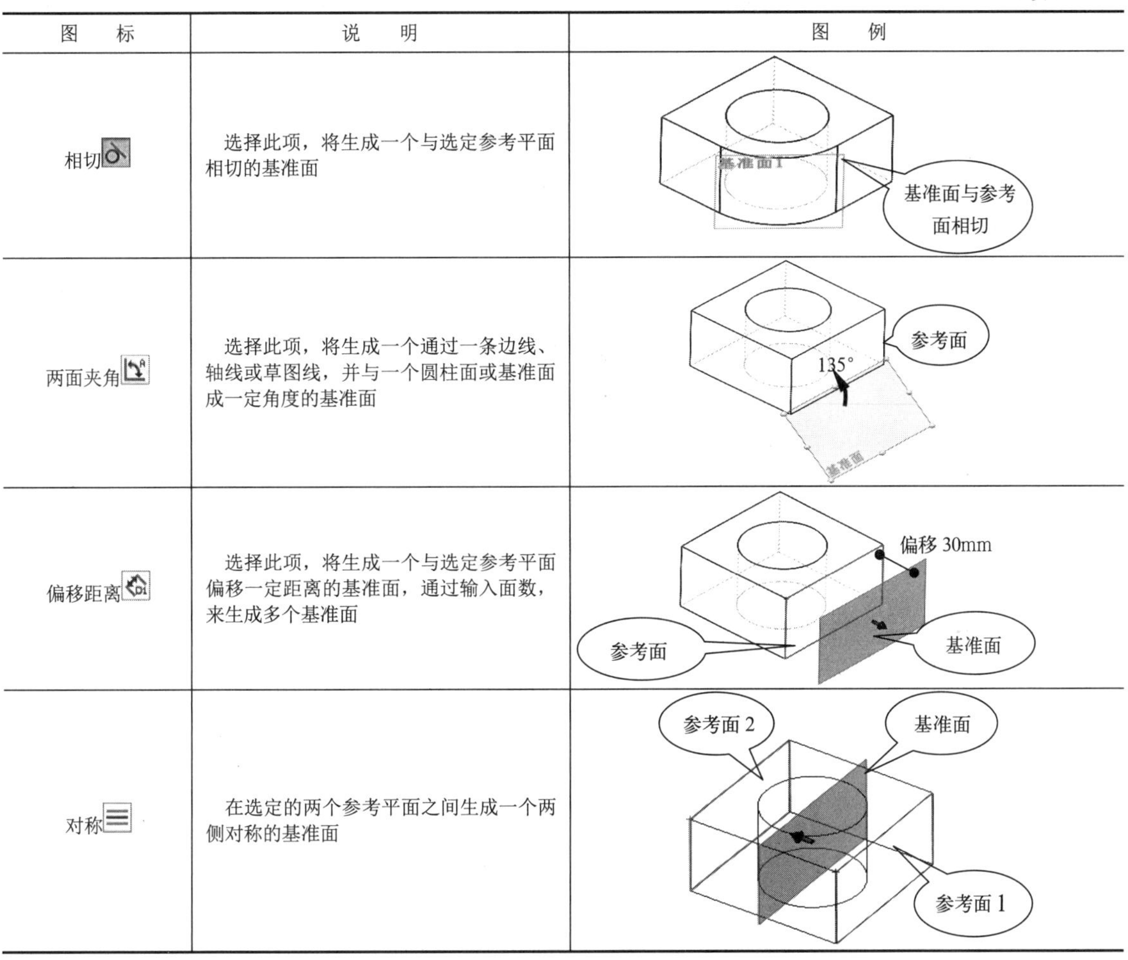

| 图　　标 | 说　　明 | 图　　例 |
|---|---|---|
| 相切 | 选择此项，将生成一个与选定参考平面相切的基准面 | 基准面1；基准面与参考面相切 |
| 两面夹角 | 选择此项，将生成一个通过一条边线、轴线或草图线，并与一个圆柱面或基准面成一定角度的基准面 | 参考面；135°；基准面 |
| 偏移距离 | 选择此项，将生成一个与选定参考平面偏移一定距离的基准面，通过输入面数，来生成多个基准面 | 偏移 30mm；参考面；基准面 |
| 对称 | 在选定的两个参考平面之间生成一个两侧对称的基准面 | 参考面 2；基准面；参考面 1 |

注：在“基准面”属性管理器中，选中“反转等距”复选框，可在相反的位置生成基准面。

第二参考、第三参考的选择由第一参考选择的几何参考决定。

**4．创建基准面方式**

创建基准面有 6 种方式，分别是“通过直线/点”方式、“点和平行面”方式、“两面夹角”方式、“等距距离”方式、“垂直于曲线”方式与“曲面切平面”方式，见表 3-2。

**表 3-2　创建基准面方式**

| 创建方式 | 说 明 | 属性管理器 | 图　　例 |
|---|---|---|---|
| 直线/点 | 该方式创建的基准面有 3 种：①通过直线及点；②通过边线、轴；③通过三点 | 基准面1；信息；完全定义；第一参考；边线<1>；垂直；重合；投影；第二参考；点<1>；重合 | 基准面 1；边线 1；点 1 |

（续）

| 创建方式 | 说 明 | 属性管理器 | 图 例 |
|---|---|---|---|
| 点和平行面 | 该方式用于创建通过点且平行于参考面的基准面 | 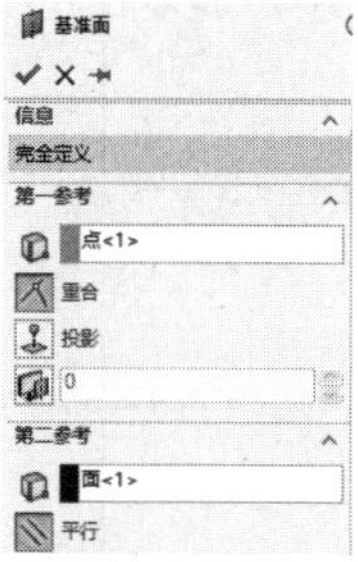 基准面<br>信息<br>完全定义<br>第一参考<br>点<1><br>重合<br>投影<br>0<br>第二参考<br>面<1><br>平行 | 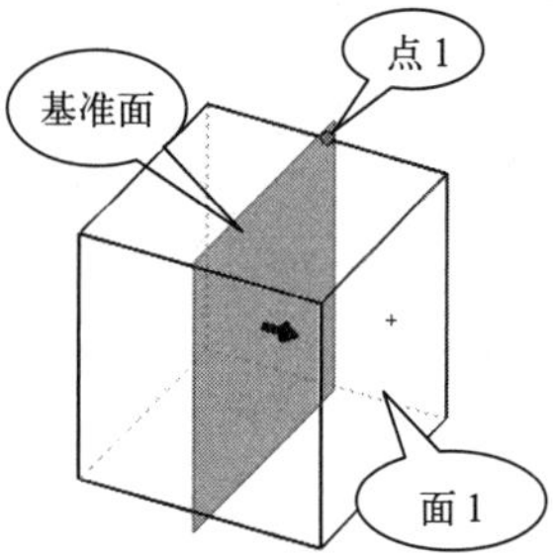 基准面<br>点 1<br>面 1 |
| 两面夹角 | 该方式用于创建通过一条边线（轴线或者草图线），并与一个面成角度的基准面 |  信息<br>完全定义<br>第一参考<br>面<1><br>平行<br>垂直<br>重合<br>60.00度<br>反转等距<br>20.00mm<br>两侧对称<br>第二参考<br>边线<3><br>垂直<br>重合 | 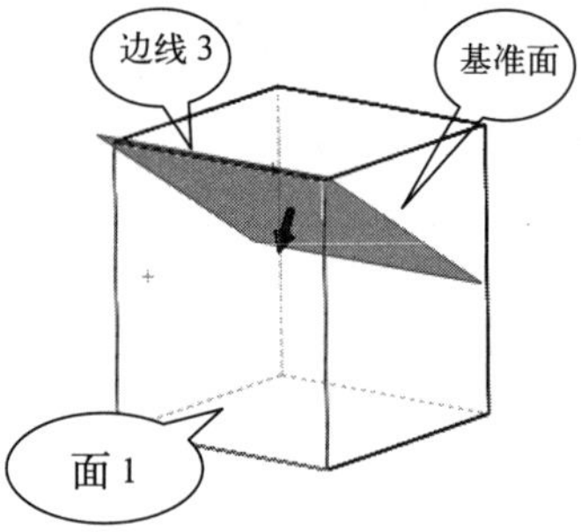 边线 3<br>基准面<br>面 1 |
| 等距距离 | 该方式用于创建平行于一个面并指定距离的基准面 | 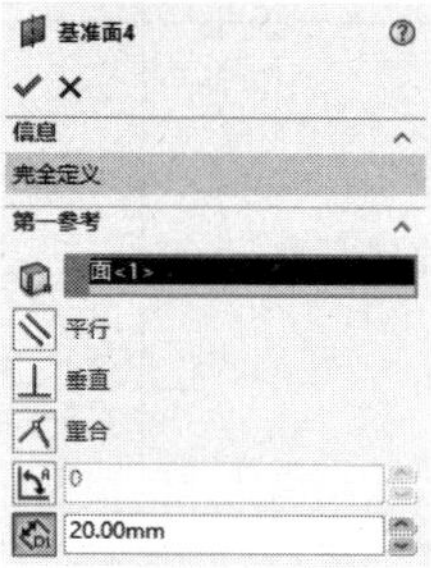 基准面4<br>信息<br>完全定义<br>第一参考<br>面<1><br>平行<br>垂直<br>重合<br>0<br>20.00mm | 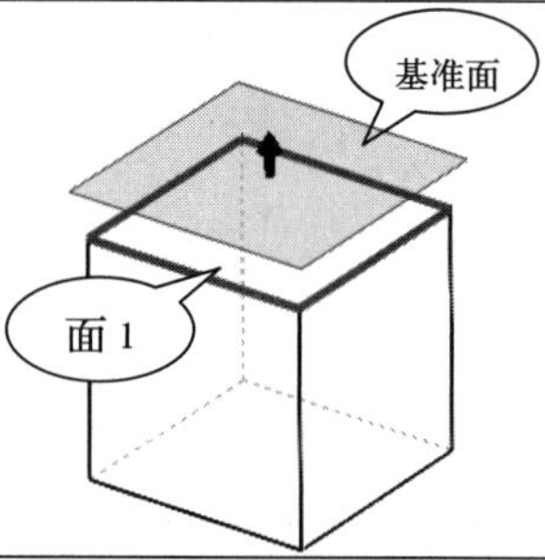 基准面<br>面 1 |
| 垂直于曲线 | 该方式用于创建通过一个点且垂直于一条边线（或曲线）的基准面 | 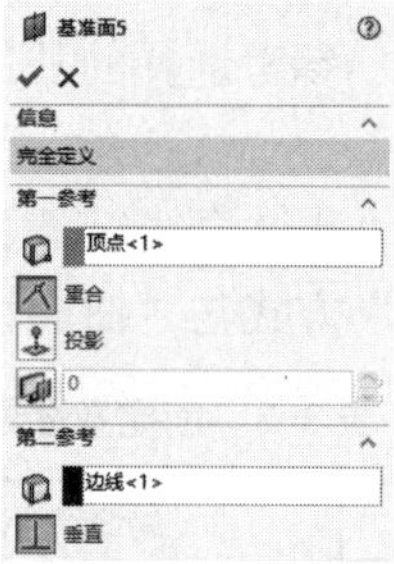 基准面5<br>信息<br>完全定义<br>第一参考<br>顶点<1><br>重合<br>投影<br>0<br>第二参考<br>边线<1><br>垂直 | 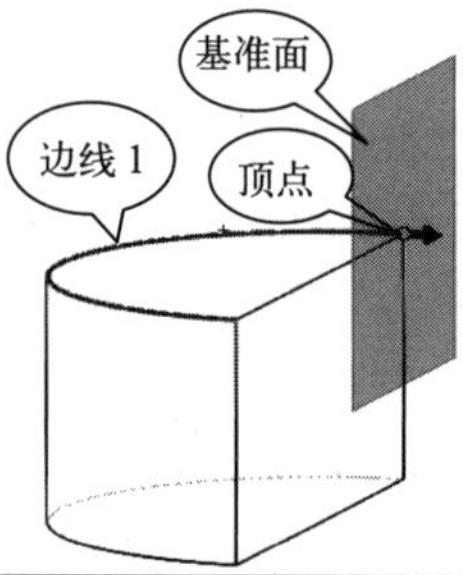 基准面<br>边线 1<br>顶点 |
| 曲面切平面 | 该方式用于创建一个与空间面或圆形曲面相切的基准面（需指定第二参考） | 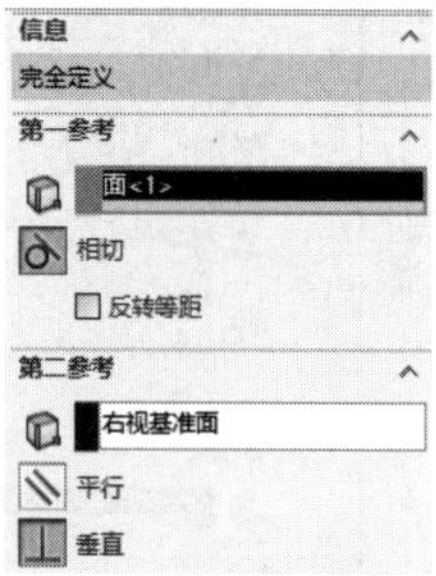 信息<br>完全定义<br>第一参考<br>面<1><br>相切<br>反转等距<br>第二参考<br>右视基准面<br>平行<br>垂直 | 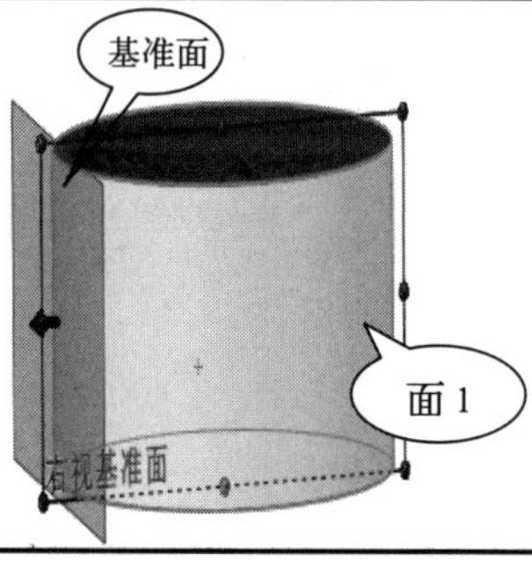 基准面<br>面 1<br>右视基准面 |

## 3.2.2 基准轴

基准轴广泛应用于特征的旋转参考、圆周阵列参考及装配体配合参考。当用户创建旋转特征或孔特征后，系统会自动在其中心显示临时轴，临时轴是由模型中的圆锥和圆柱隐含生成的，可以选择“视图”→“隐藏/显示”→“临时轴”命令来隐藏或显示所有的临时轴。

### 1. “基准轴”属性管理器

单击“特征”控制面板上的“参考几何体”按钮，在下拉列表中单击“基准轴”按钮；或选择“插入”→“参考几何体”→“基准轴”命令，系统弹出“基准轴”属性管理器，如图3-13所示。“基准轴”属性管理器中，“参考实体”拾取框用于在图形区拾取轴线等实体，该实体会在拾取框中显示，高亮时可用。

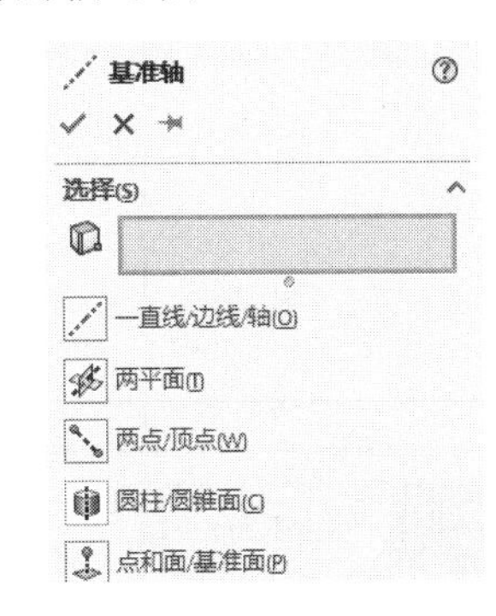


图3-13 “基准轴”属性管理器

### 2. 创建基准轴的操作流程

1）单击“特征”控制面板上的“参考几何体”按钮，在下拉列表中单击“基准轴”按钮，系统弹出“基准轴”属性管理器。

2）在属性管理器中选择基准轴的定义方式，分别是“一直线/边线/轴”方式、“两平面”方式、“两点/顶点”方式、“圆柱/圆锥面”方式、“点和面/基准面”方式。

3）根据不同的定义方式，在图形区拾取参考对象。

4）单击属性管理器中的“确定”按钮，完成基准轴创建操作。

### 3. 创建基准轴的方式

创建基准轴方式见表3-3。

表3-3 创建基准轴方式

| 创建方式 | 说 明 | 属性管理器 | 图 例 |
| --- | --- | --- | --- |
| 一直线/边线/轴 | 以现有特征的边线、直线、草图直线段或已有轴线为参考，创建基准轴 | 基准轴<br>选择(S)<br>边线<1><br>一直线/边线/轴(O) | 边线1<br>基准轴1 |
| 两平面 | 以两平面的交线为参考，创建基准轴 | 选择(S)<br>右视基准面<br>前视基准面<br>一直线/边线/轴(O)<br>两平面(T) | 基准轴2 |
| 两点/顶点 | 选择两个现有点，以两点作为参考，其两点的连线可用来创建基准轴 | 选择(S)<br>顶点<1><br>顶点<2><br>一直线/边线/轴(O)<br>两平面(T)<br>两点/顶点(W) | 顶点1<br>基准轴3<br>顶点2 |

（续）

| 创建方式 | 说 明 | 属性管理器 | 图 例 |
|---|---|---|---|
| 圆柱/圆锥面 | 选择一个圆柱面或圆锥面，系统自动以该圆柱面或圆锥面的轴线作为参考，创建基准轴 | 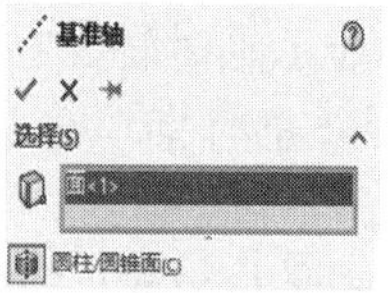 基准轴<br>选择(S)<br>面<1><br>圆柱/圆锥面(C) | 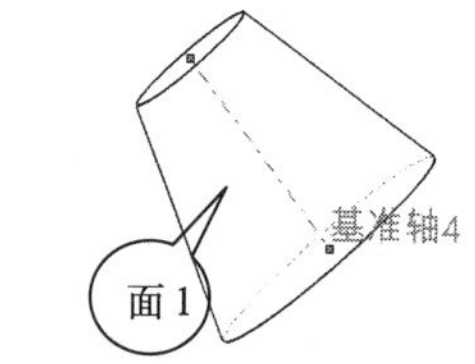 面1<br>基准轴4 |
| 点和面/基准面 | 选择一个点和一个面，以点到面的最短距离作为参考，创建基准轴 | 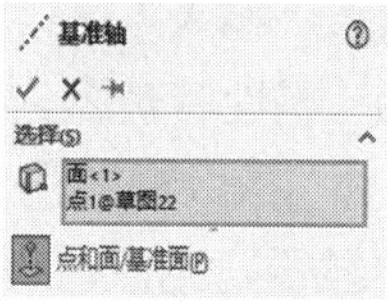 基准轴<br>选择(S)<br>面<1><br>点1@草图22<br>点和面/基准面(P) | 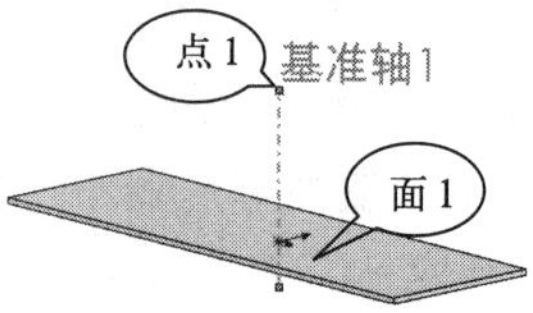 点1<br>基准轴1<br>面1 |

## 3.2.3 坐标系

坐标系常用于装配时的默认约束参照，确定模型在视图中的位置及作为零件的缩放参照、测量参照。坐标系由原点和 3 个轴正方向唯一确定。默认情况下，坐标系建立在原点上。

**1．“坐标系”属性管理器**

单击“特征”控制面板上的“参考几何体”按钮，在下拉列表中单击“坐标系”按钮；或选择“插入”→“参考几何体”→“坐标系”命令。系统弹出“坐标系”属性管理器，如图 3-14 所示。“坐标系”属性管理器中各选项含义如下。

- “原点”拾取框：在图形区拾取点，定义坐标系原点。高亮时可用。
- X 轴、Y 轴及 Z 轴拾取框：在图形区拾取点/线/平面，来定义 x、y、z 轴方向。轴的方向与选取的平面垂直。高亮时可用。
- “反转轴方向”按钮：单击此按钮，反转坐标轴方向。

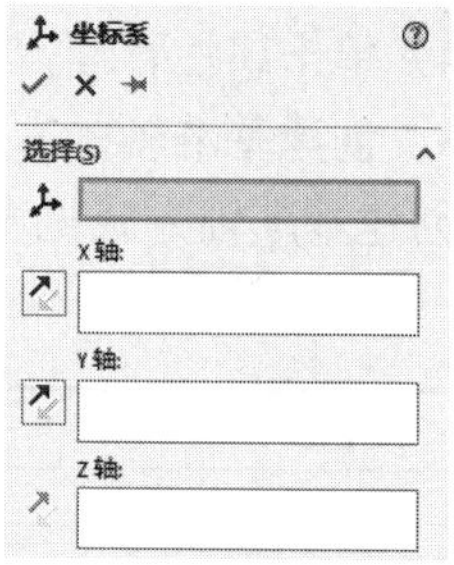

坐标系<br>选择(S)<br>X 轴<br>Y 轴<br>Z 轴

图 3-14 “坐标系”属性管理器

**2．创建坐标系的操作流程**

1）单击“特征”面板上的“参考几何体”按钮，在下拉列表中单击“坐标系”按钮，系统弹出“坐标系”属性管理器。

2）设置“选择”选项组中的选项。先确定原点，在图形区拾取边线、平面等来定义坐标轴。

3）单击属性管理器中的“确定”按钮✓，创建坐标系。

SolidWorks 中创建的坐标系都是右手坐标系，如果确定了两个轴的方向，第三个轴方向是唯一确定的，所以选取了两个轴的参考，第三个参考系统自动计算得出，无须用户选择。

**3．创建坐标系的方式**

在零件或装配体中，可以按以下方式创建坐标系。

1）4 点配合方式。选择一个点作为原点，再选择 3 个点指定坐标轴。

2）点与线配合方式。选择一个点作为原点，再选择 3 条线指定坐标轴。

3）点与面配合方式。选择一个点作为原点，再选择两平面来指定坐标轴。

# 3.3 拉伸特征

以增材（添加材料）或减材（去除材料）形式，将草图或轮廓（闭环或开环）以指定方式移动一段距离（到特定的位置）后所形成的实体称为拉伸特征。SolidWorks 中拉伸特征包括拉伸凸台/基体特征和拉伸切除特征。用拉伸命令生成的实体如图 3-15 所示。

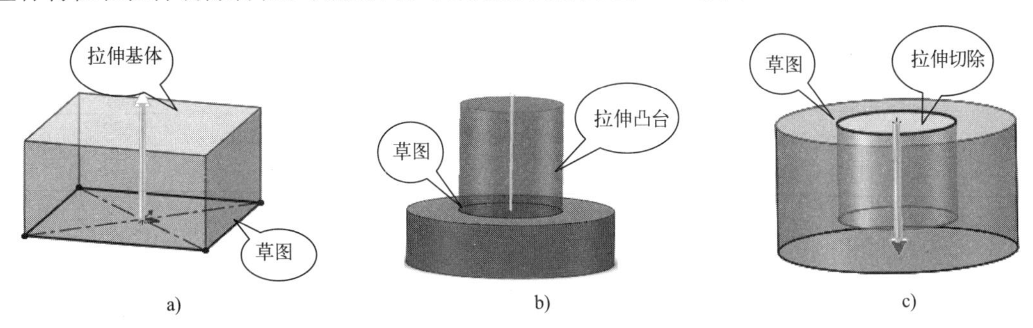


图 3-15 用拉伸命令生成的实体

a) 拉伸基体 b) 拉伸凸台 c) 拉伸切除

## 3.3.1 拉伸凸台/基体特征

以增材形式，将草图或轮廓（闭环或开环）以指定方式移动一段距离（到特定的位置）后所形成的实体，称为拉伸凸台/基体特征，由“拉伸凸台/基体”命令创建。零件建模时，第一实体是拉伸特征，这个实体就称为拉伸基体特征。在已有实体基础上，通过“拉伸凸台/基体”命令创建的实体称为拉伸凸台特征。

**1. 拉伸凸台/基体特征基本知识**

读者可通过以下方式执行“拉伸凸台/基体”命令。

1）单击“特征”控制面板上的“拉伸凸台/基体”按钮。

2）选择“插入”→“凸台/基体”→“拉伸”命令。

执行命令后，系统弹出“凸台-拉伸”属性管理器，如图 3-16 所示。“凸台-拉伸”属性管理器中各选项含义如下。

（1）“从”选项组

该选项组用来设置拉伸的起始条件。下拉列表中有 4 种不同的形式，如图 3-17 所示。

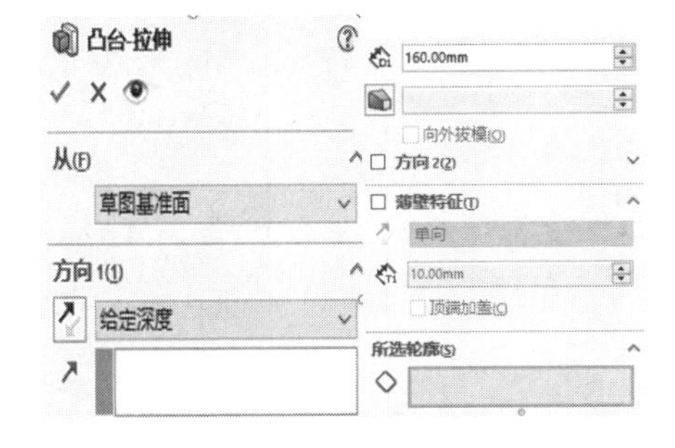


图 3-16 “凸台-拉伸”属性管理器

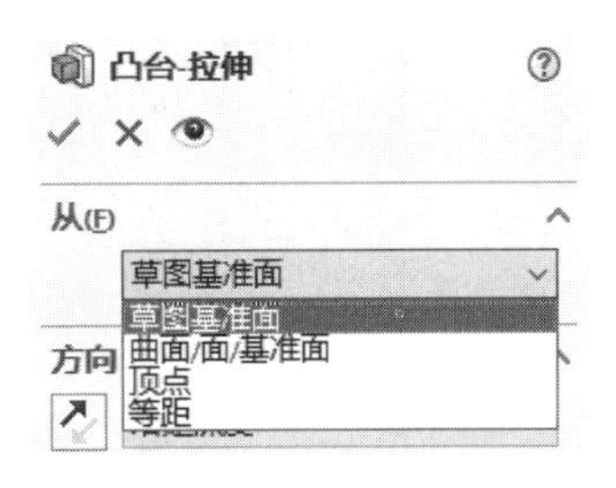


图 3-17 开始条件

- 草图基准面：从草图所在的基准面开始拉伸。
- 曲面/面/基准面：选择面（曲面/基准面）作为起始位置开始拉伸。草图必须完全包含在面的边界内。
- 顶点：从选择的顶点处开始拉伸。
- 等距：从与当前草图平面等距的平面处开始拉伸，应输入等距距离。

拉伸起始条件的形式见表 3-4。

**表 3-4　拉伸起始条件**

| 创建方式 | 图例 | 创建方式 | 图例 |
|---|---|---|---|
| 草图基准面 | 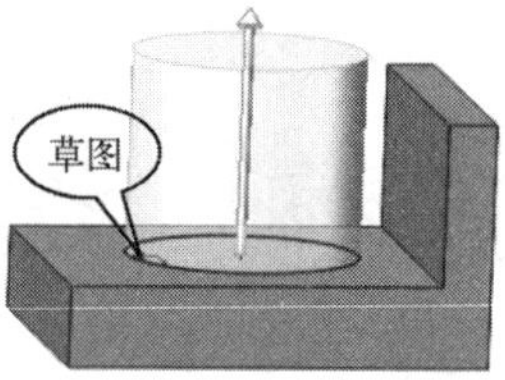 | 曲面\面\基准面 | 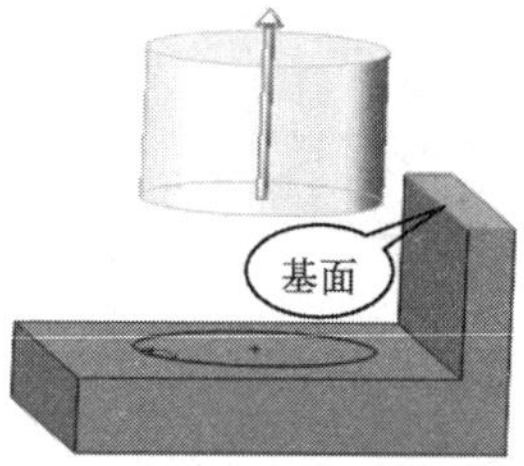 |
| 顶点 | 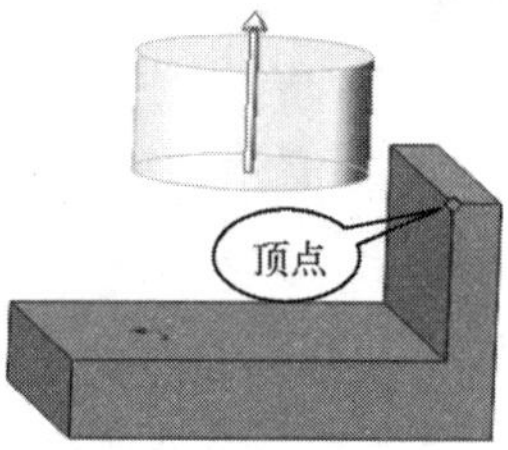 | 等距 | 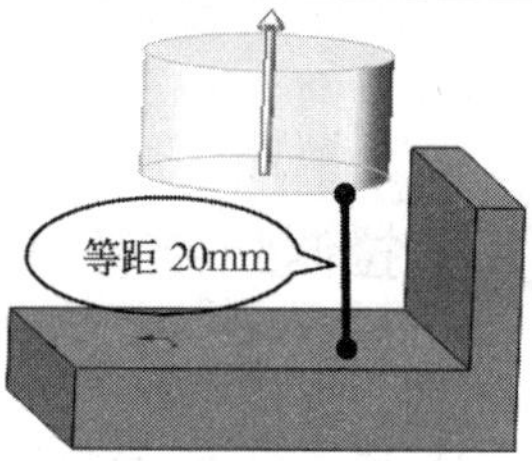 |

（2）“方向 1”选项组

“方向 1”选项组用于设定拉伸特征的终止条件、方向、深度值和设置拔模。

- “反向”按钮：向相反的方向进行拉伸，形成实体。
- “终止条件”下拉列表框：“反向”按钮右侧的下拉列表框中给出了拉伸的终止条件。

凸台-拉伸终止条件有 8 种形式，见表 3-5。

**表 3-5　凸台-拉伸特征的终止条件**

| 创建方式 | 说 明 | 属性管理器 | 图 例 |
|---|---|---|---|
| 给定深度 | 从草图的基准面拉伸草图（轮廓）到指定距离处，生成实体 |  | 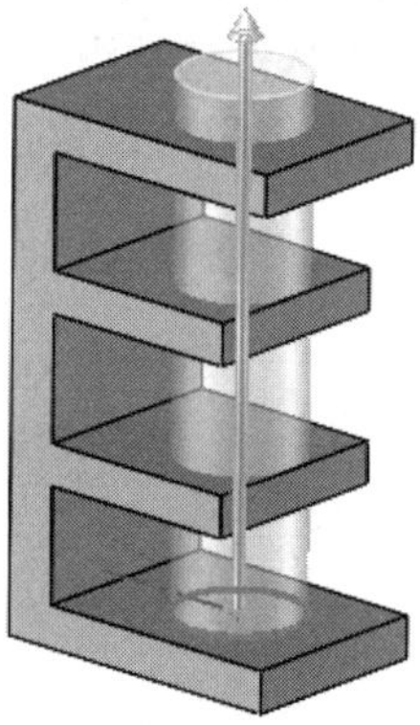 |

（续）

| 创建方式 | 说 明 | 属性管理器 | 图 例 |
| --- | --- | --- | --- |
| 完全贯穿 | 从草图的基准面拉伸草图（轮廓）直到贯穿现有的全部几何体，生成实体 |  |  |
| 成形到下一面 | 从草图的基准面拉伸草图（轮廓）到下一个面，生成实体（下一面由系统自动判断） |  |  |
| 成形到一顶点 | 从草图的基准面拉伸草图（轮廓）到指定的点，生成实体 |  |  |
| 成形到一面 | 从草图的基准面拉伸草图（轮廓）到指定的面，生成实体 |  |  |
| 到离指定面指定的距离 | 从草图的基准面拉伸草图（轮廓），终止于所选面指定距离处，生成实体 |  |  |

（续）

| 创建方式 | 说 明 | 属性管理器 | 图 例 |
| --- | --- | --- | --- |
| 成形到实体 | 从草图的基准面拉伸草图（轮廓）到指定的实体处，生成实体 | | |
| 两侧对称 | 给定拉伸深度（总长度）。从草图的基准面向两侧对称拉伸草图（轮廓），生成实体 | | |

● “拉伸方向”拾取框。系统默认的拉伸方向垂直于草图基准面。如果在图形区域中拾取一边线、平面作为拉伸方向的矢量，则拉伸将平行于所选方向矢量。

● “拔模开关”按钮：单击“拔模开关”按钮，设置拔模参数。

可以在创建拉伸特征的同时对实体进行拔模操作，拔模方向分为向内和向外两种，如图 3-18 所示。由是否选中“向外拔模”复选框决定。在“拔模开关”按钮右侧微调框中输入拔模角度。

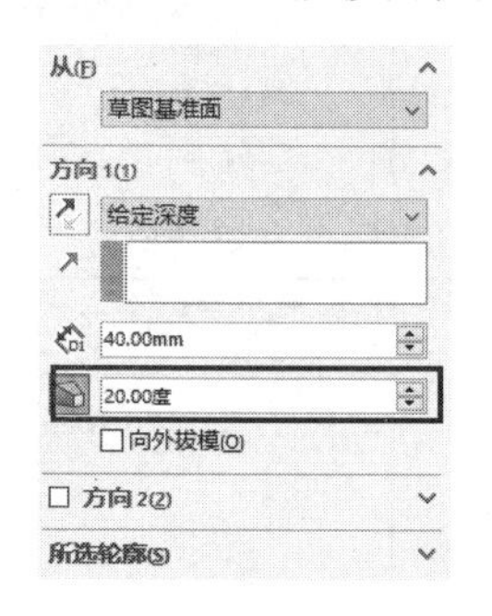


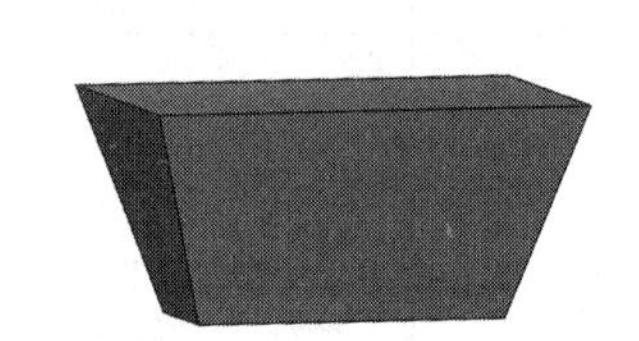

图 3-18　向内拔模 20°

（3）“方向 2”选项组

在该选项组中，可以设置同时从草图基准面向两个方向拉伸，此选项组的用法同“方向 1”选项组。

（4）“薄壁特征”选项组

SolidWorks 可以对闭环和开环草图进行拉伸，生成薄壁实体，如图 3-19 所示。所不同的是，如果草图本身是一个开环图形，则“拉伸凸台/基体”命令只能将其拉伸为薄壁特征；如果草图是一个闭环图形，则可以选择将其拉伸为薄壁特征或实体特征。

如果要创建薄壁拉伸特征，可以选中“凸台-拉伸”属性管理器中的“薄壁特征”复选框。“薄壁特征”选项组如图 3-20 所示，其中各选项含义如下。

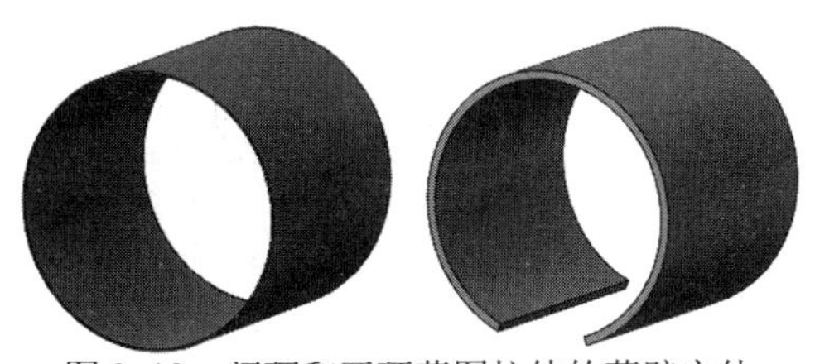

图 3-19　闭环和开环草图拉伸的薄壁实体

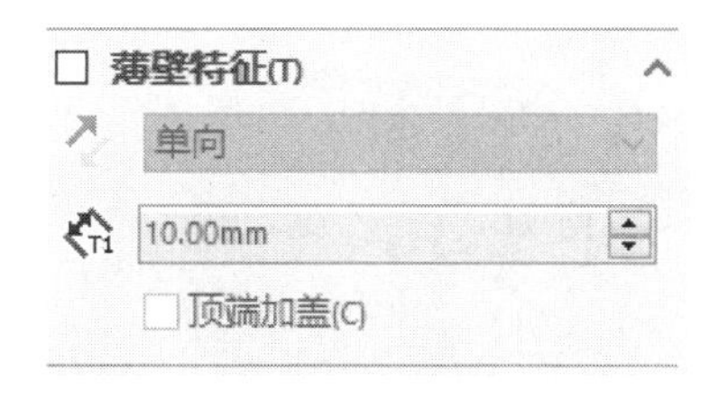

图 3-20　“薄壁特征”选项组

- “反向”按钮：向相反的方向进行拉伸，形成实体。
- “类型”下拉列表框：“反向”按钮右侧的下拉列表框中给出了拉伸生成薄壁特征的方式，见表 3-6。

**表 3-6　薄壁特征生成方式**

| 创建方式 | 说　明 | 属性管理器 | 图例 |
|---|---|---|---|
| 单向 | 使用指定的壁厚向一个方向拉伸草图。在“厚度”微调框中输入厚度值。默认方向为草图外侧，单击“反向”按钮改变拉伸厚度的方向 | 薄壁特征(T)<br>单向<br>10.00mm | 草图 |
| 两侧对称 | 在草图的两侧各以指定壁厚的一半向两个方向拉伸草图。在“厚度”微调框中输入厚度值 | 薄壁特征(T)<br>两侧对称<br>10.00mm | 草图 |
| 双向 | 在草图的两侧各使用不同的壁厚向两个方向拉伸草图。分别在“厚度 1”微调框和“厚度 2”微调框中输入厚度值 | 薄壁特征(T)<br>双向<br>6.00mm<br>4.00mm | 草图 |

- “厚度”微调框：在微调框中输入薄壁的厚度。
- “顶端加盖”复选框：选中该复选框则在零件的顶部加盖。

选中“顶端加盖”复选框后，可以在“加盖厚度”微调框中输入加盖的厚度值，加盖后的实体如图 3-21 所示（中间是空的）。

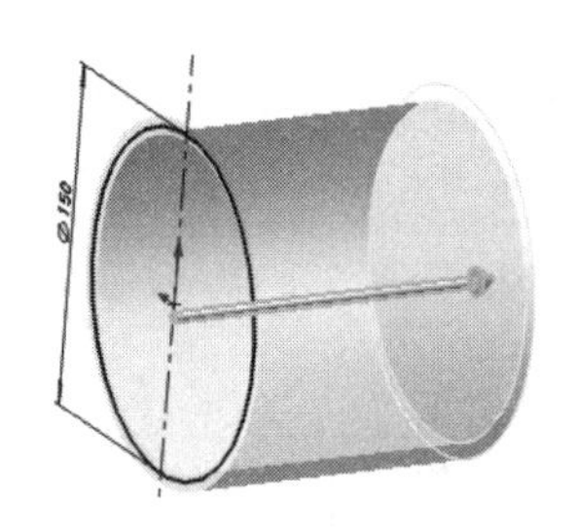

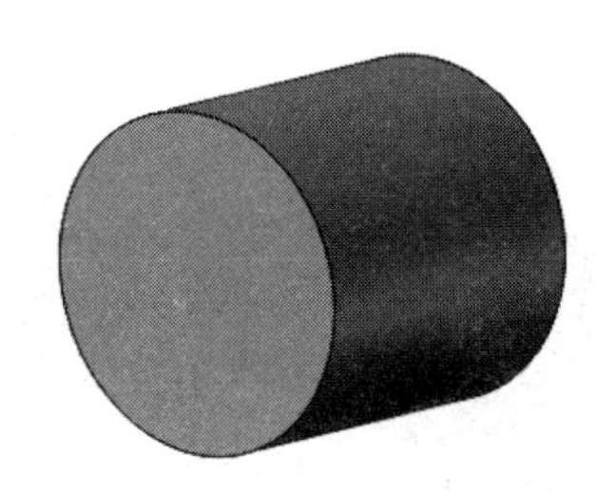

图 3-21　顶端加盖的效果

● “自动加圆角”复选框：如果草图是开环的，系统会出现“自动加圆角”选项。选中此复选框，系统自动在每一个具有相交夹角的边线上生成圆角，生成的实体如图 3-22 所示。

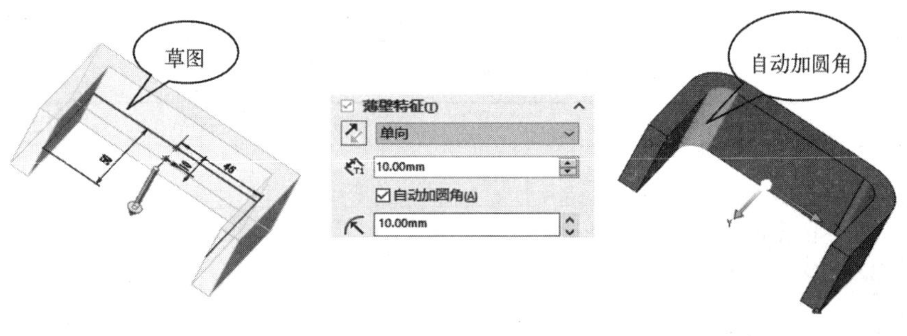


图 3-22　自动加圆角

（5）“所选轮廓”选项组

“所选轮廓”拾取框◇：使用草图中的部分轮廓来生成拉伸特征，在图形区中拾取草图中轮廓或模型边线进行拉伸，生成实体，如图 3-23 所示。拾取框高亮时可用。

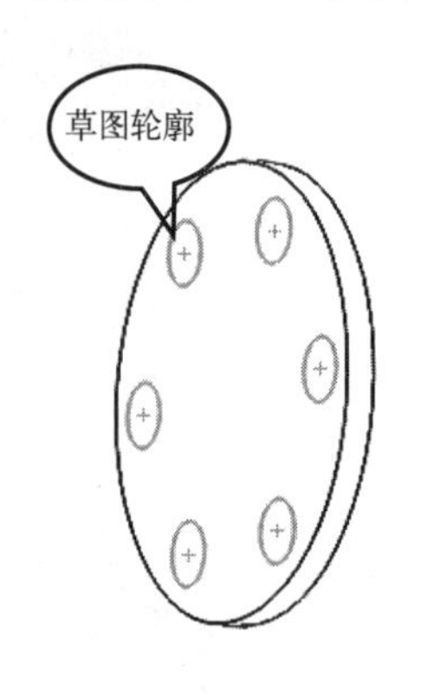

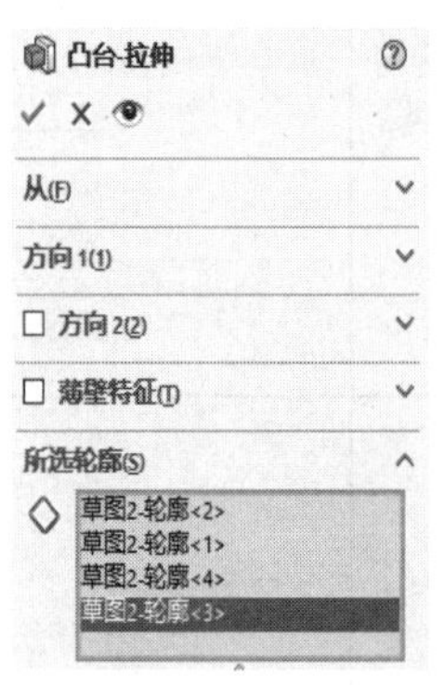

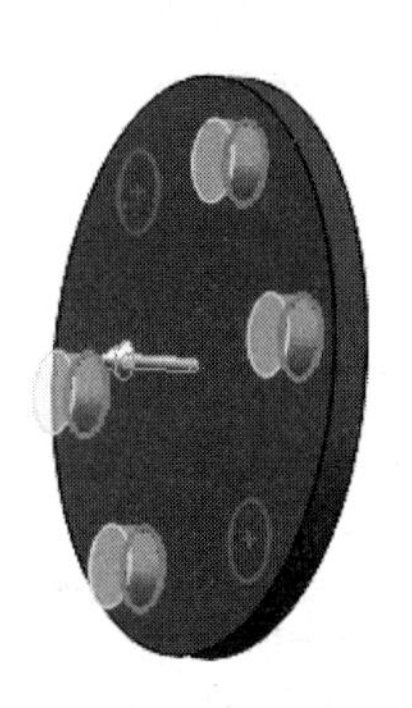

图 3-23　拉伸轮廓

**2. 创建拉伸凸台/基体特征的操作流程**

1）绘制拉伸特征的横截面草图。

2）单击“特征”控制面板上的“拉伸凸台/基体”按钮；或选择“插入”→“凸台/基体”→“拉伸”命令，系统弹出“凸台-拉伸”属性管理器，在管理器中设置拉伸开始和终止条件等参数。

3）单击属性管理器中的“确定”按钮✓，生成拉伸凸台/基体特征。

## 3.3.2 拉伸切除特征

在已有实体基础上，以减材方式，将草图或轮廓（闭环或开环）以指定方式移动一段距离（到特定的位置）后所生成的实体，称为拉伸切除特征，由“拉伸切除”命令创建。

“拉伸切除”和“拉伸凸台/基体”的作用相反，拉伸切除特征是由草图（轮廓）拉伸一定深度，移除模型上的部分材料（或这部分之外的材料）。闭环轮廓和开环轮廓都可以生成拉伸切除特征。

图 3-24 “切除拉伸”属性管理器

**1. 拉伸切除特征基本知识**

可通过以下方式执行“拉伸切除”命令。

1）单击“特征”控制面板上的“拉伸切除”按钮。

2）选择“插入”→“切除”→“拉伸”命令。

执行命令后，系统弹出“切除-拉伸”属性管理器，如图 3-24 所示。

“切除-拉伸”属性管理器中的参数设置与“凸台-拉伸”属性管理器的参数设置基本相同，不同的是，在“方向 1”选项组中多出了两个终止条件，以及一个“反侧切除”复选框。默认情况下，材料从轮廓内部移除，如图 3-25 所示。反侧切除的作用是移除轮廓外的所有材料，如图 3-26 所示。

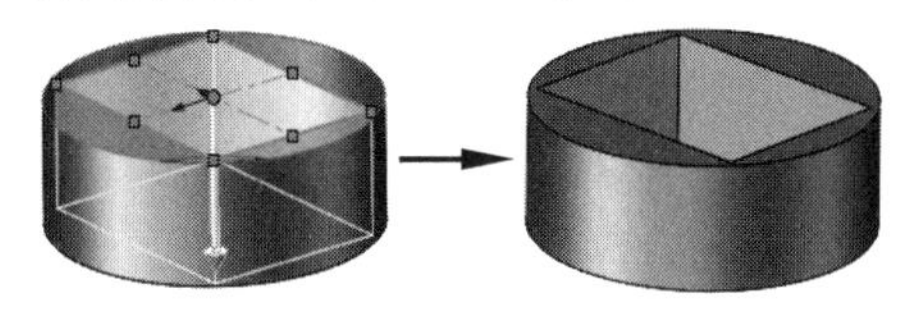

图 3-25 正常切除

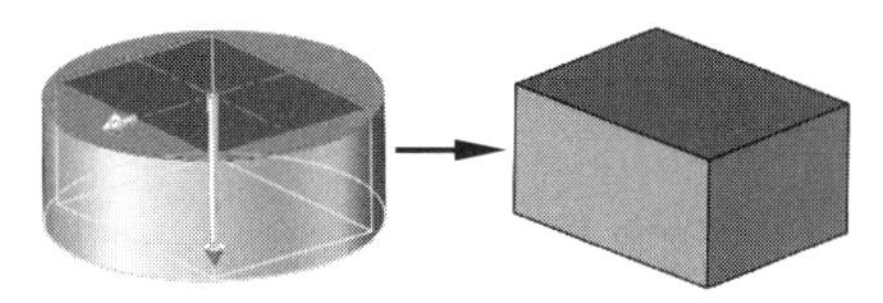

图 3-26 反侧切除

**2. 创建拉伸切除特征案例**

下面结合实例来介绍使用“拉伸切除”命令创建零件的基本步骤。

例 3-1 创建拉伸切除特征

【例 3-1】 创建拉伸切除特征

1）启动 SolidWorks 软件，单击“标准”工具栏中的“打开”按钮，系统弹出“打开”对话框，打开资源文件\模型文件\第 3 章\“例 3-1 拉伸切除素材.SLDPRT”文件，打开的模型如图 3-27 所示。

2）绘制“草图 2”。选择六边形凸台上表面，单击“草图”控制面板上的“草图绘制”按钮，进入草图绘制状态。在设计树中右击“草图 2”，在弹出的快捷菜单中选择“正视于”命令。在图形区绘制一个直径为 50mm 的圆，单击图形区右上角的“退出草图”按钮，完成“草图 2”的绘制，如图 3-28 所示。

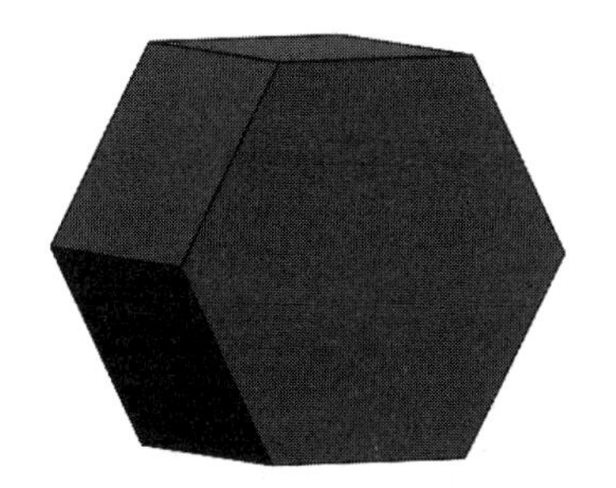

图 3-27 拉伸切除素材

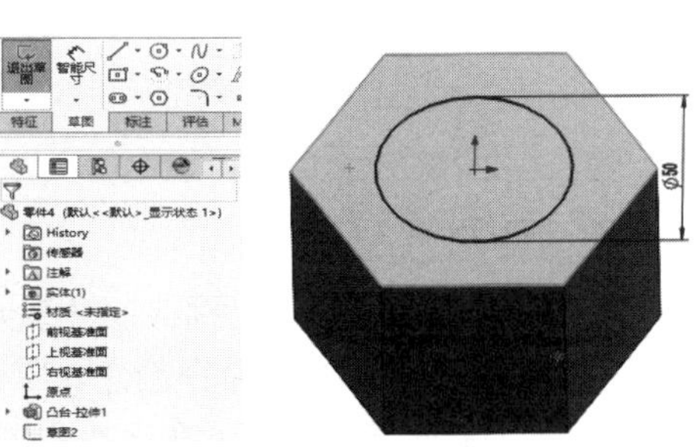


图 3-28 绘制草图 2

3）在设计树中选择“草图 2”，单击“特征”控制面板上的“拉伸切除”按钮，弹出“切除-拉伸”属性管理器，如图 3-29a 所示。在“终止条件”下拉列表框中选择“完全贯穿”选项，预览图形如图 3-29b 所示。

4）参数设置完成后，单击属性管理器中的“确定”按钮✔，生成拉伸切除特征，结果如图 3-30 所示。

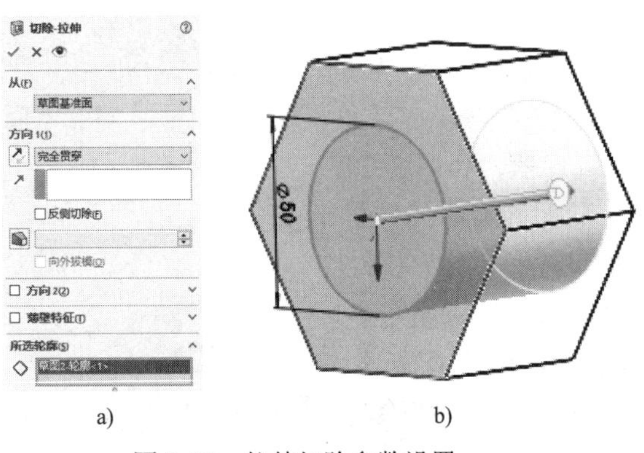


a)　　b)

图 3-29　拉伸切除参数设置

a) 切除拉伸参数设置　b) 拉伸切除预览图

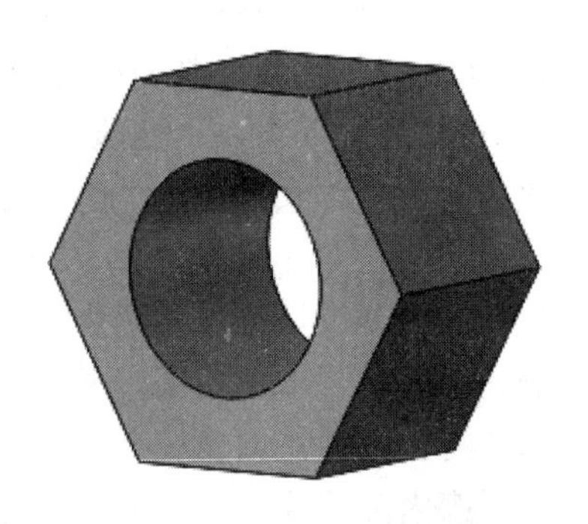

图 3-30　拉伸切除特征

# 3.4　旋转特征

以增材或减材方式，将草图或草图轮廓（闭环或开环）绕旋转轴旋转生成的实体称为旋转特征。旋转特征包括旋转凸台/基体特征、旋转切除特征及薄壁特征，如图 3-31 所示。

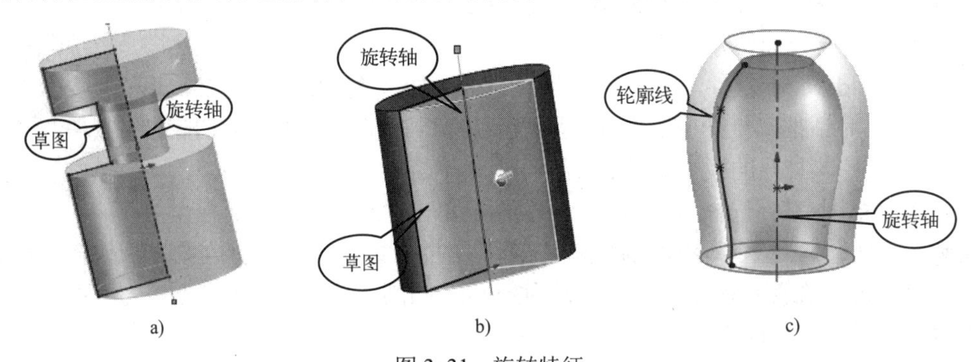


a)　　b)　　c)

图 3-31　旋转特征

a) 旋转基体特征　b) 旋转切除特征　c) 旋转薄壁特征

## 3.4.1　旋转凸台/基体特征

以增材方式，将草图或草图轮廓（闭环或开环）绕旋转轴旋转，生成的实体称为旋转凸台/基体特征，由“旋转凸台/基体”命令创建。零件建模时，第一实体由“旋转凸台/基体”命令生成，这个实体就称为旋转基体特征。在已有实体基础上，通过“旋转凸台/基体”命令生成的实体称为旋转凸台特征。“旋转凸台/基体”命令适用于创建回转体零件。

**1．旋转凸台/基体特征基本知识**

可通过以下方式执行“旋转凸台/基体”命令。

1）单击“特征”控制面板上的“旋转凸台/基体”按钮。

2）选择“插入”→“凸台/基体”→“旋转”命令。

执行命令后系统弹出“旋转”属性管理器，如图3-32所示。“旋转”属性管理器中各选项含义如下。

（1）“旋转轴”选项组

“旋转轴”拾取框：在图形区拾取草图（轮廓）所绕的轴。可以是中心线、直线或边线。

（2）“方向1”选项组

选择旋转的方向和终止条件。

1）“反向”按钮：单击此按钮，向相反的方向旋转，生成实体。

2）“终止条件”下拉列表框：“反向”按钮右侧的下拉列表框中给出了5种终止条件，如图3-33所示。

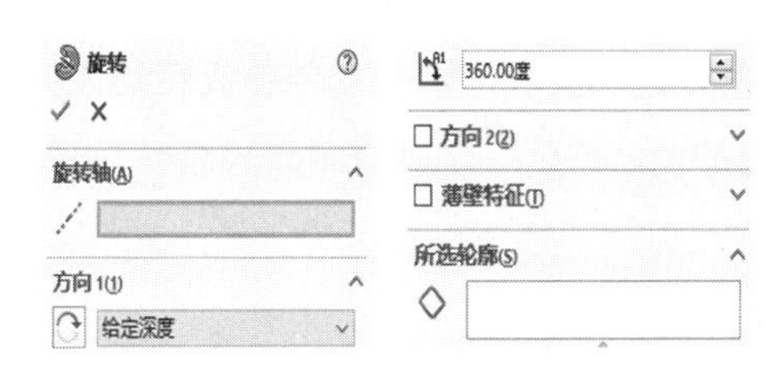


图3-32 “旋转”属性管理器

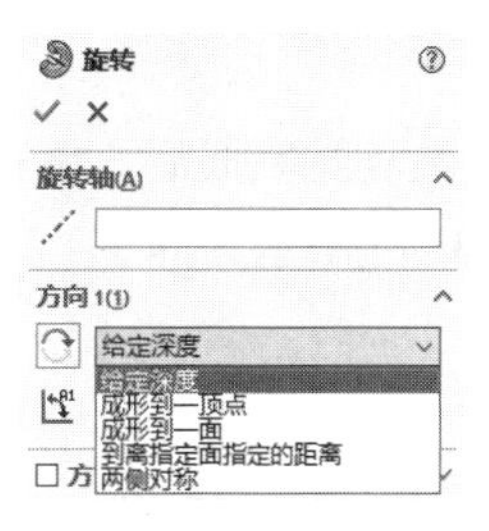


图3-33 终止条件

- 给定深度：草图向单一方向旋转指定的角度，此时须在“方向1”选项组的“角度”微调框中输入指定的角度，默认值为360°。
- 成形到一顶点：从草图基准面生成旋转到指定顶点的旋转特征。
- 成形到一面：从草图基准面生成旋转到指定面的旋转特征。
- 到离指定面指定的距离：从草图基准面生成旋转到选定面指定距离的旋转特征。
- 两侧对称：从草图基准面同时以顺时针和逆时针方向生成旋转特征。

3）“角度”微调框：在微调框中输入草图（轮廓）旋转的角度。

（3）“方向2”选项组

在该选项组中，可以设置草图基准面同时向两个方向旋转，“方向2”选项组参数设置同“方向1”选项组。

（4）“薄壁特征”选项组

此选项组的参数设置与“拉伸凸台/基体”属性管理器中“薄壁特征”选项组的设置相同。

（5）“所选轮廓”选项组

选择要旋转的草图轮廓或模型边线。当草图只有一个截面轮廓时，系统会自动选取；当有多组截面轮廓时，需手动选择旋转轮廓。

例3-2 创建旋转基体特征

**2．创建旋转基体特征案例**

下面结合实例来介绍使用“旋转凸台/基体”命令创建零件的基本步骤。

**【例3-2】** 创建旋转基体特征

1）启动 SolidWorks 软件，单击“标准”工具栏中的“打开”按钮，系统弹出“打开”对话框，打开资源文件\模型文件\第 3 章\“例 3-2 旋转基体素材.SLDPRT”文件，如图 3-34 所示。

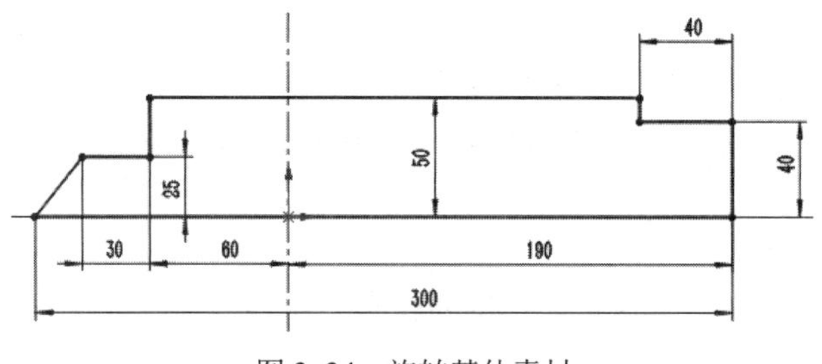


图 3-34　旋转基体素材

2）在设计树中，单击“草图 1”，然后单击“特征”控制面板上的“旋转凸台/基体”按钮，弹出“旋转”属性管理器。

3）拾取基准轴，在图形区单击“直线 1”；在“方向 1”选项组的“终止条件”下拉列表中选择“给定深度”，其他参数默认。设置的参数如图 3-35a 所示，预览图形如图 3-35b 所示。

4）参数设置完成后，单击属性管理器中的“确定”按钮，完成创建旋转基体特征操作，结果如图 3-36 所示。

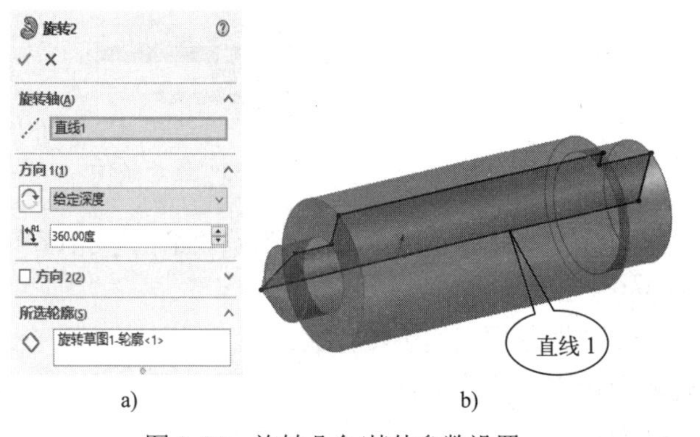


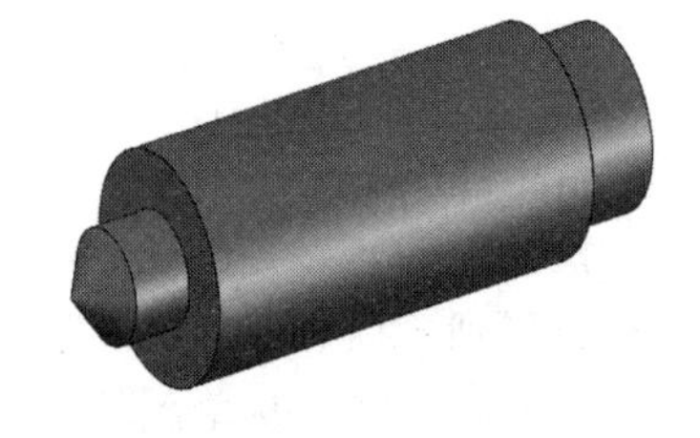

图 3-35　旋转凸台/基体参数设置

a)“旋转”属性管理器　b) 旋转基体特征预览图

图 3-36　旋转基体特征

## 3.4.2　旋转切除特征

在已有实体基础上，以减材方式，将草图或草图轮廓（闭环或开环）绕旋转轴旋转，生成的实体称为旋转切除特征。由“旋转切除”命令创建旋转切除特征。

**1．旋转切除特征基本知识**

可通过以下方式执行“旋转切除”命令。

1）单击“特征”控制面板上的“旋转切除”按钮。

2）选择“插入”→“切除”→“旋转”命令。

执行命令后，系统弹出“切除-旋转”属性管理器，其参数与“旋转”属性管理器的参数基本类似，不再介绍。

例 3-3　创建旋转切除特征

2．创建旋转切除特征案例

【例 3-3】 创建旋转切除特征

1）单击“标准”工具栏中的“打开”按钮，打开资源文件\模型文件\第 3 章\“例 3-3 旋转切除基体素材.SLDPRT”文件，模型如图 3-37 所示。

2）绘制草图 2。在设计树中选择“右视基准面”，单击“草图”控制面板上的“草图绘制”按钮，进入草绘环境，绘制图 3-38 所示的草图，草图绘制完后，单击“退出草图”按钮，退出草绘环境。

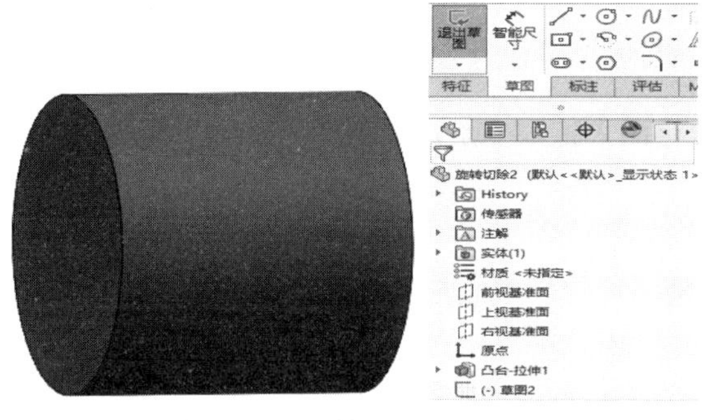


图 3-37　旋转切除基体素材

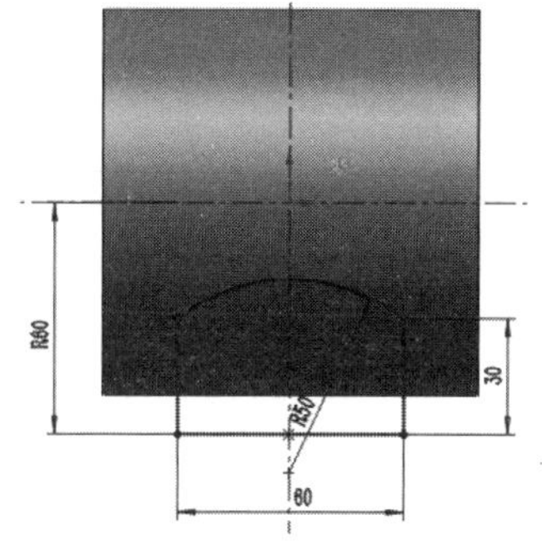


图 3-38　草图 2

3）执行旋转切除命令。在设计树中选择“草图 2”，单击“特征”控制面板上的“旋转切除”按钮，弹出“切除-旋转”属性管理器，如图 3-39a 所示。

4）拾取旋转轴，在图形区，单击“旋转轴 1”；在“方向 1”选项组的“终止条件”下拉列表中选择“给定深度”，其他参数默认。设置的参数如图 3-39a 所示，预览图形如图 3-39b 所示。

5）参数设置完成后，单击“确定”按钮，完成创建旋转切除特征操作，结果如图 3-40 所示。

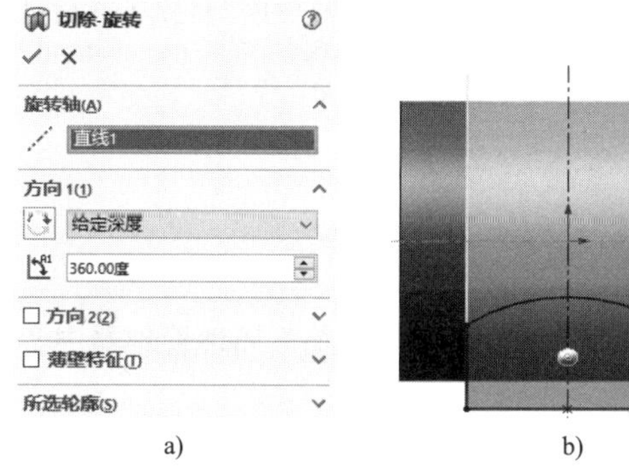


a)　b)

图 3-39　旋转切除参数设置

a)“切除-旋转”属性管理器　b) 旋转切除预览图

图 3-40　旋转切除特征

# 3.5　扫描特征

以增材或减材方式，将草图或轮廓沿给定的路径“掠过”生成的实体，称为扫描特征。通过沿着一条路径移动轮廓（草图）可以生成基体、凸台、曲面和扫描切除特征。扫描特征包括扫描凸台/基体特征、扫描切除特征，分别由“扫描”命令和“扫描切除”命令创建，如图 3-41、图 3-42 所示。

图 3-41　扫描基体特征示例　　图 3-42　扫描切除特征示例

要创建或重新定义一个扫描特征，必须给定两大特征要素，即路径和轮廓（草图）。

“扫描”命令的使用准则如下。

1）轮廓与路径分别在两个草图上绘制。

2）生成扫描基体或凸台特征的轮廓必须是闭环的；生成扫描曲面特征的轮廓可以是闭环的也可以是开环的。

3）路径可以为开环或闭环。

4）路径可以是一张草图、一条曲线或模型边线（曲线）。

5）路径的起点必须位于草图轮廓的基准面上。

6）不论是草图轮廓、路径或所形成的实体，都不能出现自相交的情况。

7）引导线必须和草图轮廓相交于一点，即设置引导线与草图轮廓的“穿透关系”。

## 3.5.1 扫描凸台/基体特征

以增材方式，将草图或轮廓沿给定的路径“掠过”生成的实体，称为扫描凸台/基体特征，由“扫描”命令创建。适合于构造复杂凸台、曲面等零件。

**1. 扫描凸台/基体特征基本知识**

可通过以下方式执行“扫描”命令。

1）单击“特征”控制面板上的“扫描”按钮。

2）选择“插入”→“凸台/基体”→“扫描”命令。

执行命令后，系统弹出“扫描”属性管理器，如图 3-43 所示。“扫描”属性管理器中各选项含义如下。

（1）“轮廓和路径”选项组

用于定义扫描轮廓与路径。

- “轮廓”拾取框：拾取用来生成扫描特征的轮廓（截面）。在图形区拾取截面轮廓，或在设计树中选择截面轮廓所在的草图。除曲面扫描特征外，截面轮廓应为闭环并且不能自相交。拾取框高亮时可用。
- “路径”拾取框：拾取路径。在图形区草图中拾取一轮廓作为扫描路径，或在设计树中拾取路径所在草图。拾取框高亮时可用。

（2）“起始处/结束处相切”选项组

设置截面轮廓沿路径移动时，起始处和结束处的处理方式，如图 3-44 所示。

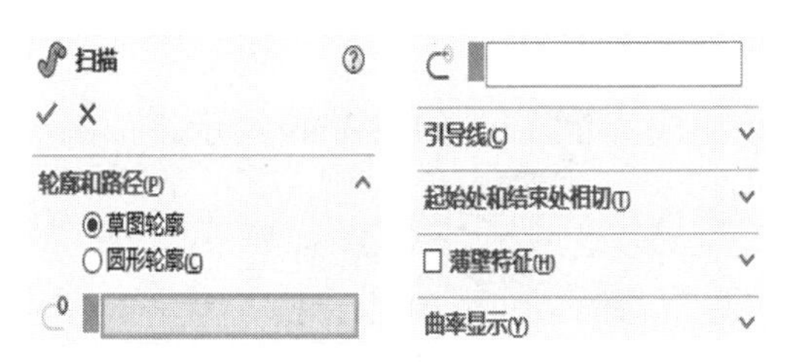


图 3-43 “扫描”属性管理器

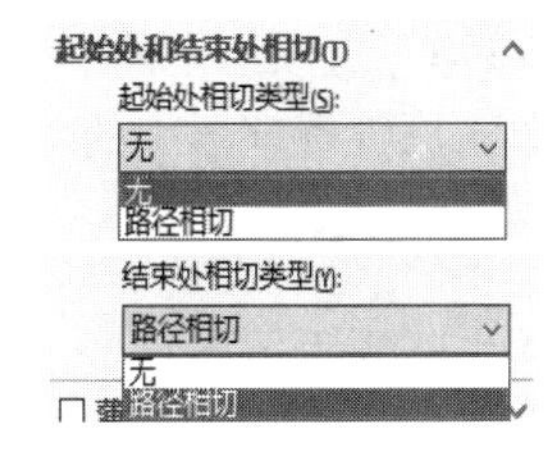


图 3-44 “起始处/结束处相切”选项组

- 无：没有相切。
- 路径相切：垂直于开始点路径而生成扫描特征。

（3）“薄壁特征”选项组

与“拉伸凸台/基体”属性管理器中“薄壁特征”选项组的设置相同。

**2．创建扫描特征案例**

例 3-4 利用“扫描”命令创建弹簧

**【例 3-4】** 利用“扫描”命令创建弹簧

（1）打开文件

启动 SolidWorks 软件，单击“标准”工具栏中的“打开”按钮，系统弹出“打开”对话框，打开资源文件\模型文件\第 3 章\“例 3-4 螺旋线基圆.SLDPRT”文件，如图 3-45 所示。

（2）绘制扫描路径——螺旋线

1）编辑草图。在设计树中右击“草图 1”，在弹出的快捷菜单中选择“编辑草图”命令，激活草图。

2）单击“特征”控制面板上的“曲线”按钮，在下拉列表中选择“螺旋线/涡状线”命令，系统弹出“螺旋线/涡状线 1”属性管理器。

3）在属性管理器中，设置“定义方式”为“高度和螺距”，在“高度”微调框中输入“100mm”，在“螺距”微调框中输入“7mm”，在“起始角度”微调框中输入“0 度”，其他选项默认。管理器参数设置如图 3-46 所示。

4）单击“确定”按钮，生成螺旋线，如图 3-47 所示。

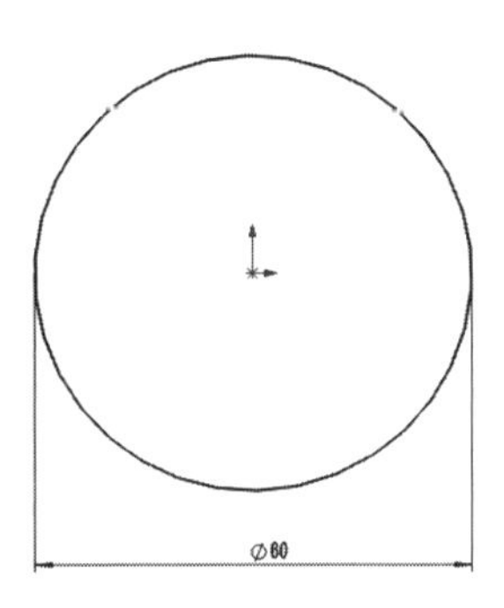


图 3-45 螺旋线基圆

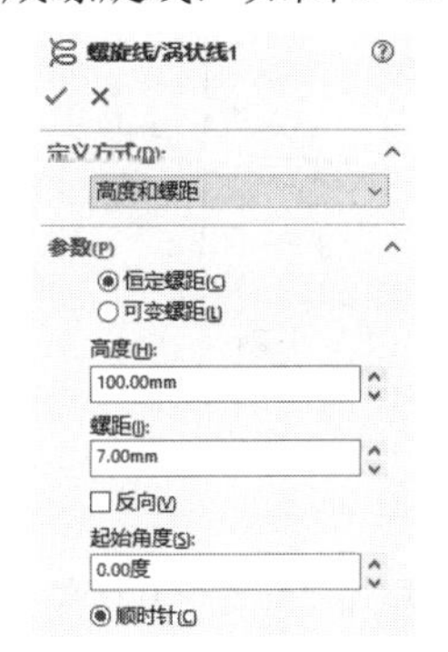


图 3-46 “螺旋线/涡状线 1”属性管理器

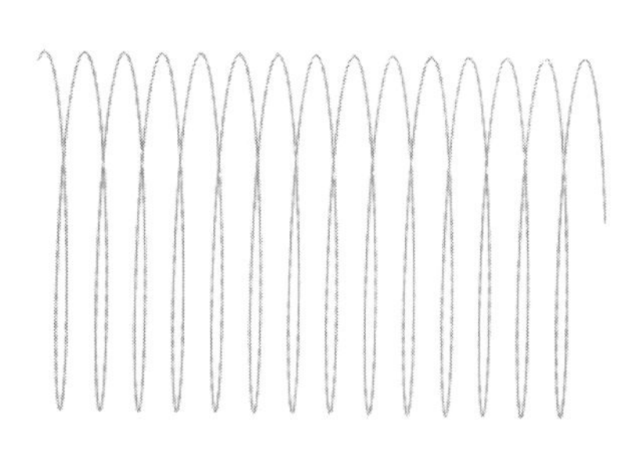

图 3-47 螺旋线

（3）创建基准面 1

1）单击“特征”控制面板上的“参考几何体”按钮，在下拉列表中选择“基准面”命令，系统弹出“基准面 1”属性管理器。

2）设置第一参考：在图形区单击螺旋线，再单击“第一参考”选项组中的“垂直”按钮，如图 3-48 所示。设置第二参考：在如图 3-49 所示的图形区单击螺旋线上的端点“点<1>”，再单击“第二参考”选项组中的“重合”按钮。

3）单击属性管理器中的“确定”按钮，生成基准面 1，如图 3-49 所示。

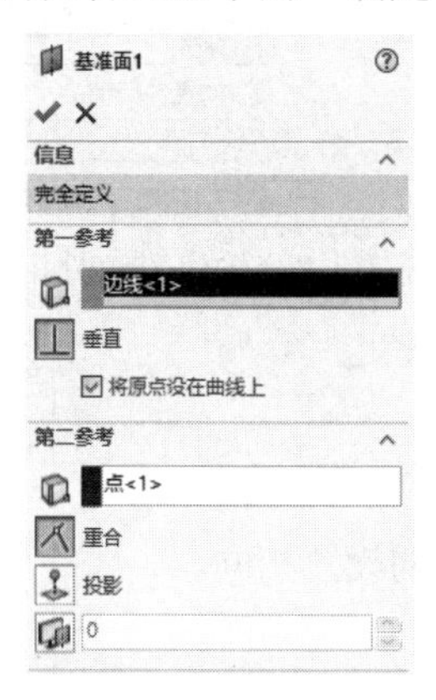


图 3-48 “基准面 1”参数

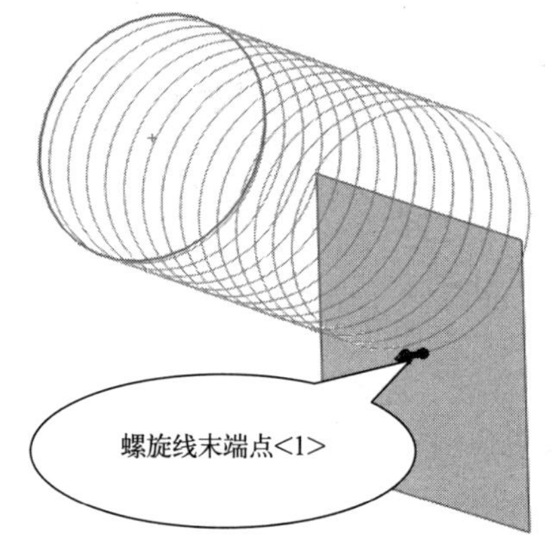


图 3-49 基准面 1

（4）绘制弹簧截面轮廓

1）在设计树中选择“基准面 1”，单击“草图”控制面板上的“草图绘制”按钮，进入草图环境。绘制一个直径为 3mm 的圆。

2）添加“穿透”几何关系。按住〈Ctrl〉键，选择如图 3-50a 所示的螺旋线“边线 1”和圆心点“点 2”，系统弹出如图 3-50b 所示的属性管理器，单击“穿透”按钮，使$\phi3$ 圆的中心点与螺旋线的端点重合。

3）单击“确定”按钮 ，完成扫描轮廓弹簧截面的绘制，退出草图环境。

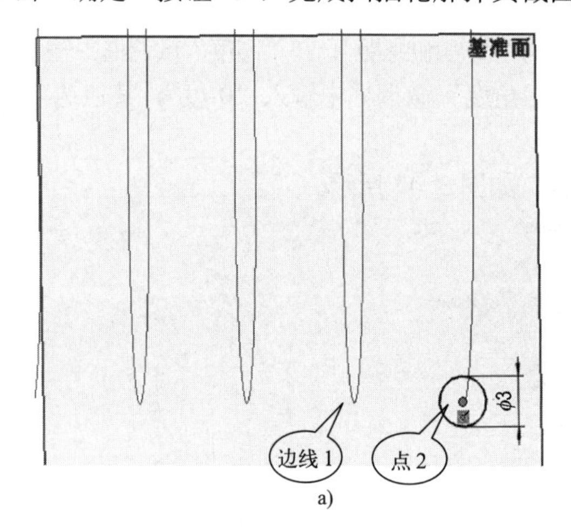


a)

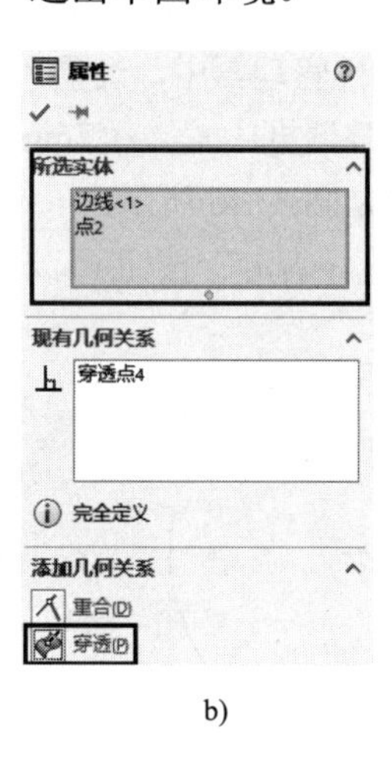


b)

图 3-50 添加“穿透”几何关系

a) 选择“边线 1”和“点 2” b) 属性管理器

（5）生成扫描特征

单击“特征”控制面板上的“扫描”按钮，系统弹出“扫描”属性管理器。此时“轮廓”拾取框高亮显示，在图形区拾取扫描轮廓“轮廓草图圆”；“路径”拾取框高亮显示，在图形区拾取路径为“螺旋线/涡状线 1”，参数设置如图 3-51a 所示。系统生成弹簧扫描特征预览图形，如图 3-51b 所示。

参数设置完成后，单击属性管理器中的“确定”按钮✓，生成弹簧特征，如图 3-52 所示。

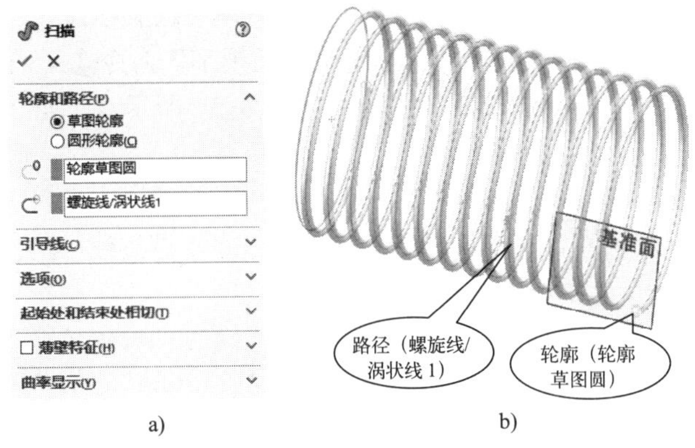


a)　　b)

图 3-51　设置扫描特征参数

a)“扫描”属性管理器　b) 弹簧预览图形

图 3-52　弹簧

## 3.5.2 扫描切除特征

以减材方式，将草图或轮廓沿给定的路径“掠过”切除基体生成的实体，称为扫描切除特征，由“扫描切除”命令创建。适用于构造复杂凸台、曲面等零件。

**1. 扫描切除特征基本知识**

可通过以下方式执行“扫描切除”命令。

1）单击“特征”控制面板上的“扫描切除”按钮。

2）选择“插入”→“切除”→“扫描”命令。

执行命令后，系统弹出“切除-扫描”属性管理器，如图 3-53 所示。

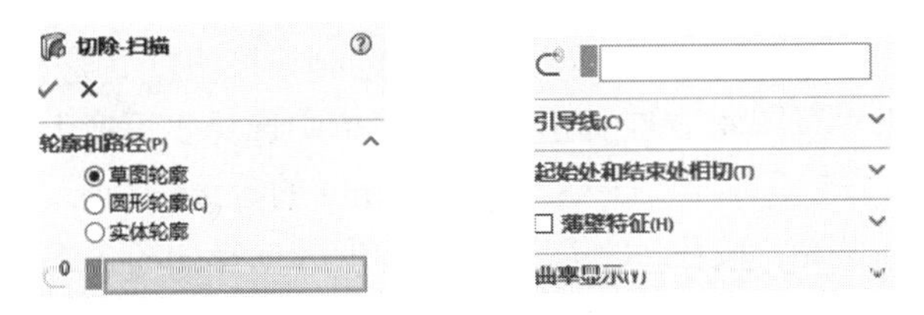


图 3-53　“切除-扫描”属性管理器

“切除-扫描”属性管理器的参数设置与“扫描”属性管理器的参数设置基本相同，不同的是在“轮廓和路径”选项组中多出了一个“实体轮廓”选项，此处实体指三维几何体。

**2. 创建扫描切除特征案例**

**【例 3-5】** 利用“扫描切除”命令创建螺栓

（1）打开文件

启动 SolidWorks 软件，单击“标准”工具栏中的“打开”按钮，系统弹出“打开”对话框，打开资源文件\模型文件\第 3 章\“例 3-5 螺栓基体.SLDPRT”文件，打开的模型如图 3-54 所示。

图 3-54　螺栓基体

例 3-5　利用“扫描切除”命令创建螺栓

（2）创建螺旋线基圆——草图 3

选择螺杆底面，单击“草图”控制面板上的“草图绘制”按钮，进入草图绘制状态，在特征设计树中出现“草图 3”，右击“草图 3”，在弹出的快捷菜单中选择“正视于”命令。在图形区以原点为圆心绘制一个直径为 12mm 的圆，作为螺旋线的基圆，如图 3-55 所示。单击“退出草图”按钮，完成螺旋线基圆绘制。

（3）创建螺旋线

1）单击“特征”控制面板上的“曲线”按钮，在弹出的下拉列表中选择“螺旋线/涡状线”命令。

2）在如图 3-56 所示的“螺旋线/涡状线”属性管理器中，在“定义方式”下拉列表中选择“高度和螺距”，在“高度”微调框中输入“30mm”，在“螺距”微调框中输入“1.75mm”，在“起始角度”微调框中输入“0 度”，其他选项默认。

3）单击“确定”按钮，在图形区生成螺旋线，如图 3-57 所示。

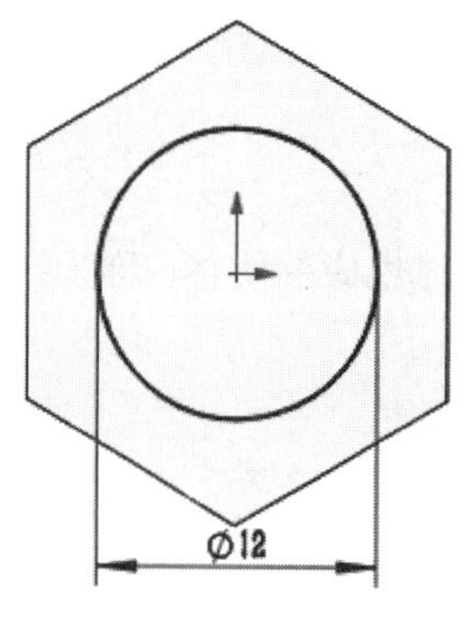


图 3-55　螺旋线基圆

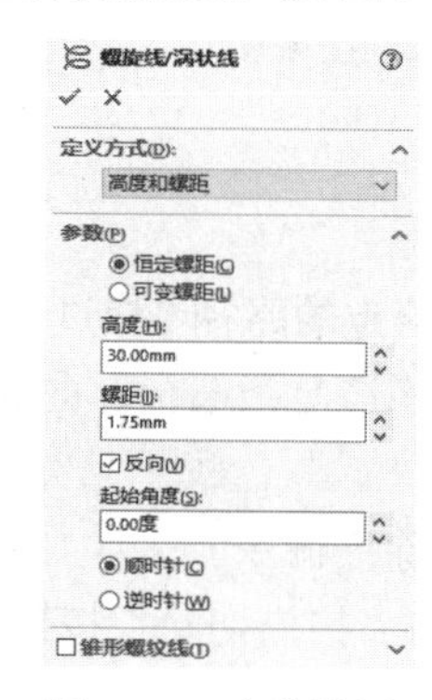


图 3-56　参数设置

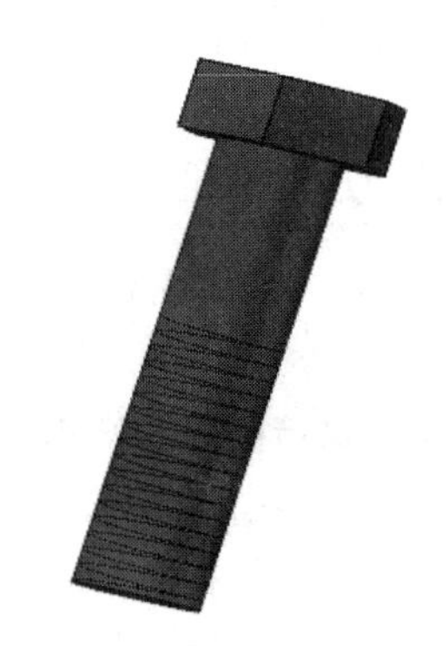

图 3-57　螺旋线

（4）绘制扫描轮廓草图

1）在设计树中选择“上视基准面”，单击“草图绘制”按钮，进入草图绘制环境，在设计树中出现“草图 4”，右击“草图 4”，在弹出的快捷菜单中选择“正视于”命令。单击“草图”控制面板上的“多边形”按钮，绘制一个高度为 1mm 的等边三角形，如图 3-58 所示。

2）添加“穿透”几何关系。按住〈Ctrl〉键，在图形区选择如图 3-59 所示的螺旋线“边线 1”和“等边三角形内切圆心点 4”，系统弹出如图 3-59 所示的属性管理器，单击“穿透”按钮，使等边三角形的中心点与螺旋线的端点重合。

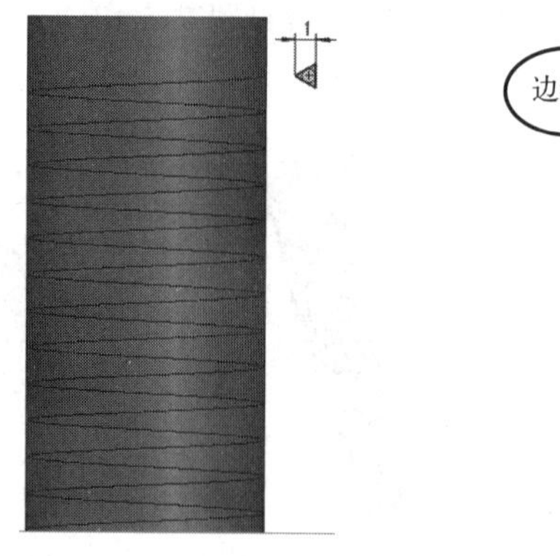


图 3-58　等边三角形

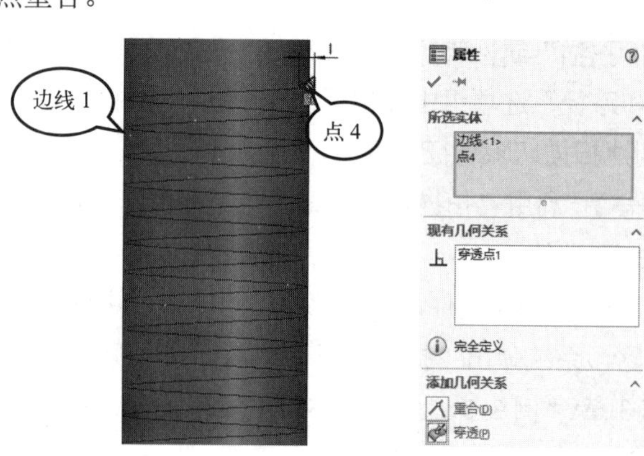


图 3-59　添加“穿透”几何关系

3）单击“草图”控制面板上的“退出草图”按钮，完成草图绘制，退出草图环境。

（5）执行“扫描切除”命令，生成螺栓

单击“特征”控制面板上的“切除扫描”按钮，弹出“切除-扫描”属性管理器。在图形区拾取“等边三角形轮廓”作为扫描轮廓；在图形区拾取“螺旋线/涡状线”作为扫描路径。设置的参数如图3-60所示。图形区出现螺栓预览图形，如图3-61所示。

参数设置完成后，单击属性管理器中的“确定”按钮，完成创建扫描切除特征操作，生成的螺栓如图3-62所示。

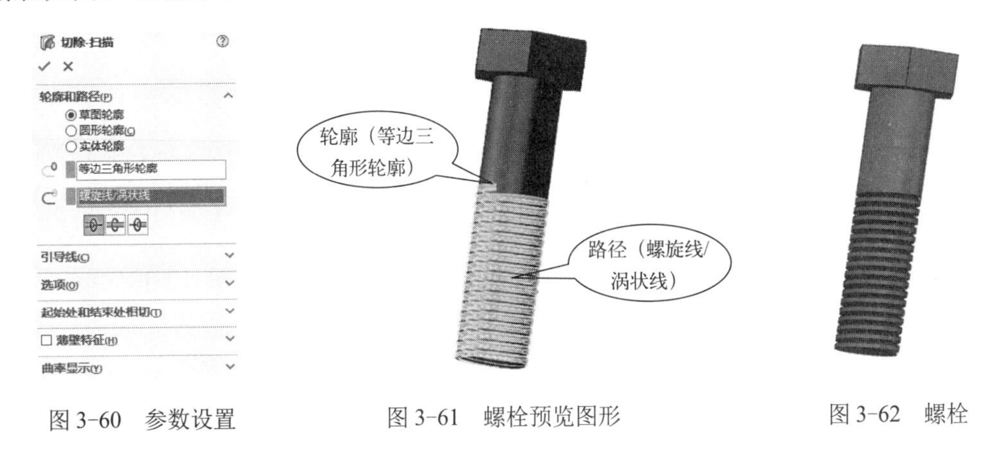


图3-60　参数设置　　图3-61　螺栓预览图形　　图3-62　螺栓

## 3.5.3 引导线扫描

SolidWorks 不仅可以生成等截面的扫描，还可以生成随着路径变化，截面也发生变化的扫描——引导线扫描。图3-63所示为引导线扫描生成的实体。

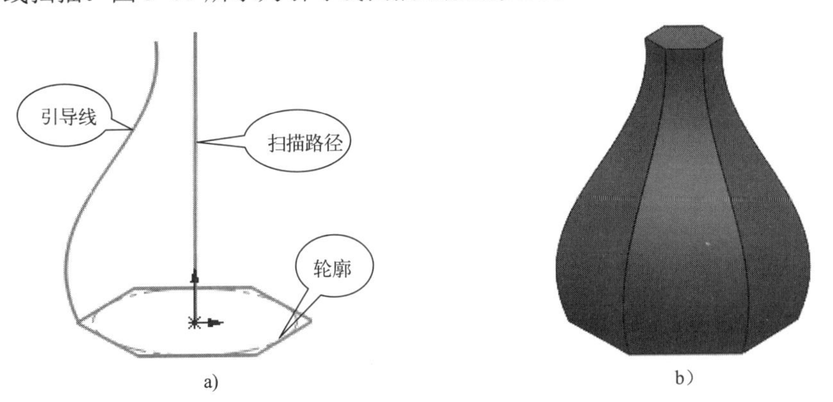


图3-63　引导线扫描特征

a) 引导线扫描草图　b) 引导线扫描特征

利用引导线生成扫描特征时，应注意以下几点。

1）引导线可以是草图曲线、模型边线或曲线。

2）草图、路径、引导线分别在3个草图上绘制。

3）必须设置引导线端点与截面草图轮廓间的“穿透”约束关系。

**1. 引导线扫描基本知识**

单击“特征”控制面板上的“扫描”按钮，系统弹出“扫描”属性管理器，在属性管理器中出现“引导线”选项组，如图 3-64 所示。“引导线”选项组中各选项的含义如下。

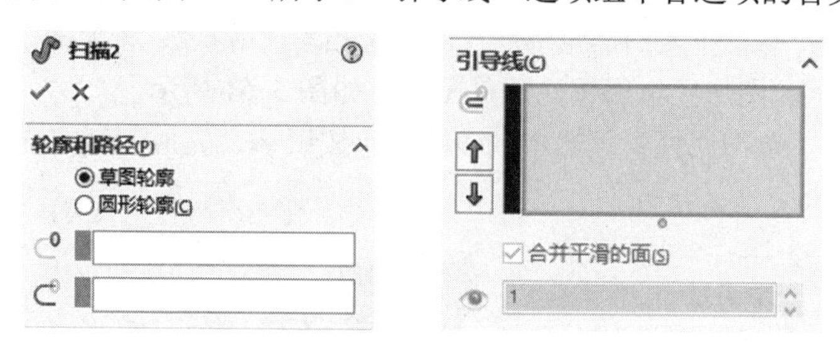


图 3-64 “引导线”选项组

- “轮廓”拾取框：设置引导线，在图形区拾取引导线轮廓，或在设计树中选择引导线所在草图。拾取框高亮时可用。
- 上移和下移：调整引导线轮廓的顺序。通过“上移”按钮和“下移”按钮调整“轮廓”拾取框中草图的顺序（多条引导线时使用）。
- 显示截面数：显示扫描的截面数。选择箭头按截面数观看轮廓并解疑。

**2. 创建引导线扫描特征案例**

**【例 3-6】** 创建引导线扫描特征

例 3-6 创建引导线扫描特征

（1）打开文件

启动 SolidWorks 软件，单击“标准”工具栏中的“打开”按钮，系统弹出“打开”对话框，打开资源文件\模型文件\第 3 章\“例 3-6 引导线扫描素材.SLDPRT”文件，进入零件设计环境，打开的图形如图 3-65 所示。

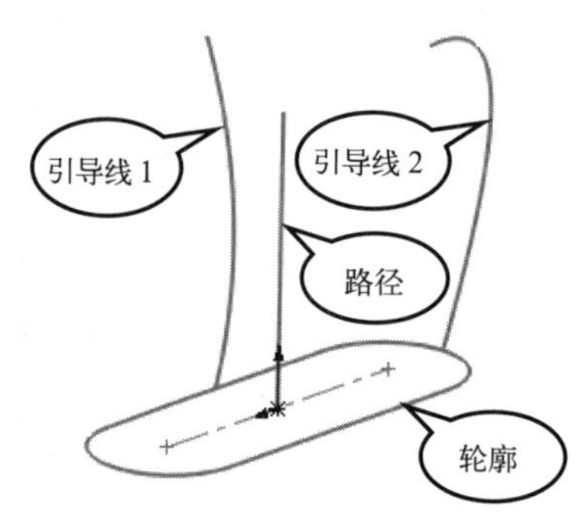


图 3-65 引导线扫描素材

（2）执行命令

单击“特征”控制面板上的“扫描”按钮，弹出“扫描”属性管理器，如图 3-66a 所示。

（3）设置参数

1）设置轮廓。在图形区拾取如图 3-66b 所示的“轮廓（草图 1）”。

2）设置路径。在图形区拾取如图 3-66b 所示的“路径（草图 3）”。

3）预览图形。轮廓与路径设置后，在图形区显示随路径变化截面的扫描特征，如图 3-67 所示。

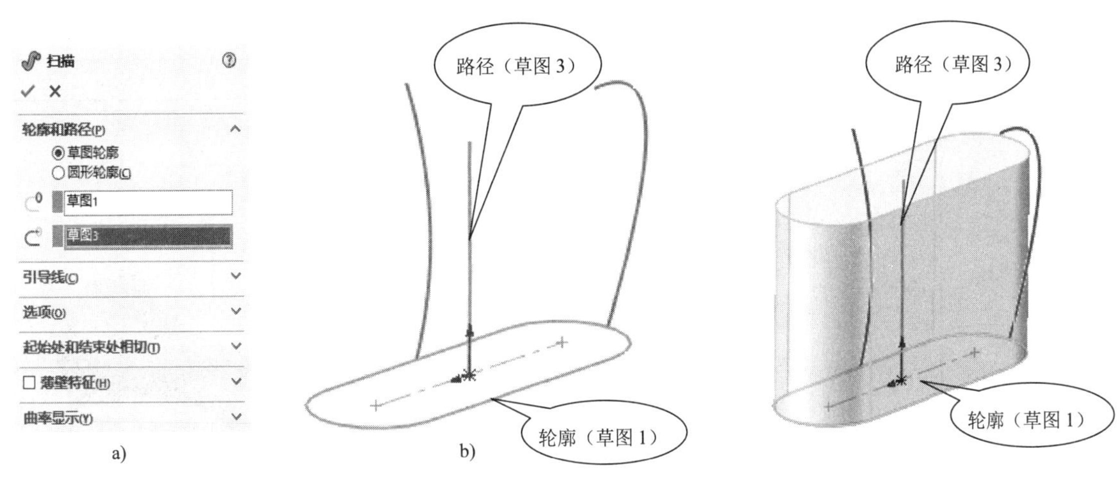

a) b)

图 3-66 设置轮廓和路径

a)“扫描”属性管理器 b)草图对象

图 3-67 预览图形

4）设置引导线。在图形区中拾取“引导线（草图 5)”和“引导线（草图 4)”。此时在图形区中将显示随引导线变化截面的扫描特征，参数设置如图 3-68a 所示。

（4）生成引导线扫描特征

参数设置完成后，单击“确定”按钮✔，生成引导线扫描特征，如图 3-69 所示。

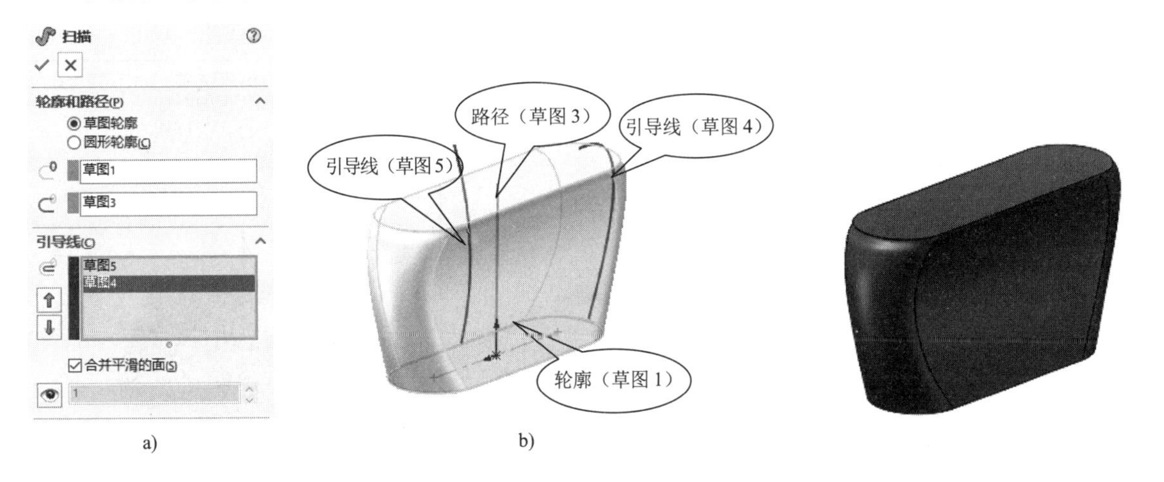

a) b)

图 3-68 设置引导线参数

a)“引导线”选项组 b) 引导线扫描特征预览图形

图 3-69 引导线扫描特征

# 3.6 放样特征

按一定顺序连接两个以上不断变化的截面或轮廓生成的实体称为放样特征。放样特征包括放样凸台/基体特征、放样切割特征、引导线放样特征和中心线放样特征，见表 3-7。

可以使用两个或多个轮廓生成放样，但仅第一个或最后一个轮廓可以是点。

表 3-7　放样特征的类型

| 放样特征 | 说 明 | 属性管理器 | 图 例 |
|---|---|---|---|
| 放样凸台/基体 | 在轮廓之间添加材料生成的特征 | 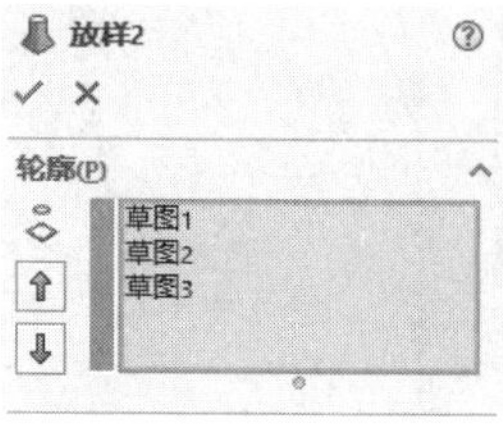 放样2<br>轮廓(P)<br>草图1<br>草图2<br>草图3 | 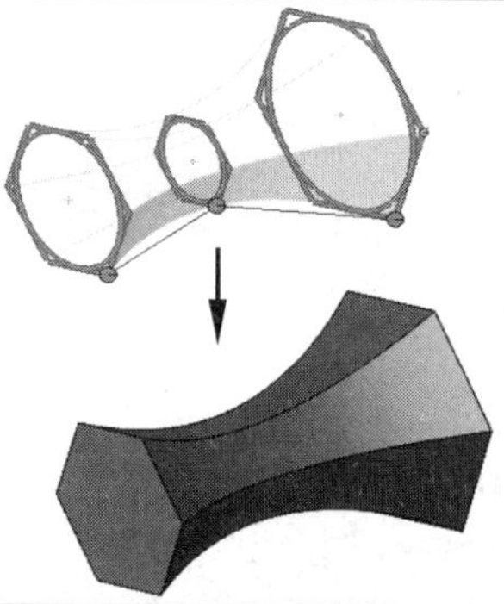 |
| 放样切割 | 在两个或多个轮廓之间通过移除材料来生成的特征 | 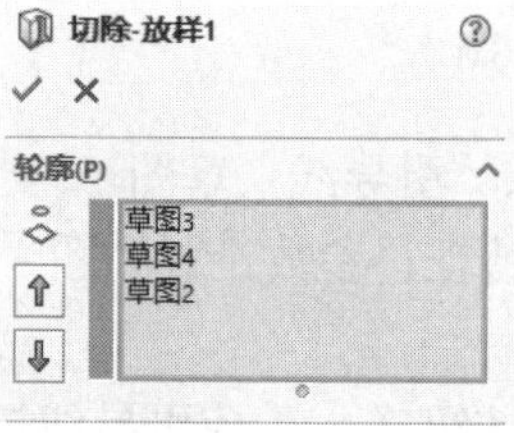 切除-放样1<br>轮廓(P)<br>草图3<br>草图4<br>草图2 | 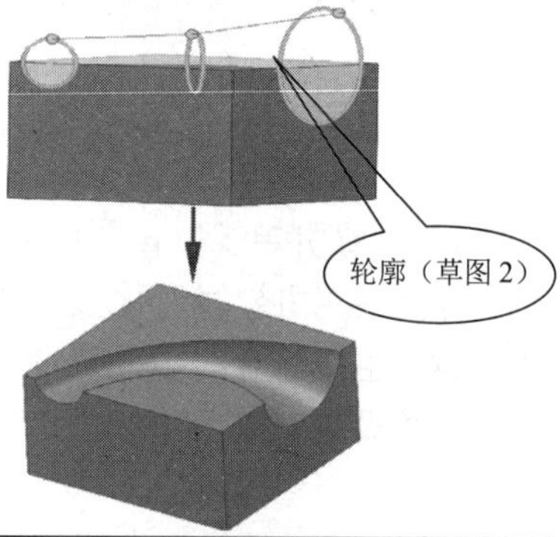 轮廓（草图 2） |
| 引导线放样 | 用一条或多条引导线控制放样轮廓，生成放样的中间轮廓 | 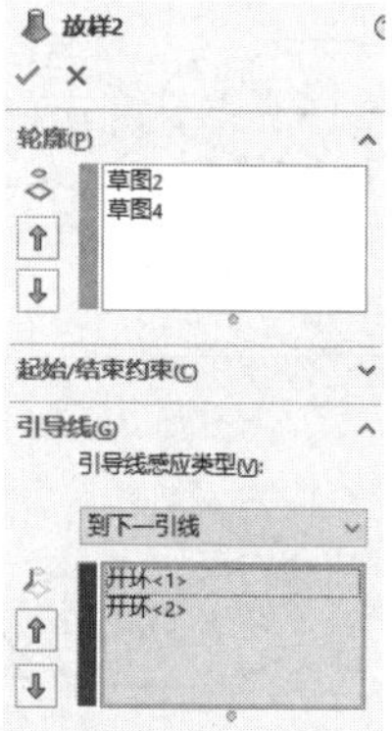 放样2<br>轮廓(P)<br>草图2<br>草图4<br>起始/结束约束(C)<br>引导线(G)<br>引导线感应类型(V):<br>到下一引线<br>开环<1><br>开环<2> | 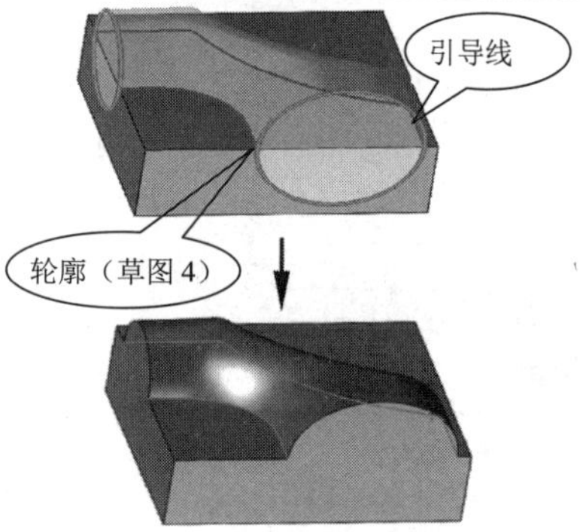 引导线<br>轮廓（草图 4） |
| 中心线放样 | 使用中心线控制放样特征的中心轨迹 | 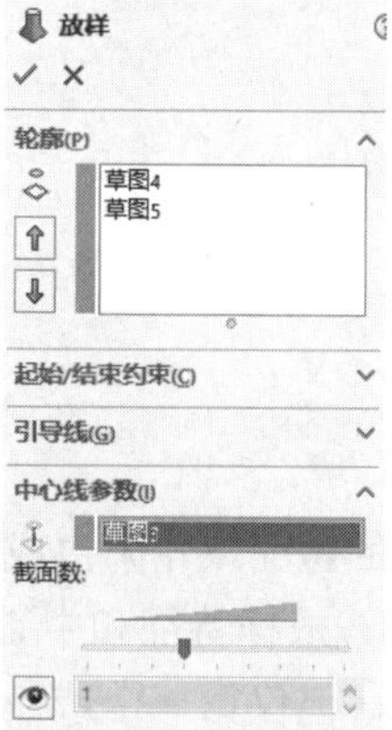 放样<br>轮廓(P)<br>草图4<br>草图5<br>起始/结束约束(C)<br>引导线(G)<br>中心线参数(I)<br>草图3<br>截面数: | 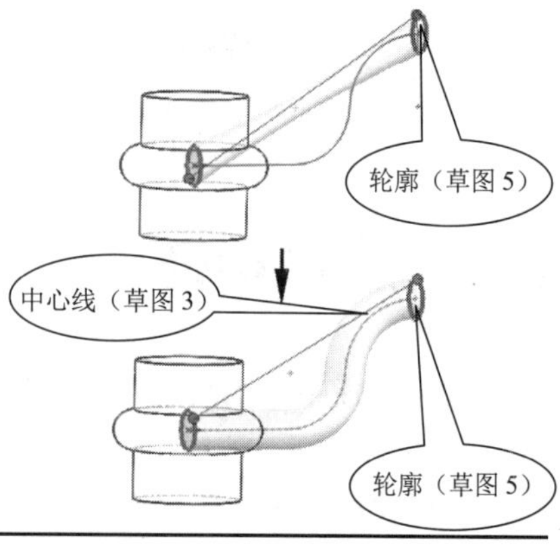 轮廓（草图 5）<br>中心线（草图 3）<br>轮廓（草图 5） |

放样特征的必备条件如下。

1）必须具有两个或两个以上的截面（轮廓），截面（轮廓）必须在不同的草图中绘制，绘制截面（轮廓）的基准面可以不平行。

2）可采用引导线控制截面（轮廓），生成放样特征。

3）引导线采用样条曲线绘制。

4）引导线与截面（轮廓）不在同一草图上。

5）要设置引导线上的特征点与截面轮廓为“穿透”关系，即引导线上的特征点应在截面轮廓上，如图 3-70 所示。

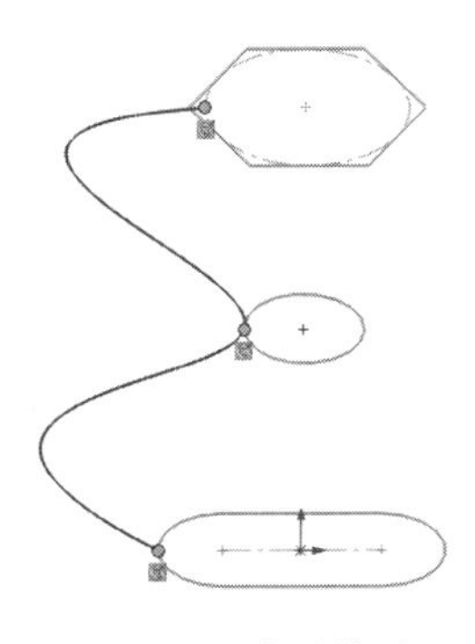

图 3-70　穿透关系

## 3.6.1 放样凸台/基体特征

以增材方式，连接多个截面或轮廓生成的实体，称为放样凸台/基体特征，由“放样凸台/基体”命令创建。

### 1. 放样凸台/基体特征基本知识

可通过以下方式执行“放样凸台/基体”命令。

1）单击“特征”控制面板上的“放样凸台/基体”按钮。

2）选择“插入”→“凸台/基体”→“放样”命令。

执行命令后，系统弹出“放样”属性管理器，如图 3-71 所示。

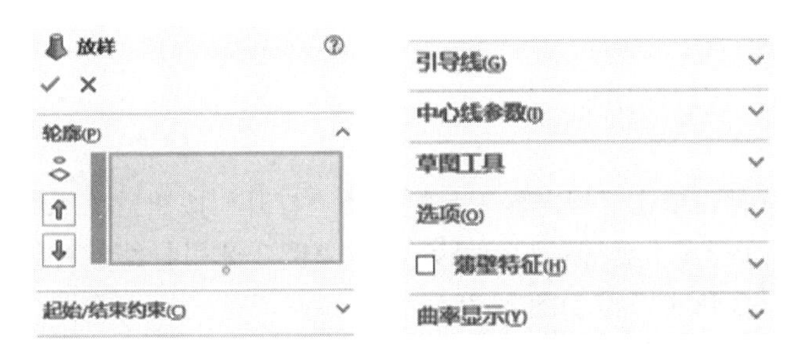


图 3-71　“放样”属性管理器

“轮廓”选项组中各选项的含义如下。

- “轮廓”拾取框：在图形区拾取用来生成特征的截面轮廓，可以是草图、平面或线。
- 上移和下移：通过这两个按钮，调整“轮廓”拾取框中的截面（轮廓）顺序。

### 2. 创建放样特征案例

**【例 3-7】** 创建放样特征

例 3-7　创建放样特征

1）单击“标准”工具栏中的“打开”按钮，系统弹出“打开”对话框，打开资源文件\模型文件\第 3 章\“例 3-7 放样特征素材.SLDPRT”文件，打开的文件如图 3-72 所示。

2）单击“特征”控制面板上的“放样凸台/基体”按钮，系统弹出“放样”属性管理器，如图 3-73 所示。

3）在设计树中依次选择“草图 1”和“草图 2”，参数设置如图 3-73 所示。在图形区出现预览图形。

4）参数设置完成后，单击“确定”按钮，生成放样特征，如图 3-74 所示。

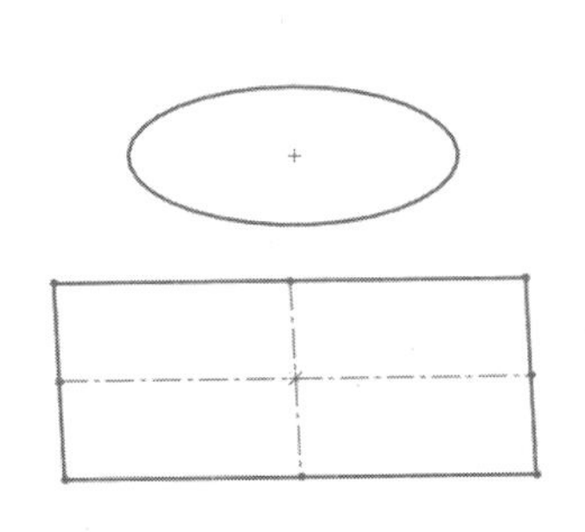

图 3-72　放样特征素材

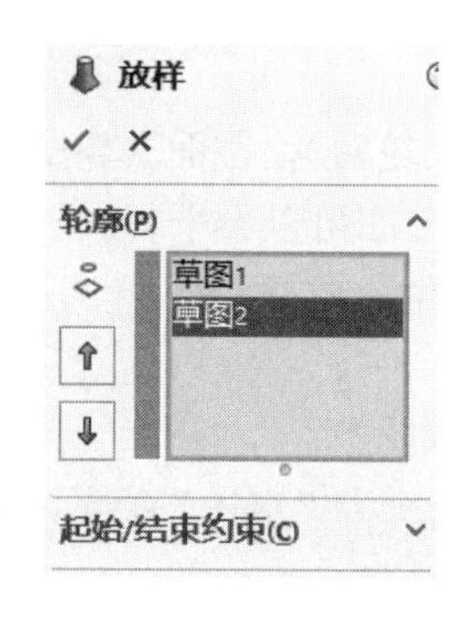


图 3-73　“放样”属性管理器

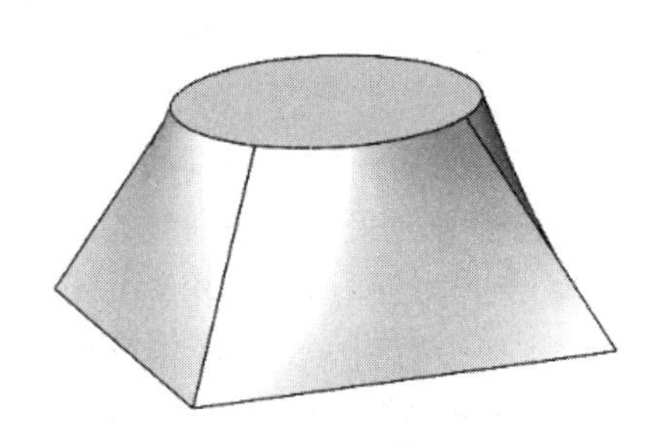

图 3-74　放样特征

### 3.6.2 放样切割特征

放样切割是在两个或多个轮廓之间通过移除材料来切除实体生成的特征，由“放样切割”命令创建。

可通过以下方式执行“放样切割”命令。

1）单击“特征”控制面板上的“放样切割”按钮。

2）选择“插入”→“切除”→“放样”命令。

执行命令后系统弹出“切除-放样”属性管理器，该属性管理器的设置与“放样凸台/基体”属性管理器的设置基本相同。

**【例 3-8】** 创建引导线放样切割特征

例 3-8　创建引导线放样切割特征

（1）打开文件

启动 SolidWorks 软件，单击“标准”工具栏中的“打开”按钮，系统弹出“打开”对话框，打开资源文件\模型文件\第 3 章\“例 3-8 引导线放样切割素材.SLDPRT”文件，打开的模型如图 3-75 所示。

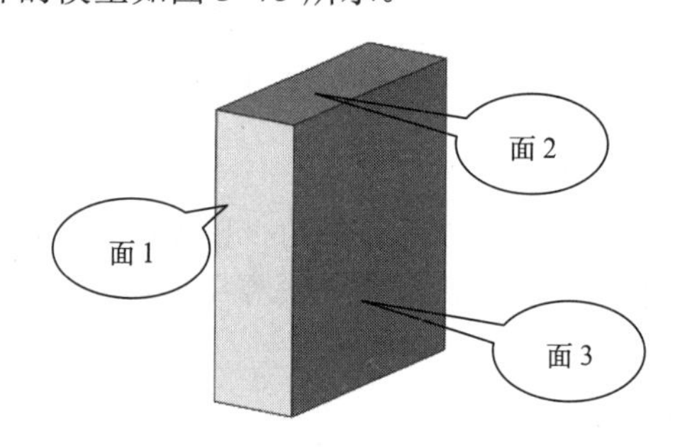


图 3-75　引导线放样切割素材

（2）绘制放样切割轮廓

1）选择图 3-75 所示的“面 1”，单击“草图绘制”按钮，进入草绘环境，设计树中出现“草图 2”。右击设计树中的“草图 2”，在弹出的快捷菜单中选择“正视于”命令，绘制如图 3-76a 所示的“草图 2”。单击“退出草图”按钮，退出草图环境。

2）选择图 3-75 所示的“面 2”，单击“草图绘制”按钮，进入草绘环境，设计树中出现“草图 3”。右击设计树中的“草图 3”，在弹出的快捷菜单中选择“正视于”命令，绘制如图 3-76b

所示的“草图 3”。单击“退出草图”按钮，退出草图环境。绘制完的模型视图如图 3-76c 所示。

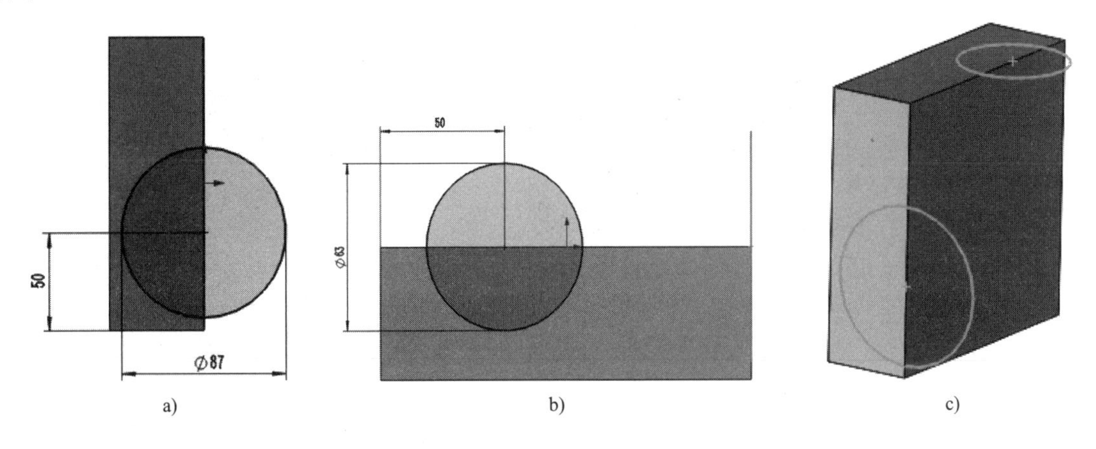

a)　　b)　　c)

图 3-76　绘制放样切割轮廓

a) 草图 2　b) 草图 3　c) 模型视图

（3）绘制放样引导线

1）选择图 3-75 所示的“面 3”，单击“草图绘制”按钮，进入草绘环境。绘制如图 3-77 所示的“引导线 1”和“引导线 2”。

2）添加“穿透”几何关系。按〈Ctrl〉键，选择如图 3-78 所示“引导线 1”的 A 点和ϕ87 圆，系统弹出如图 3-79 所示的“属性”属性管理器。单击“穿透”按钮，使 A 点与ϕ87 圆重合。重复上述步骤，分别添加 B 点与ϕ87 圆的“穿透”关系；C 点、D 点与ϕ63 圆的“穿透”关系，结果如图 3-78 所示。单击“退出草图”按钮，退出草图环境。

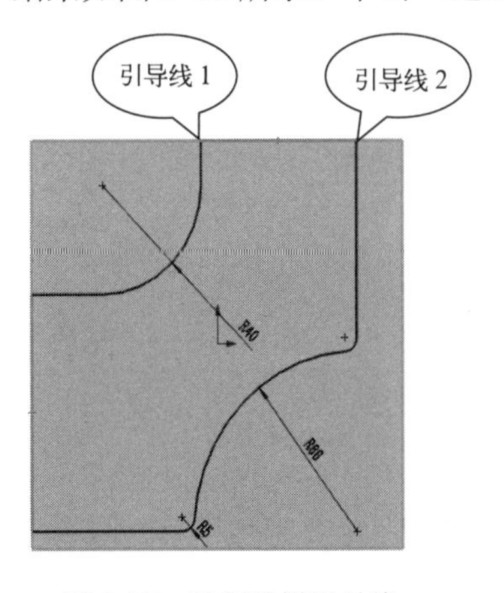

图 3-77　绘制放样引导线

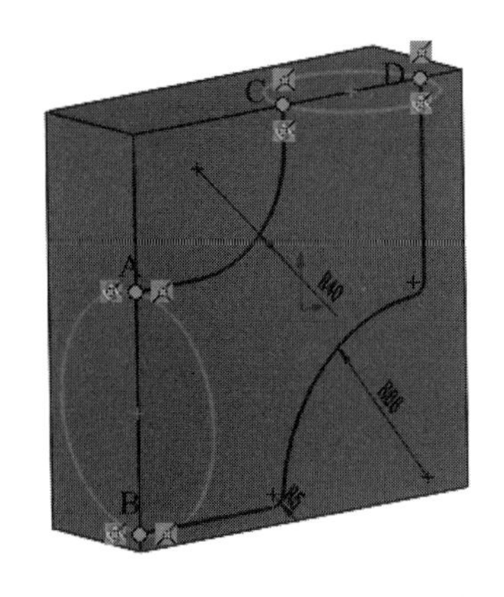

图 3-78　模型视图

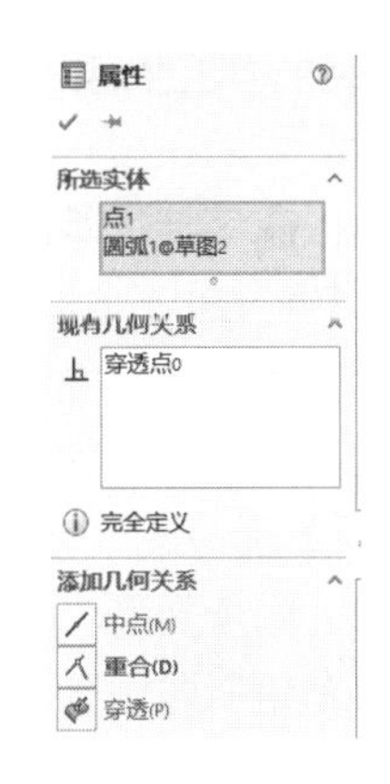

图 3-79　“属性”属性管理器

（4）执行放样切割命令

1）单击“特征”控制面板上的“放样切割”按钮，系统弹出“切割-放样”属性管理器。

2）单击“轮廓”拾取框，在设计树中选择“草图 2”和“草图 3”。单击“引导线”拾取框，在图形区选择如图 3-77 所示的“引导线 1”和“引导线 2”。参数设置如图 3-80a 所示。此时在图形区出现如图 3-80b 所示的预览图形。

（5）生成放样切割特征

参数设置完成后，单击“确定”按钮✔，生成放样切割特征，结果如图 3-81 所示。

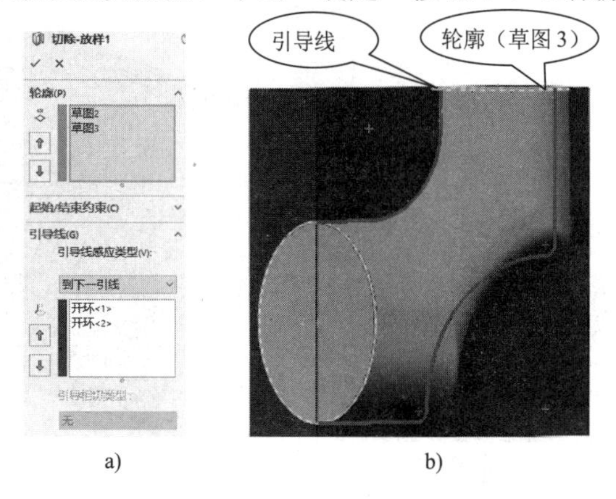


图 3-80　设置放样切割特征参数

a)“切除-放样”属性管理器　b) 放样切割特征预览图形

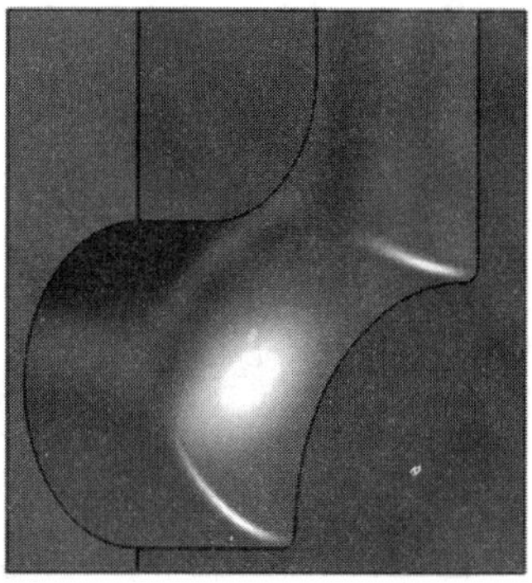

图 3-81　放样切割特征

# 3.7　圆角与倒角特征

在零件设计过程中，通常对模型锐利的边角进行倒圆角和倒角处理，即生成圆角特征或倒角特征。

## 3.7.1　圆角特征

圆角特征是指在已有特征（实体）基础上生成内圆角或外圆角的一种特征，是在所选择的边线或平面上生成一个或多个圆弧面，用该圆弧面切除已有实体而生成的特征，由“圆角”命令创建。

**1. 圆角特征基本知识**

可通过以下方式执行“圆角”命令。

1）单击“特征”控制面板上的“圆角”按钮。

2）选择“插入”→“特征”→“圆角”命令。

执行命令后，系统弹出“圆角”属性管理器。

**2. 圆角类型**

“圆角”属性管理器中有 4 种类型圆角，即恒定大小圆角、变量大小圆角、面圆角和完整圆角。其中恒定大小圆角包括多半径圆角、圆形角圆角和逆转圆角。但工程中常用的类型是等半径圆角、面圆角和完整圆角。下面以实例形式对这 3 种圆角进行介绍。

**3. 创建等半径圆角特征案例**

等半径圆角特征是指对所选边线以相同的圆角半径进行倒圆角。

**【例 3-9】** 创建等半径圆角特征

（1）打开文件

启动 SolidWorks 软件，单击“标准”工具栏中的“打开”按钮，系统弹

例 3-9　创建等半径圆角特征

出“打开”对话框，打开资源文件\模型文件\第 3 章\“例 3-9 等半径圆角素材模型.SLDPRT”文件，如图 3-82 所示。

（2）执行“圆角”命令

单击“特征”控制面板上的“圆角”按钮，系统弹出“圆角”属性管理器。

（3）设置“圆角”属性管理器

1）选择圆角类型。在“圆角”属性管理器的“圆角类型”选项组中，单击“恒定大小圆角”按钮，系统更新了“圆角”属性管理器，如图 3-83 所示。

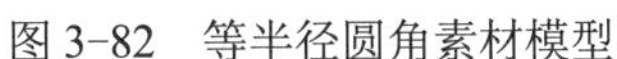

图 3-82　等半径圆角素材模型

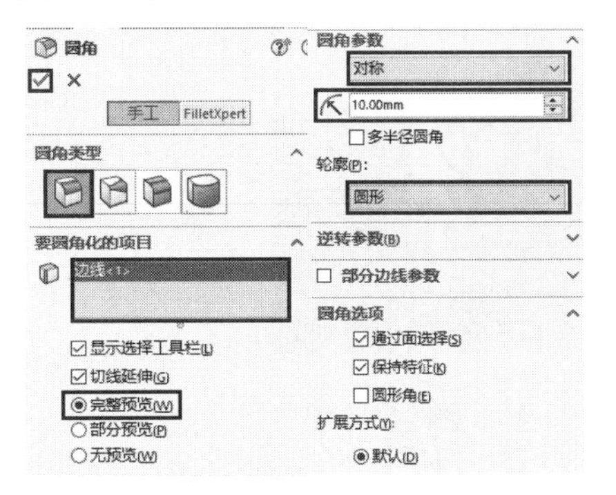


图 3-83　“圆角”属性管理器

2）拾取待圆角边线。在图形区拾取如图 3-84 所示的“边线 1”。

3）设置圆角参数。在“圆角参数”选项组中的“圆角方法”下拉列表中选择“对称”选项；在“圆角半径”微调框中输入“10mm”；在“轮廓”下拉列表中选择“圆形”。

（4）生成等半径圆角特征

参数设置完成后，单击“确定”按钮，生成等半径圆角特征，如图 3-85 所示。

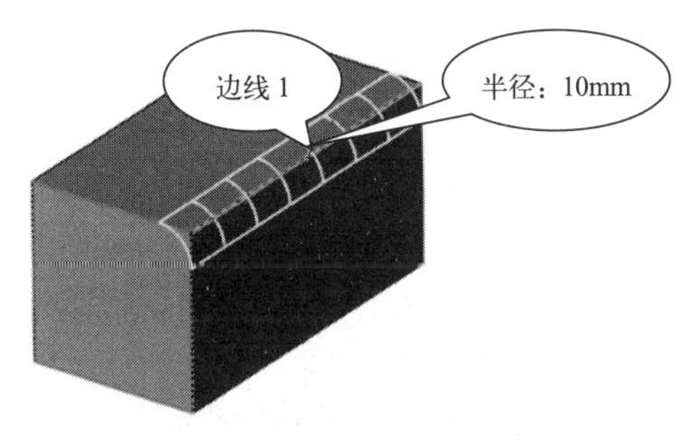


图 3-84　拾取边线

图 3-85　等半径圆角特征

**4．创建面圆角特征案例**

面圆角用于生成一个圆弧面将非相邻、非连续的面融合成一体。下面结合实例介绍创建面圆角特征的操作步骤。

**【例 3-10】** 创建面圆角特征

（1）打开文件

单击“标准”工具栏中的“打开”按钮，系统弹出“打开”对话框，打开资源文件\模型文件\第 3 章\“例 3-10 面圆角素材.SLDPRT”文件，如图 3-86 所示。

例 3-10　创建面圆角特征

（2）执行命令

单击“特征”控制面板上的“圆角”按钮，系统弹出“圆角”属性管理器。

（3）设置“圆角”属性管理器

1）选择圆角类型。在“圆角”属性管理器的“圆角类型”选项组中，单击“面圆角”按钮，系统更新了“圆角”属性管理器，如图 3-87 所示。

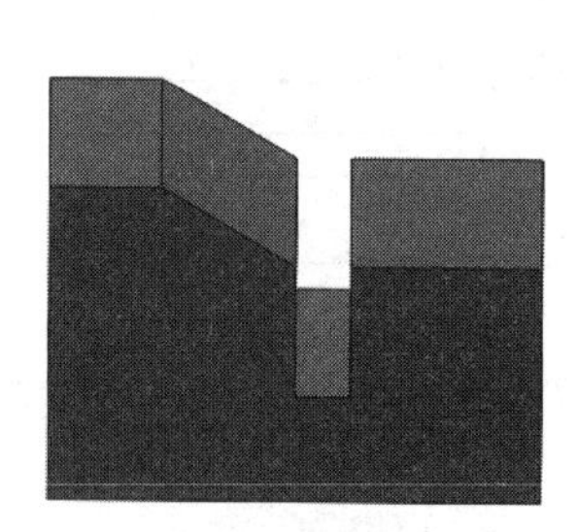
图 3-86　面圆角素材

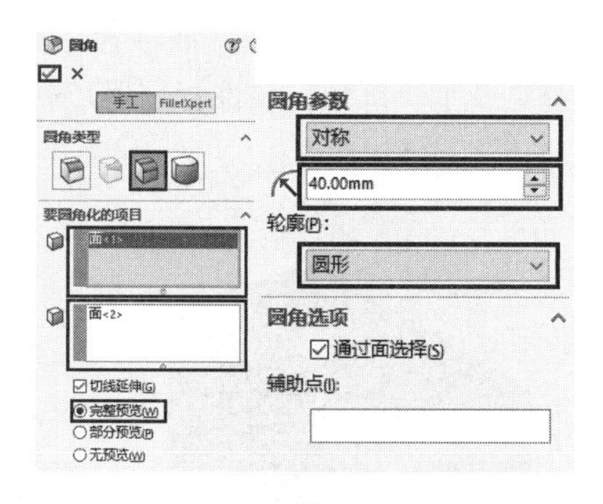

图 3-87　面圆角参数设置

2）拾取待圆角的面。在图形区拾取如图 3-88 所示的“面 1”；单击“要圆角化的项目”选项组中的“面组 2”拾取框，在图形区拾取如图 3-88 所示的“面 2”。

3）设置圆角参数。在“圆角参数”选项组中的“圆角方法”下拉列表中选择“对称”选项；在“圆角半径”微调框中输入“40mm”；在“轮廓”下拉列表中选择“圆形”。设置的参数如图 3-87 所示。

（4）生成面圆角特征

参数设置完成后，单击“确定”按钮，生成面圆角特征，如图 3-89 所示。

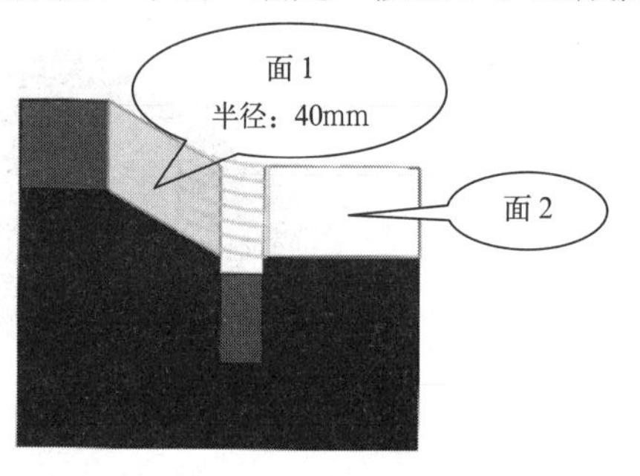

图 3-88　拾取面

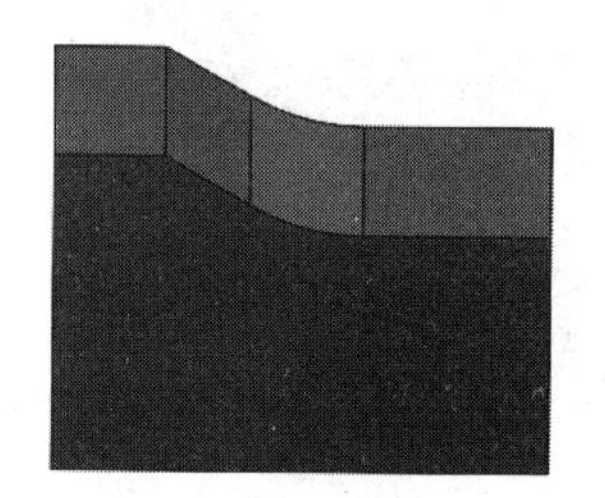
图 3-89　面圆角特征

**5．创建完整圆角特征案例**

完整圆角用于生成相切于 3 个相邻面组的圆角。

**【例 3-11】** 创建完整圆角特征

（1）打开文件

启动 SolidWorks 软件，单击“标准”工具栏中的“打开”按钮，系统弹出“打开”对话框，打开资源文件\模型文件\第 3 章\“例 3-11 完整圆角素材模型.SLDPRT”文件，如图 3-90 所示。

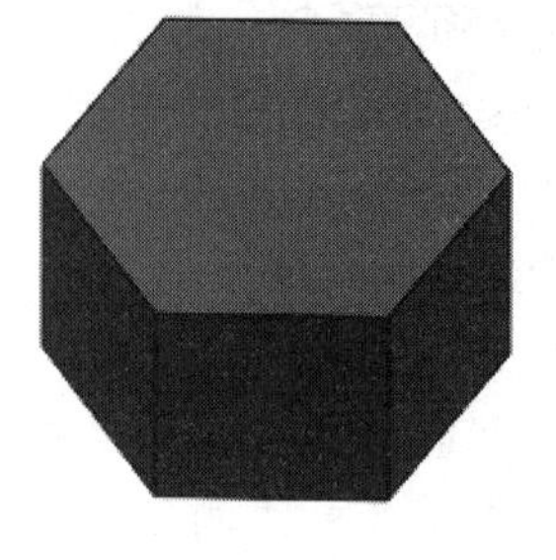
图 3-90　完整圆角素材模型

例 3-11　创建完整圆角特征

（2）执行命令

单击“特征”控制面板上的“圆角”按钮，系统弹出“圆角”属性管理器。

（3）设置属性管理器

1）选择圆角类型。在“圆角”属性管理器的“圆角类型”选项组中，单击“完整圆角”按钮，系统更新了“圆角”属性管理器，如图3-91所示。

2）拾取待圆角的面。在图形区拾取如图3-92所示的“面1”；单击“要圆角化的项目”选项组中的“面2”拾取框，在图形区拾取如图3-92所示的“面2”；再单击“要圆角化的项目”选项组中的“面3”拾取框，在图形区拾取如图3-92所示的“面3”。设置的参数如图3-91所示。

（4）生成完整圆角特征

参数设置完成后，单击“确定”按钮，生成完整圆角特征，如图3-93所示。

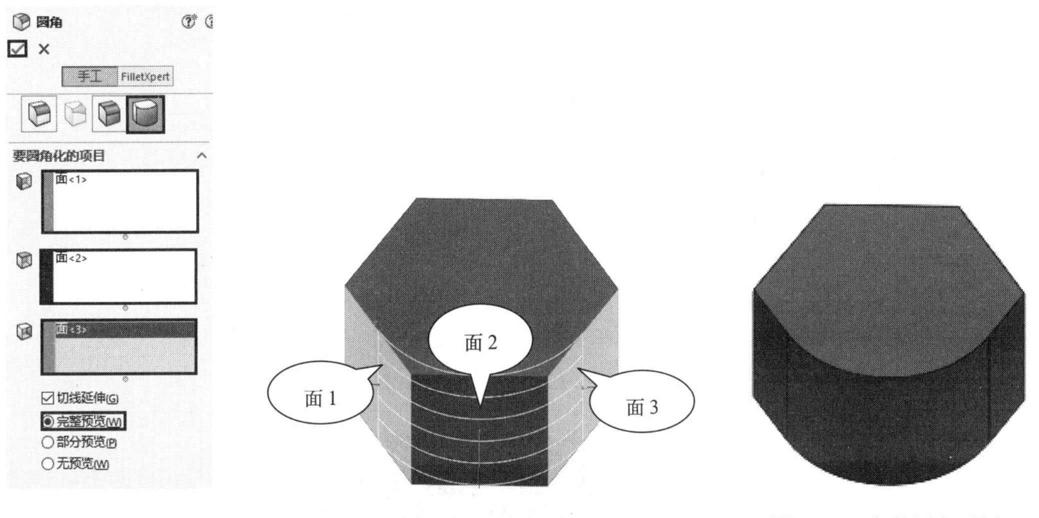


图3-91　完整圆角参数设置　　图3-92　拾取面　　图3-93　完整圆角示例

## 3.7.2 倒角特征

倒角特征是指在所选的点、边线或平面上生成一个或多个倾斜的平面，用该平面切除原有特征后生成的实体。选择面实际上等同于选择面上的所有边线作为倒角对象。在机械零件加工过程中，倒角比圆角容易操作，因此应用广泛。倒角特征由“倒角”命令创建。

**1．倒角特征基本知识**

可通过以下方式执行“倒角”命令。

1）单击“特征”控制面板上的“圆角”按钮旁的下拉按钮，在下拉列表中单击“倒角”按钮。

2）选择“插入”→“特征”→“倒角”命令。

SolidWorks 2020中有5种倒角类型，分别是角度-距离、距离-距离、等距离、顶点、面-面，见表3-8。

表 3-8　倒角类型

| 创建方式 | 属性管理器 | 图　例 | 说　明 |
| --- | --- | --- | --- |
| 角度-距离 | 倒角类型<br>要倒角化的项目<br>边线<1><br>☑切线延伸(G)<br>◉完整预览(W)<br>○部分预览(P)<br>○无预览(W)<br>倒角参数<br>☐反转方向(F)<br>20.00mm<br>45.00度 | 45°<br>20 | 在选择边线上，指定距离和角度生成倒角特征 |
| 距离-距离 | 倒角类型<br>要倒角化的项目<br>边线<1><br>☑切线延伸(G)<br>◉完整预览(W)<br>○部分预览(P)<br>○无预览(W)<br>倒角参数<br>非对称<br>30.00mm<br>20.00mm | 30<br>20 | 在所选择边线的两侧分别指定两个距离值生成倒角特征 |
| 等距离 | 倒角类型<br>要倒角化的项目<br>边线<1><br>☑切线延伸(G)<br>◉完整预览(W)<br>○部分预览(P)<br>○无预览(W)<br>倒角参数<br>对称<br>10.00mm<br>☐多距离倒角 | 10<br>10 | 在选择边线的两侧，指定相等的距离，生成倒角特征 |
| 顶点 | 倒角类型<br>要倒角化的项目<br>顶点<1><br>◉完整预览(W)<br>倒角参数<br>☐相等距离(E)<br>20.00mm<br>20.00mm<br>20.00mm | 距离 1: 20mm<br>距离 2: 20mm<br>距离 3: 20mm | 在与顶点相交的 3 个边线上分别指定距顶点的距离来生成倒角特征 |
| 面-面 | 倒角类型<br>要倒角化的项目<br>面<1><br>面<2><br>☑切线延伸(G)<br>◉完整预览(W)<br>倒角参数<br>对称<br>20.00mm | 面组 1<br>距离：20mm<br>面组 2 | 面-面倒角用于生成一个平面将非相邻、非连续的面融合成一体 |

例 3-12 创建倒角特征

**2. 创建倒角特征案例**

下面结合案例来介绍创建倒角特征的基本步骤。

**【例 3-12】** 创建倒角特征

（1）打开文件

单击“标准”工具栏中的“打开”按钮，系统弹出“打开”对话框，打开资源文件\模型文件\第 3 章\“例 3-12 倒角素材模型.SLDPRT”文件，打开的模型如图 3-94 所示。

（2）执行命令

单击“特征”控制面板上“圆角”按钮旁的下拉按钮，在下拉列表中单击“倒角”按钮，系统弹出“倒角”属性管理器。

（3）设置属性管理器

1）选择倒角类型。在“倒角”属性管理器中，单击“倒角类型”选项组中的“角度-距离”按钮。

2）拾取待倒角的边。在图形区拾取如图 3-95 所示的边线 1。

图 3-94 倒角素材模型

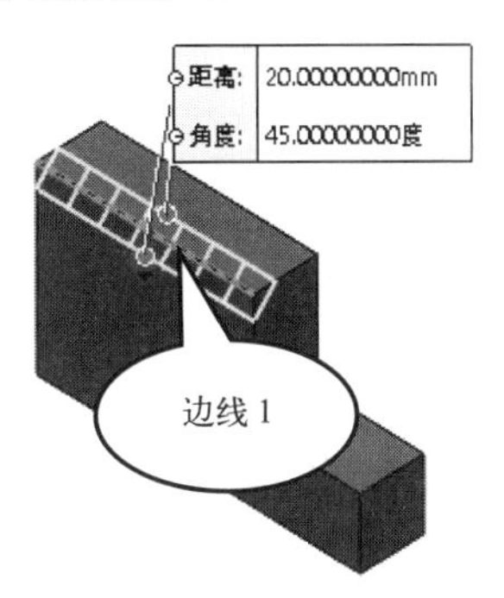

图 3-95 拾取边线 1

3）设置倒角参数。在“倒角参数”选项组的“倒角距离”微调框中输入“20mm”，在“角度”微调框中输入“45 度”，其他选项默认，参数设置如图 3-96 所示。

（4）生成倒角特征

参数设置完成后，单击“确定”按钮，生成“角度-距离”方式的倒角特征，如图 3-97 所示。

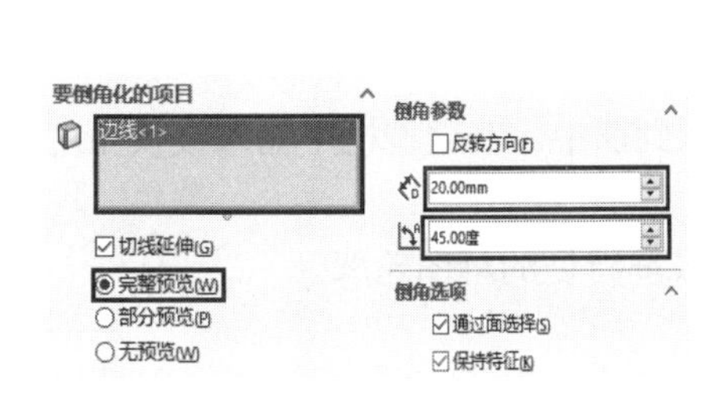

图 3-96 倒角参数设置

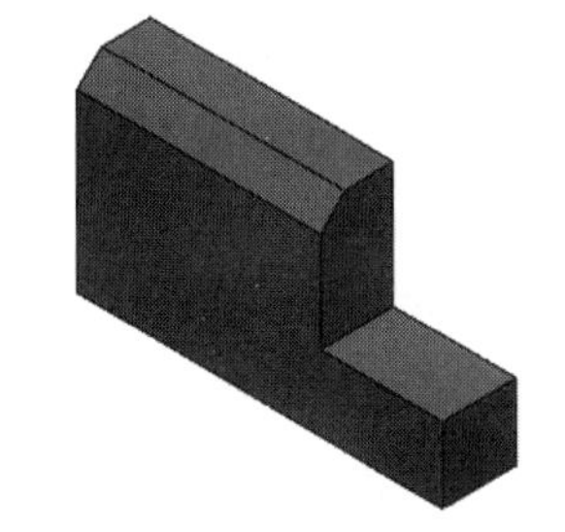
图 3-97 “角度-距离”方式倒角特征

# 3.8 筋特征

筋是零件上增加强度的部分。在 SolidWorks 2020 中，筋实际上是由开环的草图轮廓生成的一种特殊类型的拉伸特征，它在轮廓与现有零件之间添加指定方向和厚度的材料。图 3-98 所示为筋特征的几种效果。筋特征由“筋”命令创建，生成筋特征的同时可以添加拔模特征。

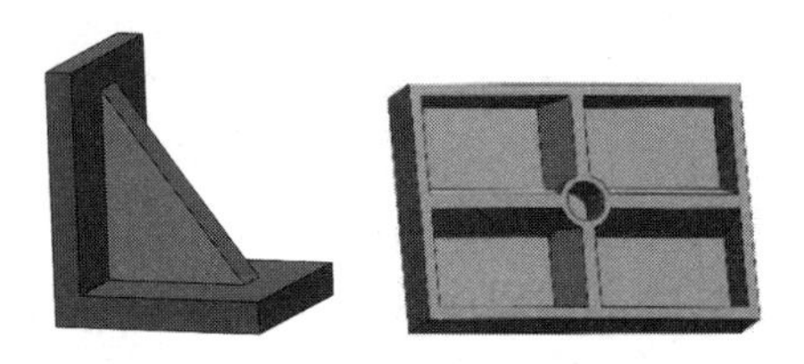

图 3-98　筋特征效果

**1. 筋特征基本知识**

可通过以下方式执行“筋”命令。

1）单击“特征”控制面板上的“筋”按钮。

2）选择“插入”→“特征”→“筋”命令。

执行命令后，系统弹出“筋”属性管理器，如图 3-99 所示。“筋”属性管理器中各选项的含义如下。

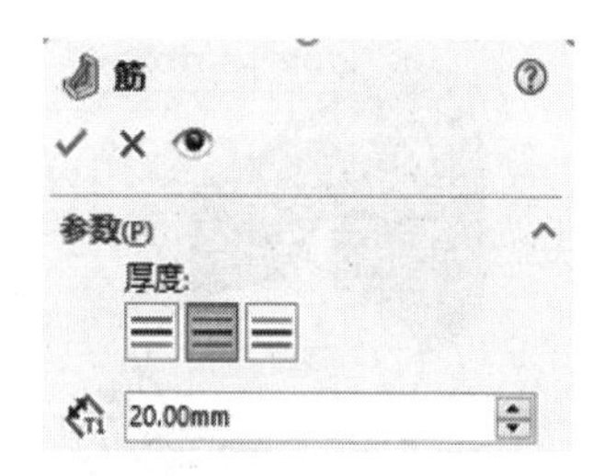


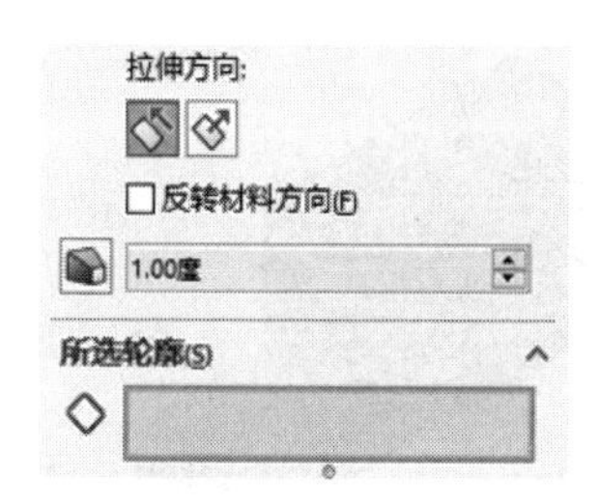


图 3-99　“筋”属性管理器

（1）“参数”选项组（设置筋参数）

- 厚度：设置筋的厚度生成方向和厚度值。“第一边”按钮，添加材料到草图轮廓一边；“两侧”按钮，均等添加材料到草图轮廓的两边；“第二边”按钮，添加材料到草图轮廓的另一边。
- 筋厚度：在微调框中输入筋的厚度。
- “拉伸方向”按钮：“平行于草图”拉伸生成筋；“垂直于草图”拉伸生成筋。
- 反转材料方向：选中此复选框，更改添加材料的方向。
- 拔模开/关。单击此按钮，添加拔模特征到筋中，在微调框中输入拔模角度。

（2）“所选轮廓”选项组

- “轮廓”拾取框：在图形区拾取用来生成筋特征的草图轮廓。

**2. 创建筋特征案例**

下面结合实例来介绍创建筋特征的基本步骤。

例 3-13　创建筋特征

**【例 3-13】** 创建筋特征

（1）打开文件

启动 SolidWorks 软件，单击“标准”工具栏中的“打开”按钮，系统弹出“打开”对话框，打开资源文件\模型文件\第 3 章\“例 3-13 筋特征素材.SLDPRT”文件，打开的模型如图 3-100 所示。

（2）创建筋特征草图——草图 2

在设计树中选择“前视基准面”，单击“草图绘制”按钮，进入草绘环境。设计树中出现“草图 2”，右击设计树中的“草图 2”，在弹出的快捷菜单中选择“正视于”命令，创建如图 3-101 所示的筋特征草图。

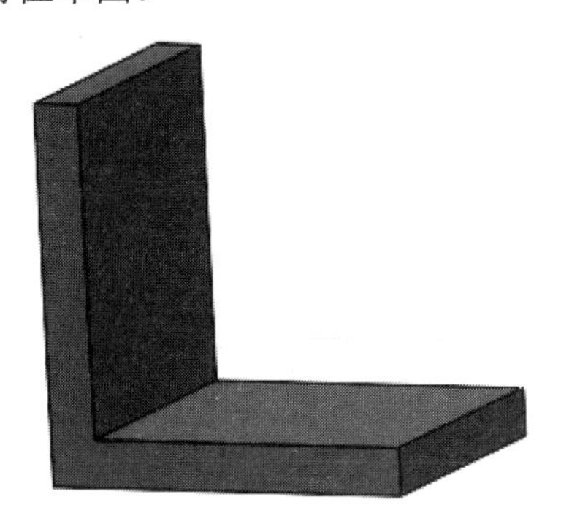

图 3-100　筋特征素材

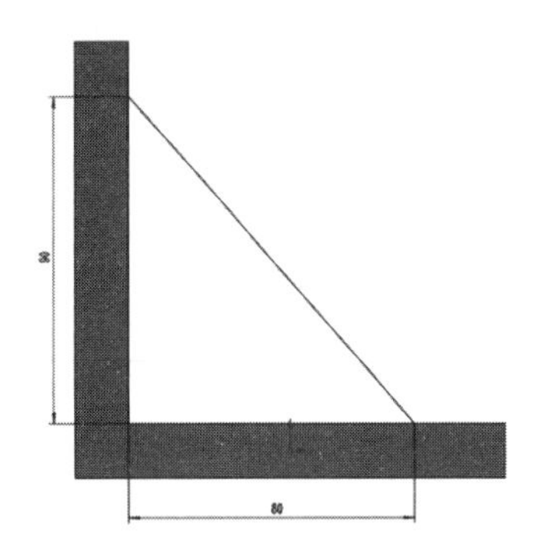


图 3-101　筋特征草图

（3）执行命令生成筋特征

保持草图处于激活状态，在设计树中选择“草图 2”，单击“特征”控制面板上的“筋”按钮，系统弹出“筋”属性管理器。

（4）设置参数

1）设置筋厚度类型。单击“参数”选项组中的“两侧”按钮。

2）设置筋厚度。在“筋厚度”微调框中输入“20mm”。

3）设置拉伸方向。在“拉伸方向”选项组中，单击“平行于草图”按钮，其他设置默认，参数设置如图 3-102 所示。在图形区出现预览图形，如图 3-103 所示。

（5）生成筋特征

参数设置完成后，单击“确定”按钮，生成筋特征，结果如图 3-104 所示。

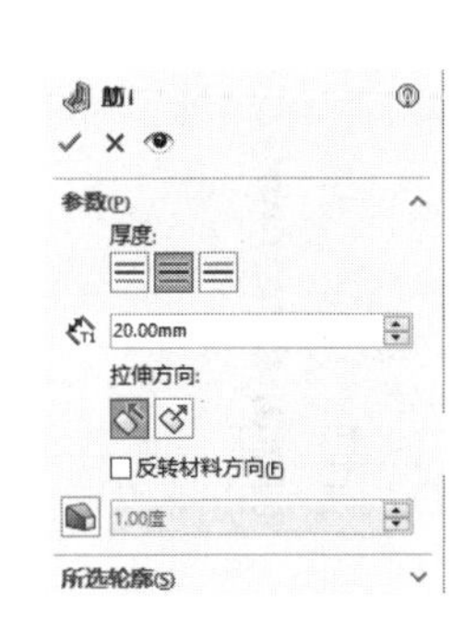


图 3-102　筋参数设置

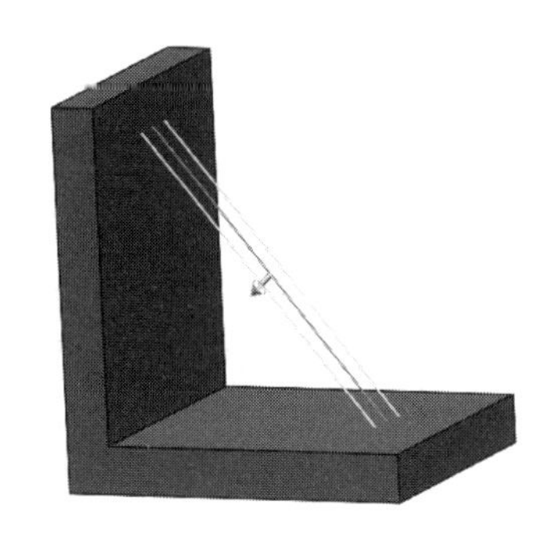

图 3-103　筋预览图形

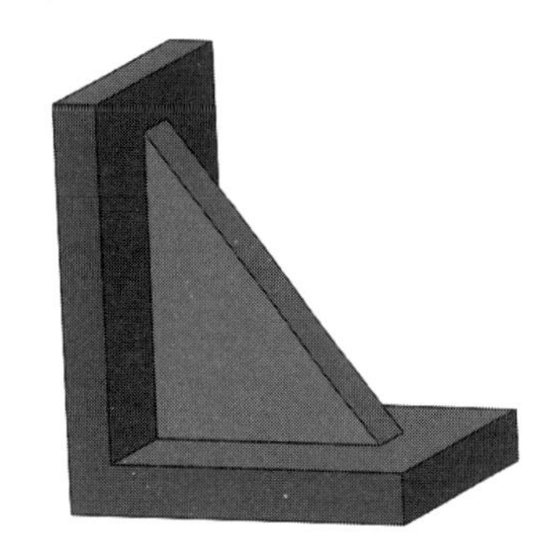

图 3-104　筋特征

## 3.9　异型孔特征

孔作为机械零件上最常见和最常用的特征，起着不同的作用和用途，常见的孔有定位孔（常为光孔）、基准孔、装配孔、工艺孔等。例如，机器上常采用螺纹联接方式把两个零件连接起来，如图 3-105 所示，因此需要在零件上设计相应的光孔及螺纹孔等。在 SolidWorks 软件中，孔的设计可通过异型孔向导工具完成。

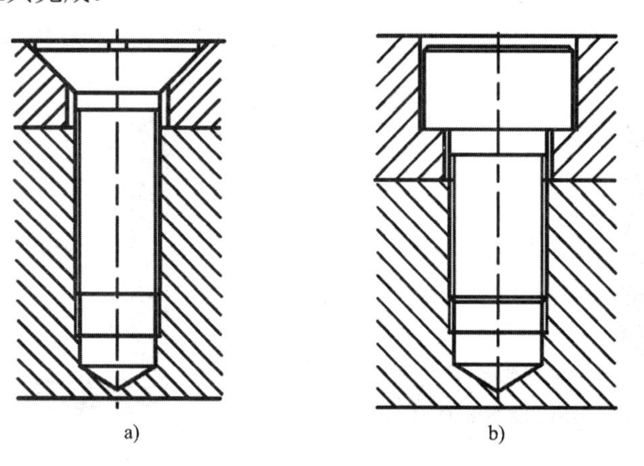


图 3-105 螺纹联接

a) 锥型螺钉 b) 圆柱头螺钉

## 3.9.1 异型孔基本知识

异型孔即具有复杂轮廓的孔，主要包括柱形沉头孔、锥形沉头孔、孔、直螺纹孔、锥形螺纹孔、旧制孔、柱孔槽口、锥孔槽口和槽口等。SolidWorks 提供的异型孔向导工具可创建相应的孔。

单击“特征”控制面板上的“异型孔向导”按钮；或选择“插入”→“特征”→“孔向导”命令，系统弹出“孔规格”属性管理器，如图 3-106 所示。

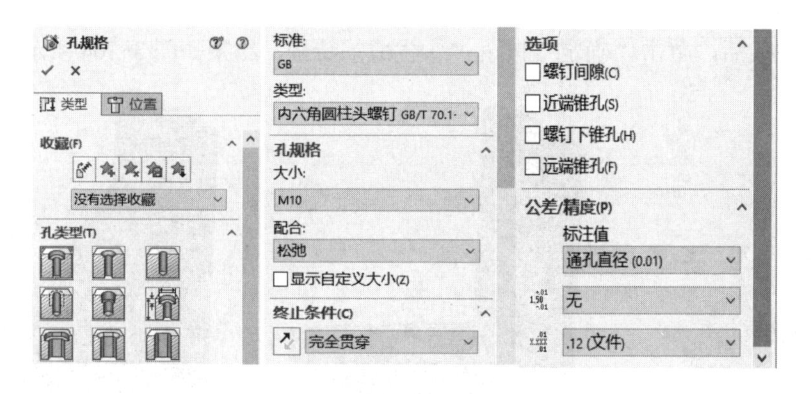


图 3-106 “孔规格”属性管理器

“孔规格”属性管理器中包括两个选项卡，“类型”选项卡和“位置”选项卡。“类型”选项卡用于设置孔的类型及相关参数，“位置”选项卡用于定义孔中心在零件上的位置。

“类型”选项卡中各选项含义如下：

(1)“孔类型”选项组

“孔类型”选项组中包括“孔类型”“标准”和“类型”选项。

- 孔类型：选择孔的设计类型，如柱形沉头孔、锥形沉头孔、孔、直螺纹孔、锥形螺纹孔、旧制孔，柱孔槽口、锥孔槽口、槽口。
- 标准：选择与孔配合紧固件的标准，如GB或ISO等。
- 类型：选择紧固件对应的孔类型。孔的设计类型不同，此选项下拉列表框中的内容不同，如孔的设计类型为“直螺纹孔”，其选项如图3-107所示。

(2)“孔规格”选项组

- 大小：为紧固件选择尺寸大小。
- 配合：在选择“柱形沉头孔”和“锥形沉头孔”选项时可用，为扣件选择“配合”形式，其选项如图3-108所示。
- “显示自定义大小”复选框：自定义孔的相应参数，该选项会根据孔类型的不同而改变其下的选项，如图3-109所示。

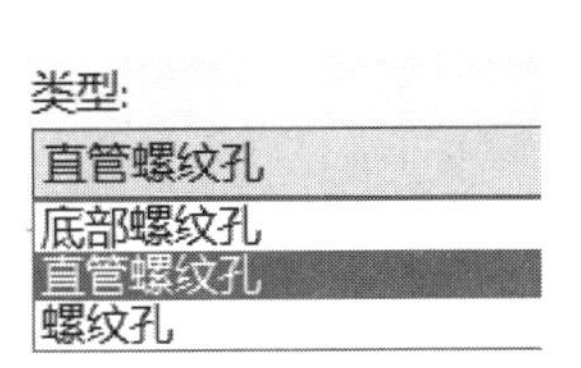


图3-107　直螺纹孔对应的选项

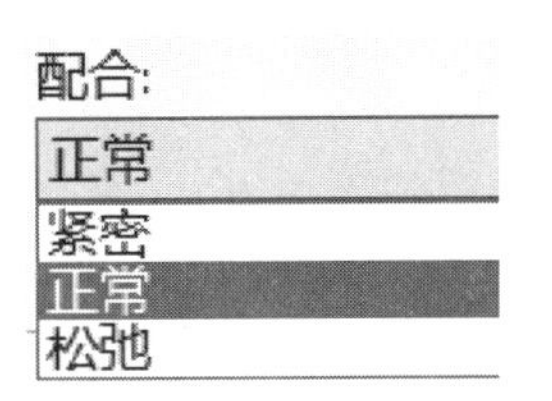


图3-108　“配合”形式

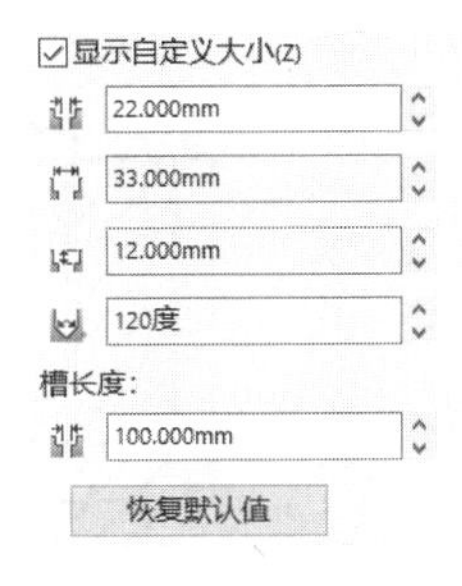


图3-109　自定义孔参数

如不选中“显示自定义大小”复选框，系统默认以选定的紧固件尺寸生成相应的孔。

(3)“终止条件”选项组

选择孔的终止条件，选项组中的参数根据孔类型的变化而变化，如图3-110所示。

- 给定深度：即设置盲孔深度。在“盲孔深度”微调框中，定义孔深度；对于螺纹孔，还要设置“螺纹线深度”，如图3-111所示。

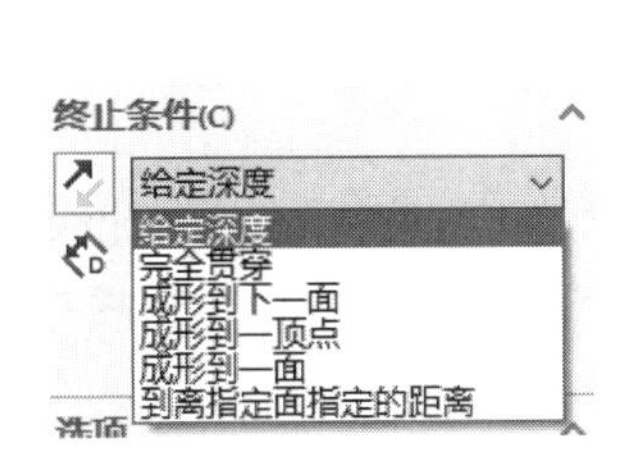


图3-110　“终止条件”选项组

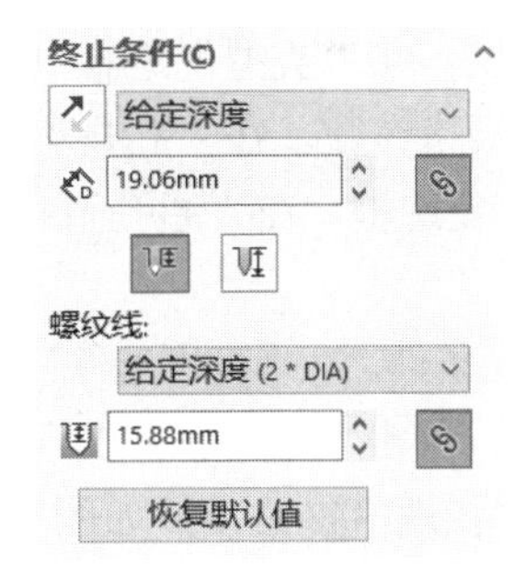


图3-111　“给定深度”下的选项

- 完全贯穿：延伸孔特征，将基体整体贯穿。
- 成形到下一面：将孔特征延伸到当前指定面的下一面处（下一面由系统自动判断）。
- 成形到一顶点：将孔特征延伸到选择的顶点处。

- 成形到一面：将孔特征延伸到指定的面处。
- 到离指定面指定的距离：延伸孔特征，终止于所选面指定距离处。

（4）“选项”选项组

孔类型不同，该选项组中选项也不同。如孔类型为“柱形沉头孔”，则“选项”选项组中包括“螺钉间隙”“近端锥孔”“螺钉下锥孔”等选项。

例 3-14　创建直螺纹孔

## 3.9.2 创建螺纹孔

下面结合实例来介绍创建直螺纹孔的基本操作。

**【例 3-14】** 创建直螺纹孔，参数如图 3-112 所示

（1）打开文件

启动 SolidWorks 软件，单击“标准”工具栏中的“打开”按钮，系统弹出“打开”对话框，打开资源文件\模型文件\第 3 章\“例 3-14 孔创建基体素材模型.SLDPRT”文件，打开模型如图 3-113 所示。

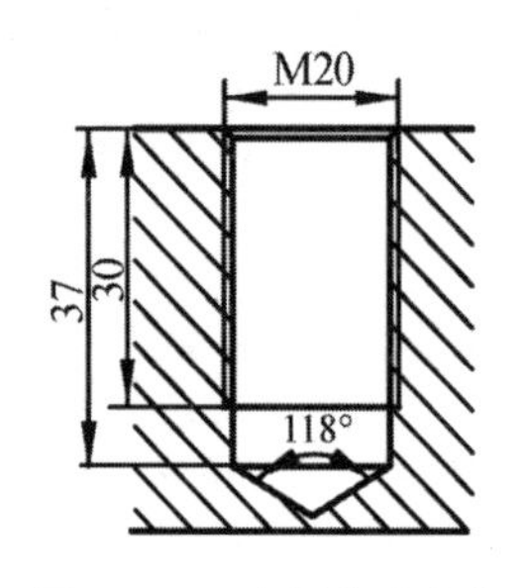

图 3-112　直螺纹孔参数

图 3-113　孔创建基体素材模型

（2）执行命令

单击“特征”控制面板上的“异型孔向导”按钮，系统弹出的“孔规格”属性管理器。在“孔规格”属性管理器中单击“直螺纹孔”按钮。

（3）设置参数

1）选择设计标准。在“标准”下拉列表中选择设计标准为“GB”。

2）选择类型。在“类型”下拉列表框中选择“底部螺纹孔”。

3）设置孔规格参数。在“孔规格”选项组的“大小”下拉列表框中选择“M20”；选中“显示自定义大小”复选框，在“通孔直径”微调框中输入“17.5mm”，在“底端角度”微调框中输入“118°”。

4）设置终止条件。在“终止条件”下拉列表框中选择“给定深度”；在“盲孔深度”微调框中输入“37.5mm”；单击“直至肩部的深度”按钮；在“螺纹线深度”微调框中输入“30mm”；其他参数默认。孔规格参数设置如图 3-114 所示。

（4）定位直螺纹孔

单击“位置”选项卡上的“位置”按钮，接着单击“3D 草图”按钮，在图形区中选择孔的定位点。单击“确定”按钮，完成创建直螺纹孔操作。

（5）创建直螺纹孔半剖视图

单击“前导视图”工具栏中的“剖视图”按钮，创建直螺纹孔半剖视图，如图 3-115 所示。

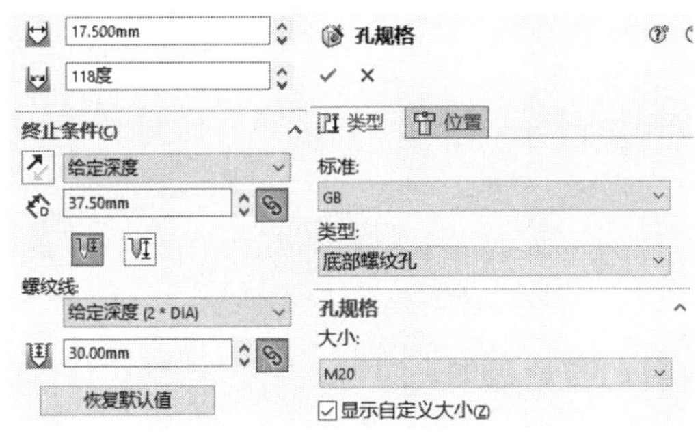


图 3-114　底部螺纹孔参数设置

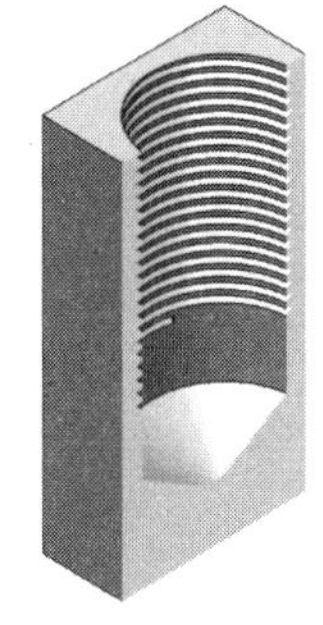

图 3-115　直螺纹孔半剖视图

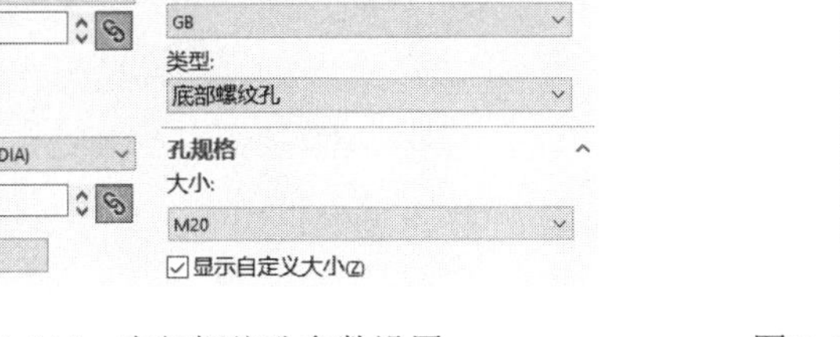

# 3.10　拔模特征

在机械零件的铸造工艺中，注塑件和铸件往往需要一个拔模斜面才能够顺利脱模，这就是所谓的拔模处理。在 SolidWorks 中，拔模是指以指定的角度斜削模型中选定面后生成的实体，由“拔模”命令创建。系统提供了中性面拔模、分型线拔模和阶梯拔模 3 种形式。

中性面是指拔模过程中大小不变的固定面，用于指定拔模角度参考的旋转轴。如果中性面与拔模面相交，则相交处即为旋转轴。

**1. 中性面拔模基本知识**

单击“特征”控制面板上的“拔模”按钮；或选择“插入”→“特征”→“拔模”命令，系统弹出“拔模”属性管理器。在属性管理器的“拔模类型”选项组中，单击“中性面”单选按钮，即以“中性面”方式创建拔模特征，如图 3-116 所示。

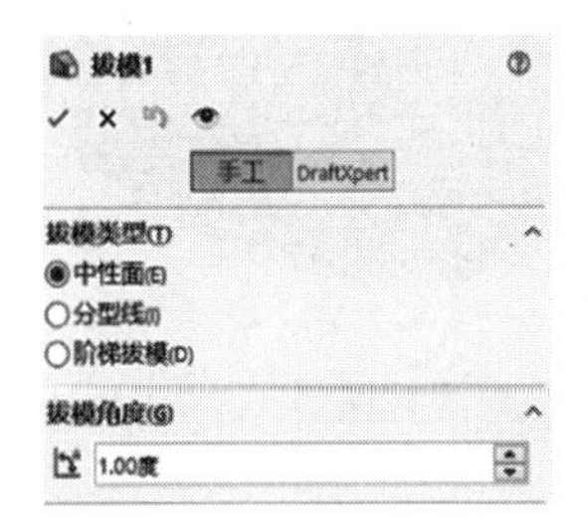


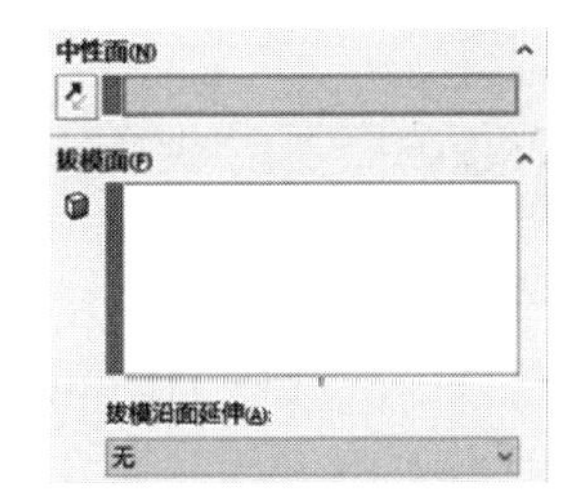


图 3-116　选择“中性面”选项后的“拔模”属性管理器

中性面“拔模”属性管理器中各选项含义如下。

(1)“拔模角度”选项组

“拔模角度”微调框：指定拔模角度，该角度垂直于中性面进行测量。

(2)“中性面”选项组

- “中性面”拾取框：在图形区拾取中性面，高亮时可用。
- “反向”按钮：反转拔模的方向。

(3)“拔模面”选项组

- “拔模面”拾取框：在图形区中拾取要拔模的面。
- 拔模沿面延伸：可以将拔模延伸到额外的面。

### 2．创建中性面拔模特征案例

例 3-15　创建拔模特征

**【例 3-15】** 创建拔模特征

创建图 3-117 所示的拔模特征，操作步骤如下。

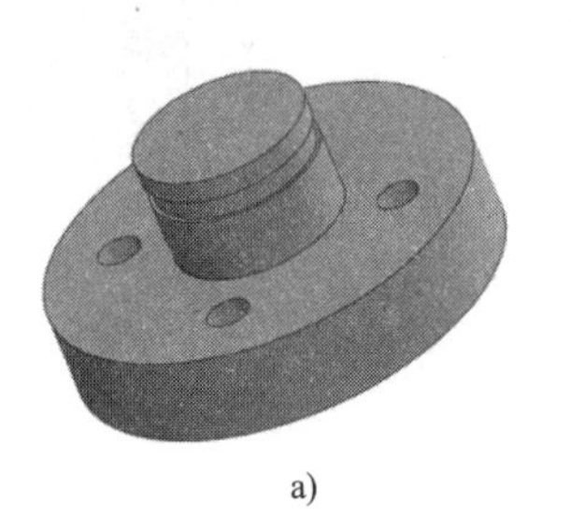
a)

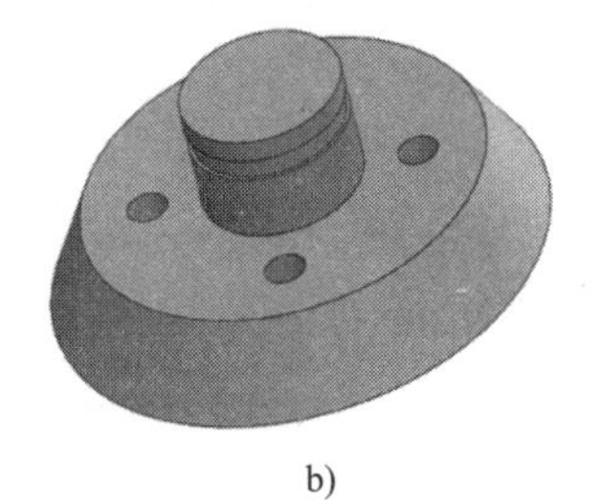
b)

图 3-117　中性面拔模

a) 拔模前　b) 拔模后

（1）打开文件

启动 SolidWorks 软件，单击“标准”工具栏中的“打开”按钮，系统弹出“打开”对话框，打开资源文件\模型文件\第 3 章\“例 3-15 中性面拔模素材模型.SLDPRT”文件，打开的模型如图 3-118 所示。

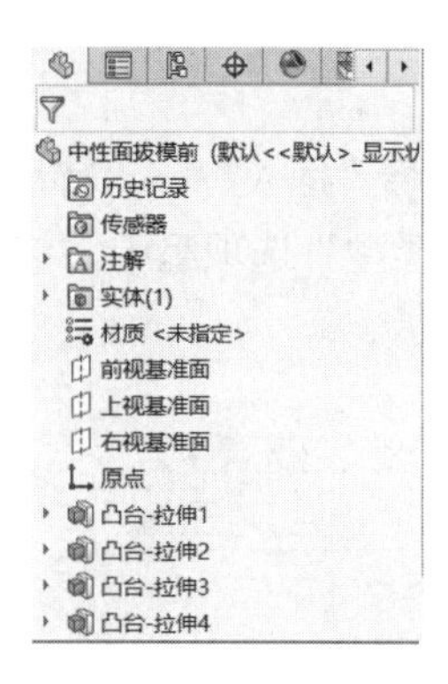

图 3-118　中性面拔模素材模型

（2）执行命令

1）单击“特征”控制面板上的“拔模”按钮，系统弹出“拔模”属性管理器。

2）在“拔模类型”选项组中，选择“中性面”。

（3）设置参数

1）在“拔模角度”微调框中输入“30 度”。

2）单击“中性面”选项组的“中性面”拾取框，在图形区中拾取“面 1”；单击“拔模面”选项组中的“拔模面”拾取框，在图形区中拾取“面 2”，其他参数采用默认设置。参数设置如图 3-119 所示。

（4）生成中性面拔模特征

参数设置完后，单击属性管理器中的“确定”按钮，完成中性面拔模操作，结果如图 3-120 所示。

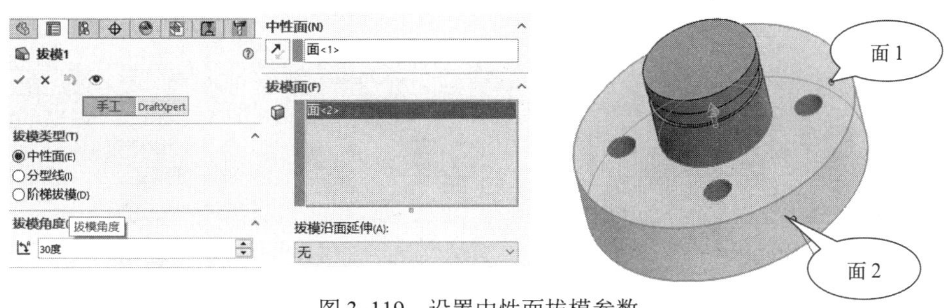


图 3-119　设置中性面拔模参数

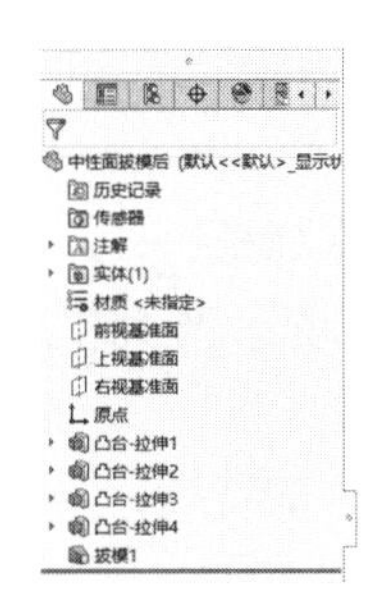


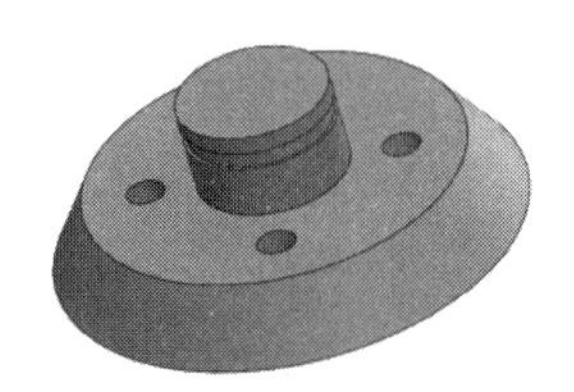

图 3-120　中性面拔模特征

# 3.11　阵列特征

在第 2 章中讲解过草图元素的阵列，其特点是快速生成按一定规律排布的相同图元。特征阵列与草图阵列效果相似，不同的是特征阵列拾取零件上的实体特征作为阵列源，阵列结果是生成重复的零件特征。SolidWorks 中特征阵列方式包括“线性阵列”“圆周阵列”“草图驱动阵列”“表格驱动阵列”“填充阵列”“曲线驱动阵列”和“变量阵列”。

单击“特征”控制面板上的“线性阵列”按钮旁的下拉按钮；或选择“插入”→“阵列/镜像”命令，系统弹出特征阵列菜单，如图 3-121 所示。

在零件建模中广泛应用的是线性阵列与圆周阵列，下面对其进行介绍。

线性阵列
圆周阵列
镜向
曲线驱动的阵列
草图驱动的阵列
表格驱动的阵列
填充阵列
变量阵列

图 3-121　特征阵列菜单

## 3.11.1　线性阵列

### 1. 线性阵列基本知识

线性阵列是在一个或两个方向执行阵列操作，线性阵列效果如图 3-122 所示。

单击“特征”控制面板上的“线性阵列”按钮；或选择“插入”→“阵列/镜像”→“线性阵列”命令，系统弹出“线性阵列”属性管理器，如图 3-123 所示。“线性阵列”属性管理器中，各选项的含义如下。

（1）“方向 1”和“方向 2”选项组

● “阵列方向”拾取框：在图形区拾取线性边线、直线、轴等作为阵列方向。拾取框高亮时可用。

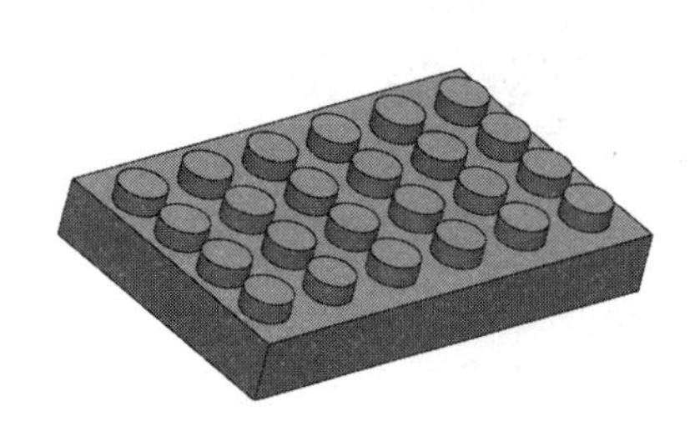

图 3-122　线性阵列

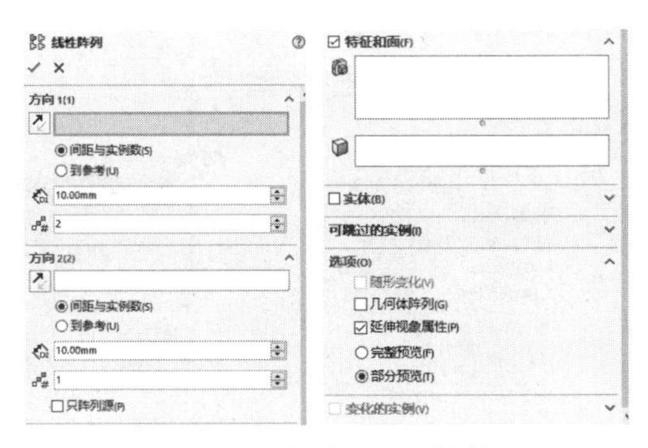


图 3-123　“线性阵列”属性管理器

- “反向”按钮：改变阵列方向。
- “间距”微调框：设置阵列实例之间的间距。
- “实例数”微调框：设置阵列实例的数量（含阵列源）。
- “只阵列源”复选框：选中此复选框，只阵列源特征，阵列生成的复制体不再阵列。

（2）“特征和面”选项组

- “要阵列的特征”拾取框：在图形区拾取要阵列的特征。
- “要阵列的面”拾取框：在图形区中拾取要阵列的面。

（3）“实体（B）”选项组

“要阵列的实体/曲面实体”拾取框：在图形区拾取要阵列的实体。

（4）“可跳过的实例”选项组

“可跳过的实例”拾取框：在图形区拾取生成线性阵列时跳过阵列的实例。

（5）“选项”选项组

- 随形变化：允许重复时更改阵列。
- 延伸视象属性：将 SolidWorks 设置的实体外观效果，如颜色、纹理等，应用到阵列生成的实体上。

**2．创建线性阵列特征案例**

例 3-16　创建线性阵列特征

**【例 3-16】** 创建线性阵列特征

（1）打开文件

启动 SolidWorks 软件，单击“标准”工具栏中的“打开”按钮，系统弹出“打开”对话框，打开资源文件\模型文件\第 3 章\“例 3-16 线性阵列素材模型.SLDPRT”文件，打开的模型如图 3-124 所示。

（2）执行命令

单击“特征”控制面板上的“线性阵列”按钮，系统弹出“线性阵列”属性管理器。

图 3-124　线性阵（列）素材模型

（3）设置参数

1）设置“方向 1”选项组。在图 3-125 所示的图形区中单击“边线 1”，在“间距”微调框中输入“20mm”，在“实例数”微调框中输入“6”。

2）设置“方向 2”选项组。在图 3-125 所示图形区中单击“边线 2”，在“间距”微调框中输入“15mm”，在“实例数”微调框中输入“4”。

3）设置阵列源。在“特征和面”选项组中单击“要阵列的特征”拾取框，在图3-125所示图形区中拾取阵列源“切除-拉伸2”，具体设置参数如图3-126所示。

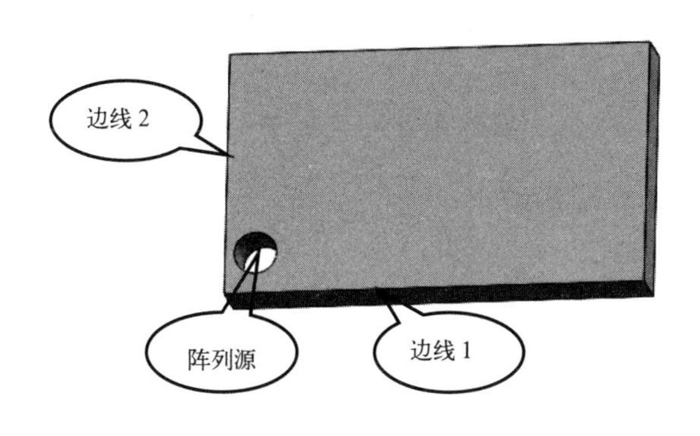


图3-125　拾取对象

图3-126　参数设置

（4）预览图形

参数设置完后，在图形区出现如图3-127所示的预览图形。

（5）生成线性阵列特征

单击属性管理器中的“确定”按钮，完成创建线性阵列操作，结果如图3-128所示。

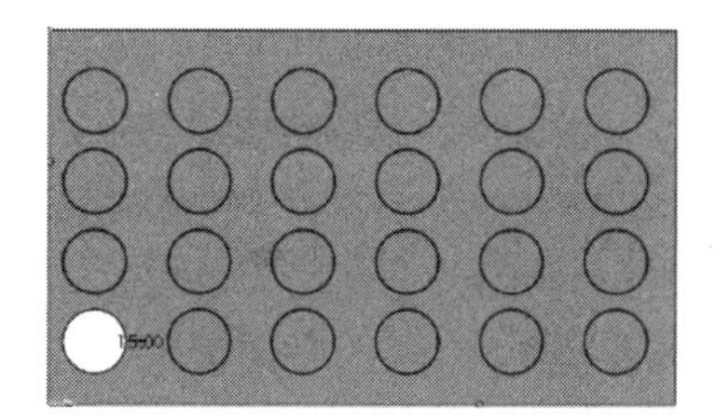

图3-127　阵列预览图形

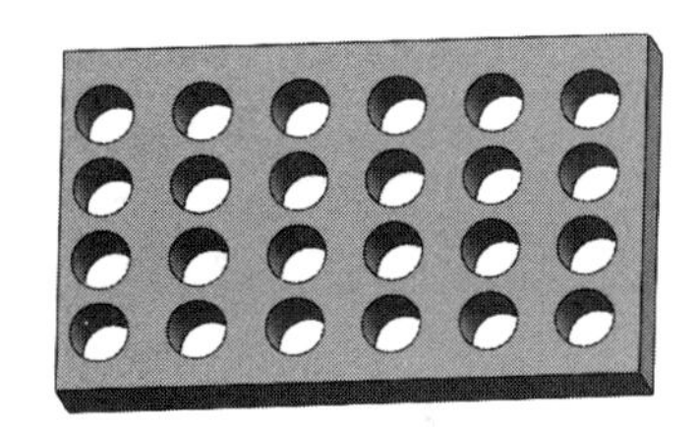

图3-128　线性阵列特征

## 3.11.2　圆周阵列

绕指定的轴线，圆周复制源特征生成的实体称为圆周阵列，效果如图3-129所示。

单击“特征”控制面板上“线性阵列”按钮旁的下拉按钮，在下拉列表中选择“圆周阵列”命令；或选择“插入”→“阵列/镜像”→“圆周阵列”命令，系统弹出“圆周阵列”属性管理器，如图3-130所示。

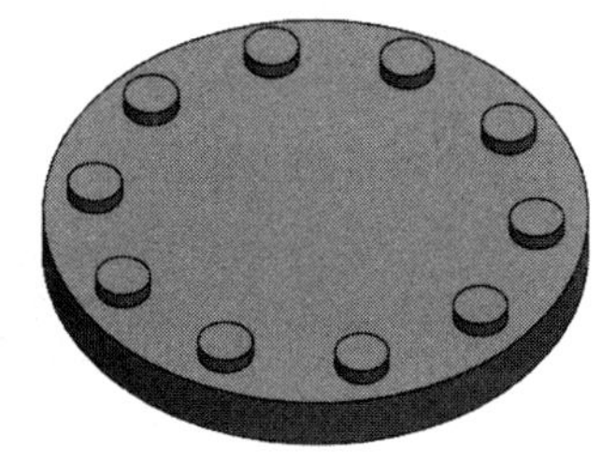

图3-129　圆周阵列

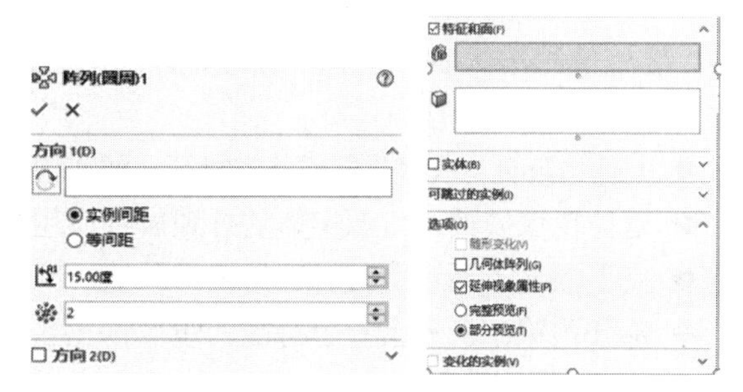


图3-130　“圆周阵列”属性管理器

在“圆周阵列”属性管理器中，各选项的含义与线性阵列基本相同，不同的选项如下。

- “阵列轴”拾取框：在图形区单击轴、模型边线或者角度尺寸，作为生成圆周阵列的轴，高亮时可用。
- “角度”微调框：设置阵列实例之间的角度。
- “实例数”微调框：设置阵列实例的数量（含阵列源）。
- “等间距”单选按钮：指定阵列实例之间的总角度，系统默认的总角度为360°。

# 3.12 镜像特征

将一个（多个）特征（实体）复制到镜像平面的另一侧，生成的实体称为镜像特征，由“镜像”命令创建。不同于草图镜像选择镜像轴，镜像特征需选择一个镜像平面，该平面可以是基准面，也可以是实体平面。

**1. 镜像特征基本知识**

单击“特征”控制面板上的“镜像”按钮；或选择“插入”→“阵列/镜像”→“镜像”命令，系统弹出“镜像”属性管理器，如图 3-131 所示。“镜像”属性管理器中，各选项的含义如下。

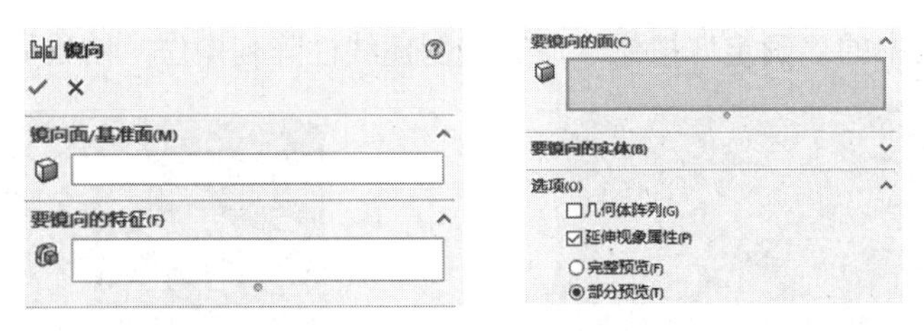


图 3-131 “镜像”属性管理器

（1）“镜像面/基准面”选项组

“镜像面/基准面”拾取框：在图形区拾取一个面作为镜像面，也可在设计树中选择基准面。

（2）“要镜像的特征”选项组

“要镜像的特征”拾取框：在图形区拾取要镜像的特征，也可在设计树中选择特征。

（3）“要镜像的面”选项组

“要镜像的面”拾取框：在图形区拾取要镜像的面，镜像的结果是生成面或面的组合，不生成实体。

（4）“要镜像的实体”选项组

“要镜像的实体/曲面实体”拾取框：在图形区中拾取要镜像的实体。

（5）“选项”选项组

- 几何体阵列：仅镜像几何体的特征（面和边线），而非阵列整个特征。
- 延伸视像属性：将源实体的外观属性应用到复制体上。
- 完整预览：显示所有特征的镜像预览。
- 部分预览：只显示一个特征的镜像预览。

**2. 创建镜像特征案例**

例 3-17 创建镜像特征

**【例 3-17】** 创建镜像特征

创建图 3-132 所示的镜像特征，操作步骤如下。

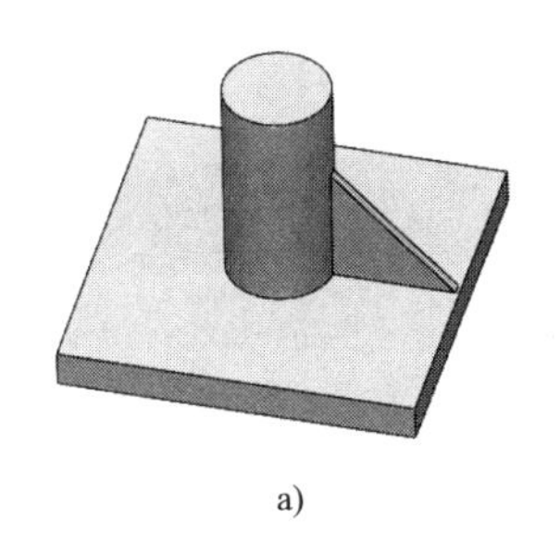
a)

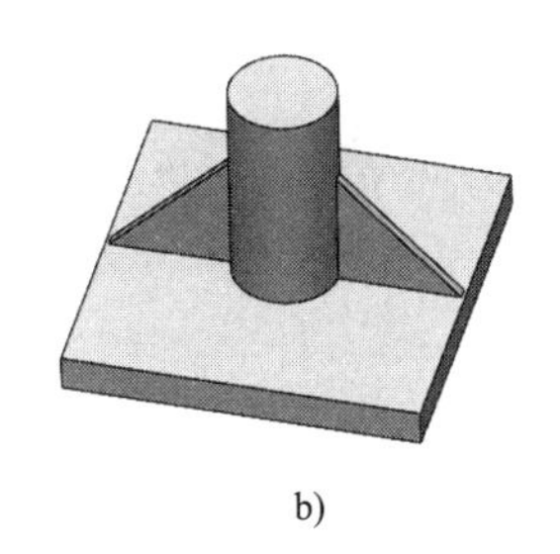
b)

图 3-132　镜像特征
a) 镜像前　b) 镜像后

（1）打开文件

启动 SolidWorks 软件，单击“标准”工具栏中的“打开”按钮，系统弹出“打开”对话框，打开资源文件\模型文件\第 3 章\“例 3-17 镜像素材模型.SLDPRT”文件，打开的模型如图 3-132a 所示。

（2）创建筋 1 的镜像特征

1）单击“特征”控制面板上的“镜像”按钮，弹出“镜像”属性管理器。

2）选择镜像面。单击“镜像面/基准面”拾取框，选择设计树中的“前视基准面”。

3）选择镜像源。单击“要镜像的特征”拾取框，在设计树中选择“筋 1”特征。参数设置如图 3-133 所示。

4）单击“确定”按钮，生成如图 3-132b 所示的镜像特征。

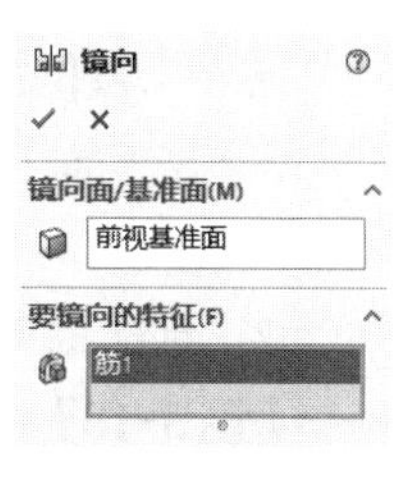


图 3-133　参数设置

# 3.13　抽壳特征

建模时，将实体内部掏空，形成一定壁厚（等壁厚或多壁厚）的壳体称为抽壳特征，由“抽壳”命令创建。“抽壳”命令可以将零件抽空为一个开口的壳体，也可以将零件抽空成一个封闭内空的壳体。

**1．抽壳特征基本知识**

单击“特征”控制面板上的“抽壳”按钮；或选择菜单栏“插入”→“特征”→“抽壳”命令。系统弹出“抽壳”属性管理器，如图 3-134 所示。“抽壳”属性管理器中，各选项的含义如下。

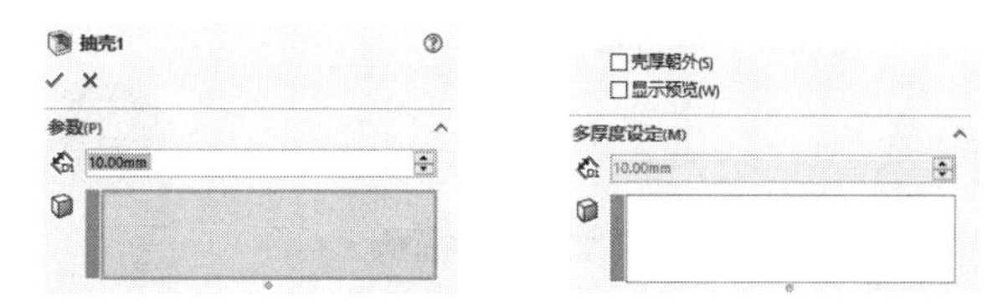


图 3-134　“抽壳”属性管理器

（1）“参数”选项组

● “厚度”微调框：在微调框中设置壳体的厚度。

● “移除的面”拾取框：在图形区拾取要移除的面，移除的面被敞开，不生成厚度特征，如图 3-135 所示。

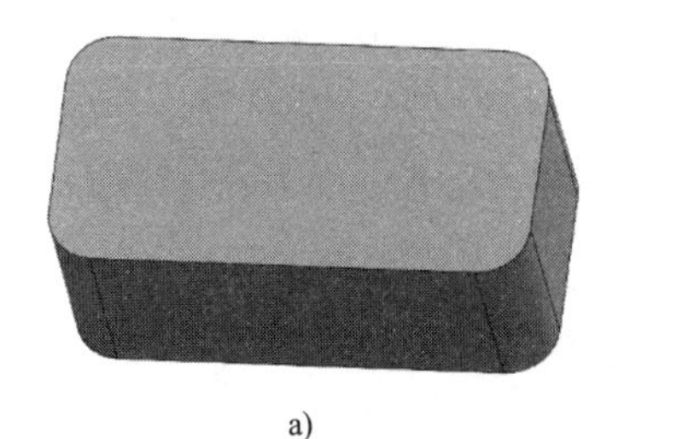

a)

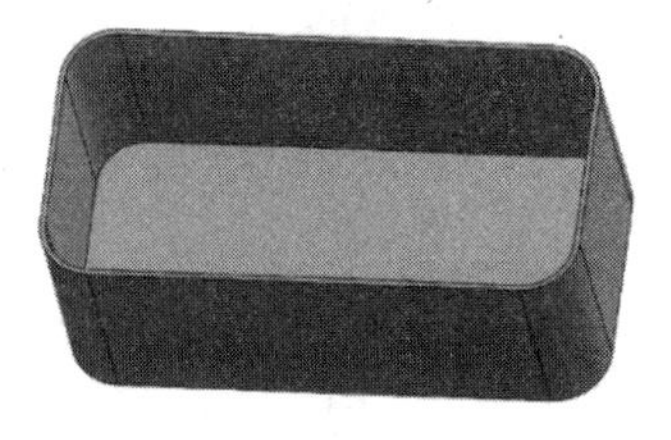

b)

图 3-135　移除面的壳体

a) 移除面前　b) 移除面后

● “壳厚朝外”复选框：选中此复选框，将从零件表面向外生成壳，整个零件都被抽空。
● “显示预览”复选框：显示抽壳特征的预览。

（2）“多厚度设定”选项组

● “多厚度”微调框：为所选面设置厚度数值。
● “多厚度面”拾取框：如果零件某些面要单独指定厚度，在图形区拾取该面，拾取的面在拾取框中显示。然后在“多厚度”微调框中设置厚度值。

例 3-18　创建抽壳特征

**2．创建抽壳特征案例**

**【例 3-18】** 创建抽壳特征（壁厚为 1mm）

1）启动 SolidWorks 软件，单击“标准”工具栏中的“打开”按钮，系统弹出“打开”对话框，打开资源文件\模型文件\第 3 章\“例 3-18 抽壳素材模型.SLDPRT”文件，打开的模型如图 3-136 所示。

2）单击“特征”控制面板上的“抽壳”按钮，弹出“抽壳”属性管理器。

3）设置“参数”选项组。在“厚度”微调框中输入“1mm”；单击“移除面”拾取框，在图 3-137 所示的图形区中拾取“面 1”，参数设置如图 3-138 所示。

4）参数设置完后，单击“确定”按钮，生成如图 3-139 所示的特征。

图 3-136　抽壳素材模型

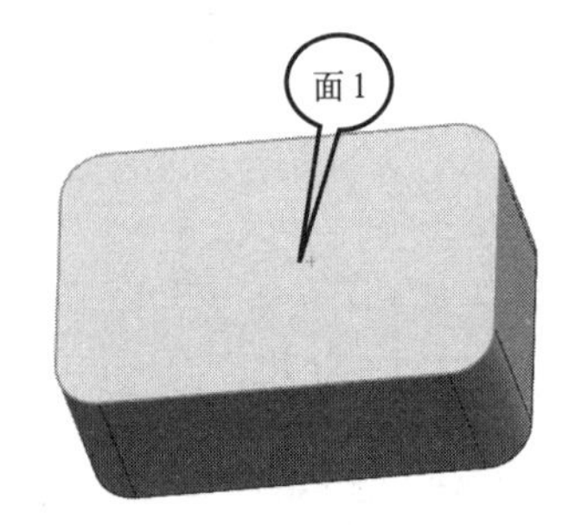


图 3-137　拾取移除面

图 3-138　参数设置

图 3-139　抽壳特征

# 3.14 特征的编辑

一个特征生成之后，如果发现特征的某些地方不符合要求，通常不必删除该特征，可以对特征进行二次编辑，主要包括特征草图和特征参数的编辑。

**1. 特征草图的编辑**

特征草图的编辑是指进入草图设计环境，对生成特征的草图进行重新编辑，由“编辑草图”命令实现。退出草图后，系统重新生成该特征。

可以由下述方法执行“编辑草图”命令。

1）在设计树中单击特征前面的展开按钮，展开该特征，右击生成该特征的草图，在弹出的快捷菜单中选择“编辑草图”命令，进入草图设计环境。

2）右击图形区中相应的特征，在弹出的快捷菜单中选择“编辑草图”命令，进入草图设计环境。

**2. 特征参数的编辑**

特征参数的编辑是指进入该特征的属性管理器，在属性管理器中重新定义特征的参数。由“编辑特征”命令实现。

可以由下述方法执行“编辑特征”命令。

1）在设计树中右击想要编辑的特征，在出现的快捷菜单中选择“编辑特征”命令，系统弹出该特征的属性管理器。

2）右击图形区域中相应的特征，在出现的快捷菜单中选择“编辑特征”命令。系统弹出该特征的属性管理器。

# 3.15 特征的压缩与删除

一个零件结构比较复杂时，其特征数目常常很大，此时进行零件模型操作，系统运行速度较慢，为简化模型显示和加快系统运行速度，可将一些与当前工作无关的特征进行压缩。

当一个特征处在压缩状态时，在操作模型的过程中会暂时从模型中移除，就好像没有该特征一样（但不会被删除）。在工作完成后需要该压缩特征时，可以将压缩特征恢复。

压缩不仅能暂时移除特征，而且可以避免所有可能参与的计算。当大量的细节特征（如倒角、圆等）被压缩时，模型的重建速度会加快。

**1. 压缩特征**

在设计树中右击想要压缩的特征，在出现的快捷菜单中选择“压缩”命令；或在图形区右击该特征，在弹出的快捷菜单中选择“压缩”命令。执行压缩命令后，该特征在图形区中就会消失（但没有被删除），同时，在特征管理器设计树中，该特征将显示为灰色。

对于有父子关系的特征，如果压缩父特征，其所有子特征一起被压缩；而压缩子特征时，父特征不受影响。

**2. 解除压缩特征**

解除压缩特征是压缩特征的逆操作，由“解除压缩”命令实现。

在设计树中右击想要解除压缩的特征，在弹出的快捷菜单中选择“解除压缩”命令；执行该命令后，在图形区域出现该特征，同时在特征管理器设计树中，该特征将正常显示。

**3. 特征的删除**

如果要删除模型中的某个特征，只需在设计树或图形区选择该特征，然后按〈Delete〉键；或右击该特征，在弹出的快捷菜单中选择“删除”命令，系统会弹出“确认删除”对话框，如图 3-140 所示。单击“是”按钮，即可将特征从模型中删除。删除特征后，会残留建立草图特征时所绘制的草图，可在“确认删除”对话框中选中“删除内含特征”复选框。

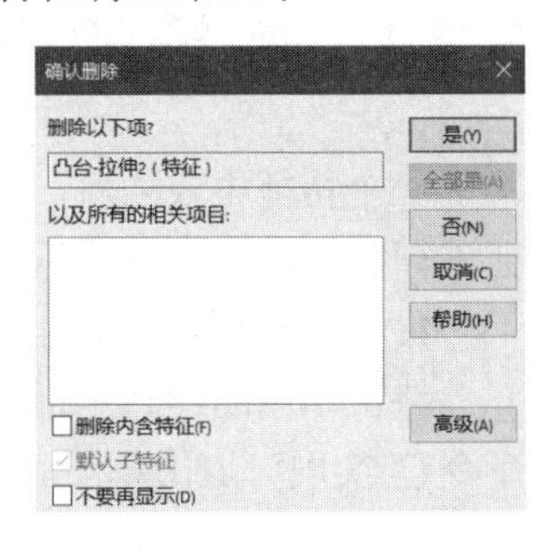


图 3-140 “确认删除”对话框

# 3.16 组合体零件建模实例

例 3-19 组合体建模实例

大多数机械零件都可以看作是由一些基本形体通过叠加、切割（挖切）或叠加与切割复合方式组合而成的，这种形式的零件称为组合体零件。本节以图 3-141 所示的组合体零件为例，介绍其三维建模方法。

【例 3-19】 组合体建模实例

组合体零件图如图 3-141 所示，绘制出其三维模型。

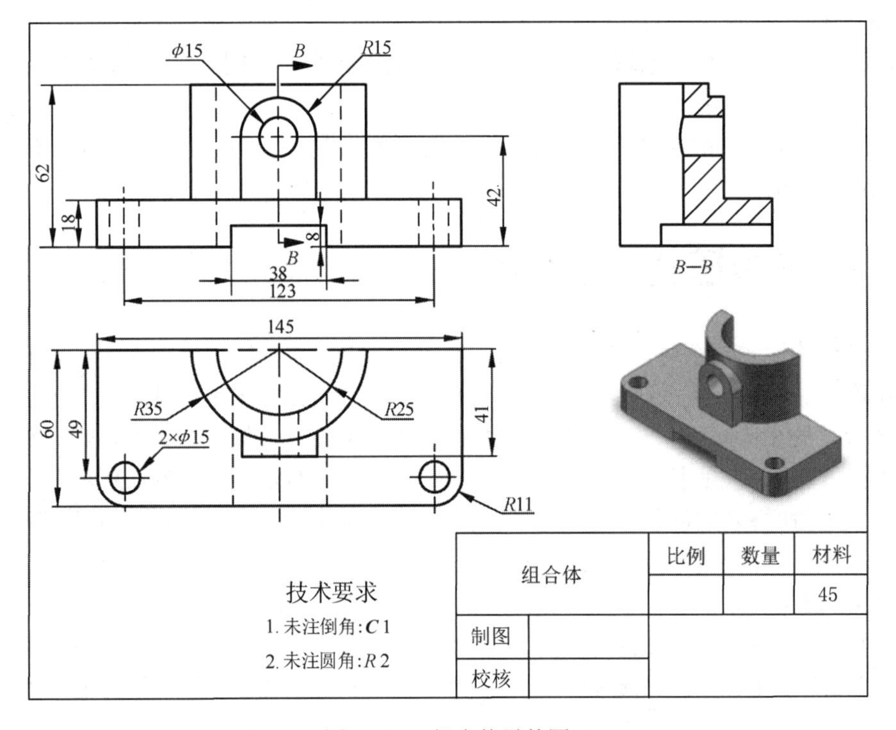


图 3-141 组合体零件图

**1. 模型分析**

从图 3-141 可以看出，该组合体结构简单，由凸台、孔、凹槽等特征组成。因此该组合使用“拉伸凸台/基体”和“拉伸切除”命令比较合适。其设计流程依次为 A→B→C→D→E→F，如图 3-142 所示。

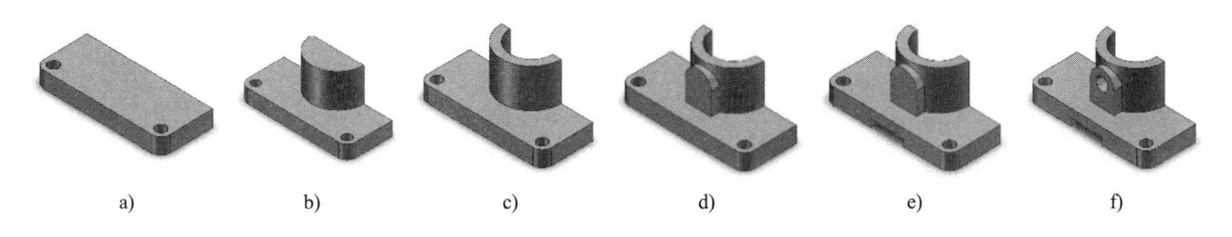


图 3-142　组合体设计流程

a) 凸台拉伸 1　b) 凸台拉伸 2　c) 切除拉伸 1　d) 凸台拉伸 3　e) 切除拉伸 2　f) 切除拉伸 3

**2. 建模步骤**

(1) 新建文件

选择“文件”→“新建”命令，系统弹出“新建 SolidWorks 文件”对话框，单击“零件”按钮，单击“确定”按钮，进入零件设计环境。

(2) 创建凸台拉伸 1

1) 创建截面草图 1。在设计树中选择“上视基准面”，单击“草图”控制面板上的“草图绘制”按钮，进入草图环境。创建图 3-143 所示的完全定义草图，单击“退出草图”按钮，完成“草图 1”绘制，退出草图环境。

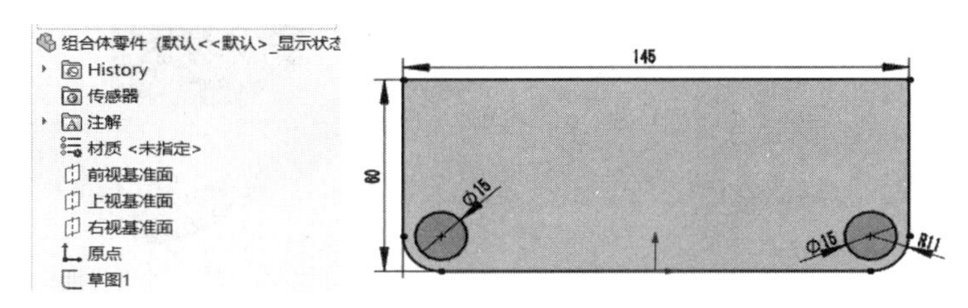


图 3-143　截面草图 1

2) 在设计树中选择“草图 1”，单击“特征”控制面板上的“拉伸凸台/基体”按钮，系统弹出“凸台-拉伸”属性管理器，将“从”选项组中的“开始条件”设为“草图基准面”，在“方向 1”选项组的“终止条件”下拉列表框中选择“给定深度”，在“深度”微调框中输入“18 mm”。参数设置完后单击“确定”按钮，完成创建凸台拉伸 1 操作，如图 3-144 所示。

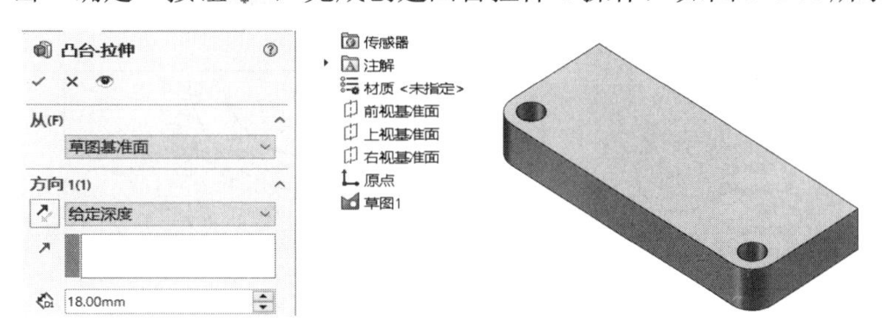


图 3-144　凸台拉伸 1

(3) 创建凸台拉伸 2

1) 创建截面草图 2。在设计树中选择“上视基准面”，单击“草图”控制面板上的“草图绘制”按钮，进入草图环境。右击设计树中的“草图 2”，在弹出的快捷菜单中选择“正视于”命令，将模型旋转到草图基准面方向。创建图 3-145 所示的完全定义草图，单击“退出草图”

按钮，完成“草图 2”绘制，退出草图环境。

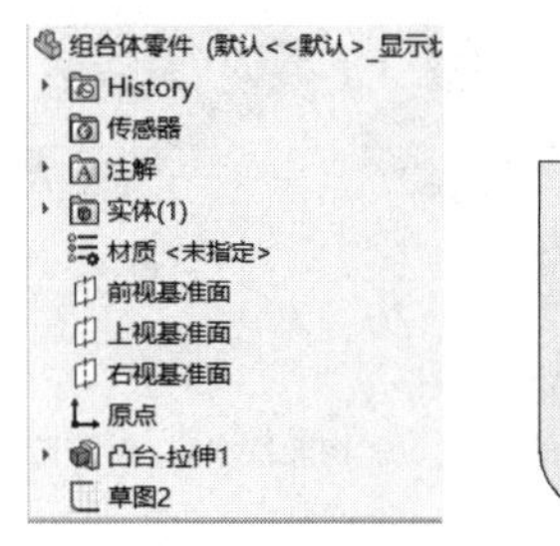


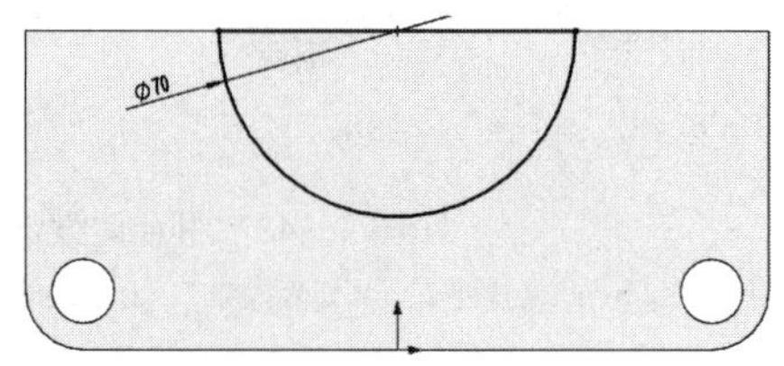


图 3-145 截面草图 2

2）在设计树中选择“草图 2”，单击“特征”控制面板上的“拉伸凸台/基体”按钮，系统弹出“凸台-拉伸”属性管理器，将“从”选项组中的“开始条件”设为“草图基准面”，在“方向 1”选项组的“终止条件”下拉列表框中选择“给定深度”，在“深度”微调框中输入“62 mm”。参数设置完后单击“确定”按钮，完成创建凸台拉伸 2 操作，如图 3-146 所示。

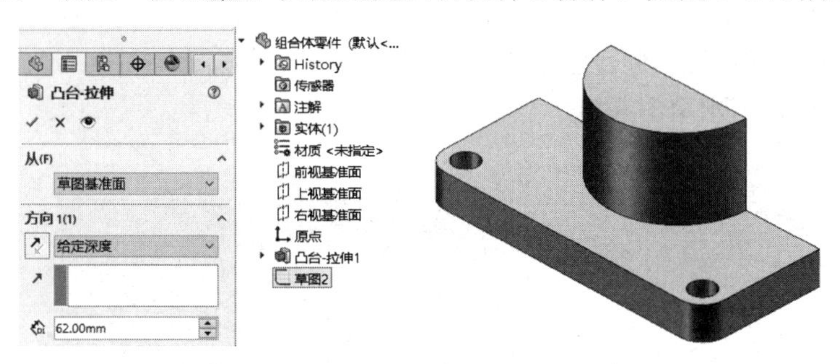


图 3-146 凸台拉伸 2

（4）创建切除拉伸 1

1）创建截面草图 3。在设计树中选择“上视基准面”，单击“草图”控制面板上的“草图绘制”按钮，进入草图环境。右击设计树中的“草图 3”，在弹出的快捷菜单中选择“正视于”命令，将模型旋转到草图基准面方向。创建图 3-147 所示的完全定义草图，单击“退出草图”按钮，完成“草图 3”绘制，退出草图环境。

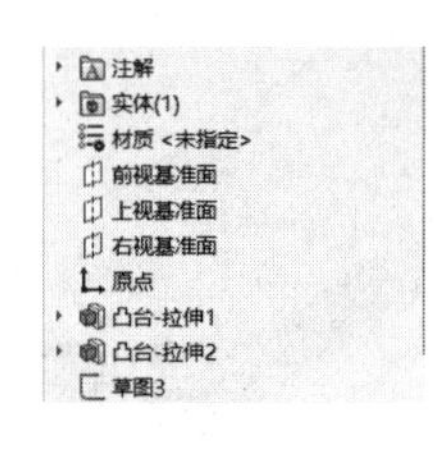


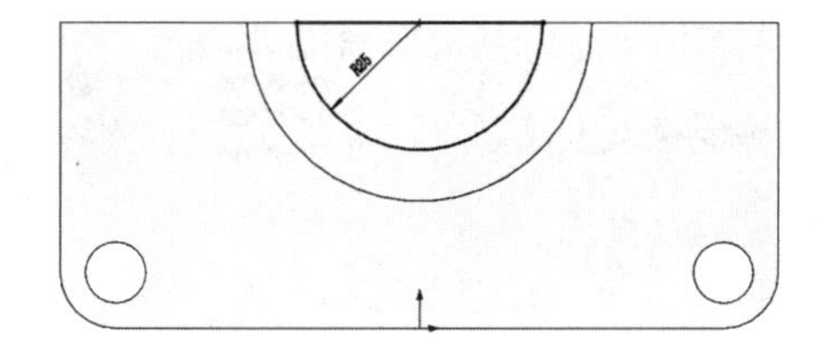

图 3-147 截面草图 3

2）在设计树中选择“草图 3”，单击“特征”控制面板上的“拉伸切除”按钮，系统弹出“切除-拉伸”属性管理器。将“从”选项组中的“开始条件”设为“草图基准面”，在“方向 1”选项组的“终止条件”下拉列表框中选择“完全贯穿”。参数设置完成后，单击“确定”按钮，完成创建切除拉伸 1 操作，如图 3-148 所示。

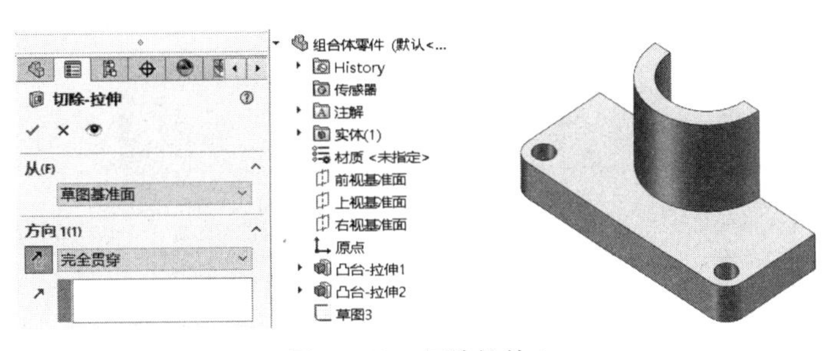


图 3-148　切除拉伸 1

（5）创建凸台拉伸 3

1）创建截面草图 4。在设计树中选择“前视基准面”，单击“草图”控制面板上的“草图绘制”按钮，进入草图环境。右击设计树中的“草图 4”，在弹出的快捷菜单中选择“正视于”命令，将模型旋转到草图基准面方向。创建图 3-149 所示的完全定义草图，单击“退出草图”按钮，完成“草图 4”绘制，退出草图环境。

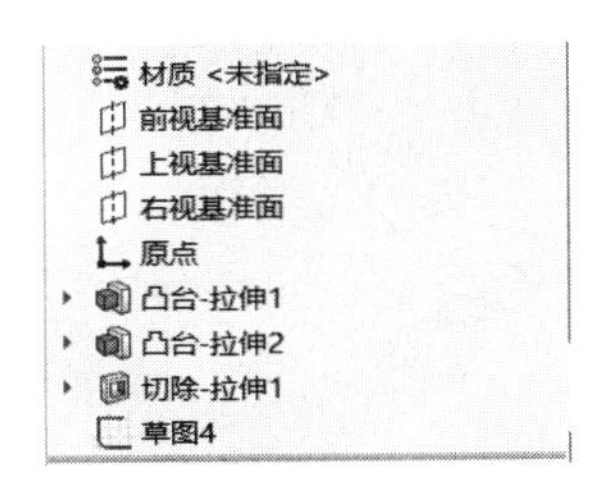


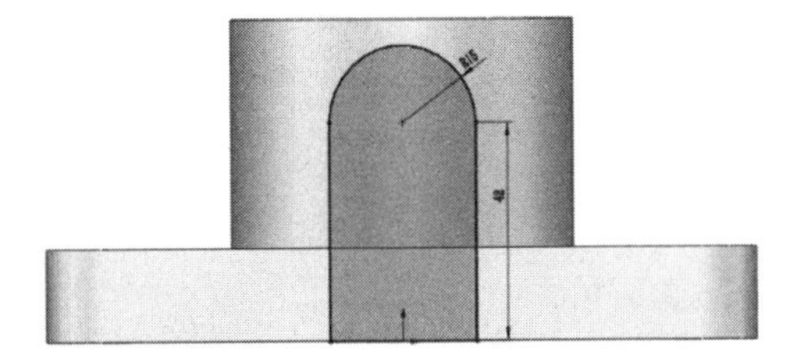

图 3-149　截面草图 4

2）在设计树中选择“草图 4”，单击“特征”控制面板上的“拉伸凸台/基体”按钮，系统弹出“凸台-拉伸”属性管理器。在“从”选项组中单击“反向”按钮；“开始条件”选择“等距”，输入距离 “19mm”；在“方向 1”选项组的“终止条件”下拉列表框中选择“成形到一面”；“面/平面”拾取框高亮，在图形区拾取“面 1”，如图 3-150 所示。参数设置完成后单击“确定”按钮，完成创建凸台拉伸 3 操作。

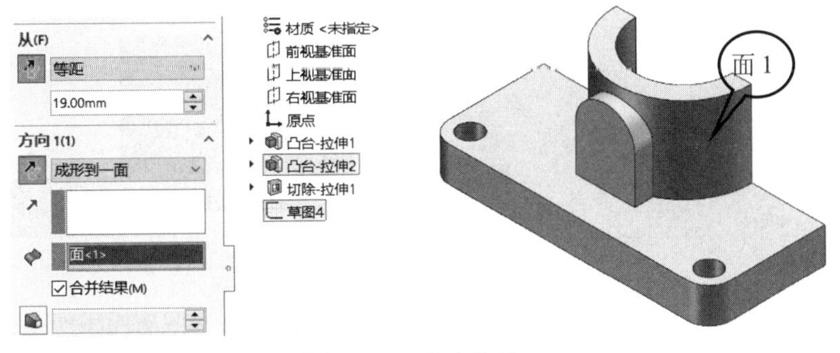


图 3-150　凸台拉伸 3

（6）创建切除拉伸 2

1）创建截面草图 5。在设计树中选择“前视基准面”，单击“草图”控制面板上的“草图绘制”按钮，进入草图环境。右击设计树中的“草图 5”，在弹出的快捷菜单中选择“正视于”命令，将模型旋转到草图基准面方向。创建图 3-151 所示的完全定义草图，单击“退出草图”按钮，完成“草图 5”绘制，退出草图环境。

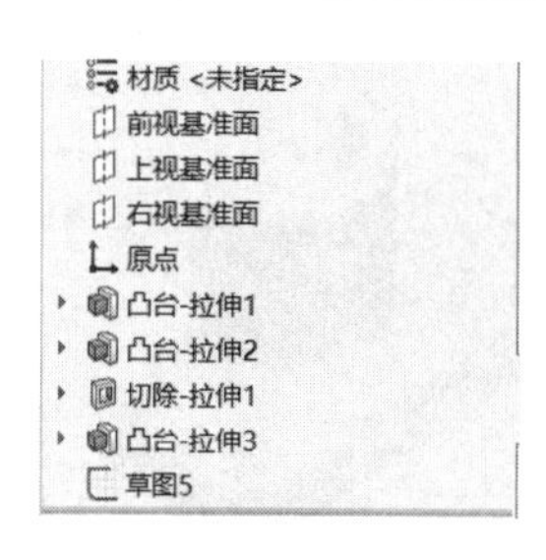


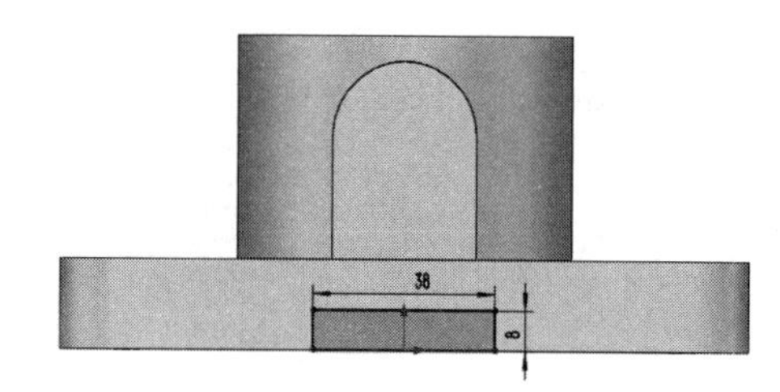


图 3-151　截面草图 5

2）在设计树中选择“草图 5”，单击“特征”控制面板上的“拉伸切除”按钮，系统弹出“切除-拉伸”属性管理器。将“从”选项组中的“开始条件”设为“草图基准面”；在“方向 1”选项组的“终止条件”下拉列表框中选择“完全贯穿”。参数设置完成后单击“确定”按钮，完成创建切除拉伸 2 操作，如图 3-152 所示。

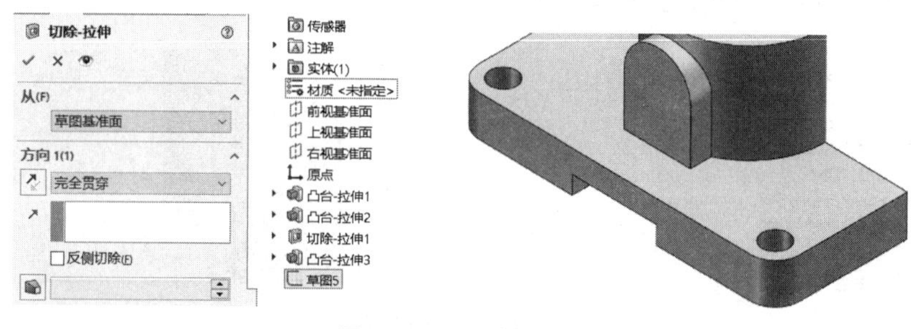


图 3-152　切除拉伸 2

（7）创建切除拉伸 3

1）创建截面草图 6。在设计树中选择“前视基准面”，单击“草图”控制面板上的“草图绘制”按钮，进入草图环境。右击设计树中的“草图 6”，在弹出的快捷菜单中选择“正视于”命令，将模型旋转到草图基准面方向。创建图 3-153 所示的完全定义草图，单击“退出草图”按钮，完成“草图 6”绘制，退出草图环境。

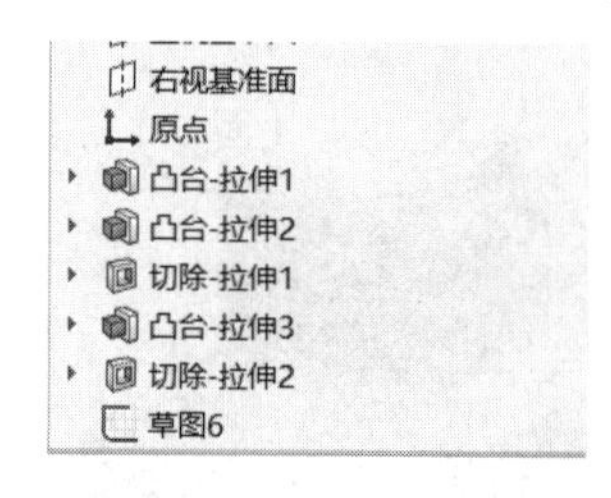


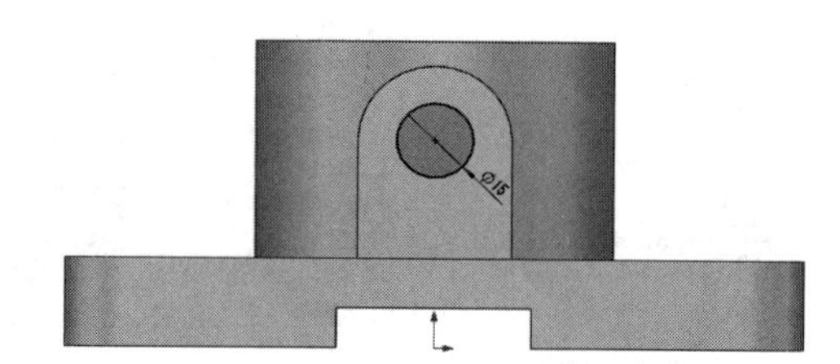


图 3-153　截面草图 6

2）在设计树中选择“草图 6”，单击“特征”控制面板上的“拉伸切除”按钮，系统弹出“切除-拉伸”属性管理器。将“从”选项组中的“开始条件”设为“草图基准面”；在“方向 1”选项组的“终止条件”下拉列表框中选择“完全贯穿”。参数设置完成后单击“确定”按钮，完成创建切除拉伸 3 操作，如图 3-154 所示。

（8）保存文件

组合体零件绘制完成，单击“标准”菜单栏中的“保存”按钮，选择保存路径，文件命名为“组合体零件”，结束绘制。

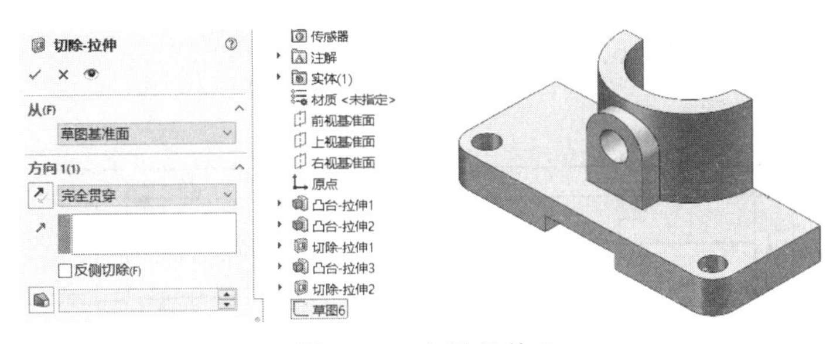


图 3-154　切除拉伸 3

# 上机练习

## 1. 组合体类零件建模（见图 3-155 和图 3-156）

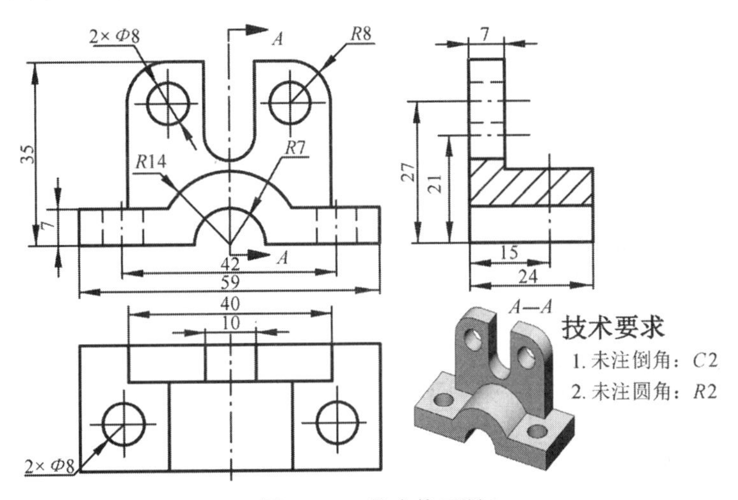


图 3-155　组合体习题 1

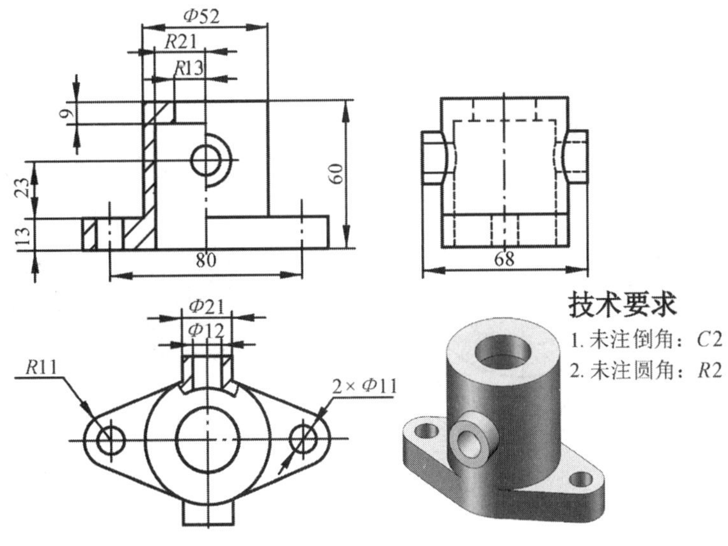


图 3-156　组合体习题 2

**2．轴类零件建模（见图 3-157）**

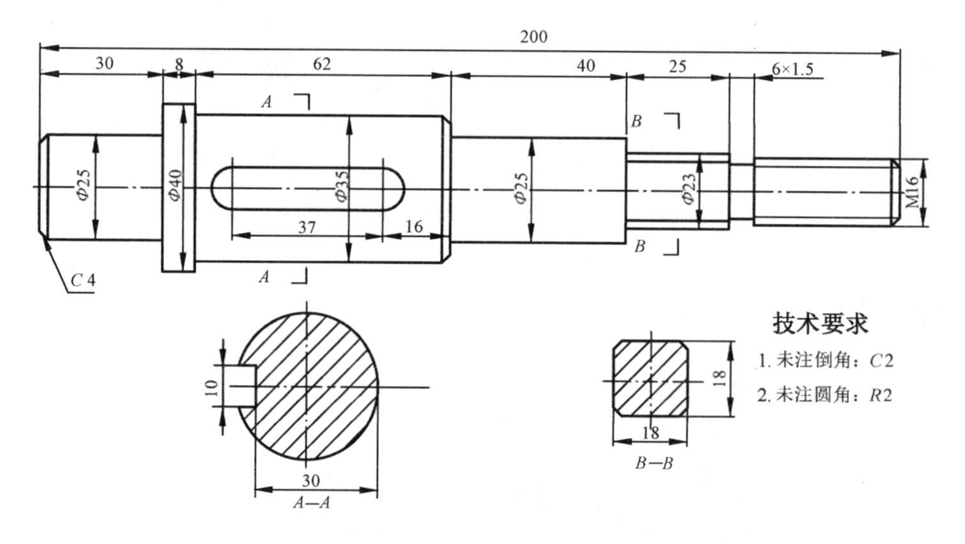


图 3-157　轴类零件习题

**3．盘类零件建模（见图 3-158 和图 3-159）**

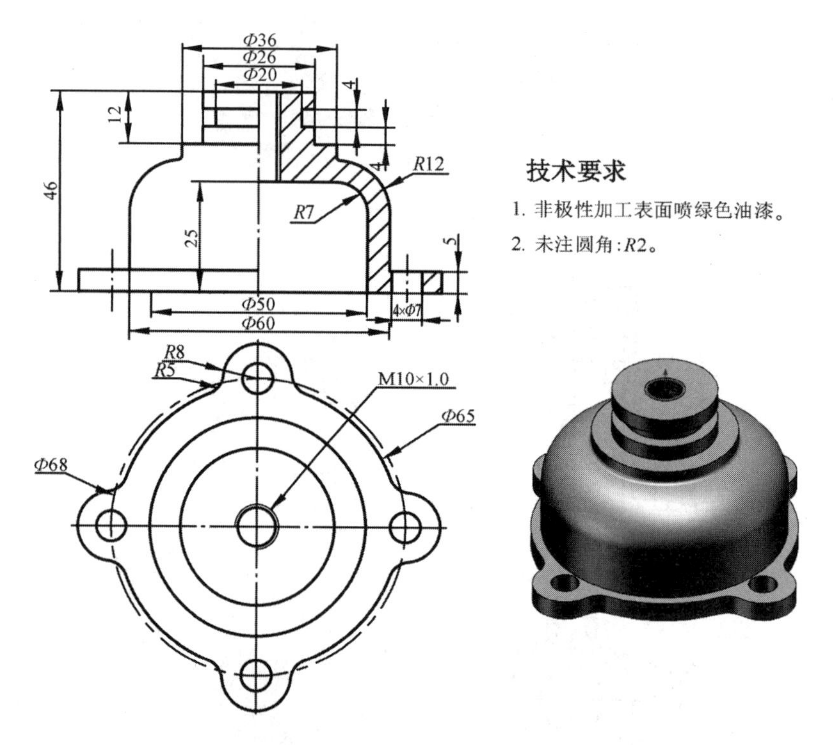


图 3-158　盘类零件习题 1

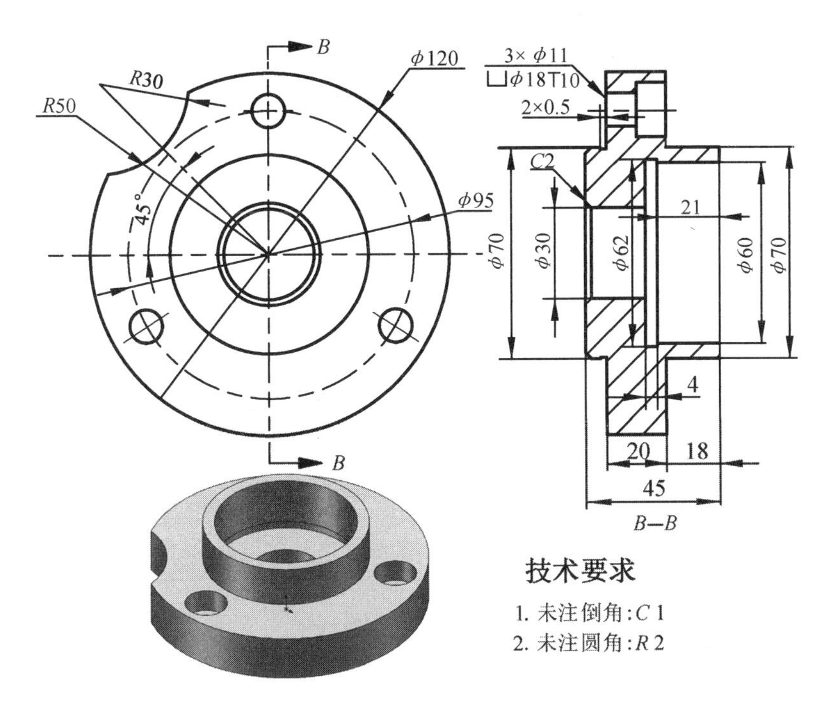


图 3-159　盘类零件习题 2

**4. 叉架类零件建模（见图 3-160 和图 3-161）**

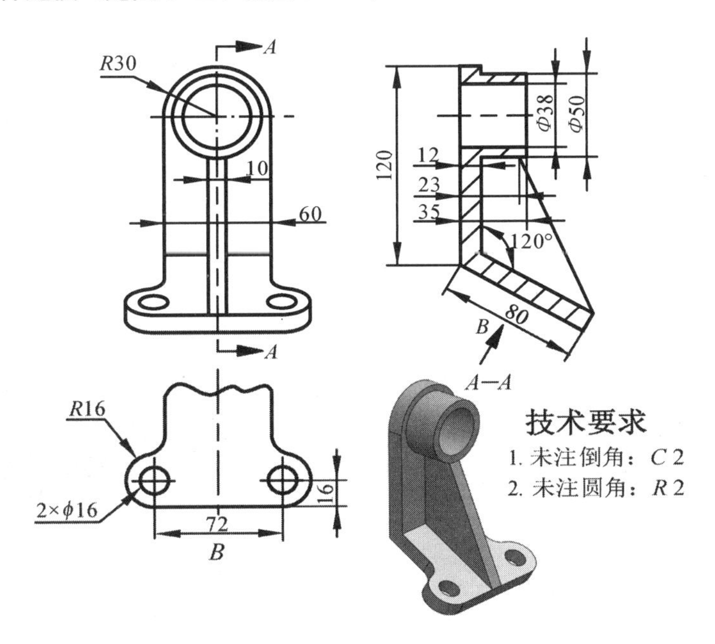


图 3-160　叉架类零件习题 1

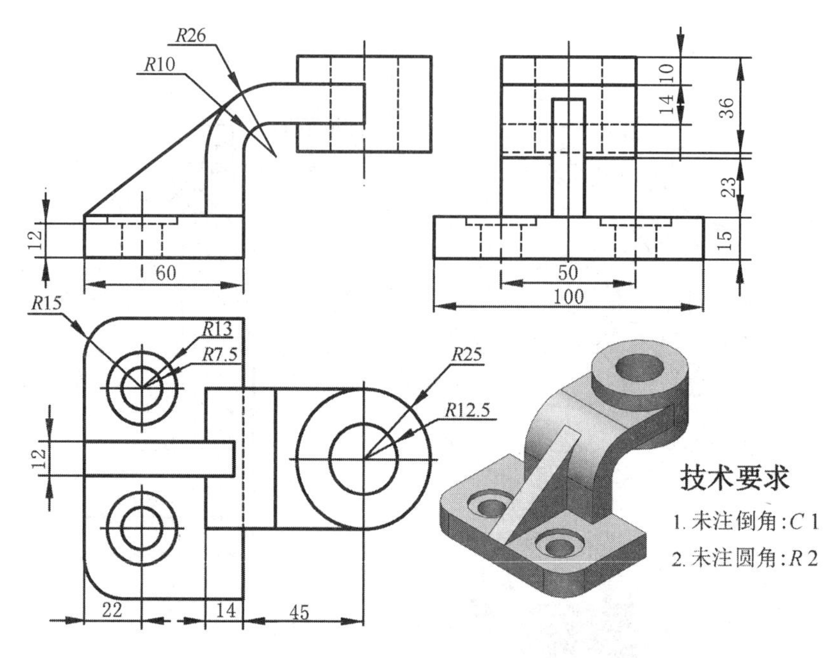


图 3-161　叉架类零件习题 2

**5. 箱体类零件建模（见图 3-162）**

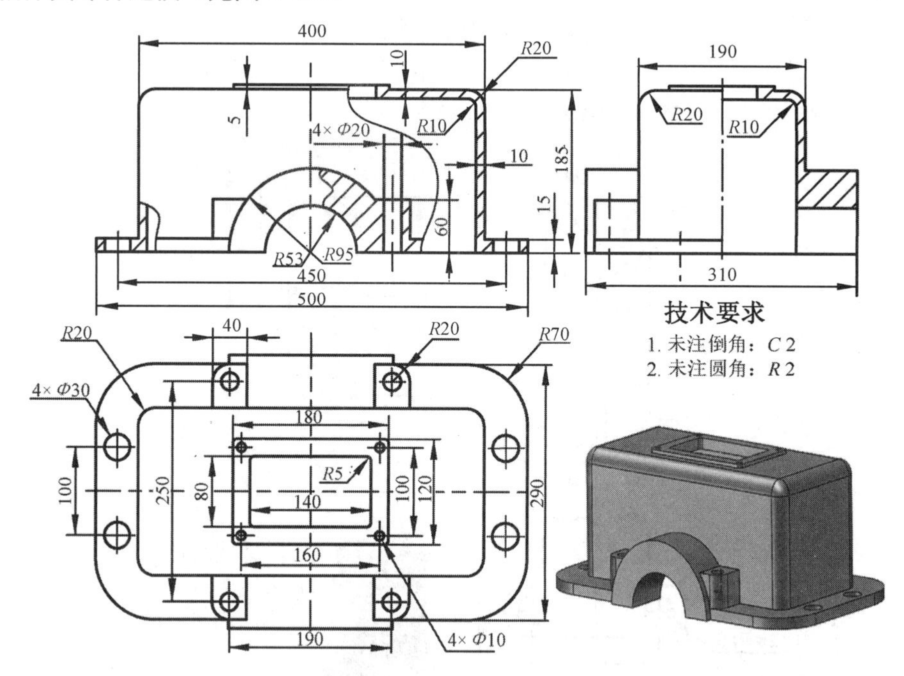


图 3-162　箱体类零件习题 1

# 第4章　装配体设计

机械产品一般都是由若干个零件、组件和部件所组成的。按照规定的技术要求，将零件、组件和部件进行配合和连接，使之成为半成品或成品的工艺过程称为装配。把零件、组件装配成部件的过程称为部件装配，而将零件、组件和部件装配成最终产品的过程称为总装配。

在产品的计算机辅助设计过程中，同样要进行完整的装配设计工作，采用装配设计的原理和方法在计算机中形成装配方案，实现数字化装配，建立起产品的装配模型。这种在计算机中将产品的零件、部件装配组合在一起形成一个完整的数字化装配模型的过程称为装配建模或装配设计。

本章将向读者介绍 SolidWorks 软件创建装配体的基本思想和一般方法，介绍创建装配体的基本操作和技术，最后通过综合实例使读者更好地掌握这些方法，达到熟练应用的目的。

通过本章的学习，读者可从以下几个方面开展自我评价。

- 了解装配体基本术语。
- 掌握装配的基本操作过程。
- 掌握装配体的多种配合方式。
- 掌握装配体的爆炸视图及动画。
- 合理规划学习时间，独立完成拓展训练，逐步培养自身获取新知识与技能的能力。

## 4.1　装配体概述

SolidWorks 中装配体设计是将产品的各个零（部）件进行组织和定位操作的一个过程。通过装配操作，设计者可以在计算机上进行产品的虚拟装配仿真，形成产品的总体结构，直观地了解产品的组成，检查零（部）件之间是否发生干涉等。在装配模型基础上，可生成装配动画和爆炸图，能直观地了解产品的装配过程、绘制装配图等。

### 4.1.1 基本概念及应用

**1．装配体的基本概念**

装配体就是将两个或多个零件（或部件）模型按照一定约束关系进行安装形成的产品。

**2．虚拟装配**

SolidWorks 在创建装配体时采用了虚拟装配的设计理念。所谓虚拟装配是指 SolidWorks 在创建装配体时不是将零（部）件的数据复制在装配文件中，而是在装配体文件中建立零（部）件之间的链接关系，是通过关联条件在零（部）件间建立约束关系来确定零（部）件在产品中的位置，在装配体中，零（部）件的几何体是被装配体引用的。因此，对零（部）件的修改会自动更新到装配体中去，这种虚拟装配方法有利于工程设计人员开展协同设计。

**3．装配方法**

根据装配体与零（部）件之间的引用关系，有 3 种创建装配体的方法，即自上而下装配、自下而上装配和混合装配。

（1）自上而下装配设计

自上而下装配设计是一种从整体到局部的设计方法，先建立装配布局，然后在装配层次上建立或编辑零件（部件），从顶层开始自上而下地建立零件模型。该方法有利于保证装配关系，在整体上不会出现太大的设计错误，一般用于复杂的机械产品设计。

（2）自下而上装配设计

自下而上装配设计是一种从零件到整体的设计方法，一般先建立单个零件，然后在装配环境中把零件插入装配体中，再添加零件间的配合，从而建立装配体。

（3）混合装配设计

即自上而下与自下而上两种装配方法混合使用。

**4. 装配体的应用**

SolidWorks 软件中装配体的主要应用如下。

1）产品结构验证。通过装配体分析设计的不足以及查找设计中的错误。例如，进行干涉检查，查找装配体中存在的干涉设计问题。

2）产品的统计和计算。例如，计算产品总质量和产品中的零件数量并生成零件表。

3）生成产品的真实效果图，提供概念产品，为客户进行产品功能分析、结构演示提供直观效果。

4）对产品进行运动分析和动态仿真，描绘运动部件的特性及运动轨迹。

5）生成产品的模拟动画，生成产品的爆炸图，演示产品的装配过程或维修过程，易于设计产品维修手册和使用说明。

## 4.1.2 装配体术语及设计树

**1. 装配工具介绍**

SolidWorks 装配环境下通过使用各种命令完成装配，“装配体”工具栏命令按钮如图 4-1 所示。

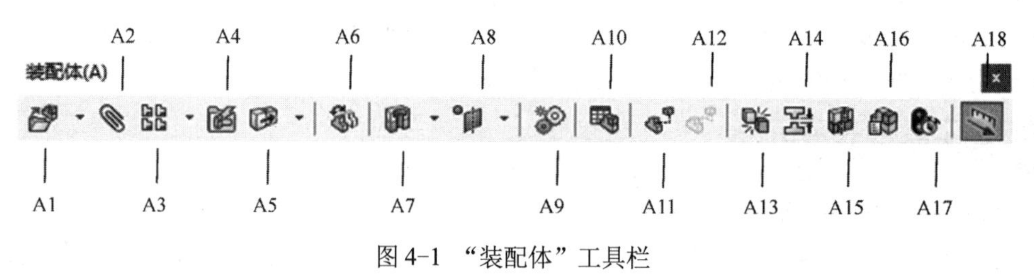


图 4-1 “装配体”工具栏

对上述“装配体”工具栏的命令说明如下。

- A1 插入零部件：添加一个现有零部件或子装配体到装配体中。
- A2 配合：定位两个零部件使之相互确定。
- A3 线性零部件阵列：以一个或两个线性方向阵列零部件。
- A4 智能扣件：使用 SolidWorks ToolBox 标准件库将扣件添加到装配体中。
- A5 移动零部件：在零部件的自由度内移动零部件。
- A6 显示隐藏零部件：链式显示所有隐藏的零部件并使选定的隐藏零部件可见。

- A7 装配体特征：在装配体环境中创建孔特征。
- A8 参考几何体：用于创建装配体中的各种参考特征。
- A9 新建运动算例：插入新运动算例。
- A10 材料明细表：新建材料明细表。
- A11 爆炸视图：将零部件分离成爆炸视图。
- A12 爆炸直线草图：添加或编辑显示爆炸的零部件之间几何关系的三维草图。
- A13 干涉检查：检查零部件之间的任何干涉。
- A14 间隙验证：验证零部件之间的间隙。
- A15 孔对齐：检查装配体孔对齐。
- A16 装配体直观：根据零部件的自定义属性值（质量、体积等）对零部件进行排序，并将各种颜色应用到装配体零部件中。
- A17 性能评估：显示相应的零件、装配体等相关信息，如零部件的重建次数和数量。
- A18 Instant3D：启用拖动控标、尺寸及草图来动态修改特征。

**2. 装配体术语**

（1）零部件

在 SolidWorks 中，零部件就是装配体中的一个组成部件。零部件可以是单个部件（即零件），也可以是一个子装配体。

（2）子装配体

组成装配体的零部件称为子装配体。当一个装配体成为另一个装配体的零部件时，该装配体也可以称为子装配体。

（3）装配体

装配体是由多个零部件或其他子装配体所组成的一个组合体。装配体文件的扩展名为“.SLDASM”。装配体文件中保存了两方面的内容：一方面是进入装配体中各零件的路径，另一方面是各零件之间的配合关系。一个零件放入装配体中时，这个零件文件会与装配体文件产生链接的关系。在打开装配体文件时，SolidWorks 要根据各零件的存放路径找出零件，并将其调入装配体环境，所以装配体文件不能单独存在，要和零件文件在 起存放才有意义。

（4）配合

配合就是在装配体零部件之间添加几何约束关系，进而消除零件的某些自由度。当零件被调入到装配体中时，除了第一个调入的零部件或子装配体之外，其他的零件都没有添加配合关系，处于任意的浮动状态。在装配体环境中，处于浮动状态的零部件可以分别沿 3 个坐标轴移动，也可以分别绕 3 个坐标轴转动，即共有 6 个自由度。

当给零件添加配合关系后，可消除零件的某些自由度，限制了零件的某些运动，此种情况称为不完全约束。当添加的配合关系将零件的 6 个自由度都消除时，称为完全约束。零件将处于固定状态，如同插入的第一个零部件一样（默认情况下为固定），无法进行拖动操作。

**3. 设计树**

装配体设计树中的设计规则、显示内容、符号、图标、右键快捷菜单等与零件设计树中的略有不同，有些内容和规则是装配体特有的，有些零件设计树中的内容和规则在装配体中则没有。

以脚轮装配体为例，在装配体设计树中显示的项目如图 4-2 所示，一般包括如下几项。

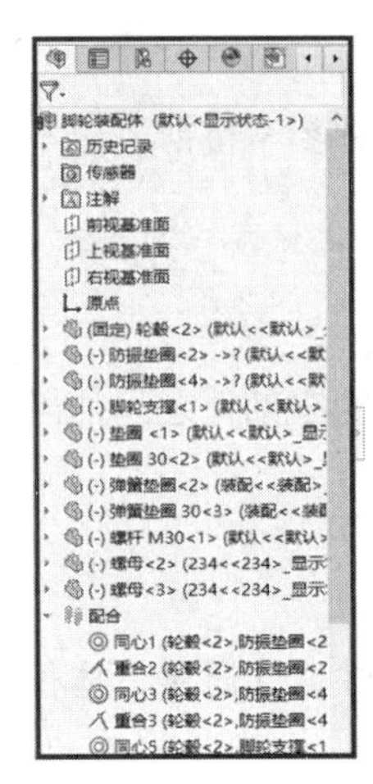

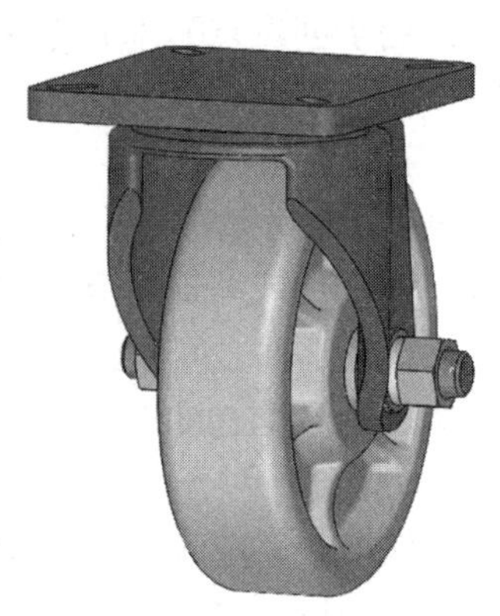

图 4-2　装配体设计树

1）顶层装配体（第一项）。是设计树中的第一个项目，一般为装配体的名称。

2）历史记录、传感器和注解文件夹。装配体中注解的作用和零件中一样，可以在装配体中加入注解，并引入到工程图中。

3）装配体基准面和原点。与零件中的基准面和原点的约定相同。

4）零部件（子装配体和单个零件）。表示已插入到装配体中的零部件，如图 4-2 所示，插入到装配体中的零部件与零件文件用相同的顶层图标，展开零件列表时，可以看到并编辑单独的零部件及其特征。

5）配合组与配合关系。表示在装配体的零部件之间生成的各种配合关系。配合的方式不同时，配合的名称也不相同。

6）装配体特征（切除或孔）和零部件阵列。在装配体中生成的特征和零部件阵列，是相关零部件所共有的特征。

7）在关联装配体中生成的零件特征。

根据需要，单击零部件名称前的“+”号，可以展开（或折叠）每个零部件以查看其中的细节，如果要折叠设计树中的所有项目，可双击其顶部的装配体图标。

在装配体中可多次使用相同的零件，每个零件之后都有一个后缀“n”，n 表示装配体中同一种零件的数量。每添加一个相同零件到装配体中，数目 n 都会增加 1。任何一个零件都有一个前缀标记，此前缀标记表明了该零件与其他零件之间的信息，前缀标记有以下几种类型：无前缀：完全定义；固定：锁定位置；(−)：欠定义；(+)：过定义。

## 4.2　装配体设计基本流程

本节以轴承座与轴的装配为例，介绍 SolidWorks 装配体设计的基本流程。

**1．新建装配体**

选择“文件”→“新建”命令，弹出“新建 SolidWorks 文件”对话框，单击“装配体”按钮，单击“确定”按钮，系统弹出“打开”对话框，进入装配体设计环境，如图 4-3 所示。

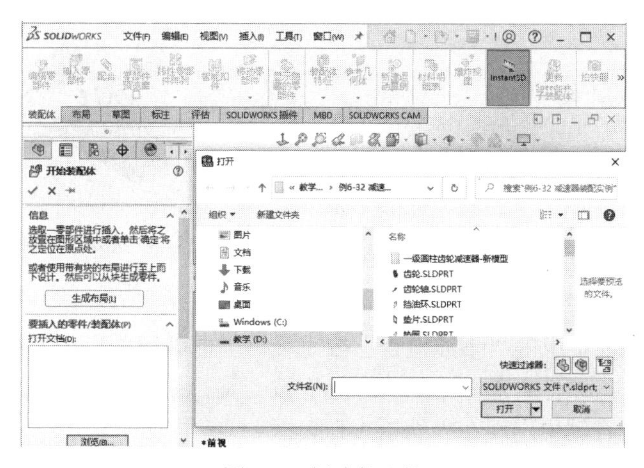


图 4-3　新建装配体

## 2. 开始装配体

在系统弹出的“打开”对话框中，打开资源文件\模型文件\第 4 章\轴承座与轴配合\“轴承座.SLDPRT”文件，将“轴承座.SLDPRT”插入装配体中，且该零件默认状态为“固定”，如图 4-4 所示。

## 3. 插入零部件

单击“装配体”控制面板上的“插入零部件”按钮，系统弹出“打开”对话框，选择资源文件\模型文件\第 4 章\轴承座与轴配合\“轴.SLDPRT”文件，单击“打开”按钮，将“轴”插入到装配体中，且默认状态为“欠定义”(-)，如图 4-5 所示。

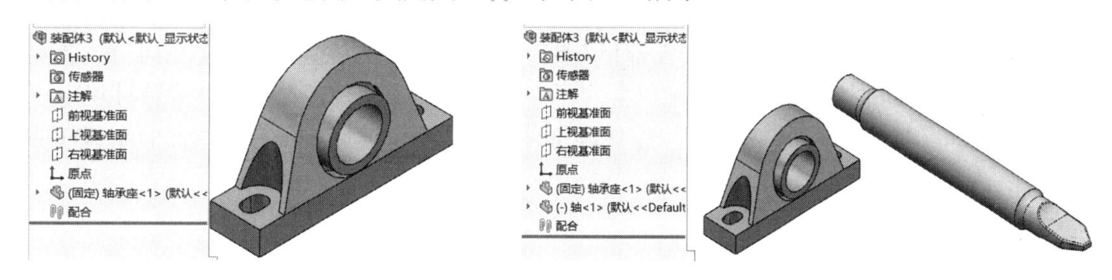


图 4-4　开始装配体

图 4-5　插入轴

## 4. 添加配合关系

1）单击“装配体”控制面板上的“配合”按钮，或者选择“插入”→“配合”命令，系统弹出“配合”属性管理器。

2）设置属性管理器。按照图 4-6 所示进行设置。

① 在“标准配合”选项组中，单击“同轴心”按钮。

② 单击“配合选择”选项组中的“要配合的实体”拾取框，在图形区选择轴“面 1”和轴承座“面 2”，如图 4-7 所示。

③ 确认配合。单击属性管理器中的“确定”按钮，添加“同轴心”配合。

3）确定“同轴心”配合。单击“确定”按钮，完成“同轴心”配合操作，如图 4-8 所示。

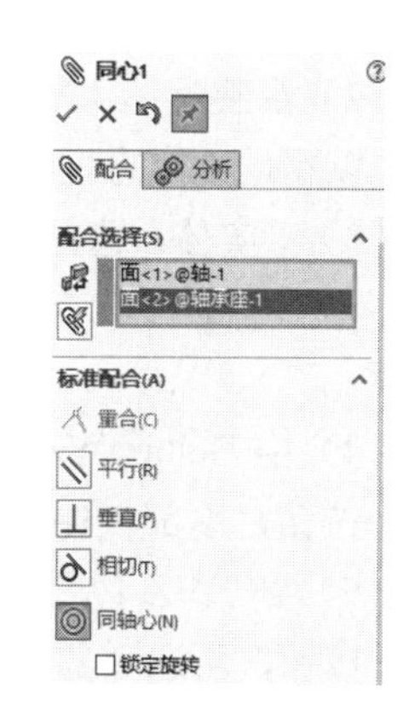


图 4-6　“配合”属性管理器

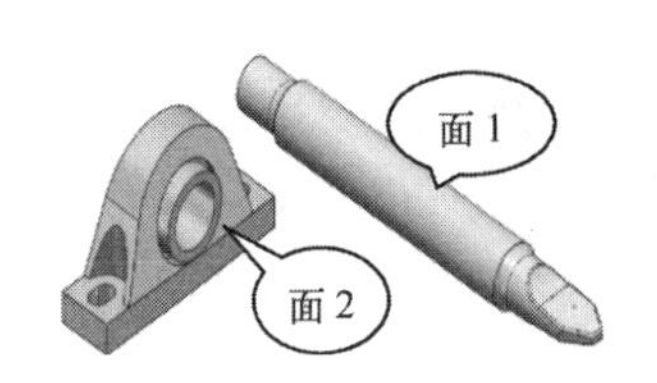


图 4-7　选择配合项

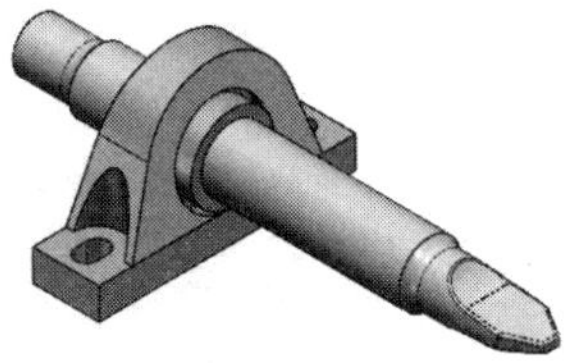

图 4-8　完成“同轴心”配合操作

**5．装配体检查**

单击“评估”控制面板上的“干涉检查”按钮，当前装配体自动添加到属性管理器“所选零部件”拾取框中，单击属性管理器中的“计算”按钮，运行干涉检查，检查结果出现在“结果”列表框中，如图 4-9 所示。

**6．装配体的保存**

单击“标准”菜单栏中的“保存”按钮，系统弹出“保存”对话框，选择保存路径，文件命名为“轴承座与轴装配.SLDASM”，单击“保存”按钮，即可保存装配体文件。

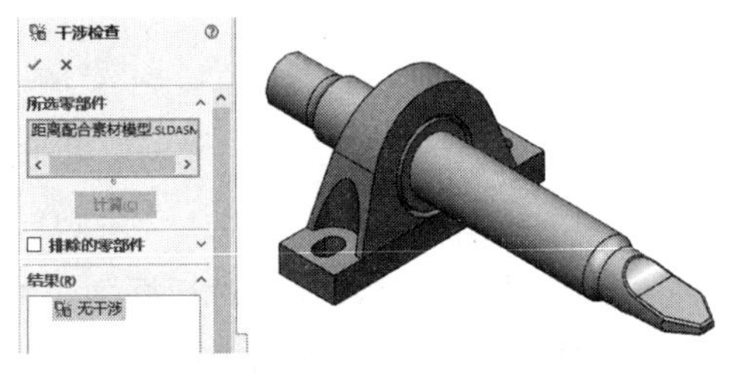


图 4-9　干涉检查

# 4.3　装配零件操作

零部件插入装配体后，有时其位置和状态不能满足添加配合关系的需求，此时在装配体设计环境中可使用“移动零部件”“旋转零部件”命令调节零部件的位置及状态。在同一个装配体中可能存在多个相同的零部件，在装配时用户不必重复插入零部件，在装配体设计环境中可使用“复制零部件”“阵列零部件”或者“镜像零部件”等命令快速完成具有规律性的零部件插入和装配。

## 4.3.1　移动零部件

在特征设计树中，只有浮动的零部件才可被移动。移动零部件的方式有以下 5 种。

1）自由拖动：选择零部件并沿任意方向拖动。

2）沿装配体 XYZ：选择零部件并沿装配体的 x 轴、y 轴或 z 轴方向拖动，图形区中显示坐标系以帮助确定方向。若使用此方式，在拖动零件前，需在相应的坐标轴附近单击。

3）沿实体：选择实体，然后选择零部件并沿该实体拖动。如果实体是一条直线、边线或轴，所移动的零部件具有一个自由度；如果实体是一个基准面或平面，所移动的零部件具有两个自由度。

4）由 Delta XYZ：在“移动零部件”属性管理器中输入 Delta XYZ 的范围，然后单击“应用”按钮，零部件便按照指定的数值移动。

5）到 XYZ 位置：选择零部件的一点，在属性管理器中输入 x、y 或 z 坐标，然后单击“应用”按钮，所选零部件上的点便被移动到指定的坐标位置。如果选择的项目不是顶点或点，则零部件的原点会移动到所指定的坐标处。

【例 4-1】 自由拖动移动零部件

例 4-1 自由拖动移动零部件

1）打开资源文件\模型文件\第 4 章\“例 4-1 自由拖动移动素材模型.SLDASM”文件，如图 4-10 所示。

2）单击“装配体”控制面板上的“移动零部件”按钮，系统弹出“移动零部件”属性管理器，如图 4-11 所示。

3）在“移动（M）”选项组的“移动”下拉列表框中选择“自由拖动”方式，其他采用默认设置，如图 4-11 所示。

参数设置完后，在图形区拖动“圆柱”零件便可随意移动了，如图 4-12 所示。

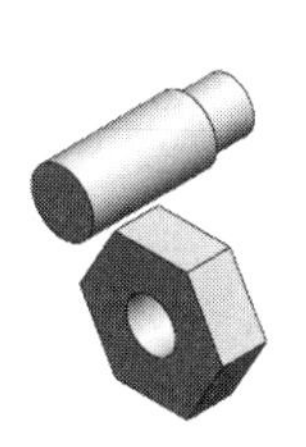

图 4-10 自由拖动移动素材模型

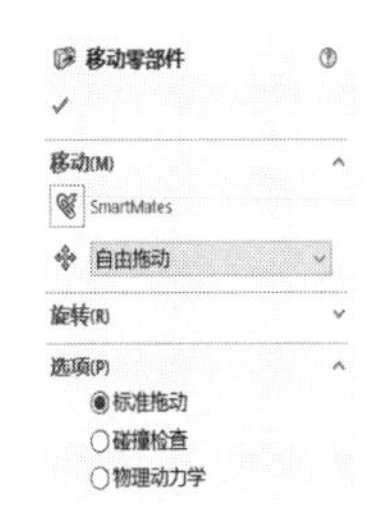


图 4-11 “移动零部件”属性管理器

图 4-12 “自由拖动”方式移动零部件

4）将零部件拖到需要的位置，然后单击属性管理器中的“确定”按钮，便可退出“移动零部件”命令状态。

## 4.3.2 旋转零部件

在特征设计树中，只有浮动的零部件才可被旋转。旋转零部件的方式有以下 3 种。

- 自由拖动：选择零部件后，拖动零部件可沿任意方向旋转。
- 对于实体：选择一条直线、边线或轴，然后围绕所选实体拖动零部件旋转。
- 由 Delta XYZ：在属性管理器中输入 Delta XYZ 的范围，然后单击“应用”按钮。零部件就会按照指定的角度值分别绕 x、y、z 轴旋转。

【例 4-2】 自由拖动旋转零部件

例 4-2 自由拖动旋转零部件

1）打开资源文件\模型文件\第 4 章\“例 4-2 自由拖动旋转素材模型.SLDASM”文件，如图 4-13 所示。

2）单击“装配体”控制面板上的“旋转零部件”按钮，系统弹出“旋转零部件”属性管理器。

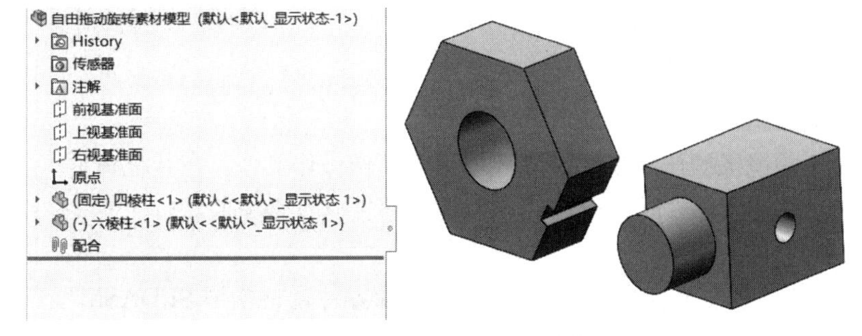


图 4-13 自由拖动旋转素材模型

3）在“旋转（R）”选项组的“旋转”下拉列表框中选择“自由拖动”方式，其他采用默认设置，如图 4-14 所示。

参数设置完后，在图形区拖动六棱柱零件便可随意旋转了，如图 4-15 所示。一般情况下都选择“自由拖动”旋转方式，这也是系统默认的旋转方式。

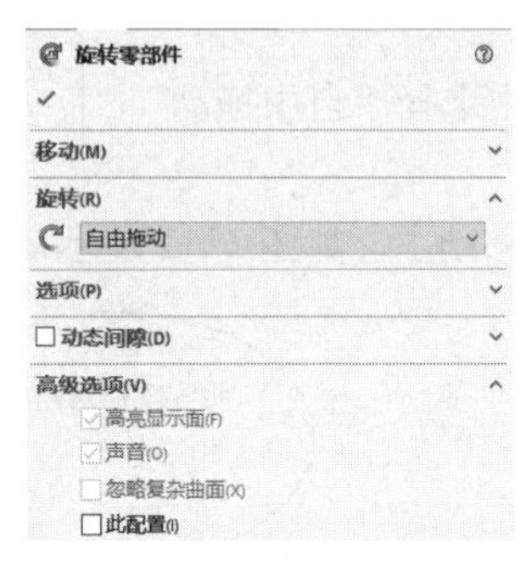

图 4-14 “旋转零部件”属性管理器

图 4-15 “自由拖动”方式旋转零部件

4）将零部件旋转到需要的位置，然后单击属性管理器中的“确定”按钮，退出“旋转零部件”命令状态。

## 4.3.3 复制零部件

在一个装配体中，可能需要多个相同的零部件。SolidWorks 为设计者提供了“复制零部件”“镜像零部件”和“阵列零部件”命令，使设计者不必重复地插入零部件。

例 4-3 复制零部件

**【例 4-3】** 复制零部件

1）打开资源文件\模型文件\第 4 章\“例 4-3 复制零件素材模型.SLDASM”文件，需要配合的零部件已插入装配体，并已添加了部分配合关系，如图 4-16 所示。

2）按住〈Ctrl〉键，在图形区选择六棱柱零件，拖动其到需要的位置即可，如图 4-17 所示。这时被复制的零件便出现在特征设计树中。

图 4-16 复制零件素材模型

图 4-17 复制零件

## 4.3.4 镜像零部件

例 4-4 镜像零部件

装配体环境下的镜像操作与零件设计环境下的镜像操作类似。在装配体环境下，有相同且对称的零部件时，可以使用镜像零部件操作来完成。

**【例 4-4】** 镜像零部件

1）打开资源文件\模型文件\第 4 章\“例 4-4 镜像零件素材模型.SLDASM”文件，需要配合的零部件已插入装配体，并已添加了部分配合关系，如图 4-18 所示。

2）单击“装配体”控制面板上的“线性零部件阵列”→“镜像零部件”按钮，或者选择“插入”→“镜像零部件”命令，系统弹出“镜像零部件”属性管理器。

3）单击“镜像基准面”拾取框，然后在图形区或在特征设计树中选择“基准面 1”；单击“要镜像的零部件”拾取框，然后在图形区或在特征设计树中选择“镜像零件 B”，如图 4-19 所示。

4）单击属性管理器中的“确定”按钮，完成镜像零件操作，结果如图 4-20 所示。

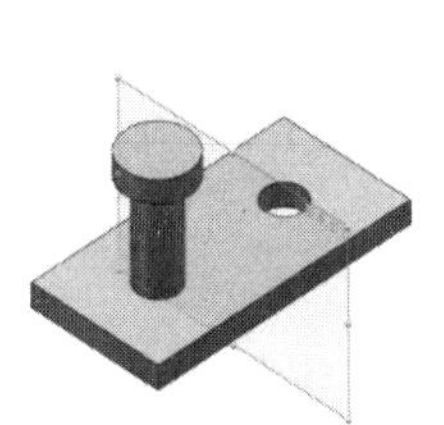

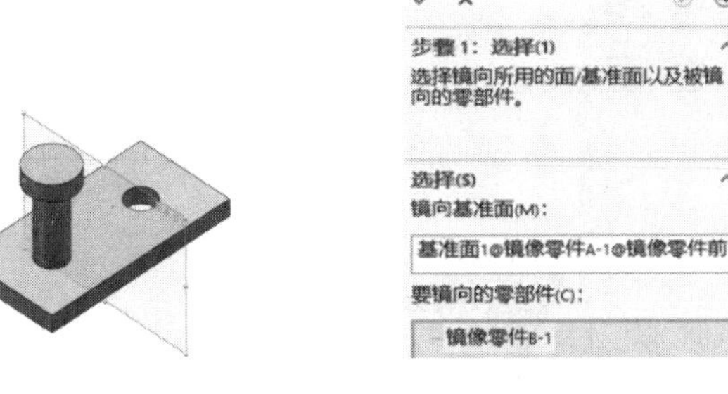

图 4-18　镜像零件前　　图 4-19　“镜像零部件”属性管理器　　图 4-20　镜像零件完成

## 4.3.5 阵列零部件

**1. 线性阵列零部件**

在装配体中，线性阵列可以在一个或两个方向上生成零部件的线性阵列。由“装配体”控制面板上的“线性零部件阵列”命令完成。

**2. 圆周阵列零部件**

在装配体中，“圆周阵列”命令可以使零部件绕轴线沿圆周方向生成相同的阵列零件。由“装配体”控制面板上的“线性零部件阵列”→“圆周零部件阵列”命令完成。

线性阵列零部件和圆周阵列零部件的操作与零件建模中的阵列操作基本相同，在此不再介绍。

## 4.3.6 显示隐藏零部件

例 4-5　显示隐藏的零部件

临时隐藏未隐藏的零部件，并显示所有隐藏的零部件。

**【例 4-5】** 显示隐藏的零部件

1）打开资源文件\模型文件\第 4 章\“例 4-5 显示隐藏零件素材模型.SLDASM”文件，需要配合的零部件已插入装配体，并已添加了部分配合关系，如图 4-21a 所示。

2）单击“装配体”控制面板上的“显示隐藏的零部件”按钮，图形区显示被隐藏的零件，如图 4-21b 所示。单击被隐藏的零件，再单击“退出显示-隐藏”按钮，装配体中显示被隐藏的零件，如图 4-21c 所示。

右击特征设计树中的“零件 6”，弹出快捷菜单，如图 4-21d 所示，单击“隐藏零部件”按钮，所选中的零部件被隐藏，结果如图 4-21d 所示。

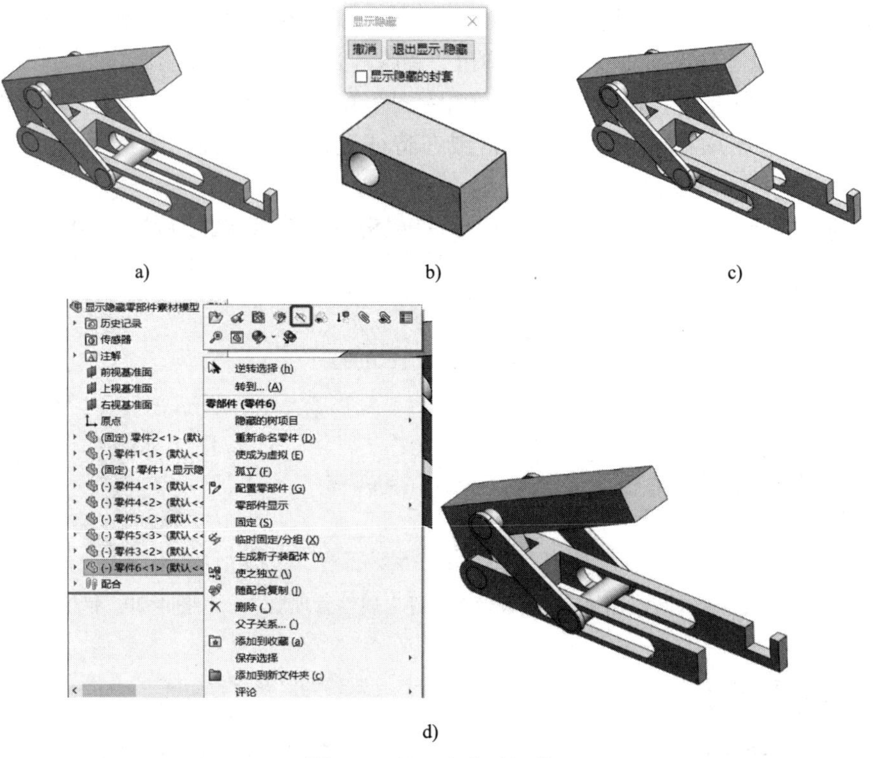


a) b) c) d)

图 4-21 显示隐藏零部件

a) 隐藏了零部件的装配体 b) 隐藏的零部件 c) 显示隐藏零部件的装配体 d) 隐藏零部件

## 4.3.7 编辑零部件

在装配体中可以编辑零部件。

【例 4-6】 编辑零部件

1）打开资源文件\模型文件\第 4 章\“例 4-6 编辑零件素材模型.SLDASM”文件，需要配合的零部件已插入装配体，并已添加了部分配合关系，如图 4-22a 所示。

2）在图形区选择目标零部件，此时“装配体”控制面板上的“编辑零部件”按钮高亮显示。单击“编辑零部件”按钮，待编辑零部件以实体形式显示，其他零部件以线框模型形式显示，如图 4-22b 所示。将鼠标指针移到待编辑零件上并右击，在弹出的快捷菜单中选择“孤立”命令，则待编辑零件将被孤立出来，如图 4-22c 所示。

例 4-6 编辑零部件

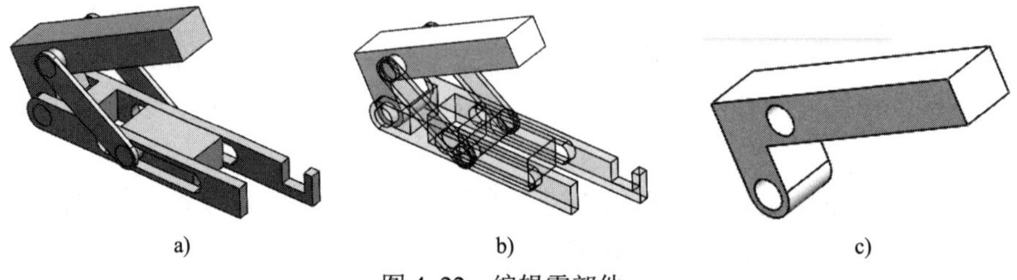

a) b) c)

图 4-22 编辑零部件

a) 编辑零部件前 b) 实体显示零部件 c) 孤立零部件

3）在目标零部件孤立完成后，控制面板会变成“零件创建”控制面板。在设计树中选择目标零部件的相应创建步骤进行编辑、修改，或直接通过草图、特征来创建增加新特征。

# 4.4 装配体配合关系

配合关系用于定义两个零件之间的位置、定位或运动关系，是装配体设计中最重要和最常用的命令之一。

## 4.4.1 标准配合

### 1. 重合

“重合”配合关系比较常用，是约束所选的点重合、直线共线、平面共面，也可以是约束点、线、面中的两两重合。

例 4-7 添加重合配合关系

【例 4-7】 添加“重合”配合关系

（1）确定要添加“重合”配合关系的零部件

打开资源文件\模型文件\第 4 章\“例 4-7 重合配合素材模型.SLDASM”文件，需要配合的零部件已插入装配体，如图 4-23 所示。

（2）执行命令

单击“装配体”控制面板上的“配合”按钮，或选择“插入”→“配合”命令，系统弹出“配合”属性管理器。

（3）设置属性管理器

1）在“标准配合”选项组中，单击“重合”按钮。

2）单击“配合选择”选项组中的“要配合的实体”拾取框，然后在图形区依次选择如图 4-24 所示的“面 1”和“面 2”。单击属性管理器中的“确定”按钮，便可在“面 1”和“面 2”之间添加“重合”配合关系。重复上一操作在“面 3”和“面 4”之间添加“重合”配合关系。

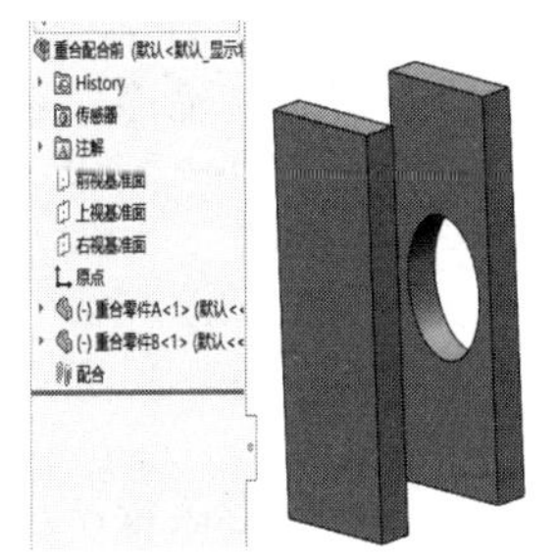

图 4-23 “重合”配合素材模型

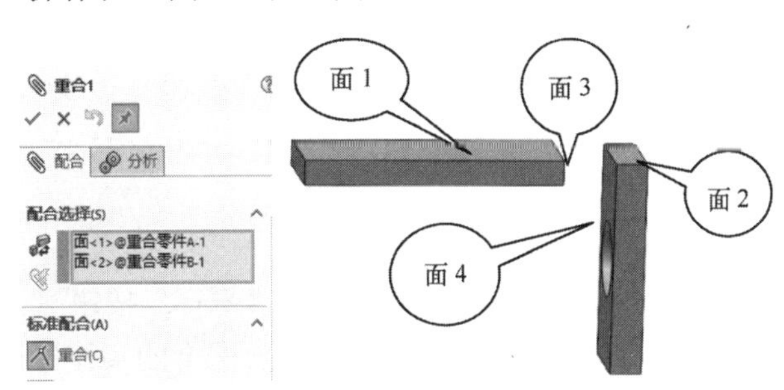


图 4-24 “重合”配合 1

（4）确认“重合”配合

单击“确定”按钮，完成“重合”配合操作。结果如图 4-25 所示。

### 2. 平行

“平行”配合关系可以使两个零件上的直线、平面、直线与平面保持平行关系，并且可以改变它们的朝向。

图 4-25 “重合”配合 2

例 4-8 添加平行配合关系

**【例 4-8】** 添加“平行”配合关系

（1）确定要添加“平行”配合关系的零部件

打开资源文件\模型文件\第 4 章\“例 4-8 平行配合素材模型.SLDASM”文件，需要配合的零部件已插入装配体，如图 4-26 所示。

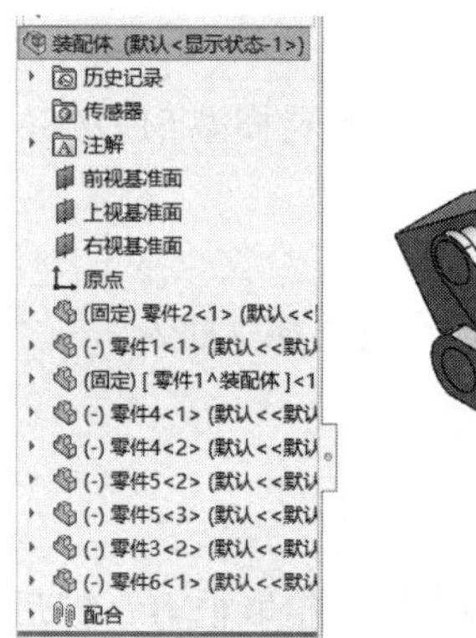

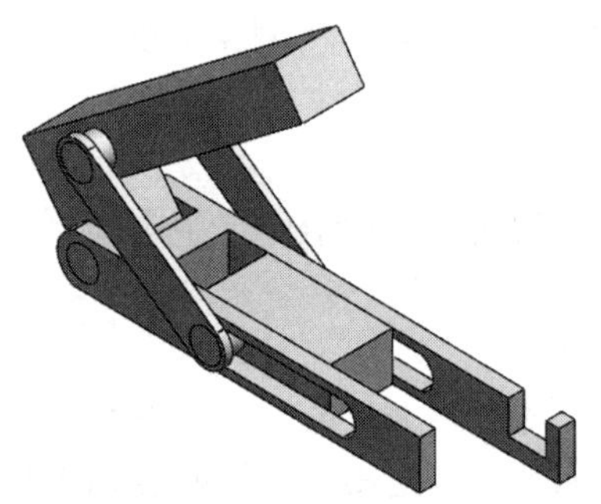

图 4-26 “平行”配合前

（2）执行命令

单击“装配体”控制面板上的“配合”按钮，或选择“插入”→“配合”命令，系统弹出“配合”属性管理器。

（3）设置属性管理器

按照图 4-27 所示进行如下设置。

1）在“标准配合”选项组中，单击“平行”按钮。

2）单击“配合选择”选项组中的“要配合的实体”拾取框，然后在图形区依次选择模型“面 1”和“面 2”，如图 4-28 所示。

3）单击“确定”按钮，便可在“面 1”和“面 2”之间添加“平行”配合关系。

（4）确认“平行”配合

再次单击“确定”按钮，完成“平行”配合操作，结果如图 4-29 所示。

**3．垂直**

“垂直”配合可以使两个零件上的直线、平面或直线与平面处于彼此垂直的位置，并且可以改变它们的朝向。

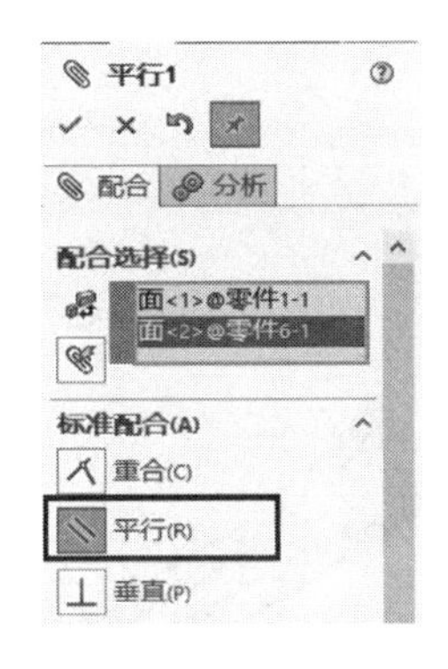


图 4-27 “平行 1”属性管理器

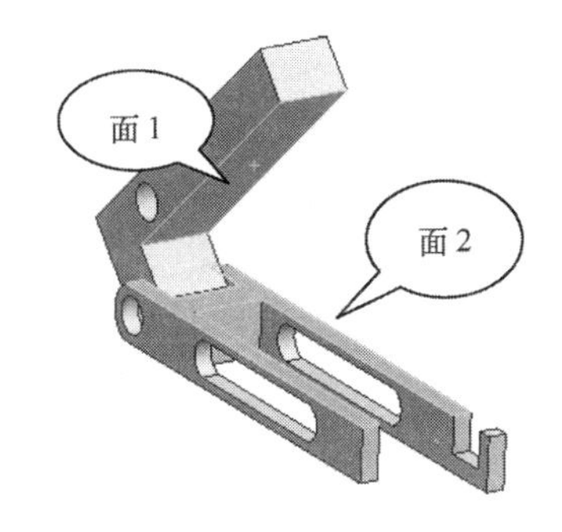


图 4-28 配合预览

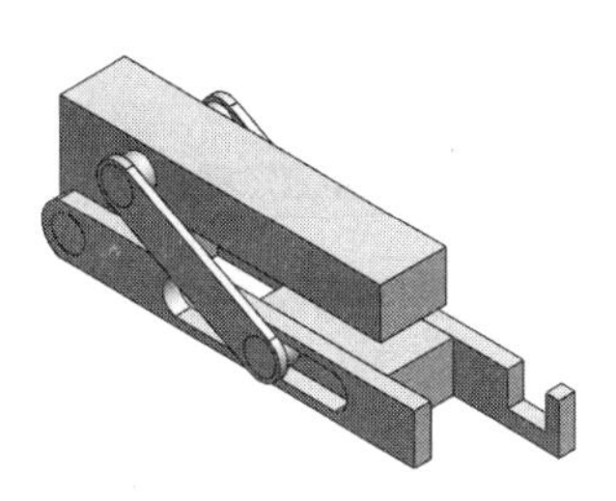

图 4-29 “平行”配合

**【例 4-9】** 添加“垂直”配合关系

（1）确定要添加“垂直”配合关系的零部件

打开资源文件\模型文件\第 4 章\“例 4-9 垂直配合素材模型.SLDASM”文件，需要配合的零部件已插入装配体，如图 4-30 所示。

例 4-9 添加垂直配合关系

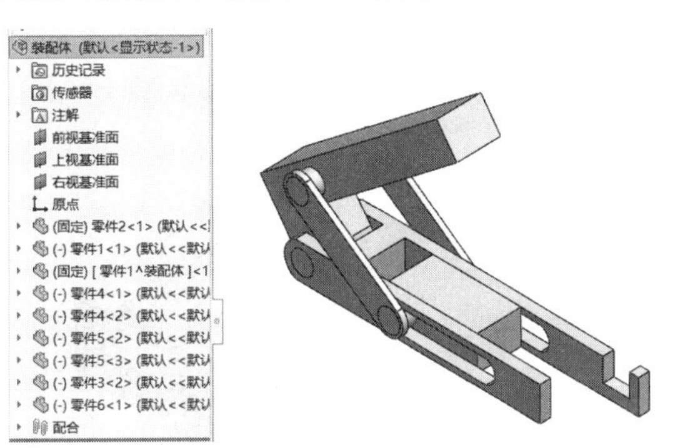


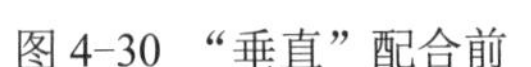

图 4-30 “垂直”配合前

（2）执行命令

单击“装配体”控制面板上的“配合”按钮，或选择“插入”→“配合”命令，系统弹出“配合”属性管理器。

（3）设置属性管理器

按图 4-31 所示进行如下设置。

1）在“标准配合”选项组中，单击“垂直”按钮。

2）单击“配合选择”选项组中的“要配合的实体”拾取框，然后在图形区依次选择模型“面 1”和“面 2”，如图 4-32 所示。

3）单击“确定”按钮，便可在“面 1”和“面 2”之间添加“垂直”配合关系。

（4）确认“垂直”配合

再次单击“确定”按钮，完成“垂直”配合操作，结果如图 4-33 所示。

**4．相切**

“相切”配合可用于两零件的圆弧面与圆弧面、圆弧面与平面、圆弧面与圆柱面、圆柱面与圆柱面、圆柱面与平面之间的配合，在相切处是点重合或线重合。

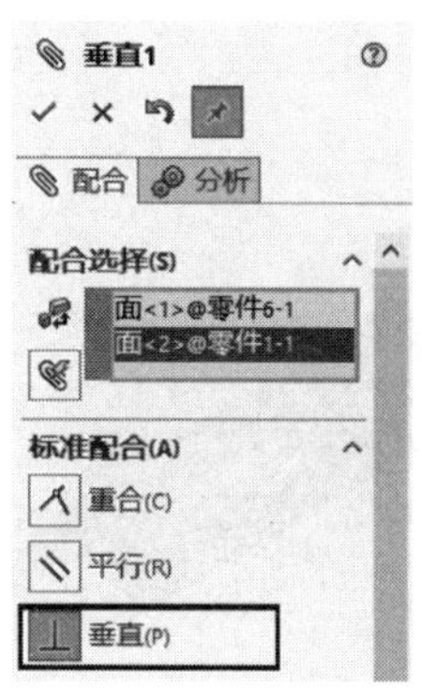

图 4-31 “垂直 1”属性管理器

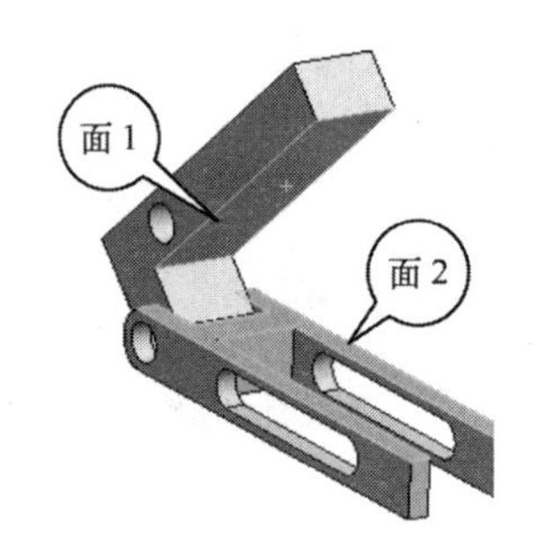


图 4-32 配合预览

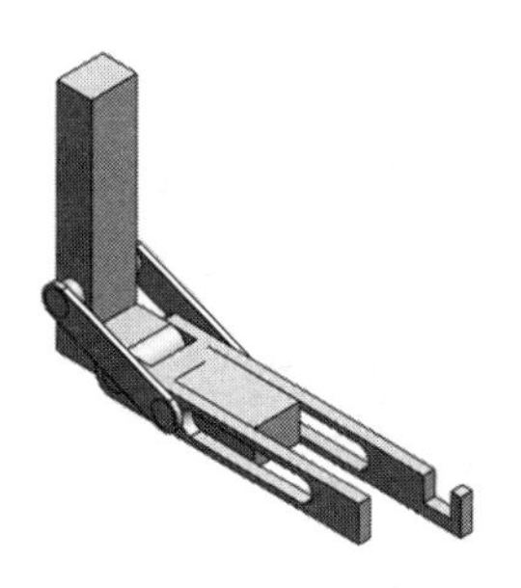
图 4-33 “垂直”配合

**【例 4-10】** 添加“相切”配合关系

例 4-10 添加相切配合关系

（1）确定要添加“相切”配合关系的零部件

打开资源文件\模型文件\第 4 章\“例 4-10 相切配合素材模型.SLDASM”文件，需要配合的零部件已插入装配体，如图 4-34 所示。

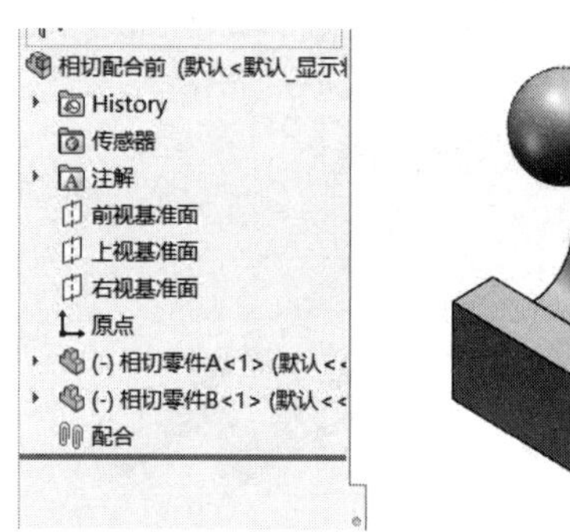


图 4-34 “相切”配合前

（2）执行命令

单击“装配体”控制面板上的“配合”按钮，或选择“插入”→“配合”命令，系统弹出“配合”属性管理器。

（3）设置属性管理器

按图 4-35 所示进行如下设置。

1）在“标准配合”选项组中，单击“相切”按钮。

2）单击“配合选择”选项组中的“要配合的实体”拾取框，然后在图形区依次选择模型“面 1”和“面 2”，如图 4-36 所示。

3）单击“确定”按钮，便可在“面 1”和“面 2”之间添加“相切”配合关系。

（4）确认“相切”配合

再次单击“确定”按钮，完成“相切”配合操作，结果如图 4-37 所示。

**5.“同轴心”配合**

“同轴心”配合可使所选项目同轴共心。通常是两个或两个以上的圆柱面、圆锥面零件间的“同轴心”配合。

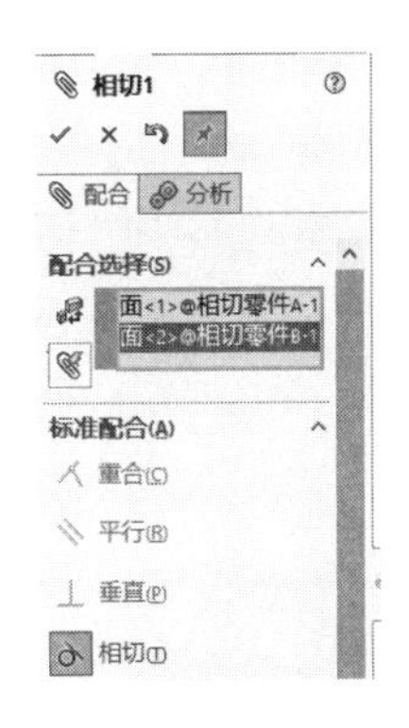


图 4-35 “相切 1”属性管理器

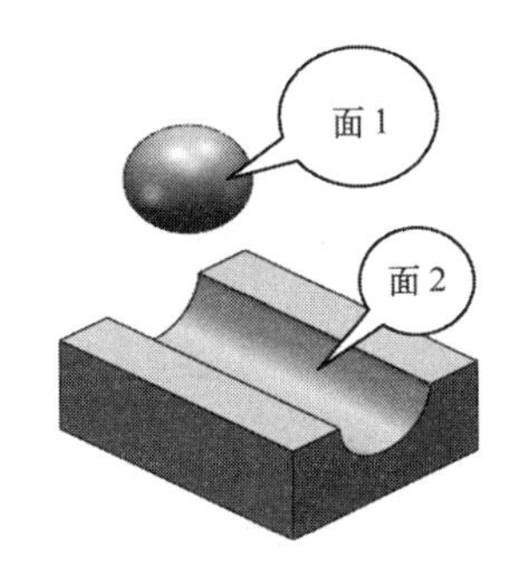


图 4-36 配合预览

图 4-37 “相切”配合

**【例 4-11】** 添加“同轴心”配合关系

（1）确定要添加“同轴心”配合关系的零部件

打开资源文件\模型文件\第 4 章\“例 4-11 同轴心配合素材模型.SLDASM”文件，需要配合的零部件已插入装配体，如图 4-38 所示。

例 4-11 添加同轴心配合关系

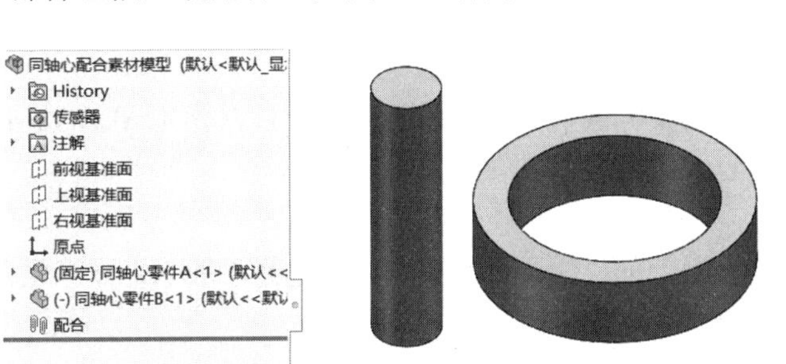


图 4-38 添加“同轴心”配合关系前

（2）执行命令

单击“装配体”控制面板上的“配合”按钮，或选择“插入”→“配合”命令，系统弹出“配合”属性管理器。

（3）设置属性管理器

按照图 4-39 所示进行如下设置。

1）在“标准配合”选项组中，单击“同轴心”按钮。

2）单击“配合选择”选项组中的“要配合的实体”拾取框，然后在图形区依次选择“面 1”和“面 2”，如图 4-40 所示。

3）单击“确定”按钮，便可在“面 1”和“面 2”之间添加“同轴心”配合关系。

（4）确认“同轴心”配合

再次单击属性管理器中的“确定”按钮，完成“同轴心”配合操作，结果如图 4-41 所示。

**6．距离**

“距离”配合可以使两个零件上的点、线或面建立一定距离来限制零部件的相对位置关系，而“平行”配合只是将线或面处于平行状态，却无法调整它们的相对距离，所以“平行”配合与“距离”配合经常一起使用，从而更准确地将零部件放置到理想位置。

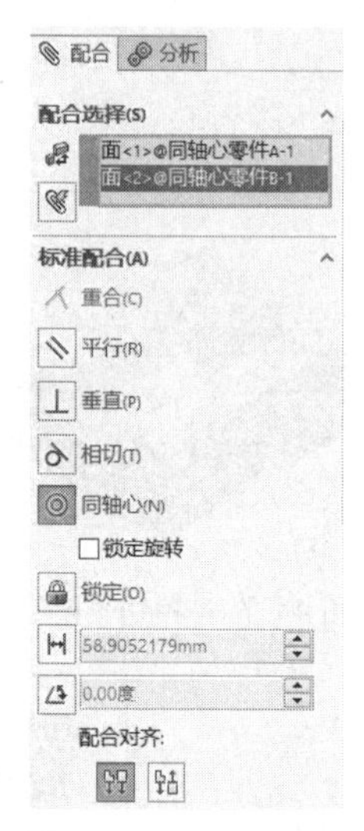


图 4-39 “配合”属性管理器

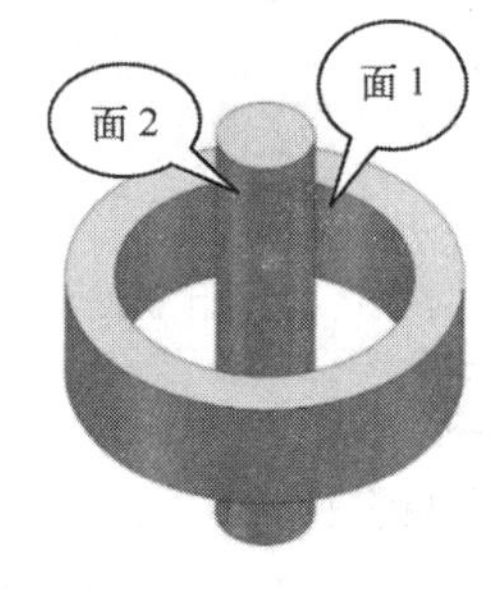


图 4-40 配合预览

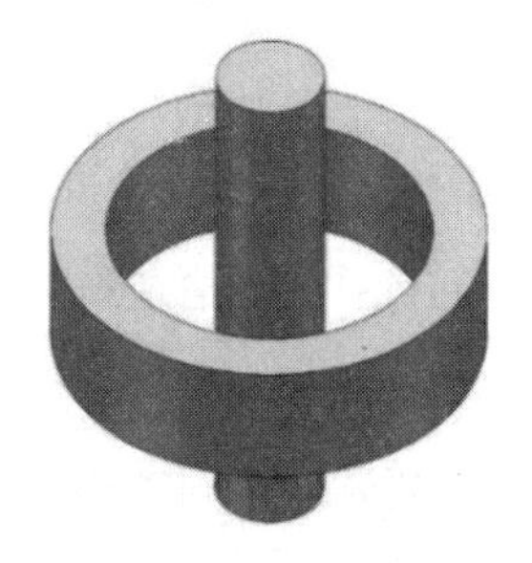

图 4-41 “同轴心”配合

**【例 4-12】** 添加“距离”配合关系

例 4-12 添加距离配合关系

（1）确定要添加“距离”配合关系的零部件

打开资源文件\模型文件\第 4 章\“例 4-12 距离配合素材模型.SLDASM”文件，需要配合的零部件已插入装配体，如图 4-42 所示。

（2）执行命令

单击“装配体”控制面板上的“配合”按钮，或选择“插入”→“配合”命令，系统弹出“配合”属性管理器。

（3）设置属性管理器

按照图 4-43 所示进行如下设置。

1）在“标准配合”选项组中，单击“距离”按钮，在微调框中输入距离值“20mm”。

2）单击“配合选择”选项组中的“要配合的实体”拾取框，然后在图形区依次选择模型“面 1”和“面 2”，如图 4-42 所示。

3）单击“确定”按钮，便可在“面 1”和“面 2”之间添加“距离”配合关系。

（4）确认“距离”配合

再次单击属性管理器中的“确定”按钮，完成“距离”配合操作，结果如图 4-44 所示。

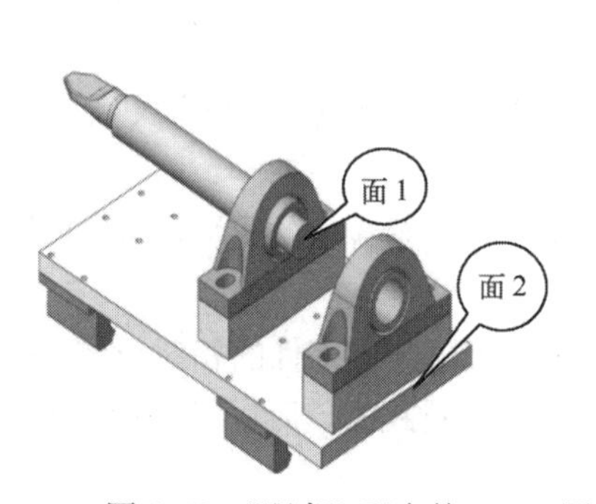


图 4-42 “距离”配合前

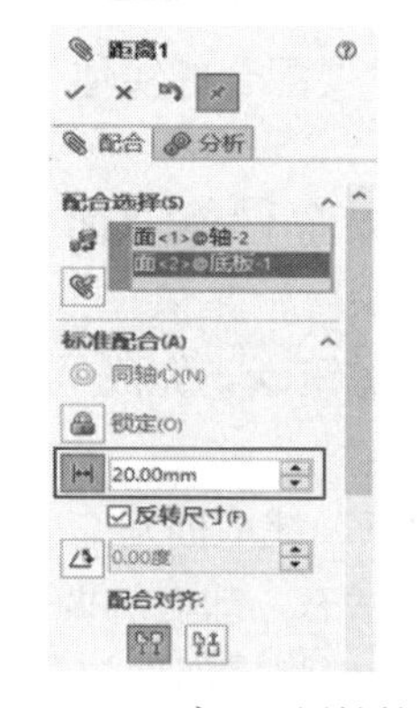


图 4-43 “距离 1”属性管理器

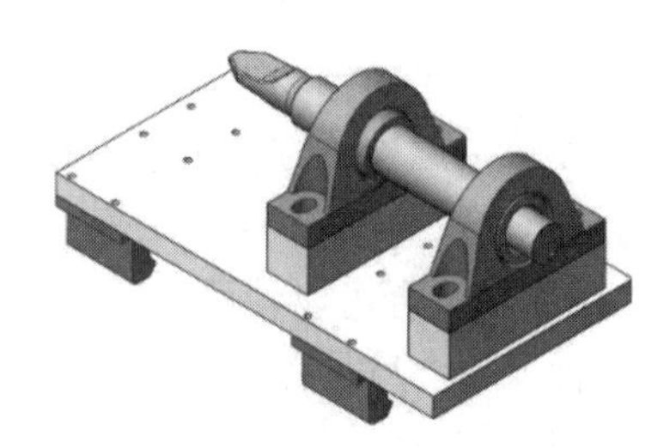

图 4-44 “距离”配合

**7. 角度**

“角度”配合可以使两个零件上的直线或面处于一定角度的位置，并且可以改变它们的朝向。

**【例 4-13】** 添加“角度”配合关系

例 4-13　添加角度配合关系

(1) 确定要添加“角度”配合关系的零部件

打开资源文件\模型文件\第 4 章\“例 4-13 角度配合素材模型.SLDASM”文件，需要配合的零部件已插入装配体，如图 4-45 所示。

(2) 执行命令

单击“装配体”控制面板上的“配合”按钮，或者选择“插入”→“配合”命令，系统弹出“配合”属性管理器。

(3) 设置属性管理器

按照图 4-46 所示进行设置：

1) 在“标准配合”选项组中，单击“角度”按钮，在微调框中输入角度值为“30 度”。

2) 单击“配合选择”选项组中的“要配合的实体”拾取框，然后在图形区依次选择模型“面 1”和“面 2”，如图 4-47 所示。

3) 单击“确定”按钮，便可在“面 1”和“面 2”之间添加“角度”配合关系。

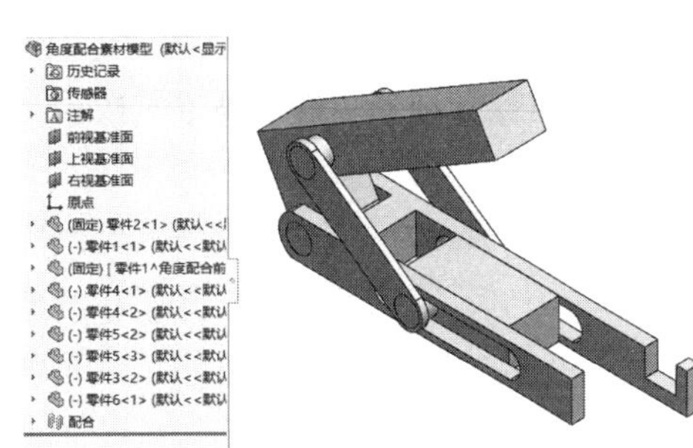

图 4-45 “角度”配合前

(4) 确认“角度”配合

再次单击属性管理器中的“确定”按钮，完成“角度”配合操作，结果如图 4-48 所示。

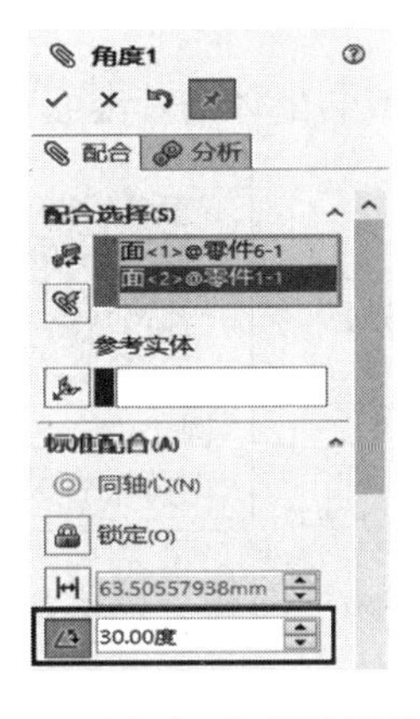


图 4-46 “角度 1”属性管理器

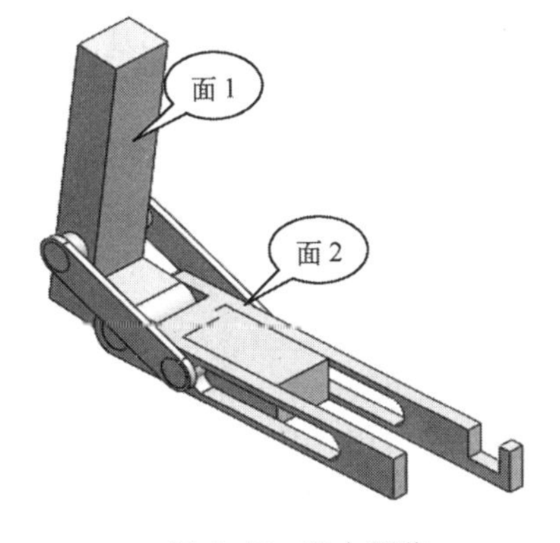


图 4-47　配合预览

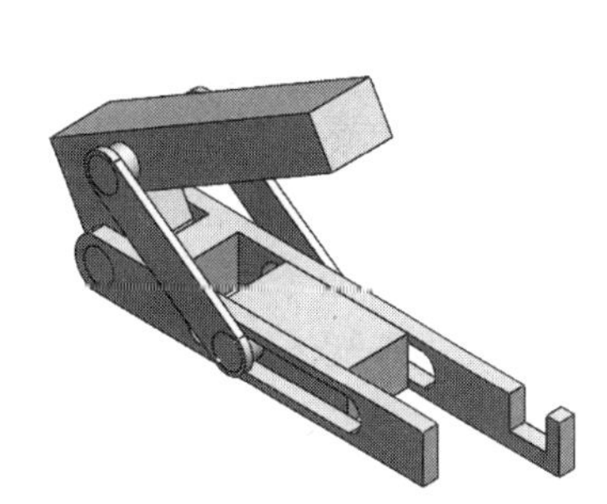

图 4-48 “角度”配合

## 4.4.2 高级配合

**1. 轮廓中心**

“轮廓中心”配合会自动将几何轮廓的中心相互对齐，并完全定义零部件。

**【例 4-14】** 添加“轮廓中心”配合关系

(1) 确定要添加“轮廓中心”配合关系的零部件

打开资源文件\模型文件\第 4 章\“例 4-14 轮廓中心配合素材模型.SLDASM”

例 4-14　添加轮廓中心配合关系

文件，如图 4-49 所示。

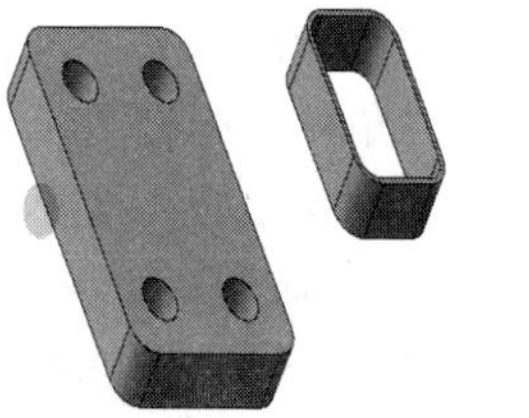

（2）执行命令

单击“装配体”控制面板上的“配合”按钮，在“高级配合”选项组中，单击“轮廓中心”按钮，弹出“轮廓中心”属性管理器。

图 4-49 “轮廓中心”配合前

（3）设置属性管理器

按照图 4-50 所示进行如下设置。

1）单击“配合选择”选项组中的“要配合的实体”拾取框，然后在图形区依次选择模型“面 1”和“面 2”，其他采用默认设置，如图 4-51 所示。

2）单击“确定”按钮，便可在“面 1”和“面 2”之间添加“轮廓中心”配合关系。

（4）退出“轮廓中心”命令

单击属性管理器中的“确定”按钮，退出“轮廓中心”命令，结果如图 4-52 所示。

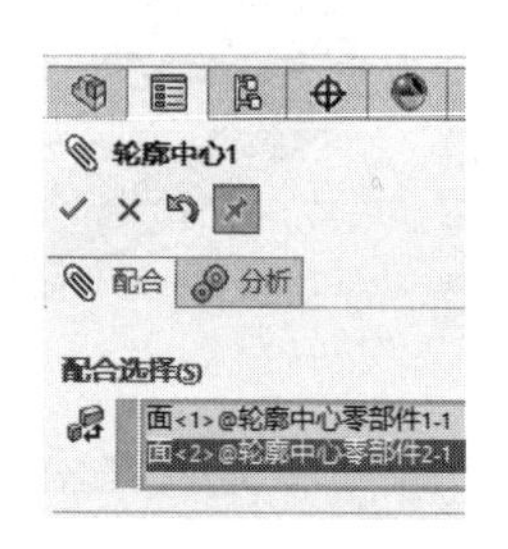


图 4-50 “轮廓中心 1”属性管理器

图 4-51 配合预览

图 4-52 “轮廓中心”配合

**2. 对称**

“对称”配合是强制使两个相似的实体相对于零部件的基准面、平面或装配体的基准面对称。

**【例 4-15】** 添加“对称”配合关系

例 4-15 添加对称配合关系

（1）确定要添加“对称”配合关系的零部件

打开资源文件\模型文件\第 4 章\“例 4-15 对称配合素材模型.SLDASM”文件，需要配合的零部件已插入装配体，如图 4-53 所示。

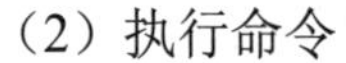

（2）执行命令

单击“装配体”控制面板上的“配合”按钮；或者选择“插入”→“配合”命令。系统弹出“配合”属性管理器，在“高级配合”选项组中，单击“对称”按钮，弹出“对称配合”属性管理器。

（3）设置属性管理器

按照图 4-54 所示进行如下设置。

1）单击“配合选择”选项组中的“对称基准面”拾取框，然后在图形区选择“基准面 1”。

2）单击“配合选择”选项组中的“要配合的实体”拾取框，然后在图形区选择“面 1”和“面 2”，如图 4-55 所示。

3）单击“确定”按钮，便可在“面 1”和“面 2”之间添加“对称”配合关系。

图 4-53 “对称”配合前

（4）确认“对称”配合

再次单击属性管理器中的“确定”按钮✔。完成“对称”配合操作，如图4-56所示。

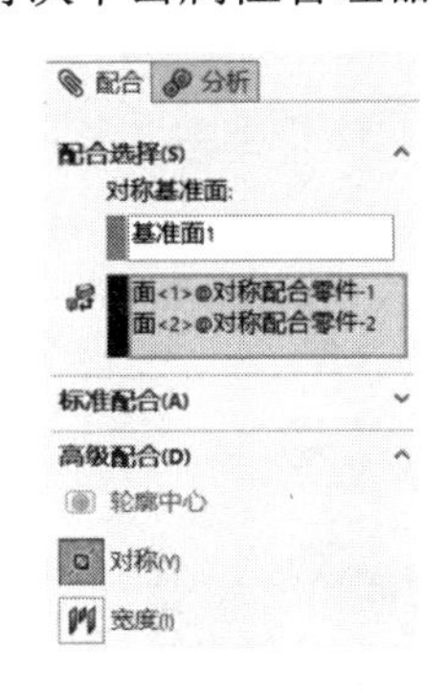


图4-54 “对称配合”属性管理器

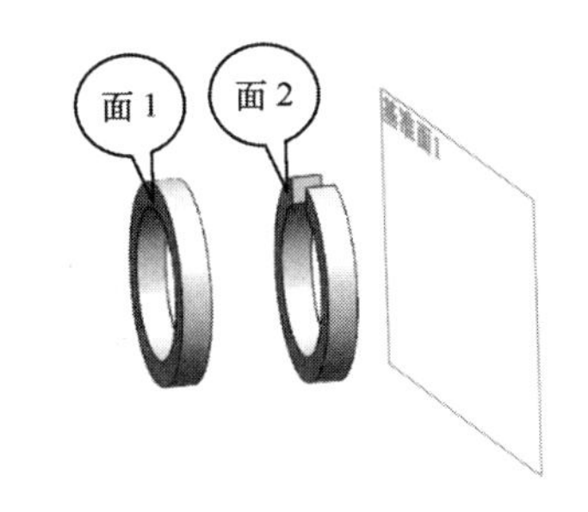


图4-55 配合预览

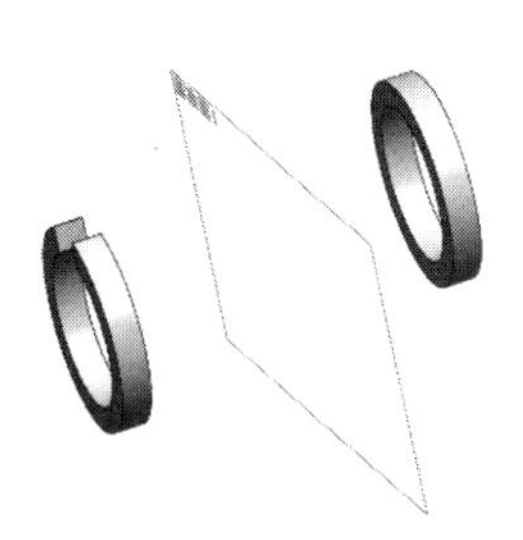

图4-56 “对称”配合

**3．宽度**

“宽度”配合自动约束零件上两个对称表面（薄片）与指定宽度的两个表面间的距离相等，使零件自动位于宽度中心。

例4-16 添加宽度配合关系

**【例4-16】** 添加“宽度”配合关系

（1）确定要添加“宽度”配合关系的零部件

打开资源文件\模型文件\第4章\“例4-16宽度配合素材模型.SLDASM”文件，需要配合的零部件已插入装配体，如图4-57所示。

（2）执行命令

单击“装配体”控制面板上的“配合”按钮，或者选择“插入”→“配合”命令，系统弹出“配合”属性管理器，在“高级配合”选项组中，单击“宽度”按钮，弹出“宽度配合”属性管理器。

图4-57 “宽度”配合前

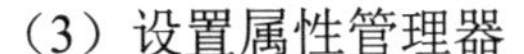

（3）设置属性管理器

按照图4-58所示进行如下设置。

1）单击“配合选择”选项组中的“宽度选择”拾取框，然后在图形区选择“面1”和“面3”。

2）单击“配合选择”选项组中的“薄片选择”拾取框，然后在图形区选择“面2”和“面4”，如图4-59所示。

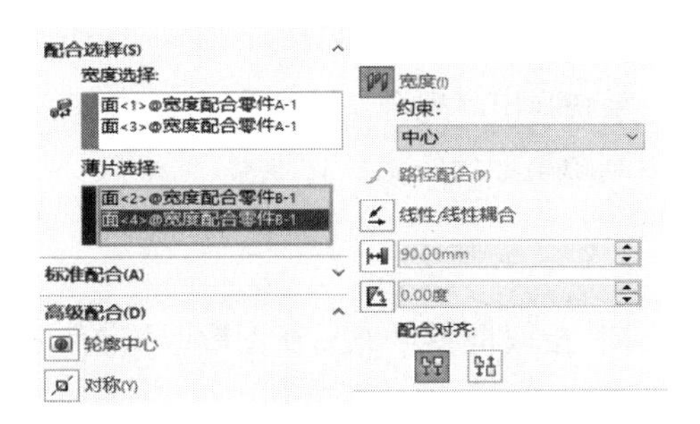


图4-58 “宽度配合”属性管理器

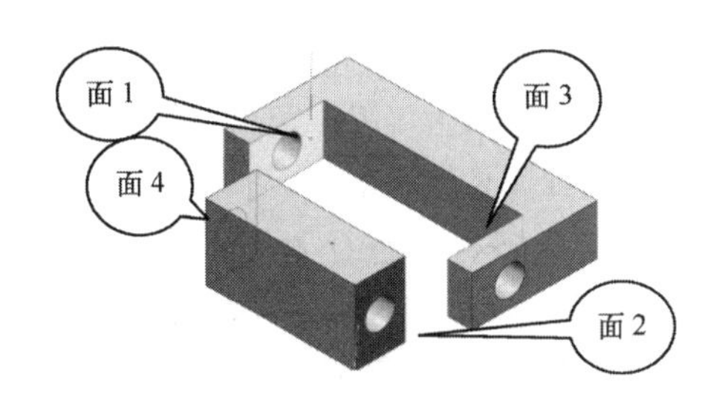


图4-59 “宽度”配合预览

3）单击“确定”按钮✔，便可添加“宽度”配合关系。

（4）确认“宽度”配合

再次单击属性管理器中的“确定”按钮✓，完成“宽度”配合操作，如图 4-60 所示。

（5）添加“同轴心”配合

单击“装配体”控制面板上的“配合”按钮📎，系统弹出“配合”属性管理器，单击“同轴心”按钮，添加“同轴心”配合，结果如图 4-61 所示。

图 4-60 “宽度”配合

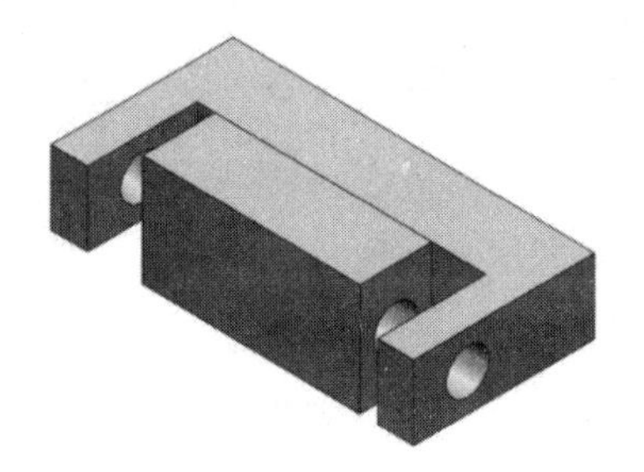

图 4-61 “同轴心”配合

**4．限制距离**

“限制距离”配合可以使零部件在一定的数值范围内移动，可以指定移动距离的最大值和最小值。

例 4-17 添加距离配合关系

**【例 4-17】** 添加“限制距离”配合关系

（1）确定要添加“限制距离”配合关系的零部件

打开资源文件\模型文件\第 4 章\“例 4-17 限制距离配合素材模型.SLDASM”文件，需要配合的零部件已插入装配体，如图 4-62 所示。

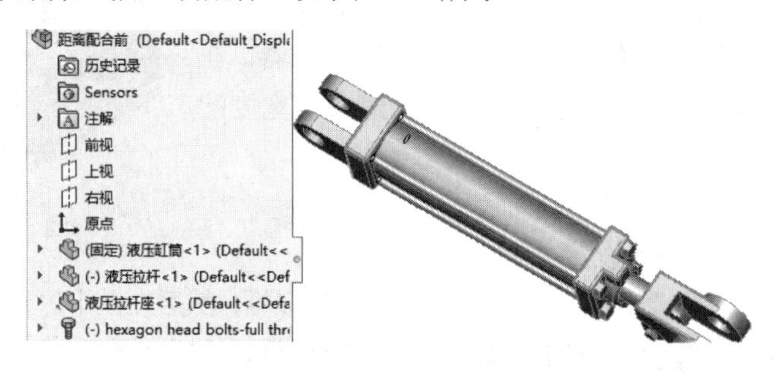


图 4-62 “限制距离”配合前

（2）执行命令

单击“装配体”控制面板上的“配合”按钮📎，系统弹出“配合”属性管理器，在“高级配合”选项组中，单击“限制距离”按钮⊢⊣，弹出“限制距离配合”属性管理器。

（3）设置属性管理器

按照图 4-63 所示进行如下设置。

1）单击“配合选择”选项组中的“要配合的实体”拾取框，然后在图形区依次选择模型“面 1”和“面 2”，如图 4-64 所示。

2）在“限制距离”微调框中输入距离最大值为“95mm”，最小值为“0mm”。

3）单击“确定”按钮✓，便可添加“限制距离”配合关系。

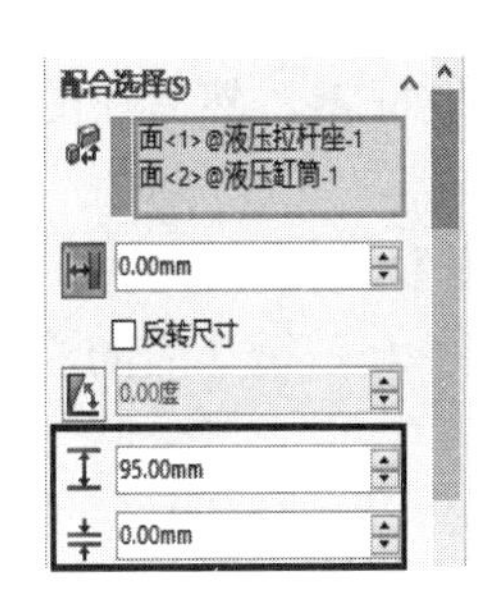


图4-63 “限制距离配合”属性管理器

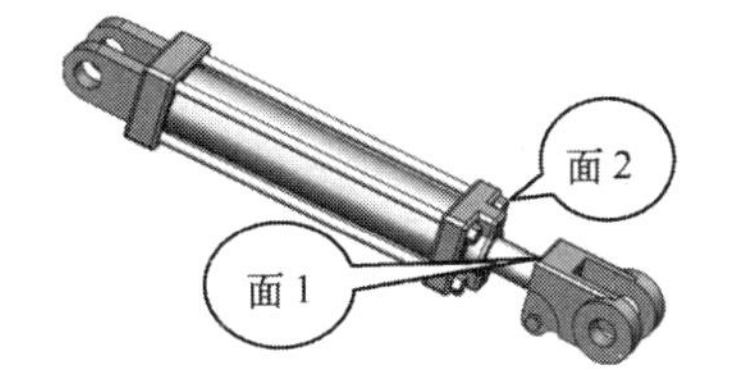


图4-64 配合预览

（4）确认“限制距离”配合

再次单击“确定”按钮，完成“限制距离”配合操作，结果如图4-65所示。

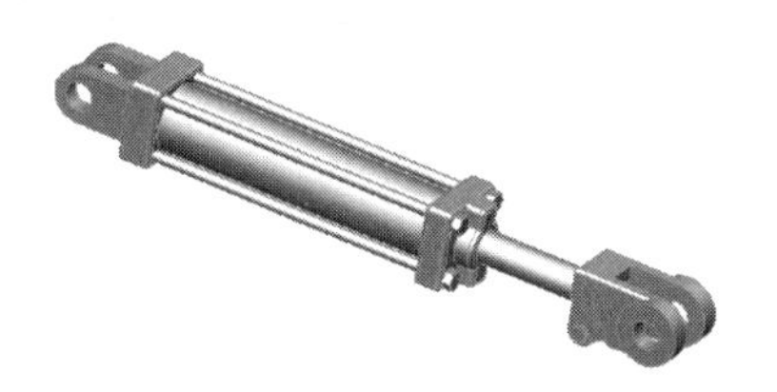

图4-65 “限制距离”配合

**5. 限制角度**

“限制角度”配合允许零部件在“限制角度”配合的数值范围内转动。以合页为例，介绍“限制角度”配合。

**【例4-18】** 添加“限制角度”配合关系

（1）确定要添加“限制角度”配合关系的零部件

打开资源文件\模型文件\第4章\“例4-18 限制角度配合素材模型.SLDASM”文件，需要配合的零部件已插入装配体，并已添加了部分配合关系，如图4-66所示。

例4-18 添加限制角度配合关系

（2）执行命令

单击“装配体”控制面板上的“配合”按钮，系统弹出“配合”属性管理器，在“高级配合”选项组中，单击“限制角度”按钮，弹出“限制角度配合”属性管理器。

（3）设置属性管理器

按图4-67所示进行如下设置。

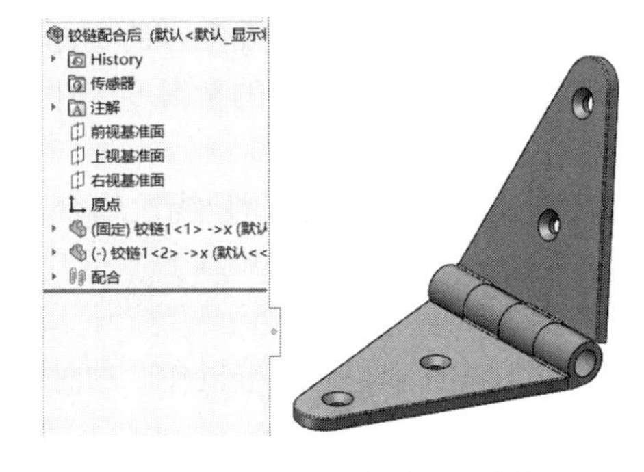


图4-66 “限制角度”配合前

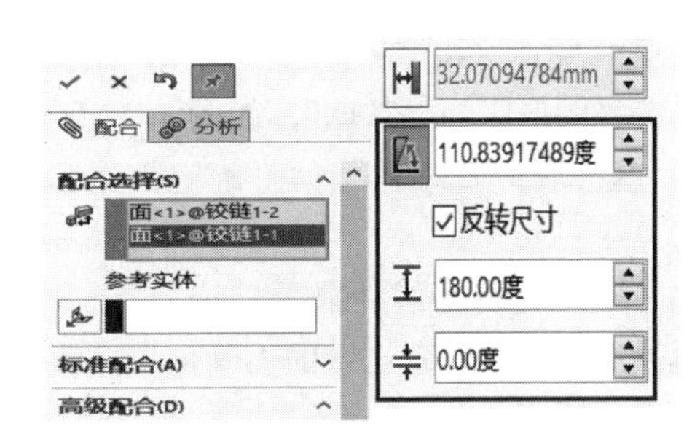


图4-67 “限制角度配合”属性管理器

1）单击“配合选择”选项组中的“要配合的实体”拾取框，然后在图形区依次选择模型“面 1”和“面 2”，如图 4-68 所示。

2）在“限制角度”微调框中输入角度最大值为“180 度”，最小值为“0 度”。

3）单击属性管理器中的“确定”按钮，便可在铰链 1 与铰链 2 之间添加“限制角度”配合关系，如图 4-69 所示。

（4）确认“限制角度”配合

再次单击属性管理器中的“确定”按钮，完成“限制角度”配合操作，如图 4-70 所示。这时拖动合页叶片可以在 0°～180°范围内转动。

图 4-68　配合预览

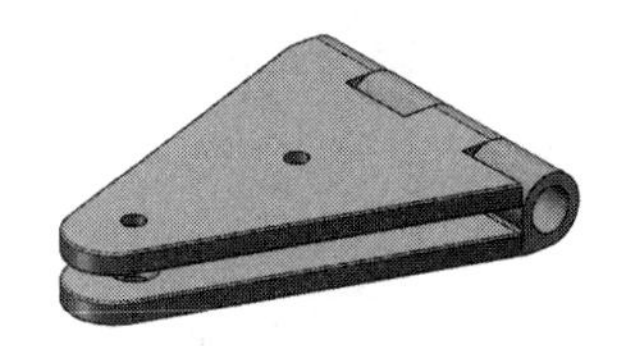

图 4-69　“限制角度”配合预览

图 4-70　“限制角度”配合

### 6. 线性/线性耦合

“线性/线性耦合”配合是在一个零部件的平移和另一个零部件的平移之间建立几何关系。

例 4-19　添加线性/线性耦合配合关系

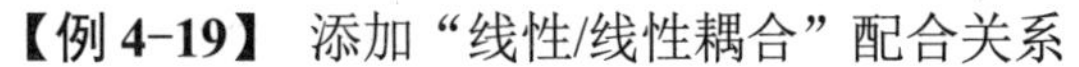

【例 4-19】 添加“线性/线性耦合”配合关系

（1）确定要移动的实体

打开资源文件\模型文件\第 4 章\“例 4-19 线性耦合配合素材模型.SLDASM”文件，如图 4-71 所示。

（2）执行命令

单击“装配体”控制面板上的“配合”按钮，系统弹出“配合”属性管理器，在“高级配合”选项组中，单击“线性/线性耦合”按钮，弹出“线性/线性耦合”属性管理器。

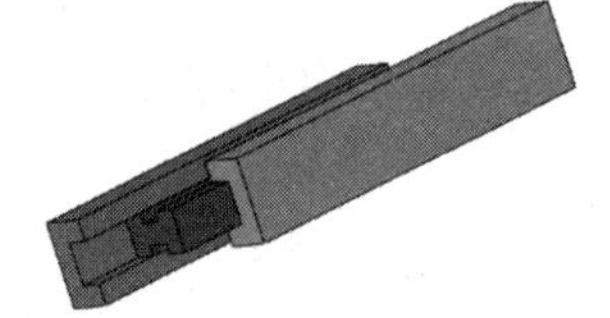

图 4-71　“线性/线性耦合”装配前

（3）设置属性管理器

按照图 4-72 所示进行如下设置。

1）在“比率”文本框中设置移动比率为 2:1。

2）单击“配合选择”选项组中的“要配合的实体”拾取框，选择图形区模型“面 1”；单击“配合实体 1 的参考零部件”拾取框，选择图形区的“基体”；单击“要配合的实体”拾取框，选择图形区模型“面 2”；单击“配合选择”选项组中“配合实体 2 的参考零部件”拾取框，选择图形区的“基体”，如图 4-73 所示。

3）单击属性管理器中的“确定”按钮，便可在基体之间添加“线性/线性耦合”配合关系。

（4）确认“线性/线性耦合”

再次单击属性管理器中的“确定”按钮，完成“线性/线性耦合”配合操作。这时在图形区拖动零件便可移动。

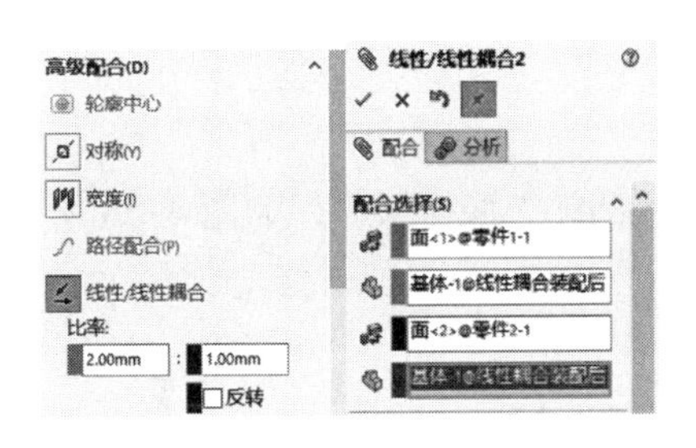


图 4-72 “线性/线性耦合”属性管理器

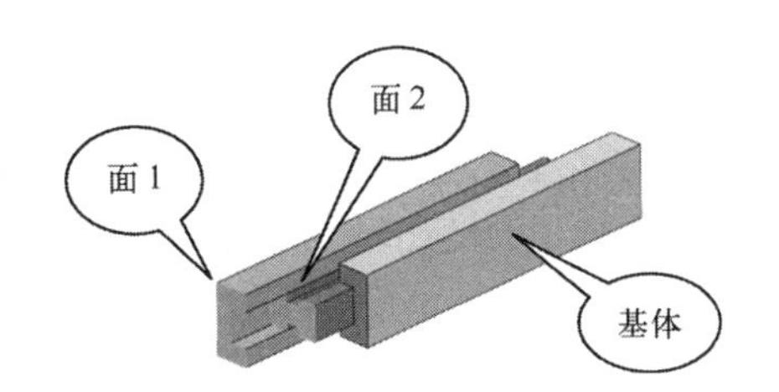


图 4-73 配合预览

## 4.4.3 机械配合

### 1. 凸轮

“凸轮”推杆配合为相切或重合配合类型，它允许用户将圆柱、基准面或点与一系列相切的拉伸曲面相配合。当推杆与凸轮为点接触时，SolidWorks 自动设置配合关系为“凸轮配合重合”；当推杆与凸轮为面接触时，SolidWorks 自动设置为“凸轮配合相切”，如图 4-74 所示。下面以推杆与凸轮点接触为例，介绍凸轮配合。

例 4-20 添加凸轮配合关系

**【例 4-20】** 添加“凸轮”配合关系

（1）确定要“凸轮”配合的零件

打开资源文件\模型文件\第 4 章\“例 4-20 凸轮配合素材模型.SLDASM”文件，需要配合的零部件已插入装配体，并已添加了部分配合关系，如图 4-75 所示。

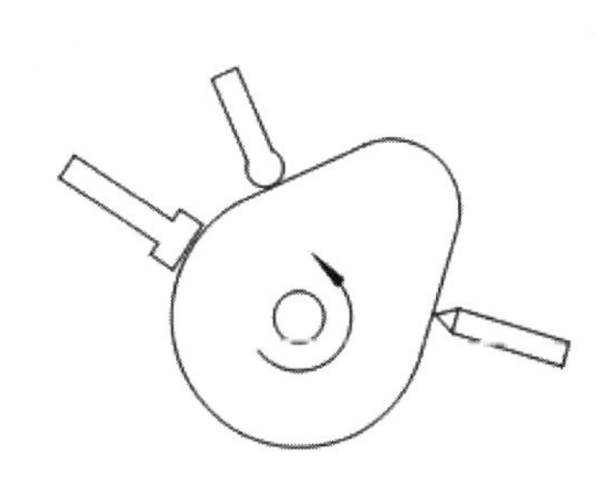

图 4-74 凸轮结构

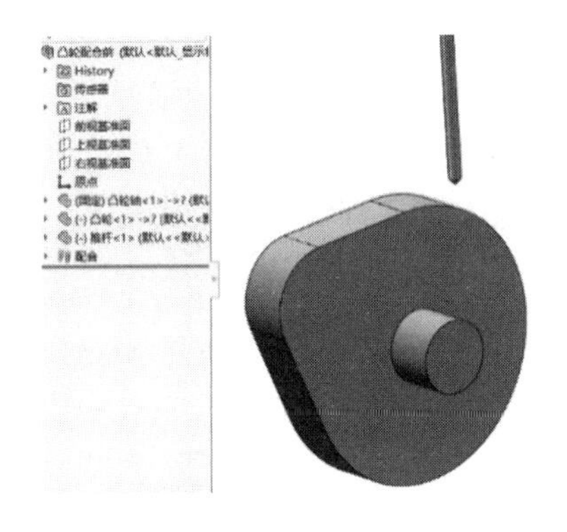

图 4-75 “凸轮”配合前

（2）执行命令

单击“装配体”控制面板上的“配合”按钮，系统弹出“配合”属性管理器，在“机械配合”选项组中，单击“凸轮”按钮，弹出“凸轮配合重合”属性管理器。

（3）设置属性管理器

按照图 4-76 所示进行如下设置。

1）单击“配合选择”选项组中的“凸轮槽”拾取框，然后在图形区选择凸轮的“面 1”；单击“配合选择”选项组中的“凸轮推杆”拾取框，然后在图形区选择推杆“顶点 1”，如图 4-77 所示。

2）单击属性管理器中的“确定”按钮，便可在“凸轮”与“推杆”之间添加“凸轮”

配合关系。

（4）确认凸轮配合

再次单击属性管理器中的“确定”按钮✔，完成“凸轮”配合操作，如图 4-78 所示。这时旋转凸轮，推杆也会随凸轮上下往复运动。

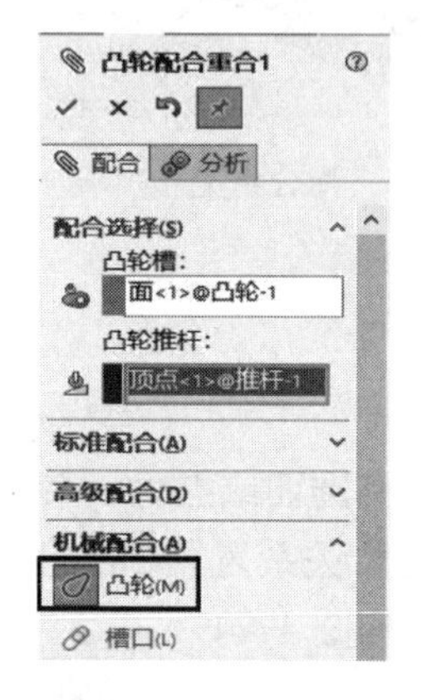


图 4-76 “凸轮配合重合 1”属性管理器

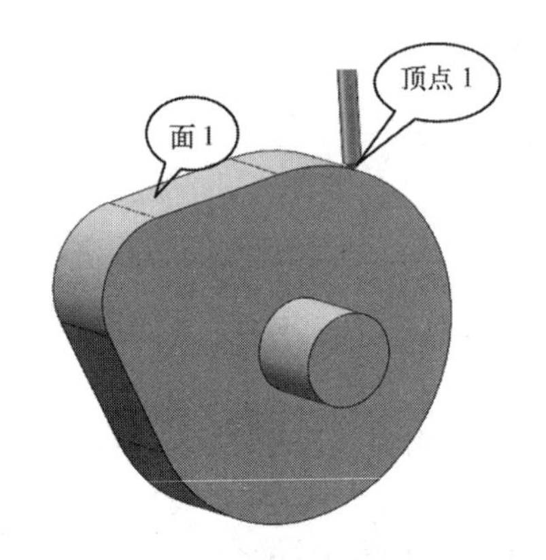


图 4-77 配合预览

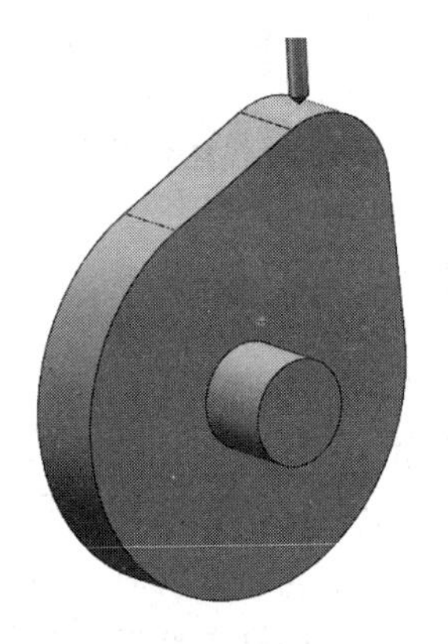

图 4-78 “凸轮”配合

**2. 槽口**

“槽口”配合可将螺栓配合到直通槽或圆弧槽，也可将槽口配合到槽。可选择轴、圆柱面或槽，以便创建槽配合。“槽口”约束按需求可设置为“自由”“在槽口中心”“沿槽口的距离”“沿槽口的百分比”等方式。现将“槽口”约束类型设置成“自由”为例，介绍“槽口”配合。

**【例 4-21】** 添加“槽口”配合关系

（1）确定要“槽口”配合的零件

打开资源文件\模型文件\第 4 章\“例 4-21 槽口配合素材模型.SLDASM”文件，需要配合的零部件已插入装配体，并已添加了部分配合关系，如图 4-79 所示。

例 4-21 添加槽口配合关系

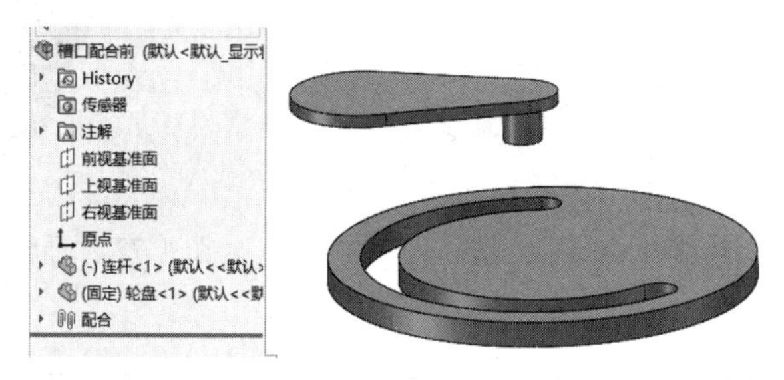


图 4-79 “槽口”配合前

（2）执行命令

单击“装配体”控制面板上的“配合”按钮，系统弹出“配合”属性管理器，在“机械配合”选项组中，单击“槽口”按钮，弹出“槽口”属性管理器。

（3）设置属性管理器

按照图 4-80 所示进行如下设置。

1）在“槽口”的“约束”下拉列表框中选择“自由”选项。

2）单击“配合选择”选项组中的“要配合的实体”拾取框，然后在图形区依次选择连杆轴“面 1”和轮盘槽口“面 2”，如图 4-81 所示。

3）单击属性管理器中的“确定”按钮，便可在“连杆”与“轮盘”之间添加“槽口”配合关系。

（4）确认“槽口”配合

再次单击属性管理器中的“确定”按钮，完成“槽口”配合操作，如图 4-82 所示。这时拖动连杆，连杆被约束在槽口内自由移动。

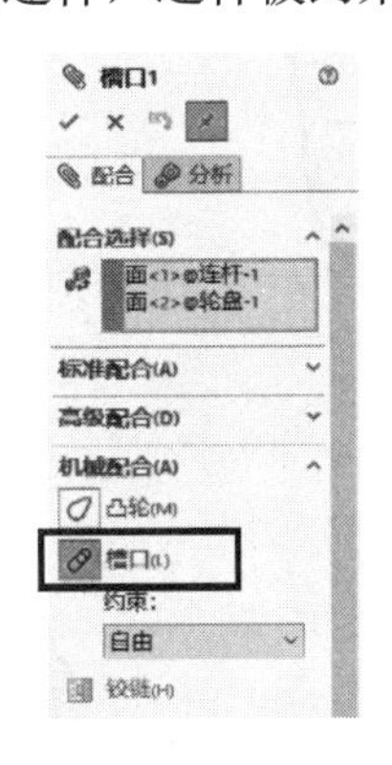


图 4-80 “槽口 1”属性管理器

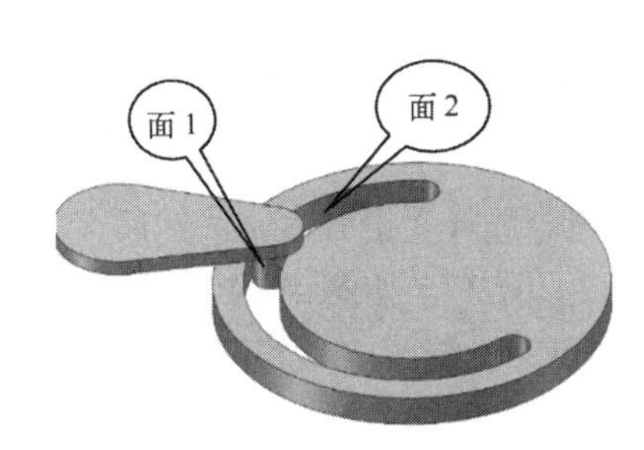


图 4-81 配合预览

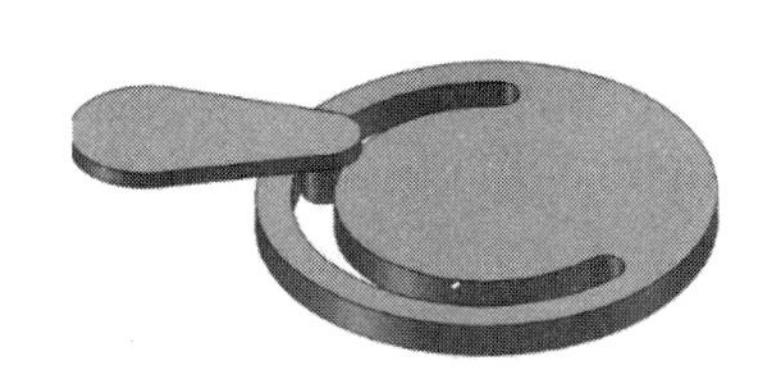

图 4-82 “槽口”配合

**3．铰链**

“铰链”配合可将两个零部件之间的转动限制在一定的旋转范围内，其效果相当于同时添加“同心”配合和“重合”配合。设计者可以限制两个零部件之间的移动角度。

例 4-22　添加铰链配合关系

**【例 4-22】** 添加“铰链”配合关系

（1）确定要“铰链”配合的零件

打开资源文件\模型文件\第 4 章\“例 4-22 铰链配合素材模型.SLDASM”文件，需要配合的零部件已插入装配体，并已添加了部分配合关系，如图 4-83 所示。

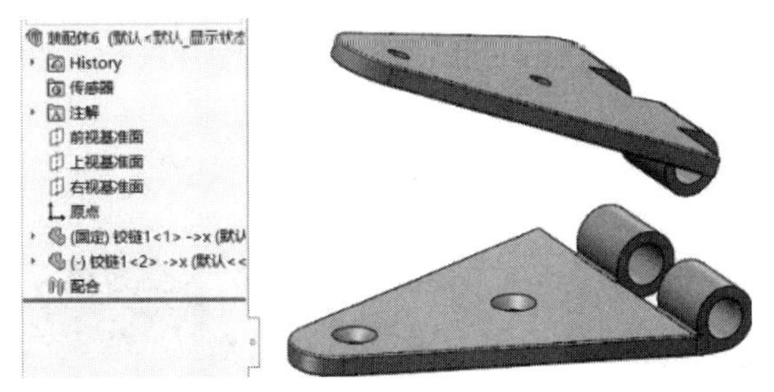


图 4-83 “铰链”配合前

（2）执行命令

单击“装配体”控制面板上的“配合”按钮，系统弹出“配合”属性管理器，在“机械配合”选项组中，单击“铰链”按钮，弹出“铰链”属性管理器。

（3）设置属性管理器

1）单击“配合选择”选项组中的“同轴心选择”拾取框，然后在图形区依次选择铰链 1

“面 1”和铰链 2“面 1”如图 4-84 所示。

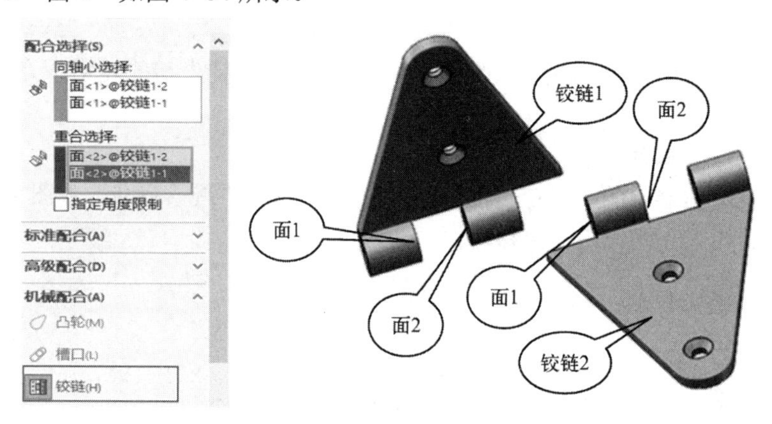


图 4-84　设置“铰链”属性管理器

2）单击“配合选择”选项组中的“重合选择”拾取框，然后在图形区依次选择铰链 1“面 2”和铰链 2“面 2”，如图 4-84 所示。

3）单击管理器中的“确定”，便可在铰链 1 与铰链 2 之间添加“铰链”配合关系。

（4）确认“铰链”配合

再次单击属性管理器中的“确定”按钮，完成“铰链”配合操作，如图 4-85 所示。这时拖动铰链可以绕连接孔转动。

图 4-85　“铰链”配合

**4．齿轮**

“齿轮”配合会强迫两个零部件绕所选轴相对旋转。“齿轮”配合的有效旋转轴包括圆柱面、圆锥面、轴和线性边线。以两齿轮传动为例，介绍“齿轮”配合。

例 4-23　添加齿轮配合关系

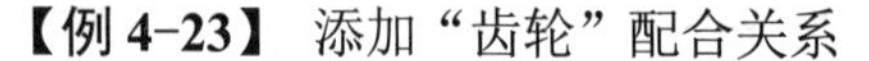

**【例 4-23】** 添加“齿轮”配合关系

（1）确定要“齿轮”配合的零件

打开资源文件\模型文件\第 4 章\“例 4-23 齿轮配合素材模型.SLDASM”文件，需要配合的零部件已插入装配体，并已添加了部分配合关系，如图 4-86 所示。

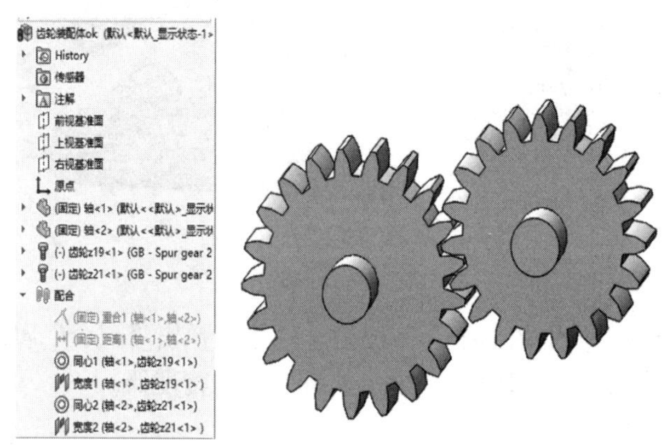


图 4-86　“齿轮”配合前

（2）执行命令

单击“装配体”控制面板上的“配合”按钮，或者选择“插入”→“配合”命令，系统弹出“配合”属性管理器；在“机械配合”选项组中，单击“齿轮”按钮，弹出“齿轮”属性管理器。

（3）设置属性管理器

按照图 4-87 所示进行如下设置。

1）单击“配合选择”选项组中的“要配合的实体”拾取框，然后在图形区依次选择两齿轮的齿顶“面 1”和“面 2”，在“比率”文本框中输入两齿轮的齿数比“21”“19”，如图 4-87 所示。

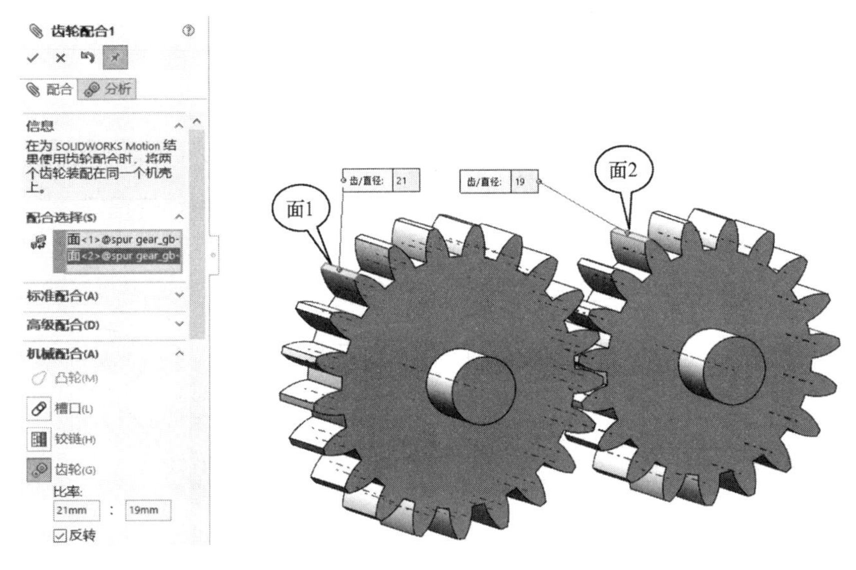


图 4-87　设置“齿轮”属性管理器

2）单击属性管理器中的“确定”按钮，便可在大齿轮与小齿轮之间添加“齿轮”配合关系。

（4）确认“齿轮”配合

再次单击属性管理器中的“确定”按钮，完成“齿轮”配合操作。这时旋转一个齿轮，另一个齿轮会按照传动比跟着旋转。

“齿轮”配合可配合任何想彼此相对旋转的两个零部件，而不一定是两个齿轮。

**5. 齿条小齿轮**

“齿条小齿轮”配合可使某个零部件（齿条）的线性平移引起另一个零部件（小齿轮）作圆周旋转，反之亦然。以齿轮齿条传动为例，介绍“齿条小齿轮”配合。

例 4-24　添加齿条小齿轮配合关系

**【例 4-24】** 添加“齿条小齿轮”配合关系

（1）确定要“齿条小齿轮”配合的零件

打开资源文件\模型文件\第 4 章\“例 4-24 齿条小齿轮配合素材模型.SLDASM”文件，需要配合的零部件已插入装配体，并已添加了部分配合关系，如图 4-88 所示。

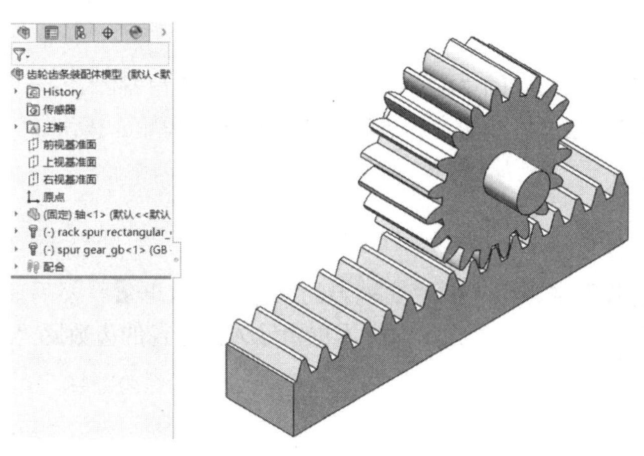


图 4-88 “齿条小齿轮”配合前

（2）执行命令

单击“装配体”控制面板上的“配合”按钮，系统弹出“配合”属性管理器，在“机械配合”选项组中，单击“齿条小齿轮”按钮，弹出“齿条小齿轮”属性管理器。

（3）设置属性管理器

按照图 4-89 和图 4-90 所示进行如下设置。

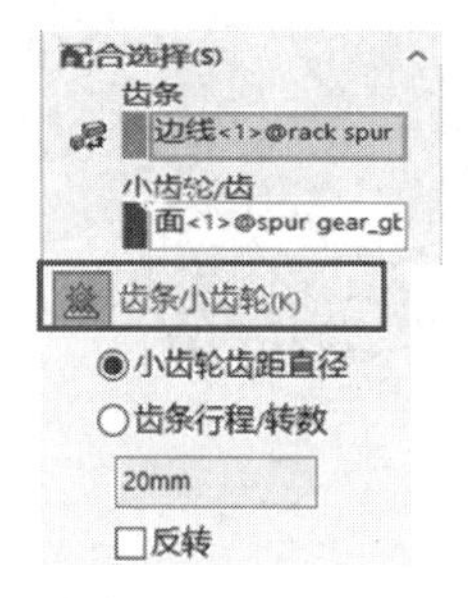


图 4-89 “齿条小齿轮”属性管理器

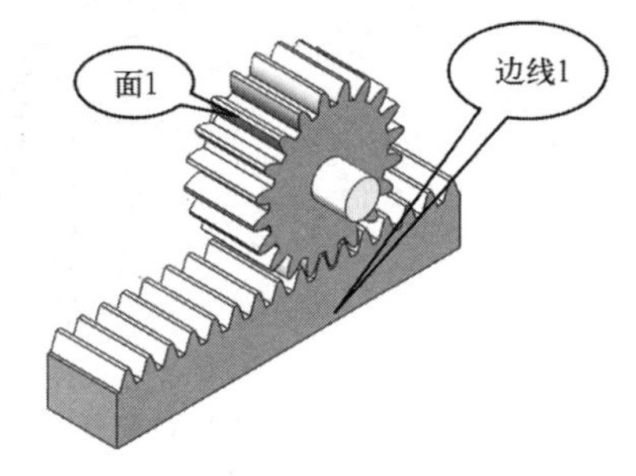


图 4-90 配合预览

1）单击“配合选择”选项组中的“齿条”拾取框，然后在图形区选择齿条“边线 1”；单击“配合选择”选项组中的“小齿轮/齿”拾取框，然后在图形区选择齿轮的“面 1”，在文本框中输入 20mm（齿轮分度圆直径），如图 4-89 所示。

2）单击属性管理器中的“确定”按钮，便可在齿轮与齿条之间添加“齿条小齿轮”配合关系。

（4）确认“齿条小齿轮”配合

再次单击属性管理器中的“确定”按钮，完成“齿条小齿轮”配合。这时旋转小齿轮，齿条会按照传动比线性移动。

**6．螺旋**

“螺旋”配合可将两个零部件约束为同心，在两个零部件间形成螺旋传动。下面以丝杠滑台为例，介绍“螺旋”配合。

例 4-25 添加螺旋配合关系

**【例 4-25】** 添加“螺旋”配合关系

（1）确定要“螺旋”配合的零件

打开资源文件\模型文件\第 4 章\“例 4-25 螺旋配合素材模型.SLDASM”文件，需要配合的零部件已插入装配体，并已添加了部分配合关系，如图4-91所示。

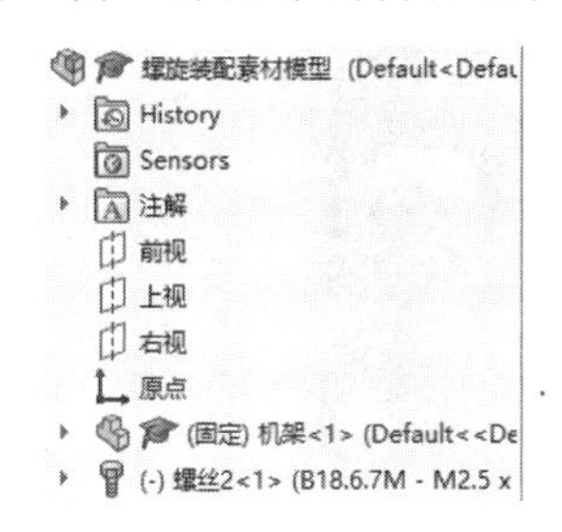

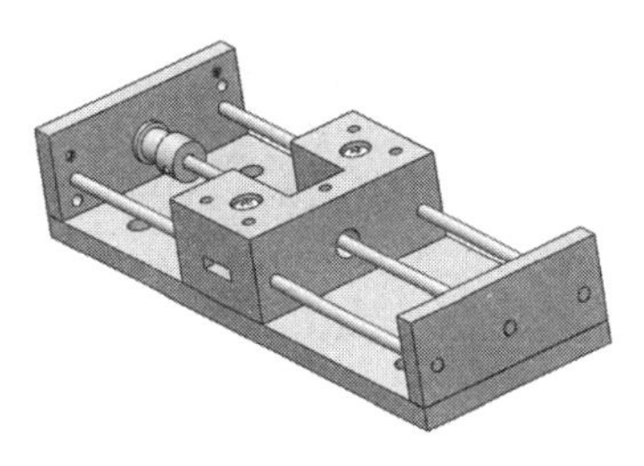

图4-91 “螺旋”配合前

（2）执行命令

单击“装配体”控制面板上的“配合”按钮，系统弹出“配合”属性管理器，在“机械配合”选项组中，单击“螺旋”按钮，弹出“螺旋”属性管理器。

（3）设置属性管理器

按照图4-92所示进行如下设置。

1）单击“配合选择”选项组中的“要配合的实体”拾取框，然后在图形区依次选择滑台内孔“面1”和丝杠圆柱“面2”，如图4-93所示。

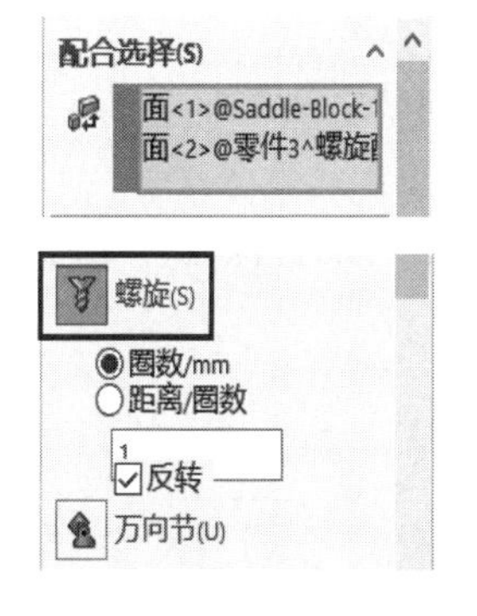


图4-92 “螺旋”属性管理器

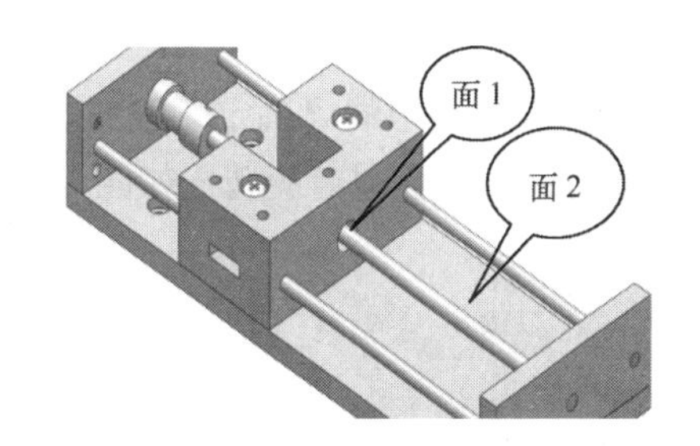


图4-93 配合预览

2）单击属性管理器中的“确定”按钮，便可在滑台与丝杠之间添加“螺旋”配合关系。

（4）确认“螺旋”配合

再次单击属性管理器中的“确定”按钮，完成“螺旋”配合操作。这时拖动滑台沿丝杠左右移动，可发现丝杠随着正反转。

图4-94 万向节的使用

**7. 万向节**

万向节即万向接头，英文名称Universal Joint，是实现变角度动力传递的机件，一般用在需要改变传动轴线方向的位置。万向节的使用如图4-94所示。

**【例4-26】** 添加“万向节”配合关系

例4-26 添加万向节配合关系

（1）确定要“万向节”配合的零件

打开资源文件\模型文件\第4章\“例4-26 万向节配合素材模型.SLDASM”文件，需要配合的零部件已插入装配体，并已添加了部分配合关系，如图4-95所示。

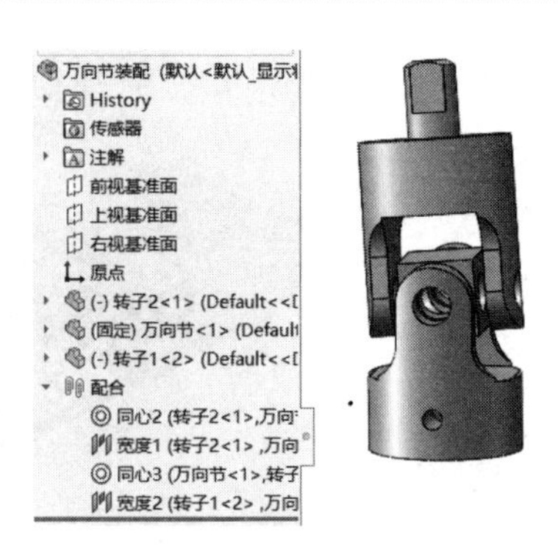


图 4-95 “万向节”配合前

（2）执行命令

单击“装配体”控制面板上的“配合”按钮，系统弹出“配合”属性管理器，在“机械配合”选项组中，单击“万向节”按钮，弹出“万向节”属性管理器。

（3）设置属性管理器

按照图 4-96 所示进行如下设置。

1）单击“配合选择”选项组中的“要配合的实体”拾取框，然后在图形区依次选择两个万向节的圆柱“面 1”和“面 2”，如图 4-97 所示。

2）单击属性管理器中的“确定”按钮，便可在两个万向节之间添加“万向节”配合关系。

（4）确认“万向节”配合

再次单击属性管理器中的“确定”按钮，完成“万向节”配合操作。这时旋转其中一个万向节，另一个万向节也会跟着旋转，如图 4-98 所示。

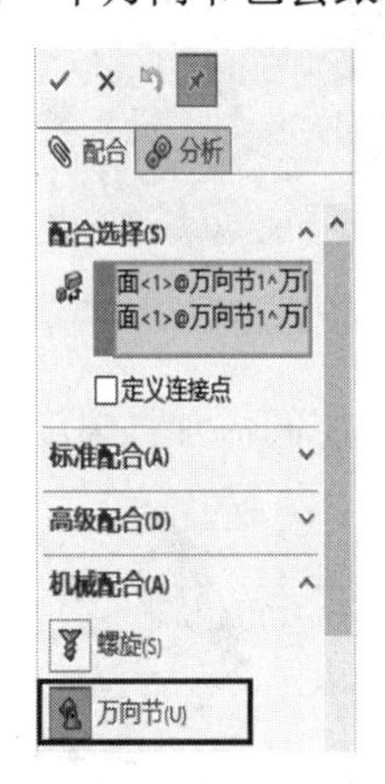


图 4-96 “万向节”属性管理器

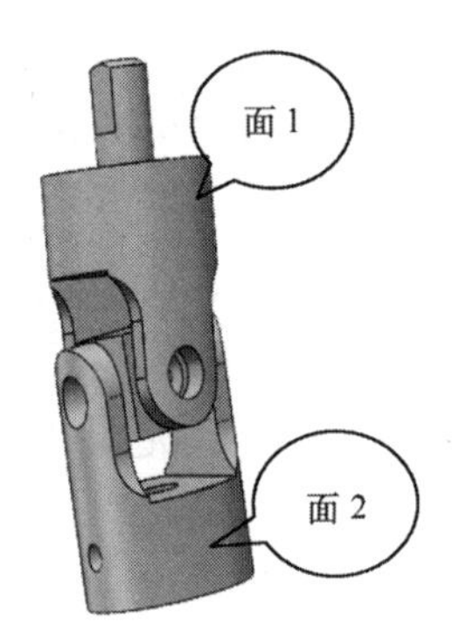


图 4-97 拾取“面”

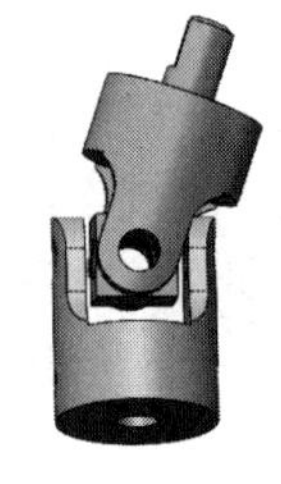

图 4-98 旋转万向节

# 4.5 装配体检查

在一个复杂的装配体中，直接分辨零部件装配正确性是比较困难的。SolidWorks 提供了干涉检查和孔对齐等检查工具，使用该工具可以很容易地检查出零部件之间装配的正确性，为工程图的创建、装配体运动仿真做好准备。

## 4.5.1 干涉检查

【例 4-27】 干涉检查实例

(1) 打开要使用干涉检查的装配体

打开资源文件\模型文件\第 4 章\“例 4-27 干涉检查素材模型.SLDASM”文件，需要进行干涉检查的零部件，如图 4-99 所示，此时零件 B、C 重合。

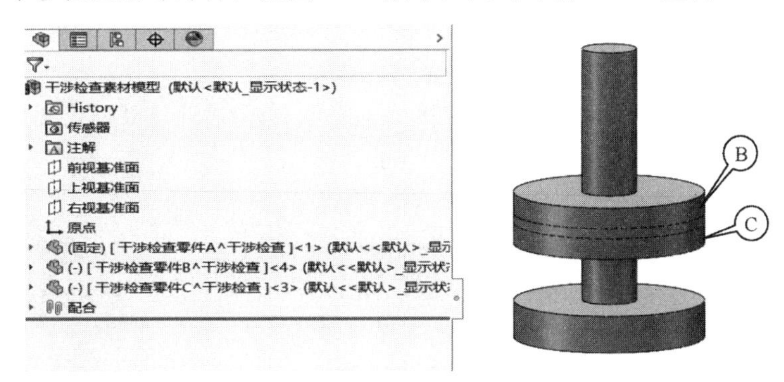


图 4-99　干涉检查零件

(2) 执行命令

单击“评估”控制面板上的“干涉检查”按钮，或者选择“工具”→“评估”→“干涉检查”命令，系统弹出“干涉检查”属性管理器。

(3) 干涉检查

在属性管理器中，按照图 4-100 所示进行如下设置。

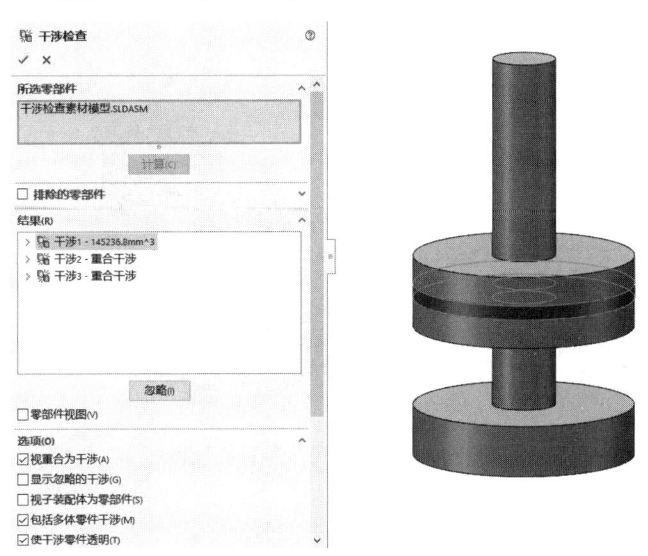


图 4-100　“干涉检查”属性管理器及结果

1) 选中“选项 (O)”选项组中的“视重合为干涉”复选框、“包括多体零件干涉”复选框和“使干涉零件透明”复选框。

2）单击“计算”按钮，干涉信息便出现在属性管理器的“结果”列表框中，同时图形区高亮显示干涉的零件。

（4）退出干涉检查

单击属性管理器中的“确定”按钮，退出干涉检查。

### 4.5.2 孔对齐

例 4-28　孔对齐检查实例

【例 4-28】 孔对齐检查实例

（1）打开要使用孔对齐检查的装配体

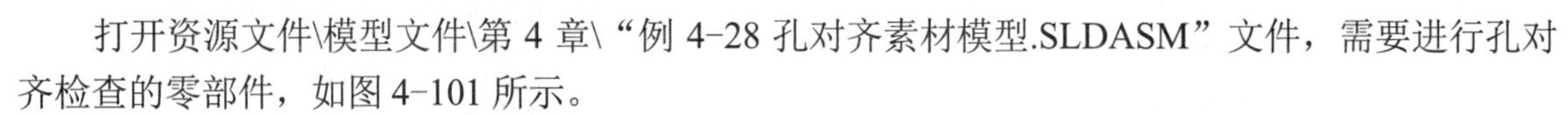

打开资源文件\模型文件\第 4 章\“例 4-28 孔对齐素材模型.SLDASM”文件，需要进行孔对齐检查的零部件，如图 4-101 所示。

（2）执行命令

单击“评估”控制面板上的“孔对齐”按钮，或者选择“工具”→“评估”→“孔对齐”命令，系统弹出“孔对齐”属性管理器。

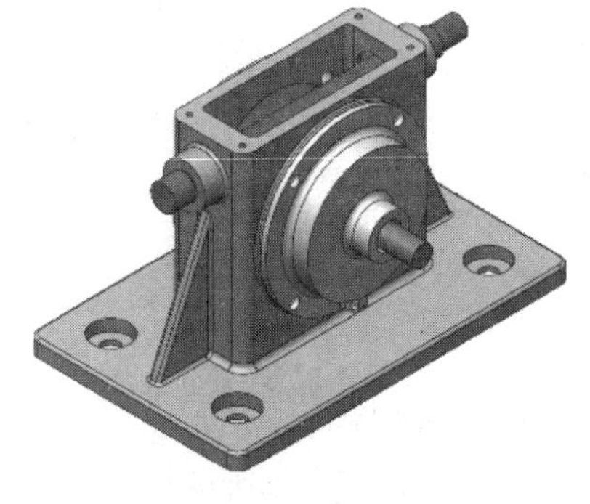

图 4-101　需要进行孔对齐检查的装配体

（3）设置属性管理器

在属性管理器中，按图 4-102 所示进行如下设置。

1）单击“所选零部件”拾取框，然后在图形区选择“盖”和“壳体”。

2）在“孔中心误差”微调框中输入“10mm”。

（4）孔对齐检查

单击“计算”按钮，误差信息便出现在属性管理器的“结果”列表框中。检查结果如图 4-102 所示，表明“盖”零件与“壳”零件存在装配误差。应重新修正“盖”零件与“壳”零件的配合关系。

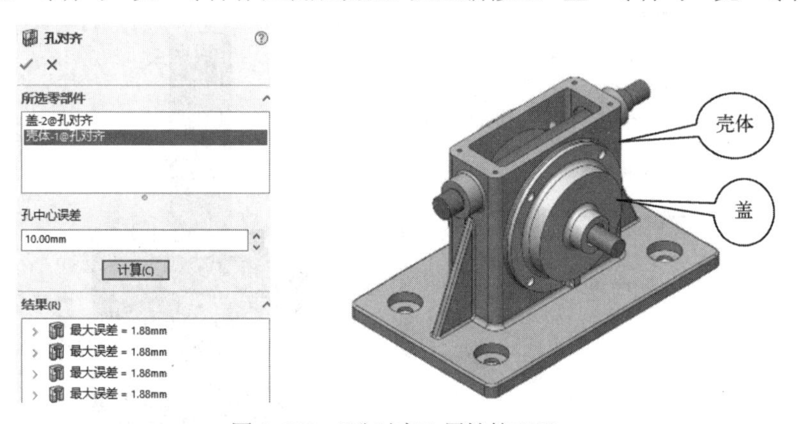


图 4-102　“孔对齐”属性管理器

（5）退出孔对齐检查

单击属性管理器中的“确定”按钮，退出孔对齐检查。

## 4.6　装配体爆炸视图与动画

在零部件装配体完成后，为了在制造、维修及销售中，直观地观察各个零部件之间的相互关系，设计者可将装配体按设计意图生成爆炸视图。装配体生成爆炸视图以后，用户不可以对装配体添加新的配合关系。

### 4.6.1 生成爆炸视图

例 4-29 生成爆炸视图

【例 4-29】 生成爆炸视图

（1）打开要生成爆炸视图的零部件

打开资源文件\模型文件\第 4 章\“例 4-29 脚轮装配体素材模型.SLDASM”文件，待生成爆炸视图的零部件，如图 4-103 所示。

（2）执行创建爆炸视图命令

选择“插入”→“爆炸视图”命令，弹出“爆炸”属性管理器。展开属性管理器中的“添加阶梯”选项组，如图 4-104 所示。

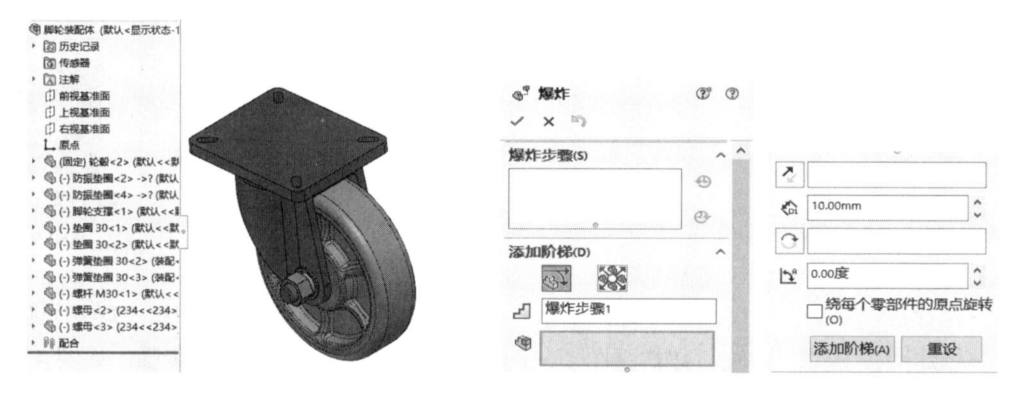


图 4-103 脚轮装配体　　　　图 4-104 “爆炸”属性管理器

（3）设置“爆炸”属性管理器

1）单击“添加阶梯”选项组中的“常规步骤（平移和旋转）”按钮，单击“爆炸步骤零部件”拾取框，在图形区拾取螺母零件，此时装配体中被选中的零件以高亮显示，并出现一个设置移动方向的坐标，如图 4-105 所示。

2）单击 z 坐标轴，确定要爆炸的方向，然后在“添加阶梯”选项组中的“爆炸距离”微调框中输入爆炸的距离值“200mm”，如图 4-106 所示。

3）单击“添加阶梯”选项组中的“添加阶梯”按钮，第一个零件爆炸完成，并且在“爆炸步骤”列表框中生成“爆炸步骤 1”，爆炸效果如图 4-107 所示。

图 4-105 选中零件后的装配体

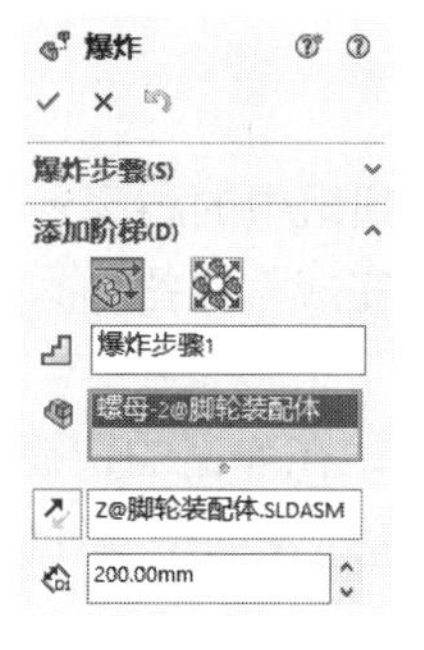


图 4-106 设置“添加阶梯”选项组

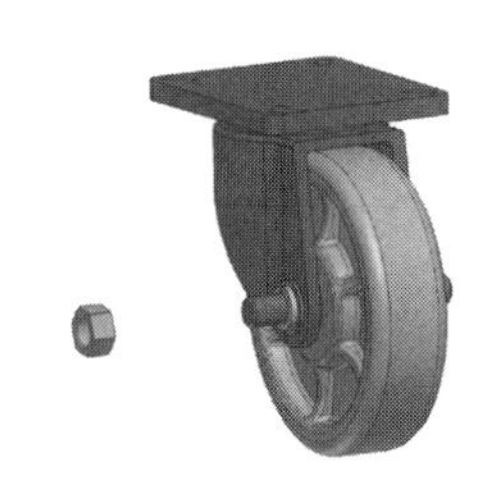

图 4-107 爆炸效果

（4）生成其他爆炸步骤

重复上述步骤，生成其他零部件爆炸步骤，该爆炸视图的爆炸步骤如图 4-108 所示，生成的爆炸视图如图 4-109 所示。

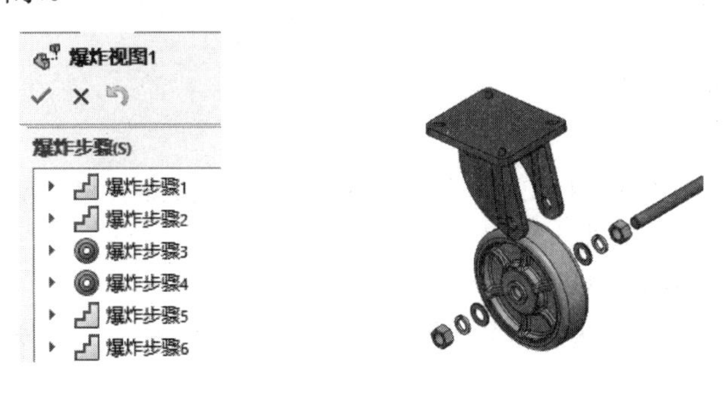


图 4-108　爆炸步骤　　　　图 4-109　爆炸视图

## 4.6.2 编辑爆炸视图

例 4-30　编辑爆炸视图

装配体爆炸后，可以利用“爆炸”配置管理器进行编辑，也可以添加新的爆炸步骤。

**【例 4-30】** 编辑爆炸视图

（1）打开“爆炸”配置管理器并编辑

打开爆炸后的“脚轮”装配体文件，单击“Configuration Manager”按钮，展开“默认[脚轮装配体爆炸图]”选项。单击“爆炸视图 1”下拉按钮，列出所有脚轮爆炸步骤，如图 4-110 所示。右击“爆炸步骤 1”，在弹出的快捷菜单中选择“编辑爆炸步骤”命令，出现“在编辑爆炸步骤 1”选项组，如图 4-111 所示。

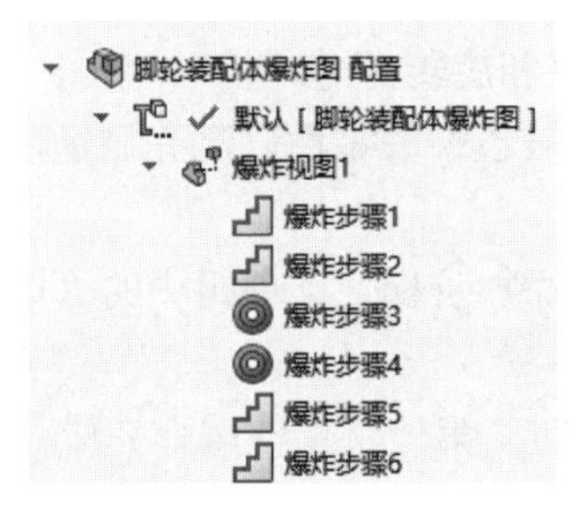


图 4-110　爆炸步骤

图 4-111　在编辑爆炸步骤 1

（2）确认爆炸修改

可修改“在编辑爆炸步骤 1”选项组中的距离参数，或者拖动视图中要爆炸的零部件，均可实现对爆炸步骤的修改，最后单击“完成”按钮，完成对爆炸视图的修改。

（3）删除爆炸步骤

在设计树中，右击“爆炸步骤 1”，在弹出的快捷菜单中选择“删除爆炸步骤”命令，该爆炸步骤就会被删除，删除后的爆炸步骤列表如图 4-112 所示。删除“爆炸步骤 1”后的视图，如图 4-113 所示。

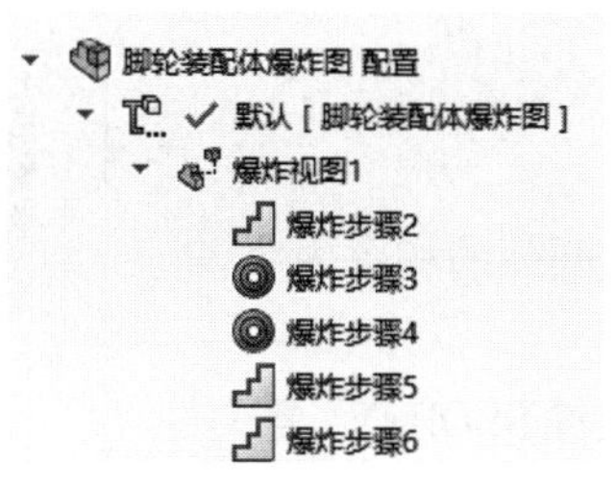


图 4-112　删除“爆炸步骤 1”后的爆炸步骤

图 4-113　删除“爆炸步骤 1”后的视图

（4）解除爆炸视图（恢复到装配体状态）

单击“Configuration Manager”按钮，展开“默认[脚轮装配体爆炸图]”选项。右击“爆炸视图 1”选项，在弹出的快捷菜单中选择“解除爆炸”选项，则完成解除爆炸视图操作。

### 4.6.3 装配体动画

装配体中要演示可运动零部件的运动情况或装配体的安装步骤（解除爆炸），都可以通过仿真动画来实现，通常仿真动画的难易程度与装配体的动画类型有关。

例 4-31　装配体动画

**【例 4-31】** 装配体动画

（1）动画解除爆炸，即装配体的装配过程动画

打开资源文件\模型文件\第 4 章\“例 4-31 脚轮装配体爆炸图素材模型.SLDASM”文件。单击“Configuration Manager”按钮，展开“默认[脚轮装配体爆炸图]”选项，右击“爆炸视图 1”，弹出如图 4-114 所示的快捷菜单。选择“动画解除爆炸”选项，弹出“动画控制器”控制面板，如图 4-115 所示。同时，视图区可观察到装配体的装配过程动画视频。调节动画控制器对动画视频进行操作。

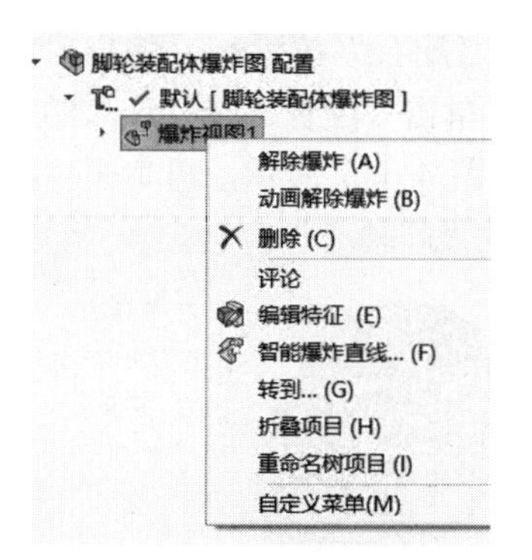


图 4-114　“爆炸视图 1”右键快捷菜单

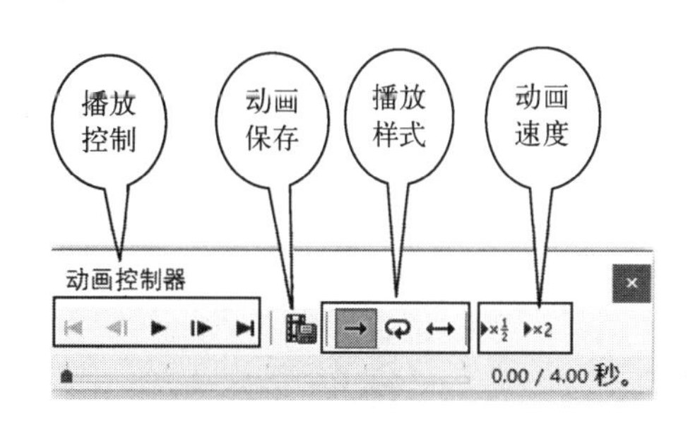


图 4-115　动画控制器

（2）保存装配体装配动画

单击“动画控制器”控制面板上的“保存”按钮，弹出“保存动画到文件”对话框，选择相应的视频格式及路径，完成保存装配体装配动画操作。

完成动画解除爆炸操作后，再次右击“爆炸视图 1”，在弹出的快捷菜单中选择“动画爆炸”选项，即可恢复到“爆炸视图”状态。单击“动画控制器”控制面板上的“保存”按钮，弹出“保

存动画到文件”对话框，选择相应的视频格式及路径，完成保存装配体爆炸（拆卸）动画的操作。

## 4.7 脚轮装配实例

例 4-32　脚轮装配实例

本节通过创建脚轮装配体模型的全过程，系统掌握装配体的相关内容。

【例 4-32】 脚轮装配实例

素材文件：资源文件\模型文件\第 4 章\“例 4-32 脚轮支撑.SLDPRT”等文件。

（1）新建装配体文件

选择“文件”→“新建”命令，弹出“新建 SolidWorks 文件”对话框，单击“装配体”按钮，单击“确定”按钮，系统弹出“打开”对话框，进入装配体设计环境。

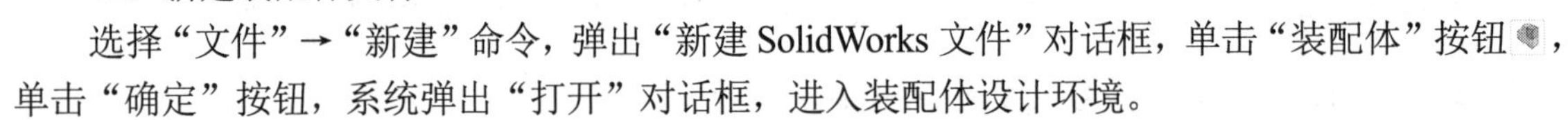

（2）插入第一个零件

在系统弹出的“打开”对话框中，选择“轮毂.SLDPRT”文件，单击“打开”按钮，将“轮毂”零件插入装配体中，且该零件默认状态为固定，如图 4-116 所示。

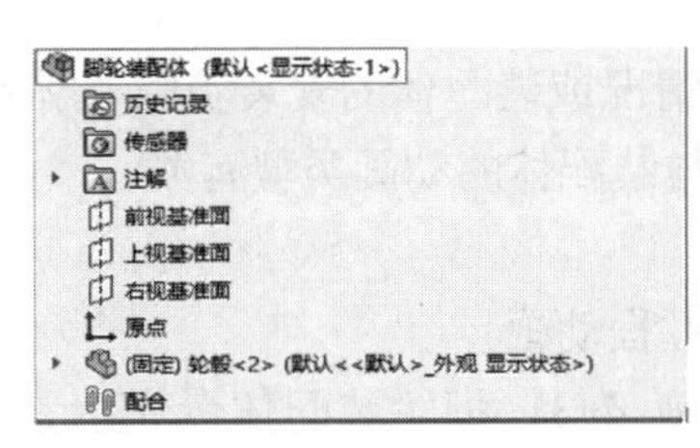

图 4-116　轮毂

（3）安装防振垫圈

1）单击“装配体”控制面板上的“插入零部件”按钮，选择“防振垫圈.SLDPRT”文件，单击“打开”按钮，将“防振垫圈”零件插入到装配体中。

2）设置“同轴心”配合，单击“装配体”控制面板上的“配合”按钮，弹出“配合”属性管理器，在“标准配合”选项组中单击“同轴心”按钮；单击“配合选择”选项组中的“要配合的实体”拾取框，选择图形区中的“面 1”“面 2”，如图 4-117 所示，再单击“确定”按钮，添加“同轴心”配合。然后单击“确定”按钮，完成“同轴心”配合。

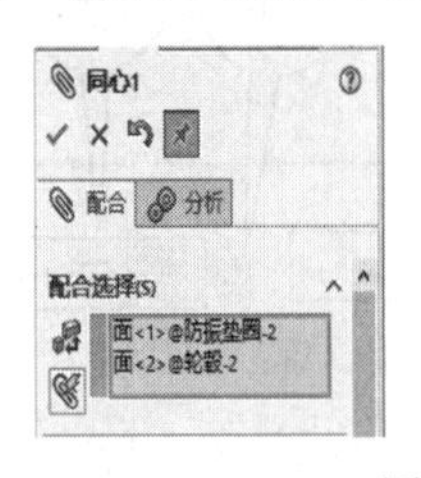


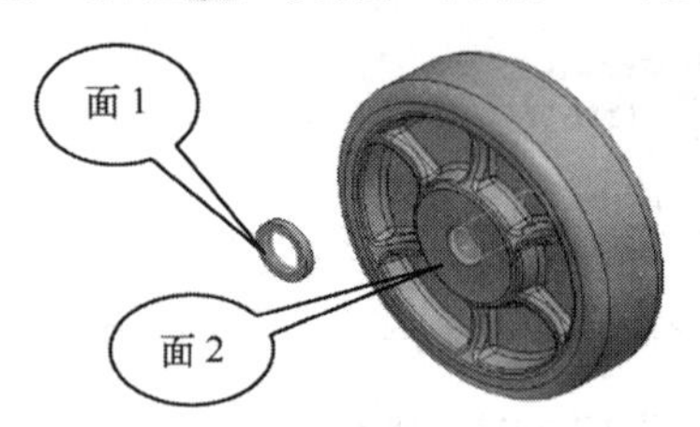


图 4-117　“同轴心”配合 1

3）设置“重合”配合，单击“装配体”控制面板上的“配合”按钮，弹出“配合”属性管理器，在“标准配合”选项组中单击“重合”按钮；单击“配合选择”选项组中的“要配合的实体”拾取框，选择图形区域中的“面 1”“面 2”，如图 4-118a 所示，单击“确定”按钮，添加“重合”配合。单击“确定”按钮，完成防振垫圈装配，配合结果如图 4-118b 所示（另一侧防振垫圈装配同此操作步骤）。

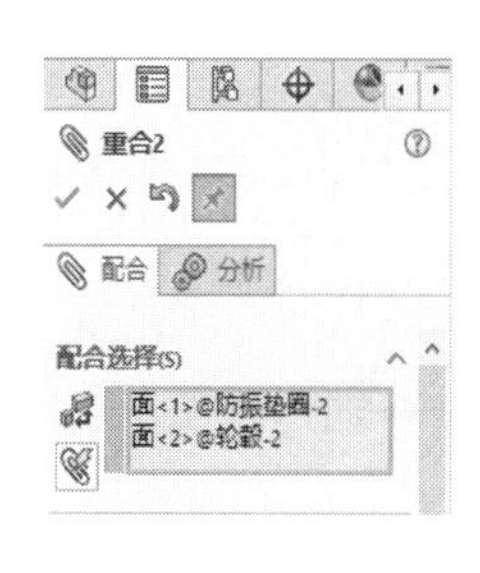

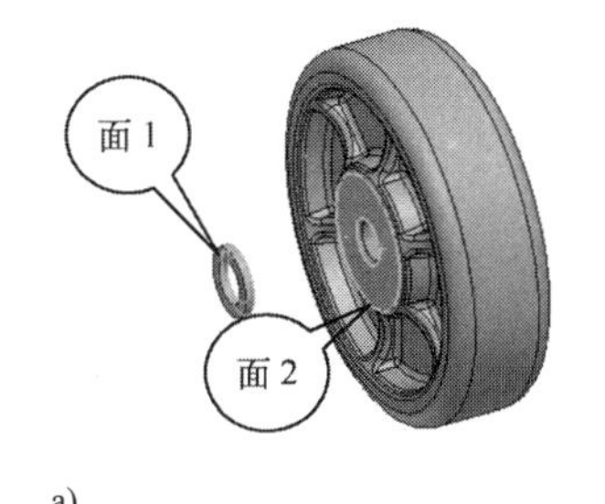

a) b)

图 4-118 “重合”配合

a) 设置参数 b) 配合结果

(4) 安装脚轮支撑

1）单击“装配体”控制面板上的“插入零部件”按钮，选择“脚轮支撑.SLDPRT”文件，单击“打开”按钮，将“脚轮支撑”零件插入到装配体中。

2）设置“同轴心”配合。单击“装配体”控制面板上的“配合”按钮，弹出“配合”属性管理器，在“标准配合”选项组中单击“同轴心”按钮；单击“配合选择”选项组中的“要配合的实体”拾取框，选择图形区域中的“面 1”“面 2”，如图 4-119 所示；单击“确定”按钮，添加“同轴心”配合。再次单击“确定”按钮，完成“同轴心”配合。

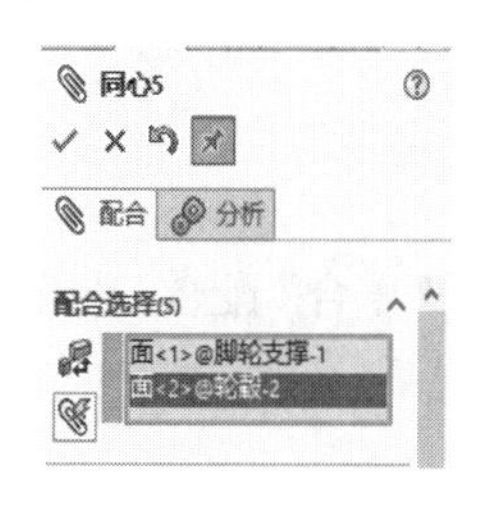

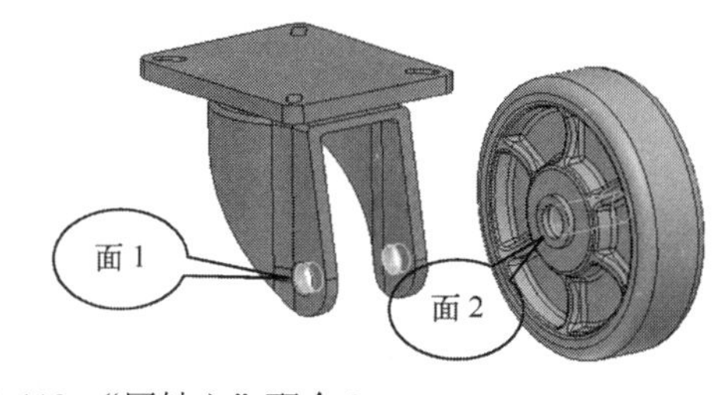


图 4-119 “同轴心”配合 2

3）设置“宽度”配合。单击“装配体”控制面板上的“配合”按钮，弹出“配合”属性管理器，在“高级配合”选项组中单击“宽度”按钮；单击“配合选择”选项组中的“宽度选择”拾取框，选择图 4-120a 所示图形区中的“面 1”“面 2”；单击“配合选择”选项组中的“薄片选择”拾取框，选择图形区中的“面 3”“面 4”；单击“确定”按钮，添加宽度配合。再次单击“确定”按钮，完成脚轮支撑装配，配合结果如图 4-120b 所示。

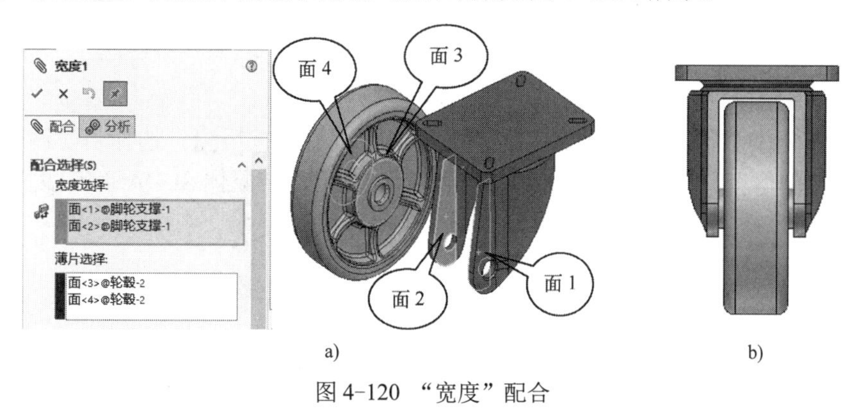


a) b)

图 4-120 “宽度”配合

a) 设置参数 b) 配合结果

（5）安装垫圈

安装垫圈操作与安装防振垫圈相同，使用“同轴心”配合和“重合”配合，装配结果如图 4-121a 所示。

（6）安装弹簧垫圈

安装弹簧垫圈操作与安装防振垫圈相同，使用“同轴心”配合和“重合”配合，装配结果如图 4-121b 所示。

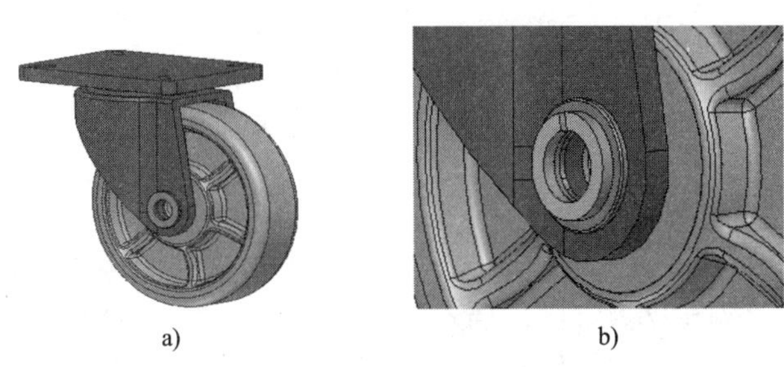

a)　　　　b)

图 4-121　安装垫圈和弹簧垫圈

a) 安装垫圈装配结果　b) 安装弹簧垫圈装配结果

（7）安装螺杆

安装螺杆操作与安装脚轮支撑相同，使用“同轴心”配合和“宽度”配合，装配结果如图 4-122a 所示。

（8）安装螺母

安装螺母操作与安装防振垫圈相同，使用“同轴心”配合和“重合”配合，装配结果如图 4-122b 所示。

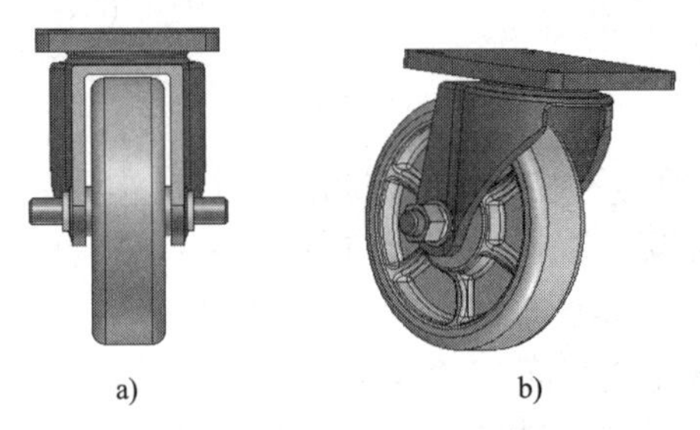

a)　　　　b)

图 4-122　安装螺杆螺母

a) 安装螺杆装配结果　b) 安装螺母装配结果

（9）保存装配体

至此完成装配体设计。单击“标准”工具栏中的“保存”按钮，选择当前路径，并更改文件名为“脚轮装配体”，单击“保存”按钮即可保存为“脚轮装配体.SLDASM”文件。

# 上机练习

**1. 轴承装配**

扫二维码观看轴承装配教学视频，打开资源文件\上机练习\第 4 章装配体设计\练习 1 轴承装配中的模型文件，完成轴承装配。装配结果如图 4-123 所示。

**2. 凸缘联轴器装配**

扫二维码观看凸缘联轴器装配教学视频，打开资源文件\上机练习\第 4 章装配体设计\练习 2 凸缘联轴器装配中的模型文件，完成凸缘联轴器装配。装配结果如图 4-124 所示。

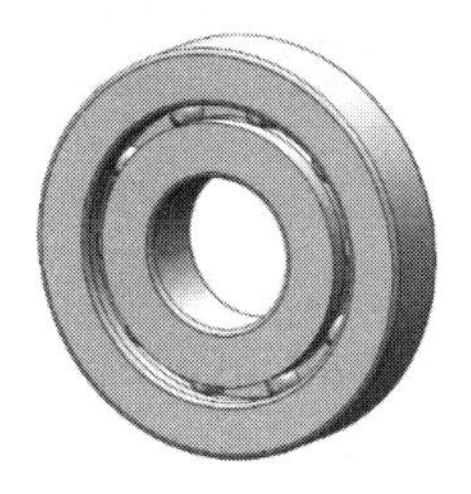

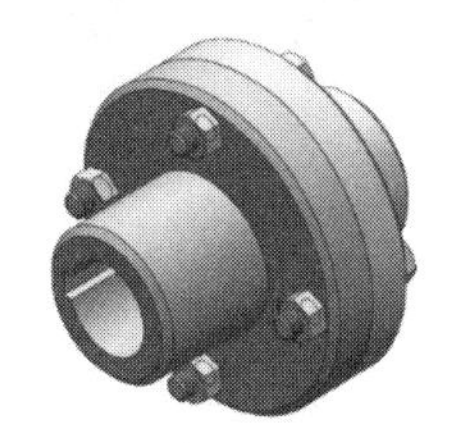

图 4-123　轴承装配　　图 4-124　凸缘联轴器装配

**3. 蜗轮箱装配**

扫二维码观看蜗轮箱装配教学视频，打开资源文件\上机练习\第 4 章装配体设计\练习 3 蜗轮箱装配中的模型文件，完成蜗轮箱装配。装配结果如图 4-125 所示。

**4. 平口钳装配**

扫二维码观看平口钳装配教学视频，打开资源文件\上机练习\第 4 章装配体设计\练习 4 平口钳装配中的模型文件，完成平口钳装配。装配结果如图 4-126 所示。

图 4-125　蜗轮箱装配　　图 4-126　平口钳装配

**5. 万向轴装配**

扫二维码观看万向轴装配教学视频，打开资源文件\上机练习\第 4 章装配体设计\练习 5 万向轴装配中的模型文件，完成万向轴装配。装配结果如图 4-127 所示。

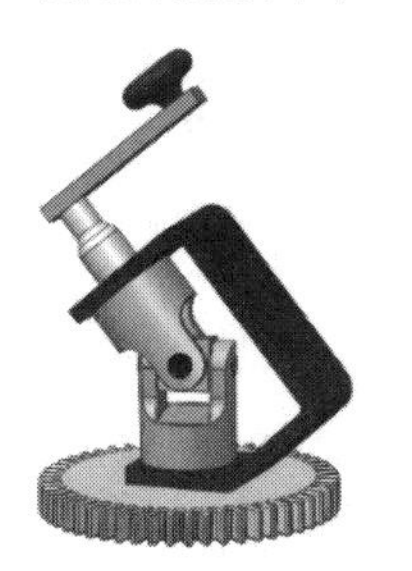

万向轴装配-操作

图 4-127　万向轴装配

# 第5章 工 程 图

工程图是机械领域用二维图形表达三维模型的一种形式，是指导产品生产的主要技术文件，通常包含视图、尺寸标注、技术要求、标题栏等内容。SolidWorks 工程图模块功能强大，设计者可以直接将零件或装配体三维模型转换为各种工程视图、快捷地完成尺寸标注等工作。

本章着重介绍 SolidWorks 2020 中创建工程图的基本过程，包括标准三视图、剖视图、辅助视图、局部视图、尺寸标注、添加注解等内容。通过本章的学习，读者能够掌握 SolidWorks 工程图的绘制方法和技巧。

通过本章的学习，读者可从以下几个方面开展自我评价。

- 了解工程图基本知识。
- 掌握工程图模板的创建过程。
- 掌握绘制工程图的基本操作过程。
- 掌握工程图的多种绘制方式。
- 合理规划学习时间，独立完成拓展训练，逐步培养自身获取新知识与技能的能力。

## 5.1 工程图基本知识

所谓工程图，就是将物体按一定的投影原理和技术规定，用多个视图清晰、详尽地表达产品的结构形状、大小、制造、检验中所必须技术要求的图样。它是表达设计意图、确定制造依据，交流经验的技术文件。工程图严格遵循国家标准要求，实现了设计者与制造者之间的有效沟通。

三维机械设计软件的应用正在改变人们传统的机械设计观念。虽然使用三维设计软件设计零件模型的形状和结构很容易被人们读懂，但是三维“图样”也有不足之处，而无法替代二维工程图的地位，原因如下。

1）立体模型（3D“图样”）无法像 2D 工程图那样可以标注完整的加工参数，如尺寸、几何公差、加工精度、基准、表面粗糙度符号和焊缝符号等。

2）不是所有零件都需要采用 CNC 或 NC 等数控机床加工，有时需要出示工程图在普通机床上进行传统加工。

3）立体模型（3D“图样”）仍然无法表达清楚局部结构，如零件中的斜槽和凹孔等，这时可以在 2D 工程图中通过不同方位的视图来表达局部细节。

4）通常把零件交给第三方厂家加工生产时，需要出示工程图。

使用 3D 软件进行机械设计可以大大提高工作效率，同时也应该保持对 2D 工程图的重视，纠正“3D 淘汰 2D”的错误观点，工程图在现代制造业中仍占据及其重要的位置。要成为一名优秀的机械工程师或机械设计师，每个工程技术人员必须掌握坚实的机械制图基础，必须具有较强的绘图和读图能力，以适应生产和科技发展的需要。

## 5.1.1 工程图创建步骤

SolidWorks 的工程图是以零件或装配体模型为基础的，因此在建立工程图之前，必须保存相关的零件或装配体模型文件。

在 SolidWorks 中创建工程图的步骤如下。

1）选模板：设置图纸格式和图纸属性。

2）打开文件：打开零件模型或装配体模型。

3）投视图：生成标准工程视图和派生工程视图，并合理布置各视图的位置和比例。

4）标尺寸：标注定形、定位尺寸及其公差。

5）填注解：填写粗糙度、几何公差、技术要求、标题栏信息等注解内容。

6）出图样：打印输出图样、打包保存或另存为 PDF 格式输出。

例 5-1 创建标准三视图工程图

**【例 5-1】** 以图 5-1 所示零件为例，介绍创建标准三视图工程图的基本过程

（1）新建工程图文件

启动 SolidWorks 2020，在“标准”工具栏中单击“新建”按钮，弹出“新建 SolidWorks 文件”对话框，单击“工程图”按钮，然后单击“高级”按钮，选择“gb_a4p”模板文件，单击“确定”按钮，进入工程图设计环境，工程图设计界面如图 5-2 所示。

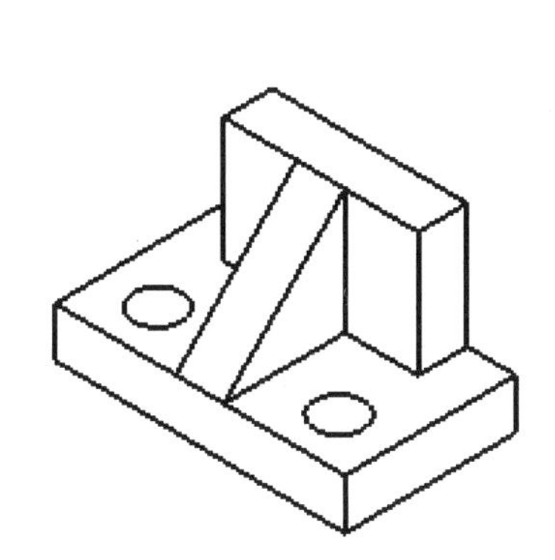

图 5-1 创建三视图素材模型

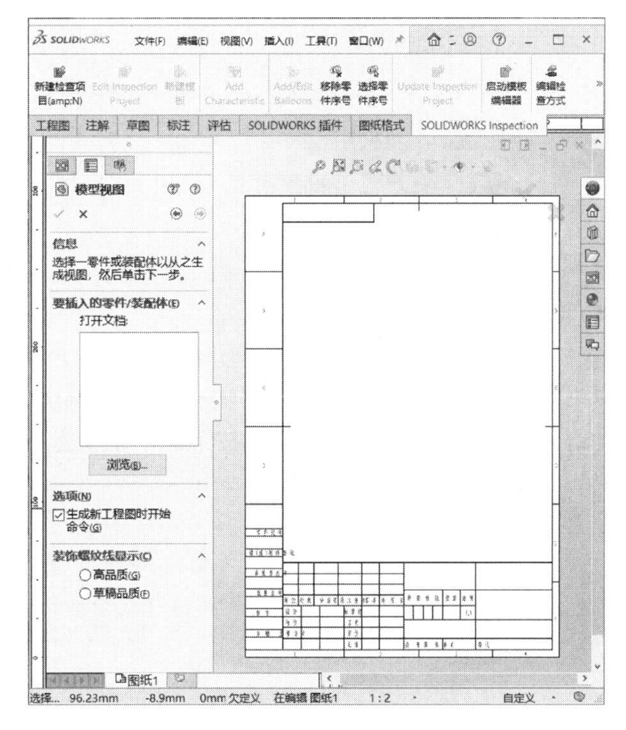


图 5-2 工程图设计界面

（2）创建标准三视图

1）插入文件。在弹出的“模型视图”属性管理器中，单击“浏览”按钮，系统弹出“打开”对话框，选择资源文件\模型文件\第 5 章\模型素材\“例 5-1 创建三视图素材模型.SLDPRT”文件，

单击“打开”按钮，将“例 5-1 创建三视图素材模型.SLDPRT”文件插入到工程图环境中。

2）创建标准三视图。移动鼠标指针到图形区，在合适位置单击，创建主视图；向右移动鼠标指针，将出现左视图图形，单击即可，创建左视图；移动鼠标指针到主视图下方，将出现俯视图图形，单击即可创建俯视图。单击“模型视图”属性管理器中的“确定”按钮，完成标准三视图的创建，如图 5-3 所示。

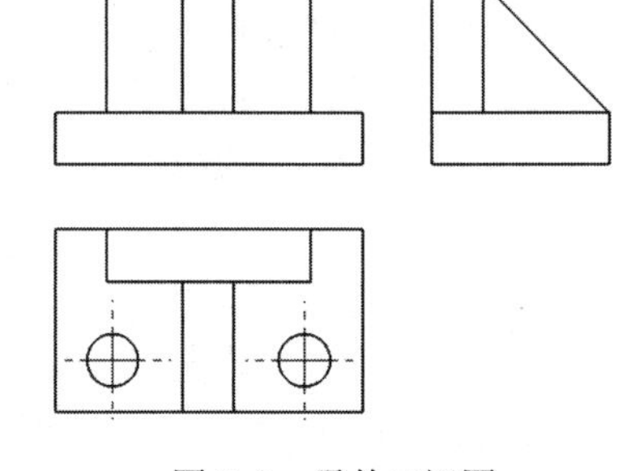

图 5-3　零件三视图

（3）标注尺寸

1）标注驱动尺寸。单击“注解”控制面板上的“模型项目”按钮，系统弹出“模型项目”属性管理器，如图 5-4 所示。在“来源/目标”选项组的“来源”下拉列表框中选择“整个模型”选项，单击“尺寸（D）”选项组中的“为工程图标注”按钮。设置完成后，单击“确定”按钮，系统快速完成对三视图的尺寸标注。

2）调整尺寸。在图形区，单击相应尺寸线，拖动鼠标即可调整尺寸线到相应位置。单击尺寸线上的数字，拖动鼠标即可调整数字到相应位置。标注完的三视图如图 5-5 所示。

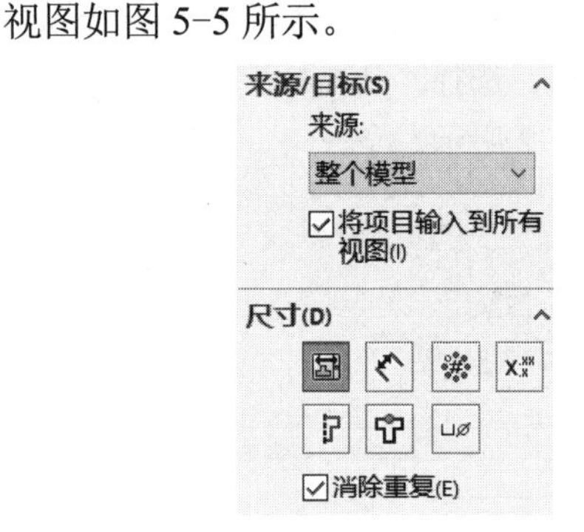


图 5-4　“模型项目”属性管理器

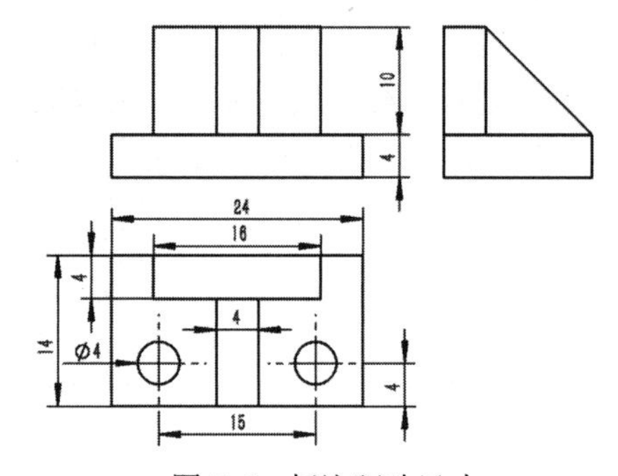


图 5-5　标注驱动尺寸

（4）标注尺寸公差

在图形区单击孔间距尺寸 15 的尺寸线，弹出“尺寸”属性管理器，如图 5-6 所示。在“公差/精度”选项组的“公差类型”下拉列表框中选择类型为“对称”，在“最大变量”文本框中输入“0.1mm”。完成后单击“确定”按钮，完成公差的标注，如图 5-7 所示。

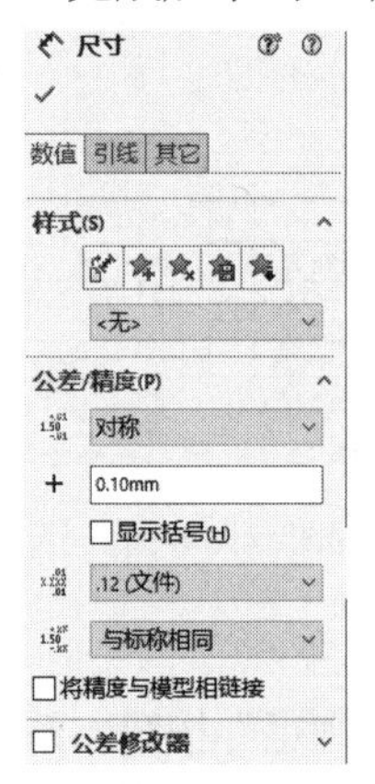


图 5-6　“尺寸”属性管理器

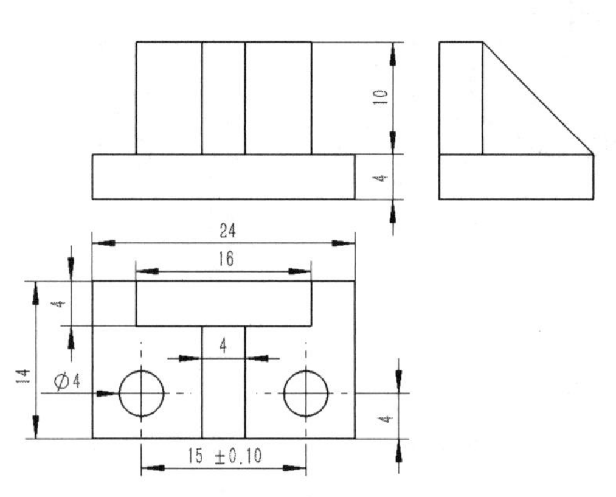


图 5-7　标注公差的三视图

（5）添加注解

1）插入表面粗糙度。单击“注解”控制面板上的“表面粗糙度”按钮，弹出“表面粗糙度”属性管理器，如图5-8所示。在“符号”选项组中单击“要求切削加工”按钮，在“符号布局”选项组的“最大粗糙度”文本框中输入“Ra1.6”，在图形区选择相应边线，此时边线高亮显示，单击放置表面粗糙度符号，再单击“确定”按钮，完成插入表面粗糙度的操作，如图5-9所示。

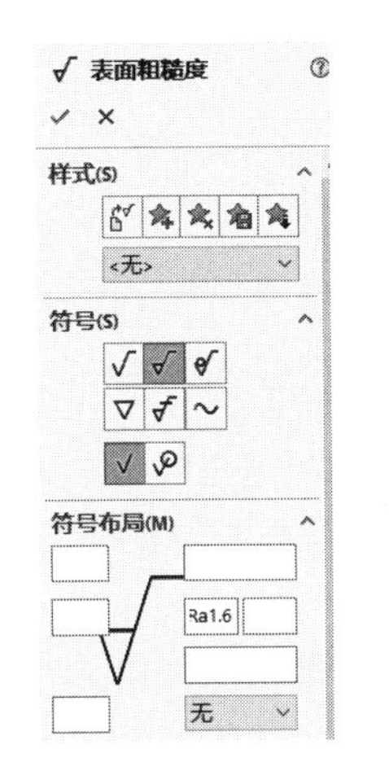


图5-8 “表面粗糙度”属性管理器

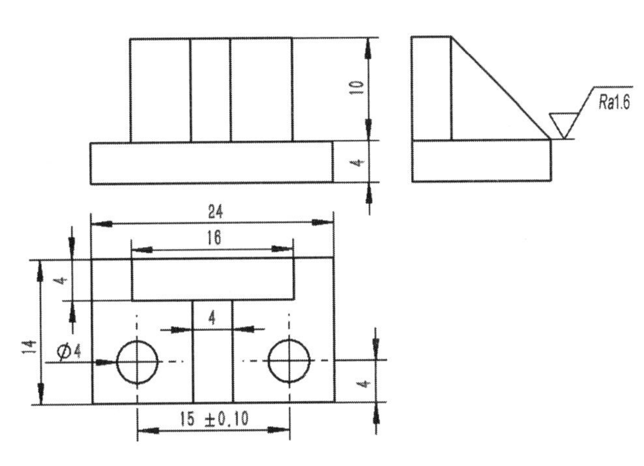


图5-9 标注表面粗糙度

2）插入基准特征。单击“注解”控制面板上的“基准特征”按钮，弹出“基准特征”属性管理器，如图5-10所示。在“引线”选项组中取消“使用文本样式”复选框的选择，单击“方形”按钮，再单击“实三角”按钮，在图形区中单击左视图的下边线，拖动鼠标到合适的位置后单击，插入基准特征。单击“确定”按钮，完成基准特征的标注，如图5-11所示。

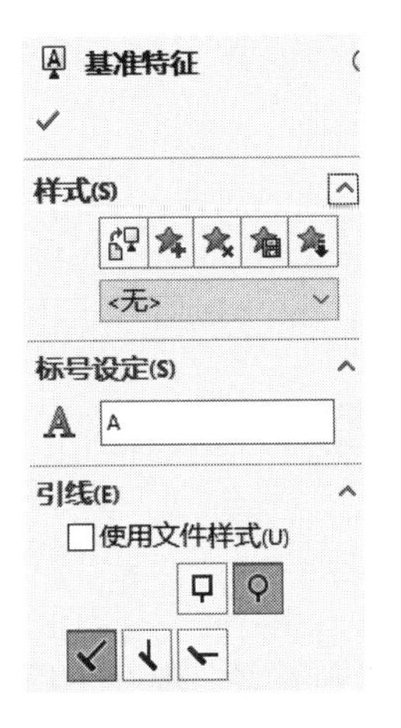


图5-10 “基准特征”属性管理器

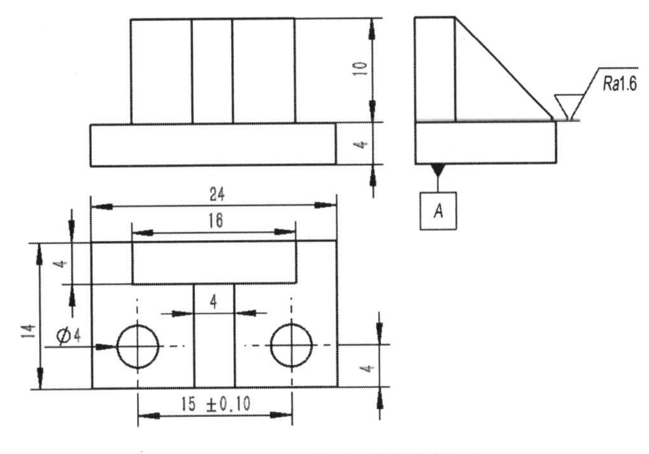


图5-11 标注基准特征

3）插入几何公差符号。单击“注解”控制面板上的“几何公差”按钮，弹出“几何公差”对话框，在“符号”下拉列表框中选择∥，在“公差1”文本框中输入“0.2”，在“主要”下拉列表框中输入“A”，如图5-12所示。在图形区主视图待标注边线的合适位置单击，定位标注引线的起点，移动鼠标指针定位引线的终点，单击“确定”按钮✓，完成几何公差的标注，如图 5-13 所示。

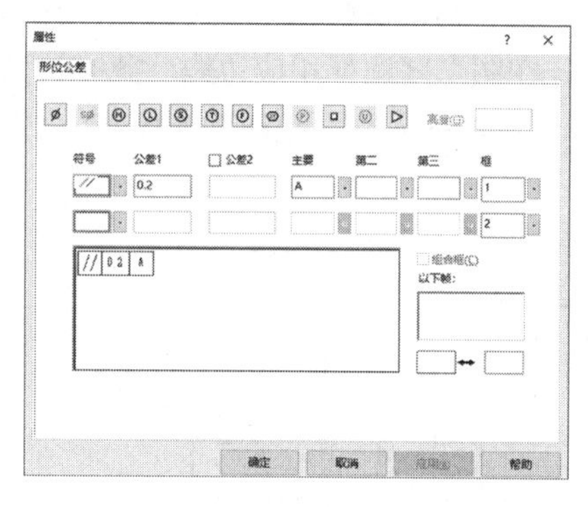

图 5-12 “几何公差”对话框[①]

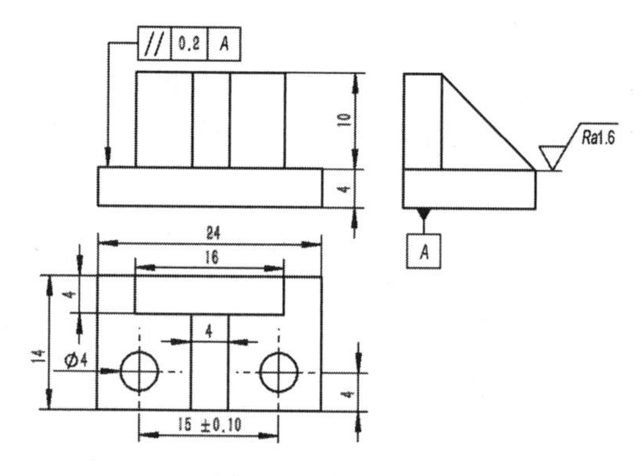


图 5-13 标注几何公差

4）插入技术要求。单击“注解”控制面板上的“注释”按钮A，在图形区中单击以放置注释，并输入以下内容：“技术要求 1. 调质处理 230~250HBW。2. 零件应干净且无毛边。”选择字号为“12”，单击“确定”按钮✓。

5）填写标题栏。右击图纸空白区域，在弹出的快捷菜单中选择“编辑图纸格式”命令，进入图纸格式编辑环境，双击“标题栏”相应项对应的“单元格”；或单击“注解”控制面板上的“注释”按钮A，完成相应项的编辑，如输入“单位名称”等内容。右击图纸空白区，在弹出的快捷菜单中选择“编辑图纸”命令，返回工程图设计环境，完成工程图设计全部内容，如图 5-14 所示（省略了标题栏）。

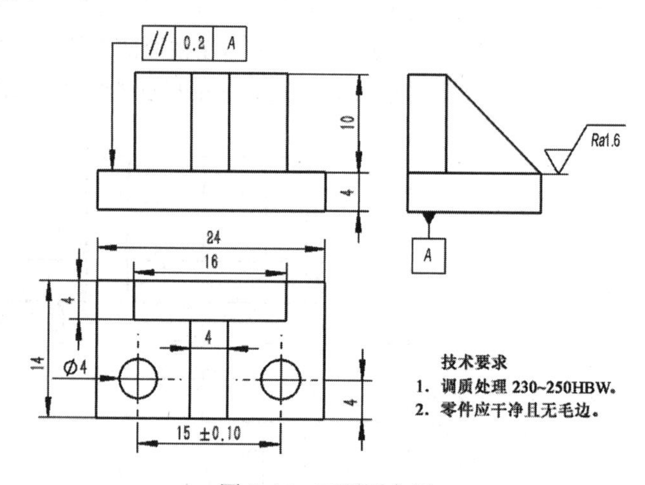


图 5-14 工程图实例

（6）保存文件 单击“标准”工具栏中的“保存”按钮，选择当前路径，保存工程图文件。

## 5.1.2 创建多张工程图样

一个工程图文件中可含有多张工程图样，下面以新建工程图为例，介绍创建多张工程图

① 因软件版本问题，根据国家标准，“形位公差”应为“几何公差”。

样的方法。

例 5-2 创建多张工程图样

【例 5-2】 创建多张工程图样

1）启动 SolidWorks 2020，在“标准”工具栏中单击“打开”按钮，弹出“打开”对话框，选择资源文件\模型文件\第 5 章\工程图素材\“例 5-2 创建多张工程图样素材. SLDDRW”文件，单击“打开”按钮，进入工程图设计环境。

2）单击设计树下方“图纸 1”右侧的“添加图纸”按钮；或在图形区的空白处右击，在弹出的快捷菜单中选择“添加图纸”命令，系统弹出“图纸格式/大小”对话框，如图 5-15 所示。在“标准图纸大小”列表框中选择相应的图纸格式，单击“确定”按钮，即完成添加图纸操作。此时“图纸 2”为激活状态，可在“图纸 2”上创建工程图。左侧设计树中会出现“图纸 2”项目，同时设计树底部选项卡中出现“图纸 2”标签，如图 5-16 所示。

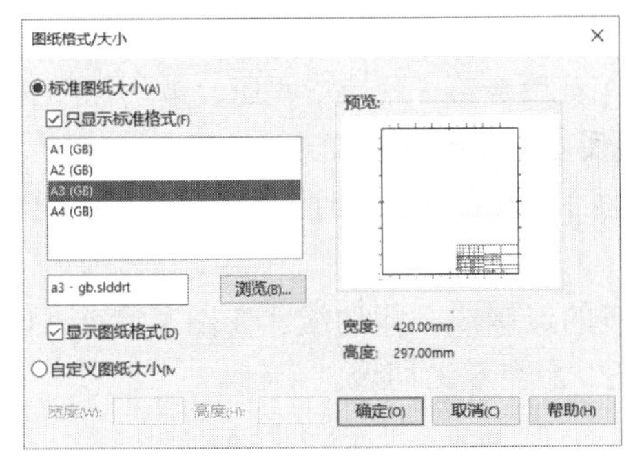


图 5-15 “图纸格式/大小”对话框

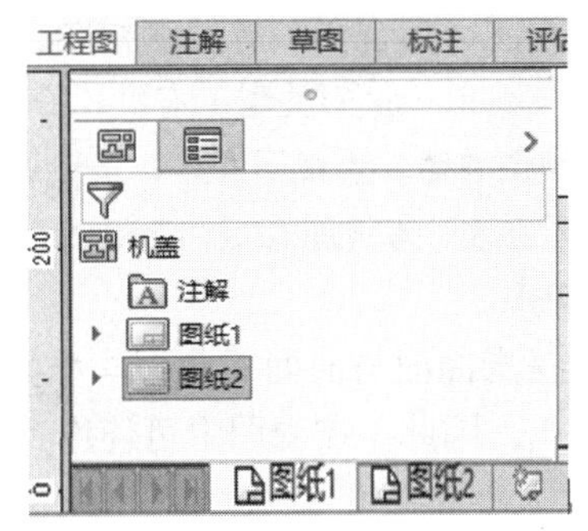


图 5-16 添加“图纸 2”的设计树

单击设计树底部的“图纸 1”标签，将激活“图纸 1”。

## 5.1.3 工程图基本术语

SolidWorks 工程图中会用到许多术语，基本术语包括工程图文件、图纸、图纸格式、视图等。

**1. 工程图文件**

用于存储工程图信息的文件，包括图纸格式、图样内容等。SolidWorks 2020 默认工程图文件的扩展名为“.SLDDRW”。SolidWorks 工程图文件可以包含一张或多张图样，在每张图样中可以包含多个工程视图。

**2. 图纸**

在 SolidWorks 中，可以将“图纸”的概念理解为一张实际的绘图纸。图纸用来建立工程视图、绘制几何元素、进行尺寸标注、添加注解。

注解包括注释文字、焊接注解、基准特征符号、基准目标符号、几何公差、表面粗糙度、多转折引线、孔标注、销钉符号、装饰螺纹线、区域剖面线填充、零件序号等。

**3. 图纸格式**

图纸格式通常用于设置图样中固定的内容，如图纸的大小、图框格式、标题栏，也可以加入注释文字。

SolidWorks 将工程图分为图纸格式和图样两层，图纸格式在底层，图样在上层。在图样层，无法对图纸格式进行编辑。

**4. SolidWorks 工程图模板**

工程图模板是 SolidWorks 中由图纸格式和图样选项构成的工程图属性总体控制环境。

图纸格式是标题栏、图框等统一样式的编辑环境。图纸格式的扩展名为（*.SLDDRT），默认保存位置为 C:\ProgramData\SolidWorks\SolidWorks 2020\lang\Chinese-Simplified\sheetformat。

图样选项包括字体大小、箭头形式、背景颜色等与绘图标准有关的选项。SolidWorks 通过菜单“工具”→“选项”→“系统选项（s）普通”→“文件属性”中的相关参数设置，对图样进行全局控制，从而使图样更符合国家标准。

中文版 SolidWorks 2020 提供了常见的国家标准工程图模板，一般情况下直接选择使用。如系统提供的工程图模板不符合要求，可自定义工程图模板。

**5．视图**

将物体按正投影法向投影面投射时所得到的投影称为视图。SolidWorks 2020 可创建基本视图、向视图、局部视图、剖视图和轴测视图等视图。基本视图包括前视图、上视图、下视图、左视图、右视图、后视图和等轴测视图。

视图与视角（投影类型）有关，分为第一视角下视图和第三视角下视图。第一视角下，前视图在中、左视图在右、右视图在左、上视图在下、下视图在上、后视图在最右。第三视角下，前视图在中、左视图在左、右视图在右、上视图在上、下视图在下、后视图在最右。我国采用第一视角下视图。

**6．切边**

切边是指曲面与曲面或曲面与平面间相切过渡的连接线，即切线。在国家标准（GB）工程图中不画出。因此，在视图中可使用“切边不可见”命令取消切边。

## 5.1.4 工程图用户界面

工程图设计界面如图 5-17 所示，包括设计树、菜单栏、命令管理器控制面板、“前导视图”工具栏、任务窗格、状态栏和图形区。其组成结构与“零件设计”模块界面相似。

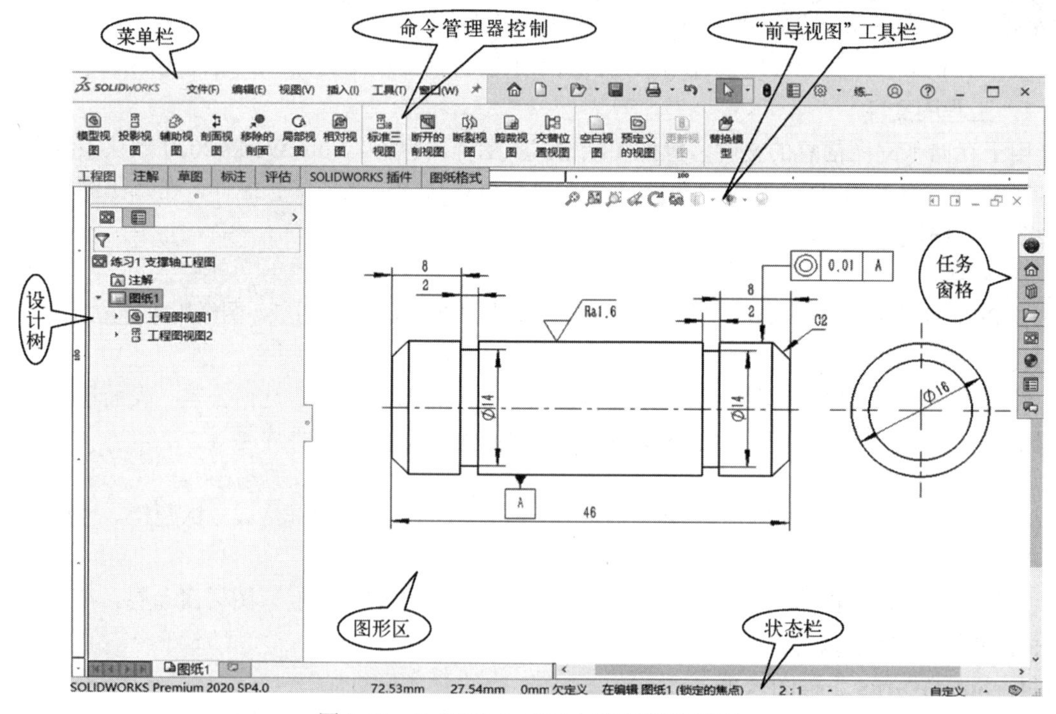


图 5-17　SolidWorks 2020 工程图设计界面

（1）设计树

设计树中列出了当前使用的所有视图，并以树的形式显示视图中的子视图及参考模型，通过设计树可很方便地查看和修改视图中的项目。

1）通过在设计树中单击项目名称可直接选取视图、零件、特征以及块。

2）在设计树中右击视图名称，在弹出的快捷菜单中选择“编辑特征”命令，可重新编辑视图。

3）在设计树中右击视图名称，在弹出的快捷菜单中选择“隐藏”命令，可隐藏所选视图。

4）在设计树中右击视图名称，在弹出的快捷菜单中选择“切边”命令，在展开菜单中选取相应命令，可设置视图中切边的显示模式。

（2）命令管理器控制面板

1）使用“工程图”控制面板上各命令按钮完成工程视图的创建工作。

2）使用“注解”控制面板上各命令按钮完成尺寸标注、公差标注、注释等工作。

3）使用“图纸格式”控制面板上各命令按钮完成“图纸格式”创建与编辑工作。

## 5.1.5 创建工程图文件

工程图包含一个或多个由零件或装配体生成的视图。在生成工程图之前，必须先保存与它有关的零件或装配体。可以从已打开的零件或装配体模型生成工程图。

**1. 从零件或装配体生成工程图**

1）打开零件或装配体文件。

2）选择“文件”→“从零件/装配体制作工程图”命令。

3）系统弹出“新建 SolidWorks 文件”对话框，如图 5-18 所示。在“模板”选项卡中选择模板，然后单击“确定”按钮。如没设置默认模板（设置默认模板见 1.5.1 节），系统弹出如图 5-15 所示的“图纸格式/大小”对话框，可在此对话框中选择图纸格式。

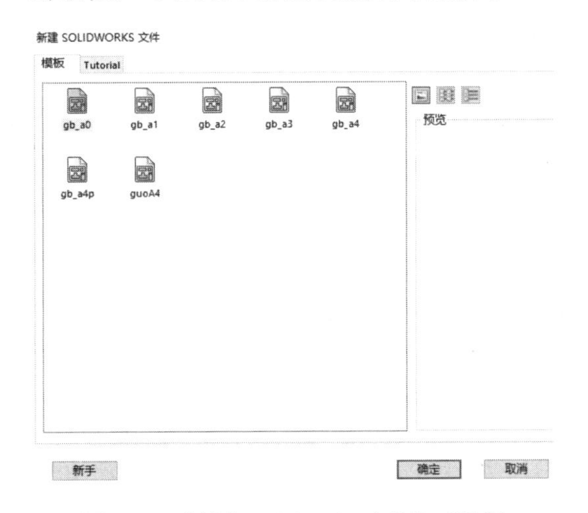


图 5-18 “新建 SolidWorks 文件”对话框

4）创建视图。从“视图调色板”面板中将视图拖动到工程图图样中，系统自动弹出“投影视图”属性管理器，移动鼠标指针生成其他投影视图。“视图调色板”面板如图 5-19 所示，“投影视图”属性管理器如图 5-20 所示。

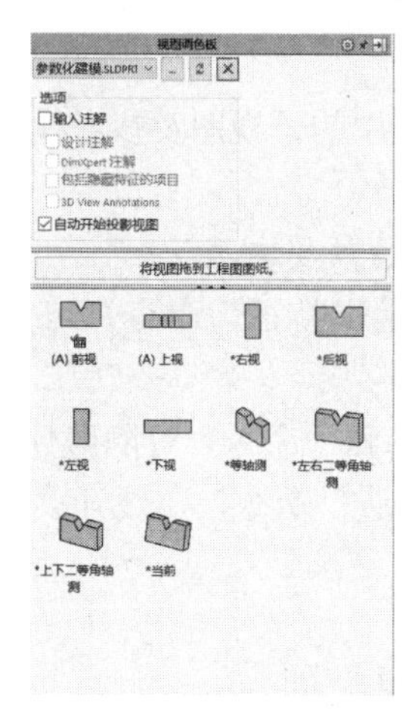


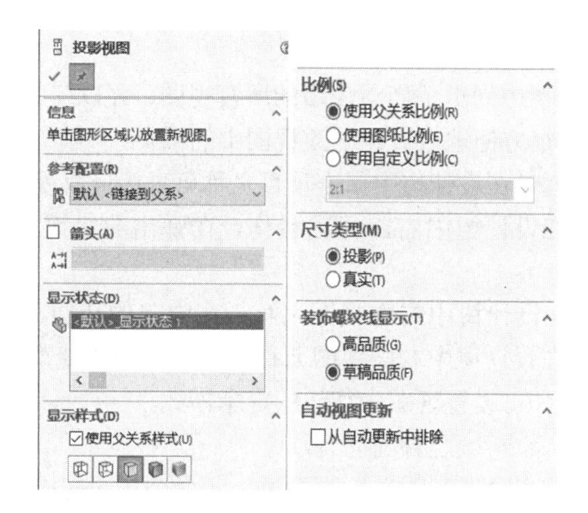


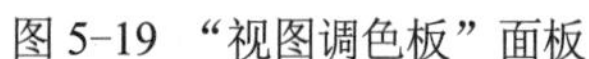

图 5-19 “视图调色板”面板　　　　图 5-20 “投影视图”属性管理器

5）保存文件。单击“标准”工具栏中的“保存”按钮，保存工程图文件。

**2. 新建工程图文件**

生成新的工程图文件的步骤如下。

1）单击“标准”工具栏中“新建”按钮，或选择“文件”→“新建”命令。

2）系统弹出“新建 SolidWorks 文件”对话框，单击“高级”按钮，出现图 5-18 所示的“模板”选项卡，选择相应模板后，单击“确定”按钮，进入工程图设计环境。

3）选择零件或装配体。在“模型视图”属性管理器的“要插入的零件或装配体”选项组中，单击“浏览”按钮，系统弹出“打开”对话框，打开一个零件或装配体文件。

4）放置视图。在图形区单击，出现模型的“前视图”。

5）保存文件。单击“标准”工具栏中的“保存”按钮，保存工程图文件。

### 5.1.6 保存工程图文件

**1. 保存为普通工程图**

单击“标准”工具栏中的“保存”按钮，或选择“文件”→“保存”命令，弹出“另存为”对话框，系统自动添加扩展名“.SLDDRW”，用户可以修改名称，然后单击“保存”按钮，完成工程图的保存。当保存工程图时，以插入的第一个零件模型名称作为默认文件名出现在“另存为”对话框中。

**2. 保存为工程图图纸格式**

工程图图纸格式的文件类型为（*.SLDDRT），可等同于工程图模板来使用。

保存为工程图图纸格式的操作步骤如下。

1）选择“文件”→“保存图纸格式”命令。

2）选择保存路径，单击“保存”按钮将常规工程图保存为工程图图纸格式。

①图纸格式文件（*.SLDDRT）可以存在任意路径下，等同于工程图文件（*.SLDDRW）使用。②图纸格式文件中添加的图纸具有相同的图纸格式。③图纸模板文件（*.DRWDOT）需存在指定目录下，使用模板文件创建的工程图文件添加图纸时，需再次指定图纸格式。④企业一般使用自定义的图纸格式文件。

# 5.2 创建工程图模板

SolidWorks 本身提供了一些工程图模板，往往各企业在产品设计中都会有自己的工程图标准，这时用户可根据自己的需要，设置一些参数属性，定义符合企业标准的工程图模板。基于标准的工程图模板是生成多零件标准工程图的最快捷的方式，所以在创建工程图之前，首要的工作就是建立标准的工程图模板。

创建工程图模板大致有以下 3 项内容。

1）建立符合国家标准的图纸格式，包括图框大小、投影类型、标题栏内容等。具体操作方法为：右击工程图图形区空白处，在系统弹出的快捷菜单中选择“编辑图纸格式”选项，设置工程图模板的标题栏和图框。

2）设置具体的尺寸标注，标注文字字体、文字大小、箭头和各类延伸线等细节。

3）调整已生成视图的线型和具体标注尺寸的类型，注释文字等；修改细节，以符合标准。

制作工程图模板的具体步骤如下。

1）新建图纸。指定图纸的大小。

2）定义图纸文件属性。包括视图投影类型、图纸比例、视图标号等。

3）编辑图纸格式。包括模板文件中图形界限、图框线、标题栏并添加相关注解。

4）保存模板文件至系统模板文件夹。

下面以创建一个 A4 纵向图纸模板为例，介绍创建工程图模板的方法。

（1）创建图纸

1）新建图纸。启动 SolidWorks 2020，在“标准”工具栏中单击“新建”按钮，弹出“新建 SolidWorks 文件”对话框，单击“工程图”按钮，然后单击“高级”按钮，选择“gb_a4p”模板文件，最后单击“确定”按钮，进入工程图设计环境。

2）退出模型视图。在系统弹出的“模型视图”对话框中单击“取消”按钮✕，退出模型视图环境。

3）消除已有的标准。单击“图纸格式”控制面板上的“编辑图纸格式”按钮，进入图纸编辑状态。在图纸中选取所有的边线及文本，在空白处右击，在弹出的快捷菜单中选择“删除”命令，将选择对象全部删除。

（2）定义图纸属性

因为 gb_a4p 标准已符合用户的要求，此例不做修改。

（3）编辑图纸格式

1）进入图纸格式编辑界面，创建图形界限和图框线。

① 绘制图形界线。选择“工具”→“草图绘制实体（K）”→“边角矩形（R）”命令，绘制如图 5-21 所示的矩阵，并添加尺寸约束。

② 设置固定点。固定图形界限，单击矩形左下角点，弹出如图 5-22 所示的“点”属性管理器，在“控制顶点参数”选项组中设置顶点的坐标值为（0，0），并在“添加几何关系”选项组中单击“固定”按钮，将选择的顶点固定在（0，0）点上。

③ 绘制图框线并添加尺寸约束。在图 5-21 所示的矩形内侧绘制一个矩形，并添加图 5-23 所示的尺寸约束。

图 5-21　绘制图形界限

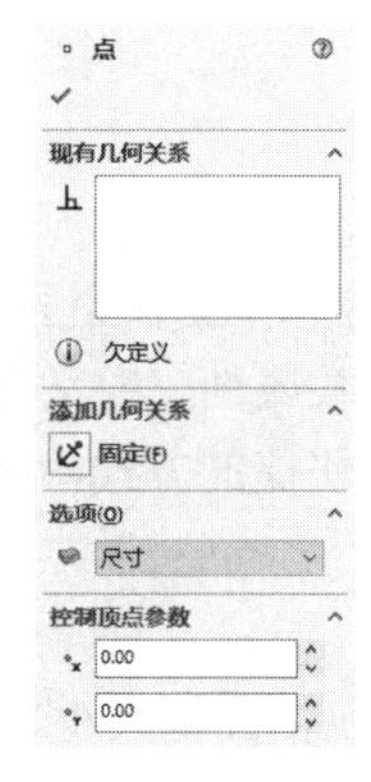

图 5-22 “点”属性管理器

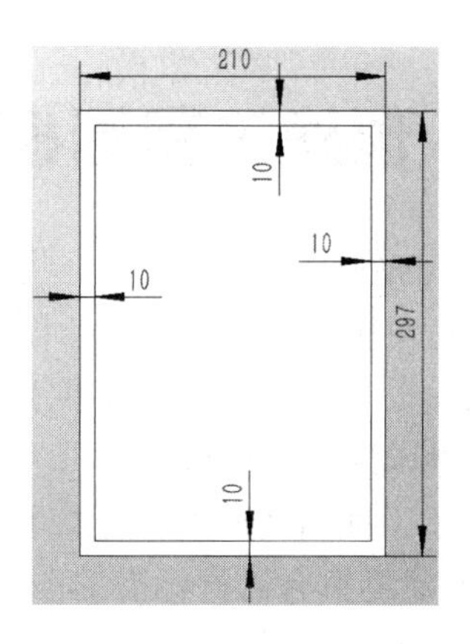

图 5-23　添加尺寸约束

④ 设置图框线线型。在菜单栏空白处右击，在弹出的快捷菜单中选择“工具栏”→“线型”命令，系统弹出“线型”控制面板。单击“线型”工具栏中的“线宽”按钮，在下拉列表中选择合适的线宽来更改内侧矩形的边线（粗线 0.5mm，细线 0.25mm）。

2）添加标题栏。绘制图 5-24 所示的标题栏，并添加尺寸约束。

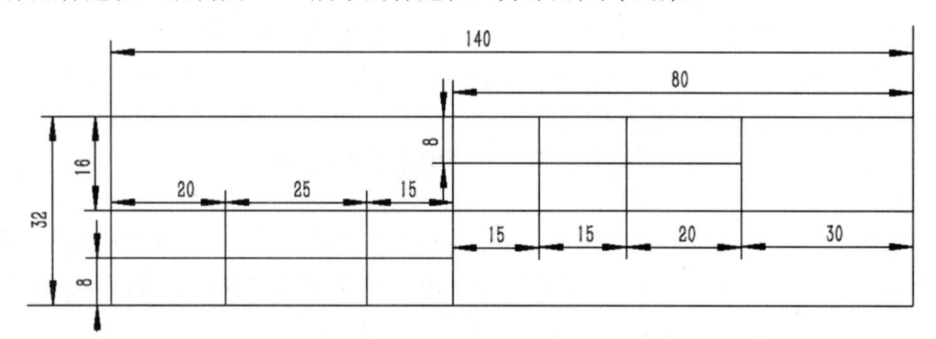

图 5-24　添加标题栏

3）隐藏尺寸标注。在设计树中右击“注解”选项，在系统弹出的快捷菜单中取消选择“显示参考尺寸”，将隐藏全部标注尺寸。

4）添加注释文字。单击“注解”控制面板上的“注释”按钮，系统弹出“注释”属性管理器，单击“引线”选项组中的“无引线”按钮，在图形区标题栏内分别创建图 5-25 所示的注解文本（字体选择仿宋，字高选择 7mm）。

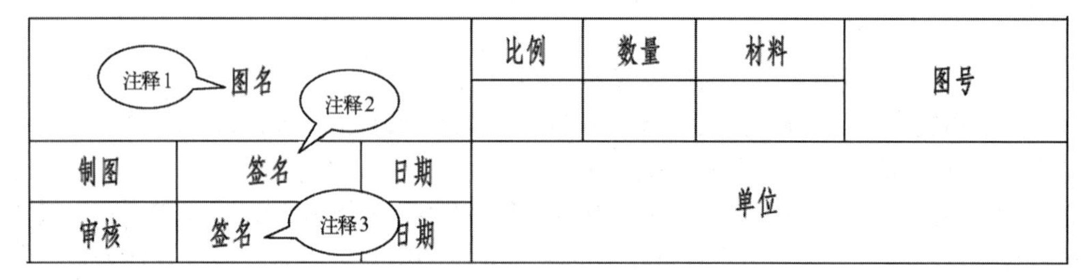

图 5-25　添加注释

5）调整注释文字。选择图 5-25 所示的“注释 1”“注释 2”和“注释 3”并右击，在弹出的快捷菜单中选择“对齐”→“竖直对齐”命令，将“注释 1”“注释 2”“注释 3”竖直对齐，以同样的方式对齐其他注释，完成后对齐效果如图 5-26 所示。

<table>
<tr><td colspan="3" rowspan="2">图名</td><td>比例</td><td>数量</td><td>材料</td><td rowspan="2">图号</td></tr>
<tr><td></td><td></td><td></td></tr>
<tr><td>制图</td><td>签名</td><td>日期</td><td colspan="4" rowspan="2">单位</td></tr>
<tr><td>审核</td><td>签名</td><td>日期</td></tr>
</table>

图 5-26　对齐注释文字

为了将零件模型的属性自动反映到工程图中的“图名”“日期”“图样比例”等各项上，应当设置属性链接。

6）添加“图名”属性链接。单击图 5-26 所示的“图名”注释，系统弹出图 5-27 所示的“注释”属性管理器；单击“文字格式”选项组中的“链接到属性”按钮，弹出图 5-28 所示的“链接到属性”对话框；在“属性名称”下拉列表中选择“sw-文件名称（File Name）”选项，单击“确定”按钮，关闭“链接到属性”对话框，完成“图名”属性链接的添加。

7）添加“日期”属性链接。单击图 5-26 所示的“日期”注释，系统弹出图 5-27 所示的“注释”属性管理器；单击“文字格式”选项组中的“链接到属性”按钮，弹出图 5-28 所示的“链接到属性”对话框；在“属性名称”下拉列表中选择“SW-短日期（Short Date）”选项，单击“确定”按钮，关闭“链接到属性”对话框，完成“日期”属性链接的添加。

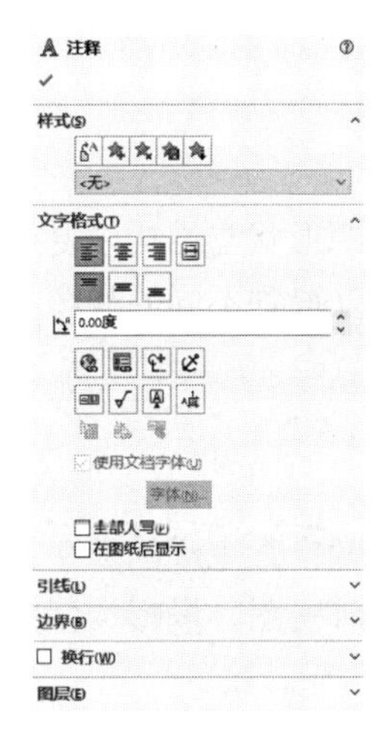


图 5-27　“注释”属性管理器

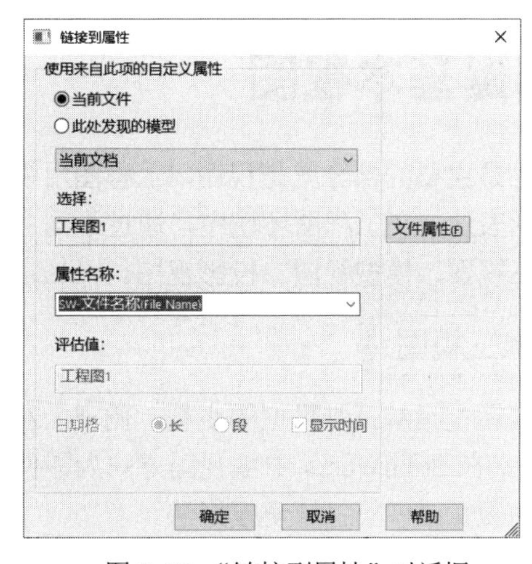


图 5-28　“链接到属性”对话框

添加属性链接后，打开零件模型时，“零件模型名称”与“日期”自动反映到工程图标题栏的相应项中。

8）单击“图纸格式”控制面板上的“编辑图纸格式”按钮，退出“图纸格式”编辑状态。

（4）为图纸设置国家标准环境

因打开的模板文件为国家标准模板，此项可不设置。如需设置，单击“标准”工具栏中的“选项”→“系统选项（s）-普通”→“文档属性”按钮，系统弹出“文档属性（D）-绘图标准”对话框，如图 5-29 所示，对“绘图标准”及“出详图”各选项进行设置。

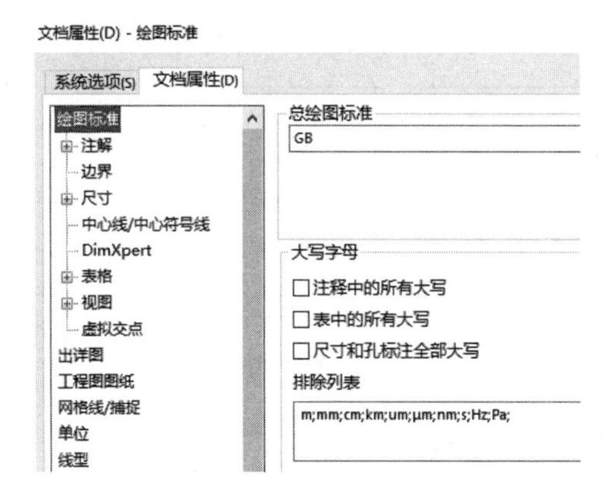


图 5-29 “文档属性（D）-绘图标准”对话框

在设置好工程图模板后，还需要将其添加到“新建 SolidWorks 文件”对话框中，即将设置好的模板文件添加到模板文件所在的目录中。

（5）保存工程图模板文件

选择“文件”→“另存为”命令，系统弹出“另存为”对话框，在“文件名”文本框中输入“国标 a4_p 模板”，在“保存类型”下拉列表框中选择“工程图模板（*.drwdot）”，系统自动将保存路径转到 C:\programData\SolidWorks\SolidWorks 2020\templates 文件夹下，单击“保存”按钮，完成工程图模板的保存。

# 5.3 创建基本视图

工程图中最主要的部分就是视图，工程图用视图来表达零件的形状与结构，复杂的零件需要多个视图共同表达。在工程图环境中，通过不同命令的配合，可以得到不同的视图类型。基本视图包括标准三视图、模型视图、投影视图。

## 5.3.1 标准三视图

标准三视图是指从三维模型的主视、俯视、左视 3 个正交角度投影生成的 3 个正交视图，如图 5-30 所示。在 SolidWorks 中主视图方向为零件或者装配体的前视图，投影类型则按照图纸格式设置的第一视角或者第三视角投影法。

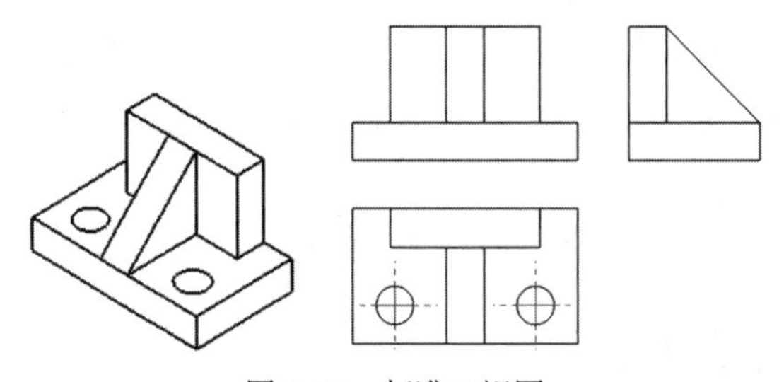

图 5-30 标准三视图

在标准三视图中，主视图、俯视图及左视图有固定的对齐关系。主视图与俯视图长度方向对齐，主视图与左视图高度方向对齐，俯视图与左视图宽度相等。俯视图可以竖直移动，左视图可以水平移动。

下面以案例形式，介绍生成标准三视图的具体操作步骤。

例5-3　创建标准三视图

【例5-3】 创建标准三视图

1）打开资源文件\模型文件\第 5 章\工程图素材\“例5-3 标准三视图.SLDDRW”文件，图形区中出现一张空白的工程图，如图5-31所示。

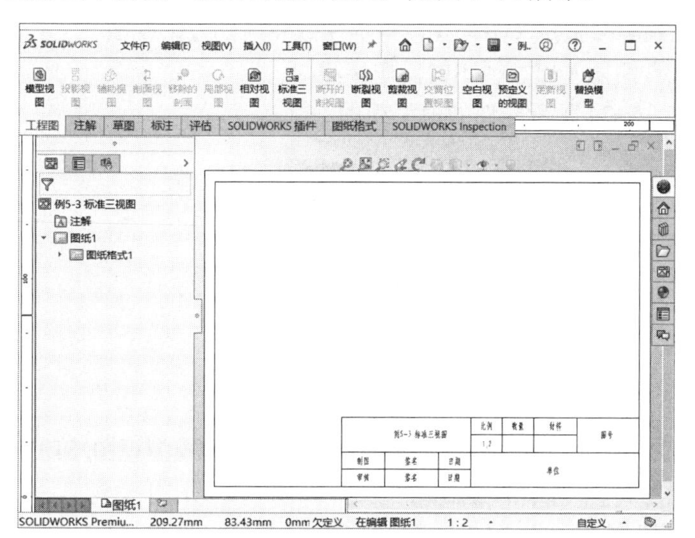

图5-31　空白图纸

2）单击“工程图”控制面板上的“标准三视图”按钮，或者选择“插入”→“工程图视图”→“标准三视图”命令，弹出“标准三视图”属性管理器，如图5-32所示。

3）在“要插入的零件/装配体”选项组中，单击“浏览”按钮，在弹出的“打开”对话框中，打开资源文件\模型文件\第5章\模型素材\“例5-3 标准三视图素材模型.SLDPRT”文件。

4）工程图图形区出现了标准三视图，系统自动关闭“标准三视图”属性管理器，创建的标准三视图如图5-33所示。

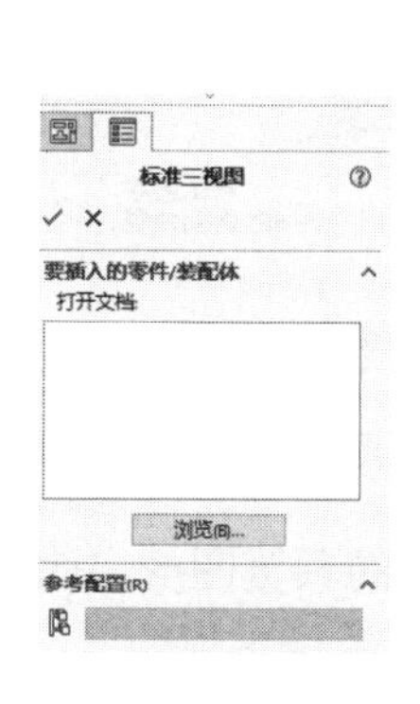


图5-32　“标准三视图”属性管理器

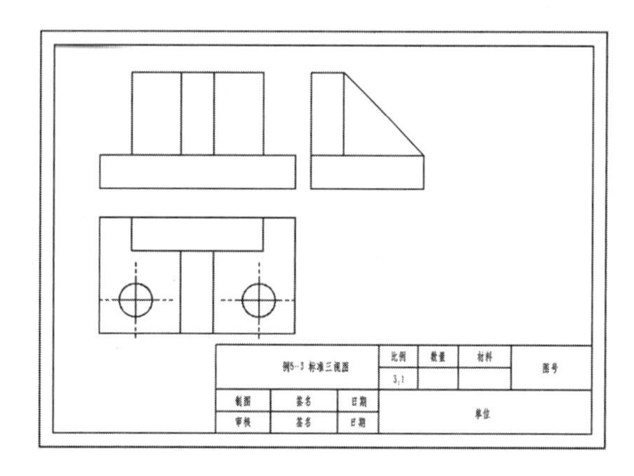


图5-33　标准三视图

5）单击“标准”工具栏中的“保存”按钮，将文件保存在当前目录下。

## 5.3.2 模型视图

例 5-4　创建模型视图

标准三视图是最基本也是最常见的工程图，但是它所提供的视角十分固定，主视图为模型的前视图，有时不能很好地描述模型的实际情况。SolidWorks 提供的模型视图解决了这个问题，设计者可以从模型文件中选择视图名称和方向（前视、上视、左视等）来定义主视图，进而生成相应的投影视图。

下面以案例形式介绍插入模型视图的操作步骤。

**【例 5-4】** 创建图 5-34 所示零件的模型视图

图 5-34　零件模型

1）打开资源文件\模型文件\第 5 章\工程图素材\“例 5-4 模型视图. SLDDRW”文件，进入工程图设计环境，出现图 5-31 所示的图纸。

2）单击“工程图”控制面板上的“模型视图”按钮，或者选择“插入”→“工程图视图”→“模型视图”命令。系统弹出“模型视图”属性管理器，如图 5-35 所示。

3）在“要插入的零件/装配体”选项组中，单击“浏览”按钮，在弹出的“打开”对话框中，打开资源文件\模型文件\第 5 章\模型素材\“例 5-4 模型视图素材模型. SLDPRT”文件。

4）系统更新了“模型视图”属性管理器，更新后的“模型视图”属性管理器如图 5-36 所示。系统默认视图方向为“前视图”方向。

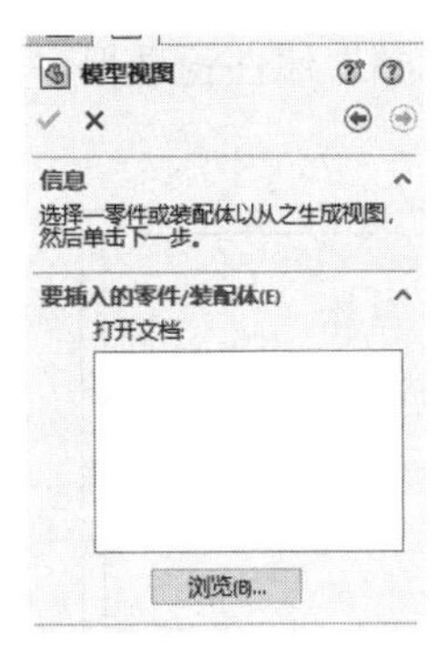

图 5-35 “模型视图”属性管理器

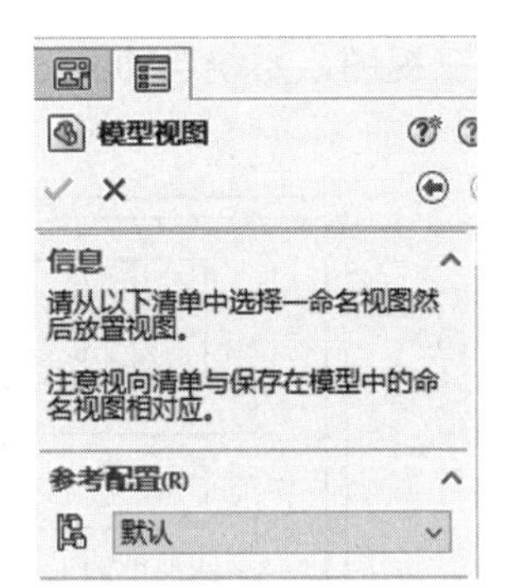


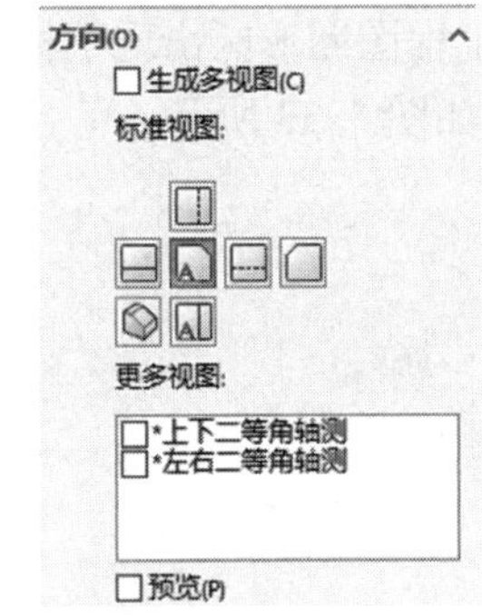


图 5-36　更新后的“模型视图”属性管理器

5）在“方向”选项组中选中“预览”复选框，会出现当前视图的预览图形，此时，鼠标指针变为形状。

6）在“方向”选项组中，单击“下视图”按钮。移动鼠标指针到图形区，选择合适位置后单击，在图形区完成零件“主视图”创建工作。

7）放置主视图后，系统会弹出“投影视图”属性管理器，在图形区移动鼠标指针，生成“左视图”“俯视图”及“轴测图”。

8）单击“投影视图”属性管理器中的“确定”按钮✓，然后选择“主视图”并右击，在弹出的快捷菜单中选择“切边”→“切边不可见”命令，如图 5-37 所示，去除“主视图”中的“切边”。

9）去除其他视图切边。同理，完成其他视图中的去除切边操作。

10）单击“模型视图”属性管理器中的“确定”按钮✓，完成模型视图的创建，如图 5-38 所示。

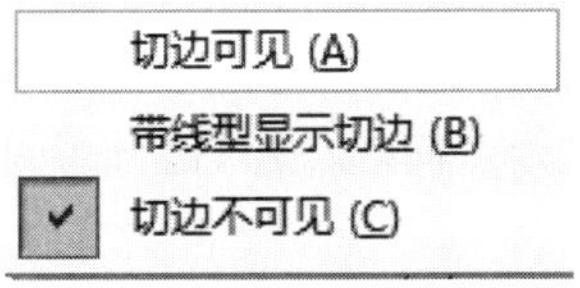

切边可见 (A)
带线型显示切边 (B)
切边不可见 (C)

图 5-37　选择“切边不可见”命令

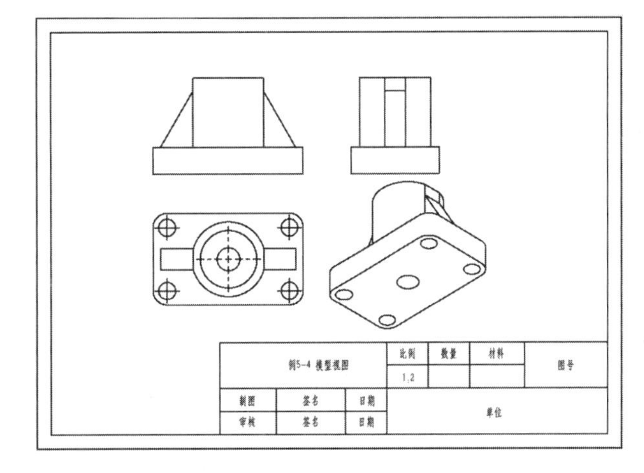


图 5-38　创建的模型视图

11）单击“标准”工具栏中的“保存”按钮，将文件保存在当前目录下。

## 5.3.3 投影视图

投影视图是指对已有视图通过正交投影生成的视图，投影视图中已有的视图称为父视图，通过投影视图方式可生成“父视图”以外的其他视图。投影方法由在“图纸属性”对话框中所设置的第一视角或者第三视角投影类型决定。

单击“工程图”控制面板上的“投影视图”按钮，或者选择“插入”→“工程图视图”→“投影视图”命令，系统弹出“投影视图”属性管理器，如图 5-39 所示。此时鼠标指针变为形状，然后在图形区选择要投影的父视图，系统更新了“投影视图”属性管理器，如图 5-40 所示。“投影视图”属性管理器中各选项的含义如下。

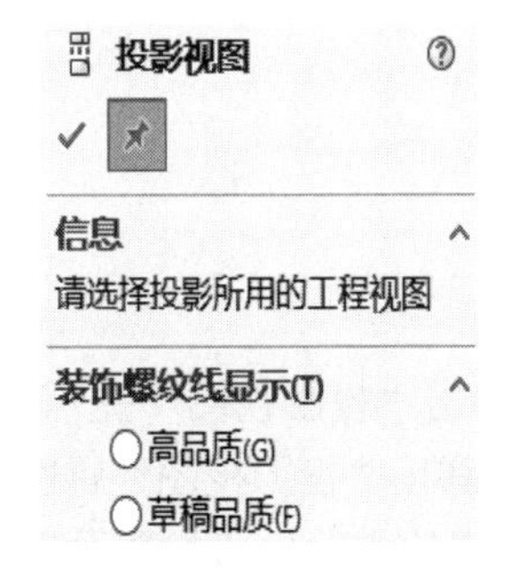


图 5-39　“投影视图”属性管理器

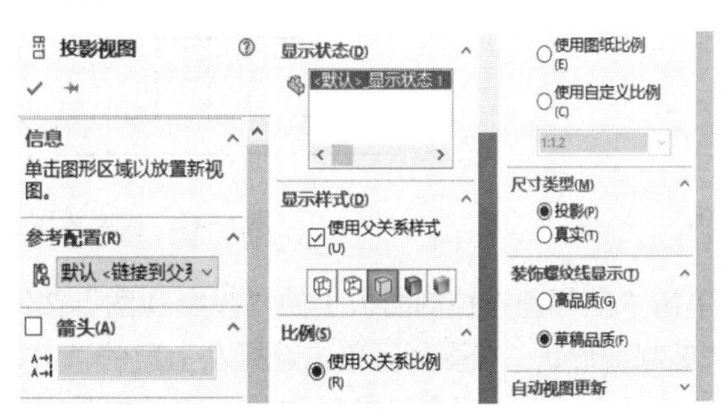


图 5-40　更新后的“投影视图”属性管理器

（1）“箭头”选项组

- “箭头”复选框：选中此复选框，在父视图中显示投射方向的箭头。
- 标号：表示按相应父视图的投射方向得到投影视图的名称。

（2）“显示样式”选项组

- “使用父关系样式”复选框：取消选择此复选框，可以选择与父视图不同的显示样式和品质设定。
- 显示样式：包括“线架图”、“隐藏线可见”、“消除隐藏线”、“带边线上色”、“上色”。

（3）“比例”选项组

- “使用父关系比例”单选按钮：与父视图使用相同的比例。
- “使用图纸比例”单选按钮：与工程图图样使用相同的比例。
- “使用自定义比例”单选按钮：可以根据需要自定义视图比例。

（4）“尺寸类型”选项组

- “投影”单选按钮：图样默认为模型的 2D 尺寸。
- “真实”单选按钮：精准模型尺寸值。

（5）“装饰螺纹线显示”选项组

- “高品质”单选按钮：显示装饰螺纹线中的精确线型，如果装饰螺纹线只部分可见，选中“高品质”单选按钮，系统将只显示可见部分。
- “草稿品质”单选按钮：以更少的细节显示装饰螺纹线，如果装饰螺纹线只部分可见，选中“草稿品质”单选按钮，系统将显示整个特征。

例 5-5 创建投影视图

**【例 5-5】** 创建投影视图

1）打开资源文件\模型文件\第 5 章\工程图素材\“例 5-5 投影视图.SLDDRW”工程图文件，如图 5-41 所示（省略标题栏及图框）。

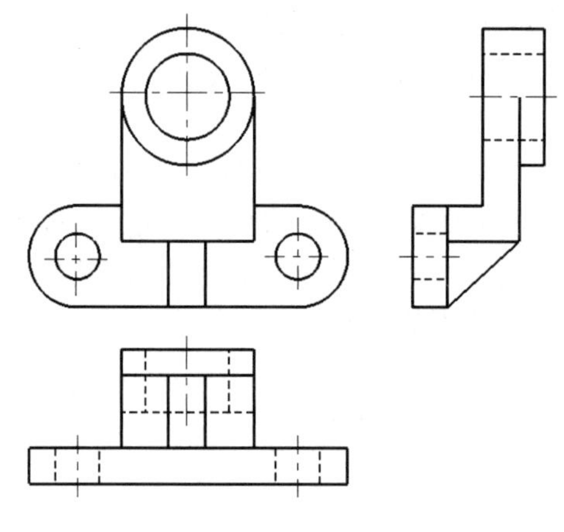
图 5-41 投影视图素材

2）单击“工程图”控制面板上的“投影视图”按钮，系统弹出“投影视图”提示框，此时鼠标指针变为形状，在图形区单击选择左上角的“主视图”，系统弹出“投影视图”属性管理器。

3）尝试往上下左右及斜向拖动鼠标，系统根据鼠标笔势在相应的方向生成投影预览。

4）往右下角拖动鼠标，在合适的位置处单击，生成此方向上的投影视图（轴测图），如

图 5-42 所示。

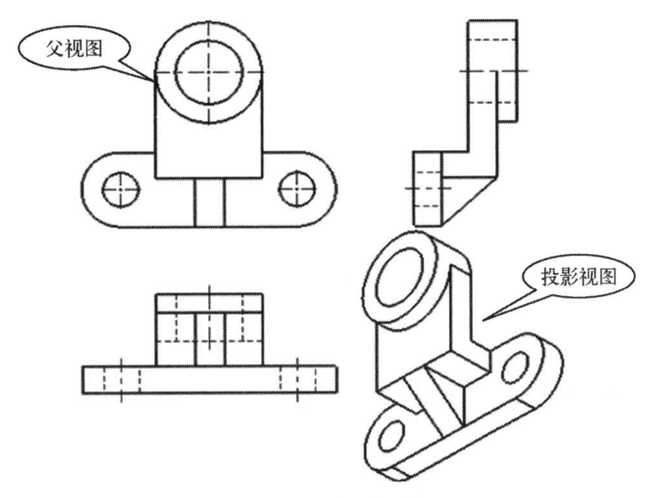


图 5-42　投影视图

5）单击“投影视图”属性管理器中的“确定”按钮✓，完成投影视图的创建。

# 5.4　创建高级视图

机械制图时通过基本视图有时不能具体表达零件内部、内腔形状及尺寸，需要用剖视图等视图表示，如全剖视图、半剖视图、阶梯剖视图、旋转剖视图、辅助视图、相对视图等。

## 5.4.1　全剖视图

全剖视图（剖视图）是指用剖切面完全地剖开物体所得的视图。在 SolidWorks 中是指用“切割线”分割工程图中的视图，然后从垂直于剖切面方向投影得到的视图，如图 5-43 所示。

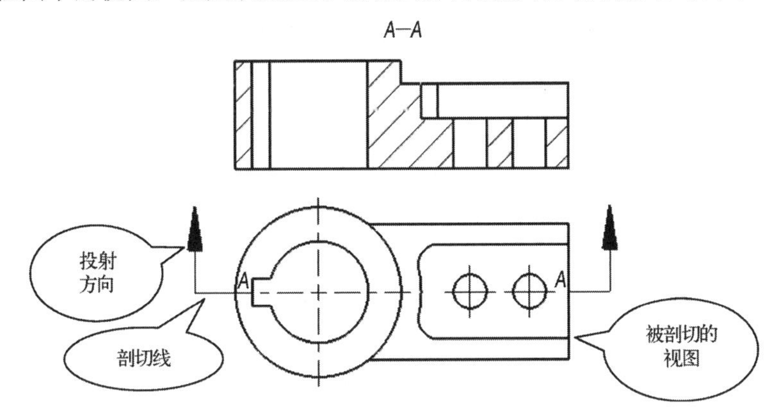


图 5-43　剖面视图示例

在工程图设计环境下，单击“工程图”控制面板上的“剖面视图”按钮，系统弹出“剖面视图辅助”属性管理器，可以创建“剖面视图”（全剖视图）和“半剖面”视图；“剖面视图”如图 5-44 所示，“半剖面”选项卡如图 5-45 所示。在属性管理器中，选择相应的“切割线”方式将创建相应的剖视图。

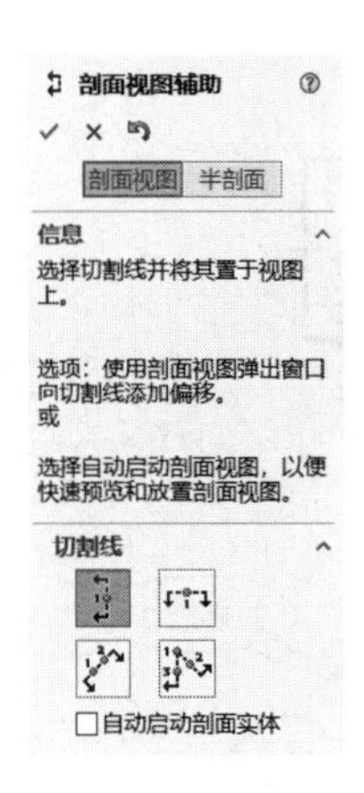


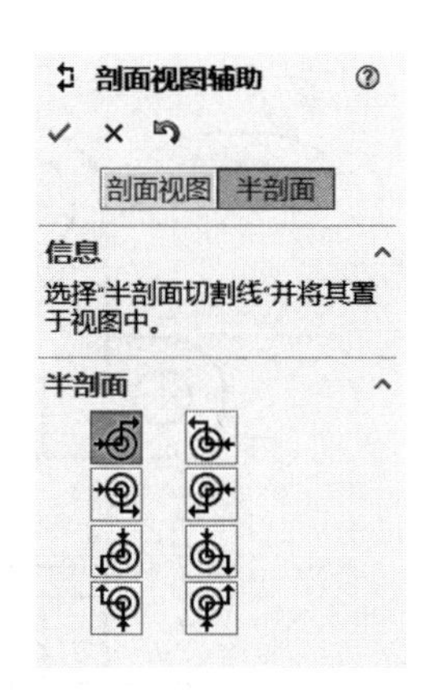


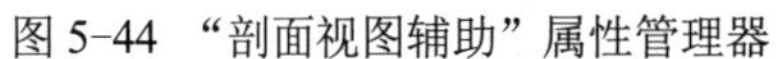

图 5-44 “剖面视图辅助”属性管理器　　　　图 5-45 “半剖面”选项卡

在 SolidWorks 2020 中也可以手动创建切割线，利用草图绘制工具绘制切割线，创建剖面视图。若创建多条切割线，按住〈Ctrl〉键，依次选中线段，单击“工程图”控制面板上的“剖面视图”按钮，系统将创建相应的剖面视图。

“剖面视图辅助”属性管理器中各选项含义如下。

（1）“切割线”选项组

其中各命令按钮的含义及其绘制方法见表 5-1。

**表 5-1 “切割线”选项组各命令按钮及其绘制方法**

| 切割线按钮 | 切割线类型 | 鼠标指针 | 切割线放置 | 绘制方法 |
| --- | --- | --- | --- | --- |
|  | 竖直切割线 |  |  | 选中“自动启动剖面实体”复选框；在“切割线”选项组中单击“竖直切割线”按钮，在图形区相应视图上选择放置切割线的点，拖动鼠标，单击放置剖面图的位置。可单击“反转方向”按钮生成相应的视图 |
|  | 水平切割线 |  |  | 选中“自动启动剖面实体”复选框；在“切割线”选项组中单击“水平切割线”按钮，在图形区相应视图上选择放置切割线的点，拖动鼠标，选择剖面图的位置。可单击“反转方向”按钮生成相应视图 |
|  | 辅助视图切割线 |  |  | 选中“自动启动剖面实体”复选框；在“切割线”选项组中单击“辅助视图切割线”按钮，在图形区相应视图上单击点①与点②，放置切割线，拖动鼠标，选择放置剖面图的位置。可单击“反转方向”按钮生成相应视图 |

（续）

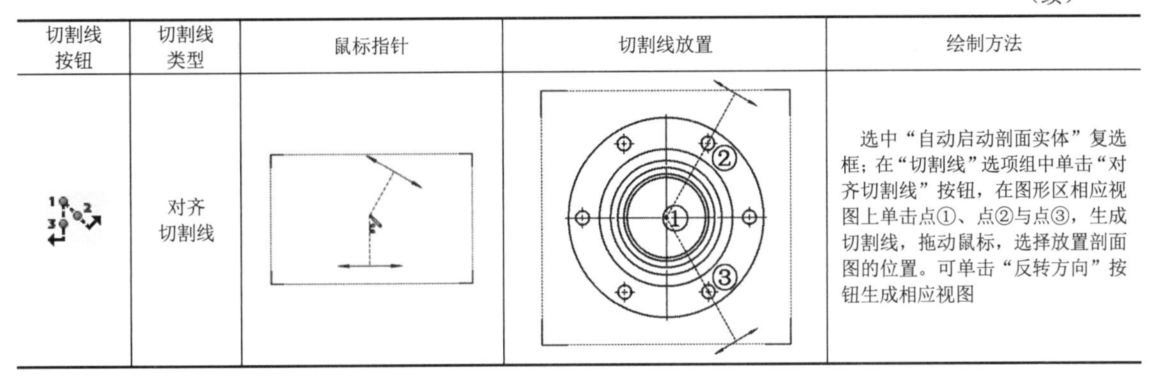

| 切割线按钮 | 切割线类型 | 鼠标指针 | 切割线放置 | 绘制方法 |
| --- | --- | --- | --- | --- |
|  | 对齐切割线 |  |  | 选中“自动启动剖面实体”复选框；在“切割线”选项组中单击“对齐切割线”按钮，在图形区相应视图上单击点①、点②与点③，生成切割线，拖动鼠标，选择放置剖面图的位置。可单击“反转方向”按钮生成相应视图 |

（2）自动启动剖面实体

选中“自动启动剖面实体”复选框，系统自动在切割线所在平面处剖切实体，生成剖面图。若不选中此复选框，在放置切割线后，系统自动弹出“偏移”切割线工具条，如图 5-46 所示，可利用此工具条中的命令按钮重新设置切割线，从而剖切出想要的剖面图。

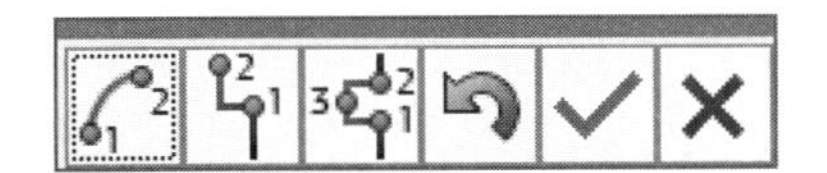

图 5-46 “偏移”切割线工具条

例 5-6 创建全剖视图

**【例 5-6】** 创建图 5-47 所示零件的全剖视图

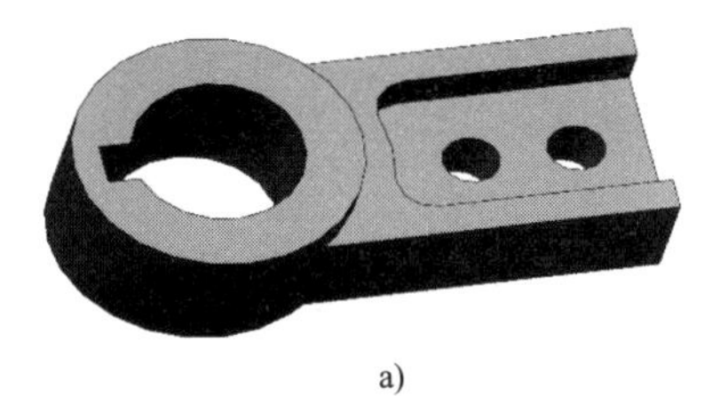

a)

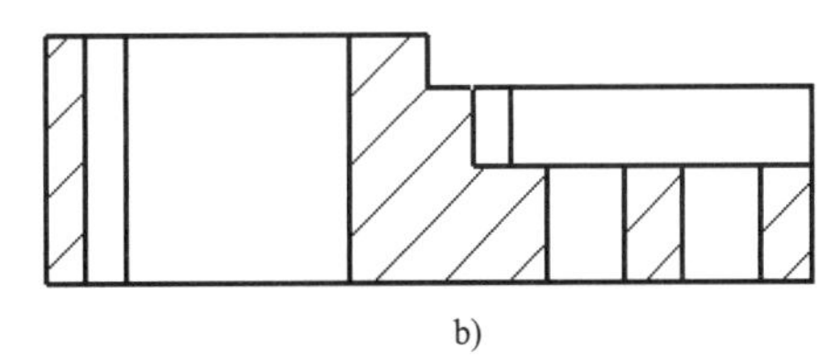

b)

图 5-47 零件与剖视图

a) 零件模型 b) 剖视图

1）打开资源文件\模型文件\第 5 章\工程图素材\“例 5-6 全剖视图. SLDDRW”文件，打开的工程图如图 5-48 所示。

2）单击“工程图”控制面板上的“剖面视图”按钮。

3）系统弹出“剖面视图辅助”属性管理器，选中“自动启动剖面实体”复选框，单击“切割线”选项组中的“水平切割线”按钮，将切割线放置在图 5-49 所示的位置。

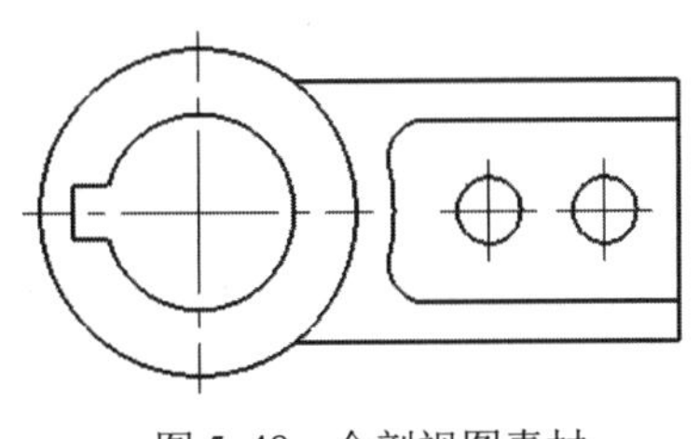

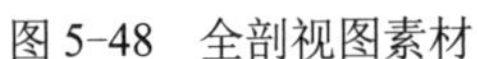

图 5-48 全剖视图素材

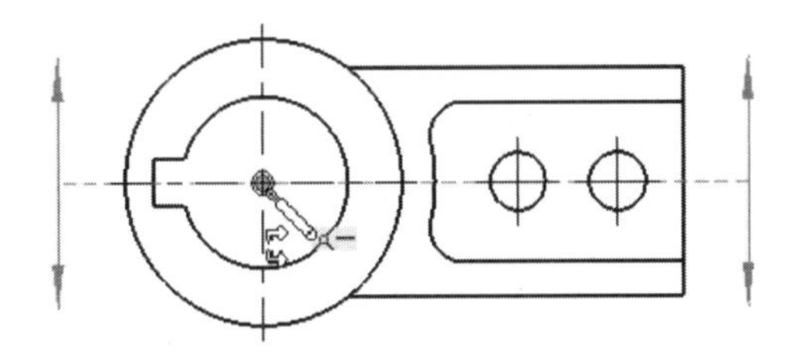

图 5-49 切割线位置

4）切割线放置完后，系统会弹出一个垂直于切割线方向的方框，表示剖视图的大小，同时弹出“剖面视图 A—A”属性管理器。拖动这个方框到适当的位置，单击放置视图。

注：单击“反转方向“按钮，则会向相反方向生成剖视图。

5）单击“确定”按钮✓，完成全剖视图的创建，完成后的工程图如图 5-50 所示。

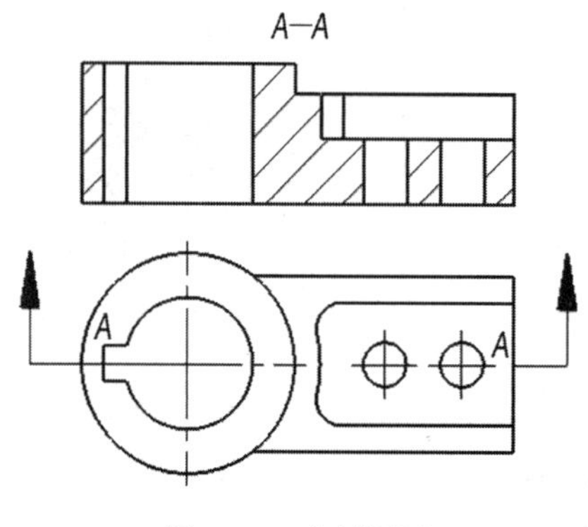


图 5-50　全剖视图

## 5.4.2 半剖视图

例 5-7　创建半剖视图

半剖视图是指当物体具有对称平面时，向垂直于对称平面的投影面上投影所得的图形，可以对称中心线为界，一半画成视图，另一半画成剖视图的组合图形。

**【例 5-7】** 创建图 5-51 所示零件的半剖视图

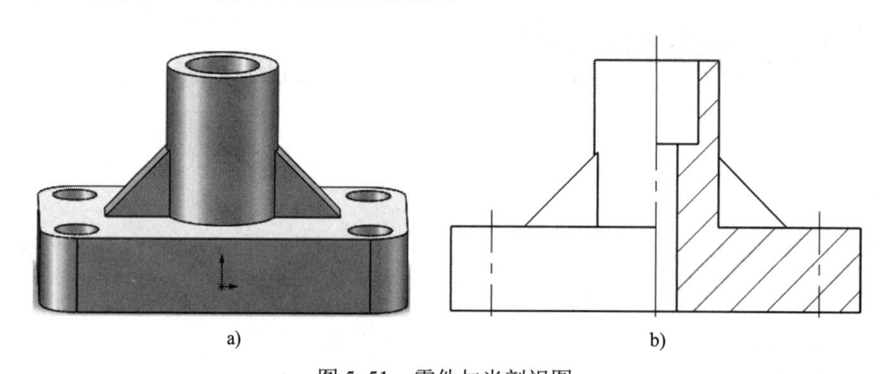

a)　　b)

图 5-51　零件与半剖视图

a) 零件模型　b) 生成的半剖视图

1）打开资源文件\模型文件\第 5 章\工程图素材\“例 5-7 半剖视图. SLDDRW”文件，打开工程图。

2）单击“工程图”控制面板上的“剖面视图”按钮。

3）系统弹出“剖面视图辅助”属性管理器，在属性管理器中单击“半剖面”→“右侧向上”按钮，将切割线放置在图 5-52 所示的位置。

4）放置切割线后，系统弹出“剖面视图”对话框，在图形区双击左右两侧的“筋”特征，选中筋特征，如图5-53所示。单击“确定”按钮即可排除筋特征的剖面线。

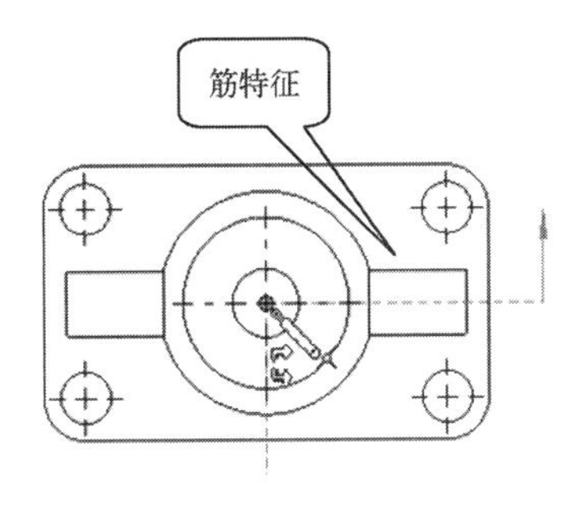


图5-52 “切割线”位置

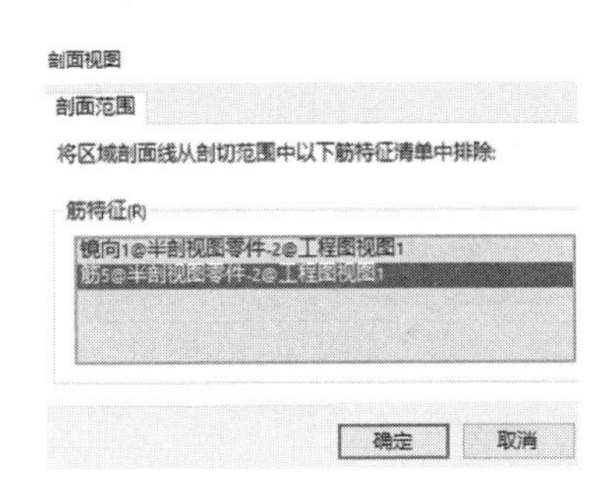


图5-53 “剖面视图”对话框

5）系统弹出“剖面视图A—A”属性管理器，同时系统会弹出一个垂直于剖切线方向的方框，表示剖切视图的大小，拖动这个方框到适当的位置后单击放置视图，再单击“确定”按钮✔，完成剖切视图在工程图中的放置。

6）右击半剖面视图，在弹出的快捷菜单中选择“切边”→“切边不可见”命令，去除切边。完成后的工程图如图5-51b所示。

### 5.4.3 阶梯剖视图

阶梯剖视图属于2D截面视图，它与全剖视图在本质上没有区别，只是阶梯剖视图的截面是偏距截面。创建阶梯剖视图的关键是创建好偏距截面，可以根据不同的需要创建偏距截面来实现阶梯剖视图。

例5-8 创建阶梯剖视图

**【例5-8】** 创建图5-54所示零件的阶梯剖视图

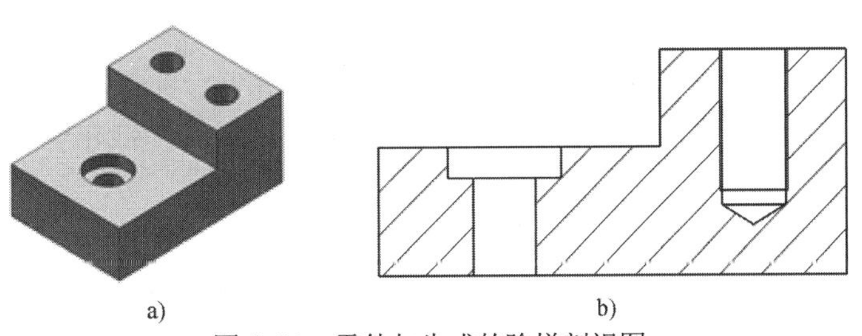


图5-54 零件与生成的阶梯剖视图

a) 零件模型 b) 生成的阶梯剖视图

1）打开资源文件\模型文件\第5章\工程图素材\“例5-8阶梯剖视图. SLDDRW”文件，进入工程图环境。

2）单击“工程图”控制面板上的“剖面视图”按钮，系统弹出“剖面视图辅助”属性管理器。

3）在属性管理器中单击“切割线”选项组中的“水平切割线”按钮，取消选中“自动启动剖面实体”复选框，将切割线放置在图5-55所示的位置。

4）在图5-55所示的位置上，单击“偏移”工具条中的“单偏移”按钮，再单击①点，使切割线偏移，然后单击“A”圆的圆心放置切割线，完成后如图5-56所示。

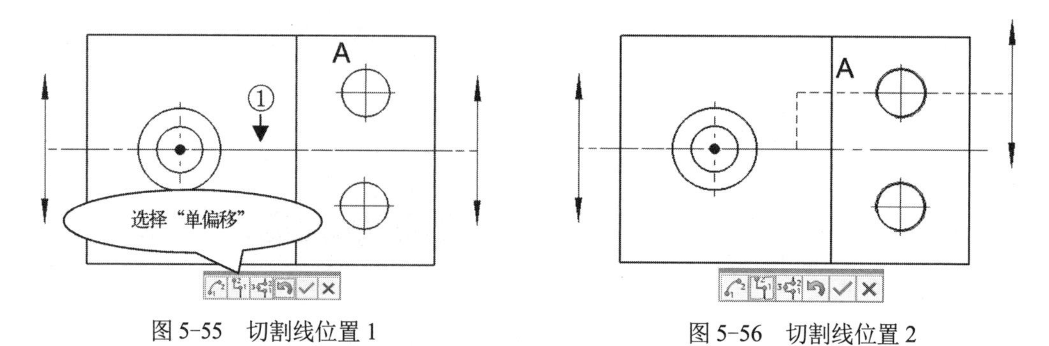


图 5-55　切割线位置 1　　　　图 5-56　切割线位置 2

5）切割线放置完后，单击“确定”按钮✓。系统弹出“剖面视图 A—A”属性管理器，同时系统还会弹出一个垂直于切割线方向的方框，表示剖视图的大小，拖动这个方框到适当的位置，单击放置视图，则完成剖视图在工程图中的放置。

6）单击“确定”按钮✓，完成阶梯剖视图的创建，结果如图 5-57 所示。

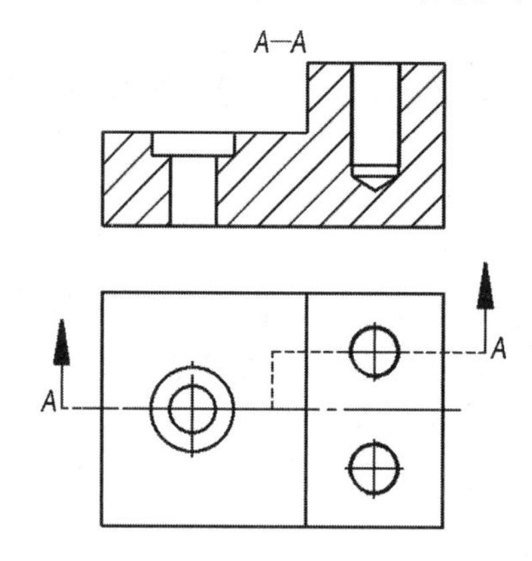


图 5-57　阶梯剖视图

## 5.4.4 旋转剖视图

例 5-9　创建旋转剖视图

旋转剖视图是完整的截面视图，但它的截面是一个偏距截面（因此需要创建偏距截面），它显示绕某一轴展开区域的截面视图，且切割线是一条折线。

**【例 5-9】** 创建图 5-58 所示零件的旋转剖视图

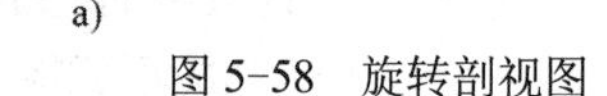

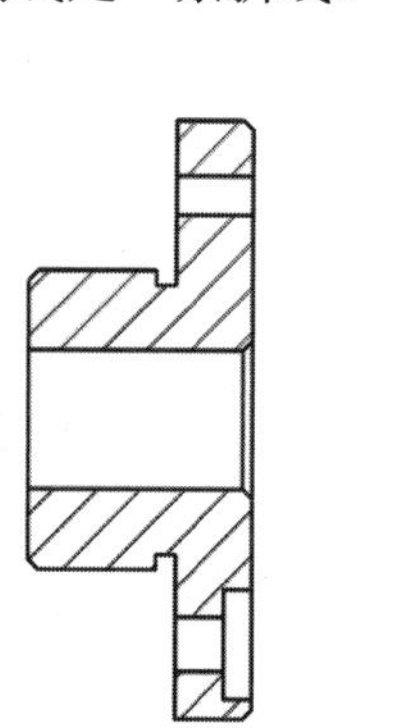

a)　　　　b)

图 5-58　旋转剖视图

a) 零件模型　b) 生成的旋转剖视图

1）打开资源文件\模型文件\第 5 章\工程图素材\“例 5-9 旋转剖视图. SLDDRW”文件，进入工程图设计环境。

2）单击“工程图”控制面板上的“剖面视图”按钮，系统弹出“剖面视图辅助”属性管理器。

3）在属性管理器中单击“切割线”类型为“对齐”按钮，选中“自动启动剖面实体”选项。如图 5-59 所示，单击圆心①点，再单击圆心②点，然后单击圆心③点，放置切割线。

4）切割线放置完后，系统会沿切割线的方向出现一个方框，表示剖视图的大小。拖动该方框到适当的位置，单击左键放置视图，同时弹出“剖面视图 A—A”属性管理器。

5）单击“确定”按钮，创建的旋转剖视图如图 5-60 所示。

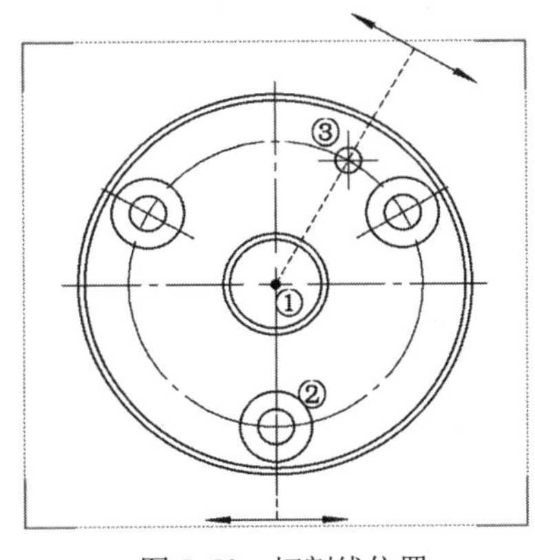

图 5-59　切割线位置

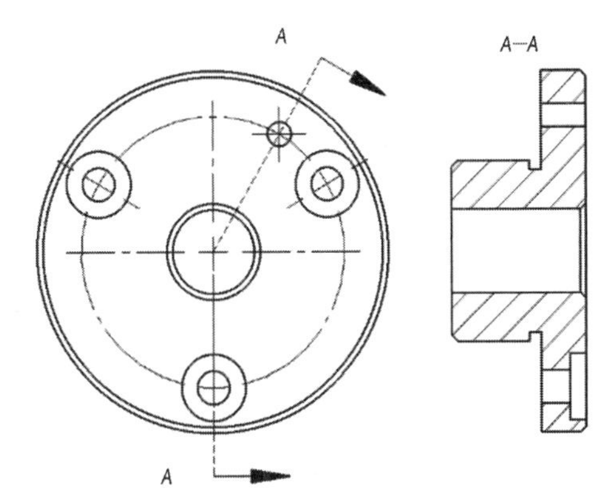

图 5-60　生成的旋转剖视图

## 5.4.5 局部放大视图

局部视图是一种派生视图，可以用来显示父视图的某一局部形状，通常采用放大比例显示。局部视图的父视图可以是正交视图、空间（等轴测）视图、剖视图、裁剪视图、爆炸视图、装配体视图或者另一局部剖视图，但不能在透视图中生成模型的局部视图。

单击“工程图”控制面板上的“局部视图”按钮，系统弹出“局部视图”属性管理器，如图 5 61 所示。此时鼠标指针变为形状，移动鼠标指针到相应视图上，在需放大的位置绘制一个圆，系统弹出“局部视图 I（根据生成的局部视图，按罗马字母顺序排序）”属性管理器，如图 5-62 所示。“局部视图 I”属性管理器中各选项的含义如下。

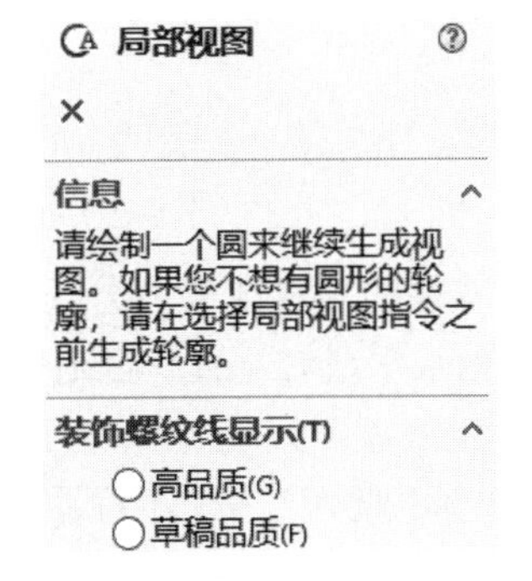

图 5-61　“局部视图”属性管理器

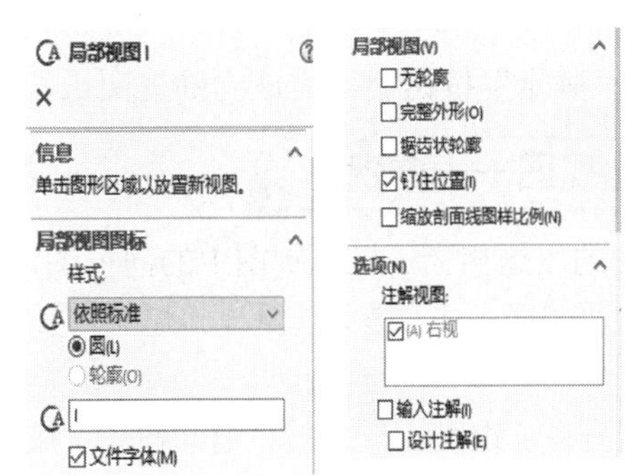

图 5-62　“局部视图 I ”属性管理器

（1）“局部视图图标”选项组

- 样式：可在“样式”下拉列表中选择一种样式，也可以单击“轮廓”单选按钮（必须在此之前已经绘制好一条封闭的轮廓曲线）；或单击“圆”单选按钮。
- “视图标号”文本框：在文本框中输入生成的局部放大视图名称。

（2）“局部视图”选项组（部分选项）

- 钉住位置：选中此复选框，可以阻止父视图比例更改时局部视图发生移动。
- 缩放剖面线图样比例：可以根据局部视图的比例缩放剖面线图样比例。

下面以实例形式介绍局部视图的创建过程。

例 5-10 创建局部视图

**【例 5-10】** 创建局部视图

1）打开资源文件\模型文件\第 5 章\工程图素材\“例 5-10 局部视图.SLDDRW”文件。打开的工程图如图 5-63 所示。

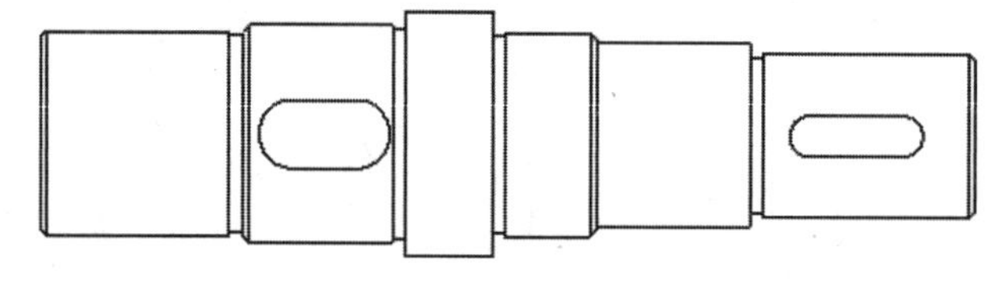

图 5-63 工程图素材

2）单击“工程图”控制面板上的“局部视图”按钮，系统弹出“局部视图”属性管理器。

3）此时鼠标指针变为形状，移动鼠标指针到视图上，在需放大的位置绘制出一个圆。系统更新了“局部视图”属性管理器，在“比例”选项组中，选中“使用自定义比例”复选框，在“比例”文本框中输入“2∶1”。

4）系统会出现一个方框，表示局部视图的大小，拖动该方框到适当的位置，单击放置视图，则完成局部视图在工程图的放置，如图 5-64 所示。

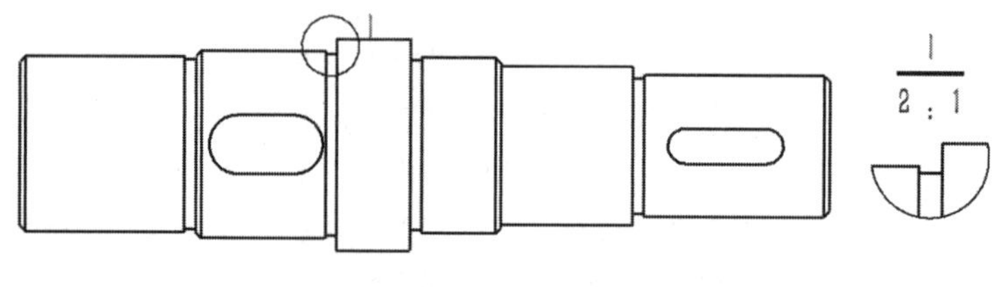


图 5-64 生成的局部视图

5）单击“确定”按钮，完成局部视图操作。

## 5.4.6 辅助视图——向视图

辅助视图的用途相当于机械制图中的向视图，用来表达零件的倾斜结构，类似于投影视图，它的投射方向垂直于所选的参考边线，但参考边线一般不能为水平或者垂直，否则生成的就是投影视图。

单击“工程图”控制面板上的“辅助视图”按钮；或选择“插入”→“工程图视图”→“辅助视图”命令，系统弹出“辅助视图”属性管理器，如图 5-65 所示。此时鼠标指针变为形状，在图形区选择某个视图上的投影参考线，系统更新了“辅助视图”属性管理器，如图 5-66 所示。

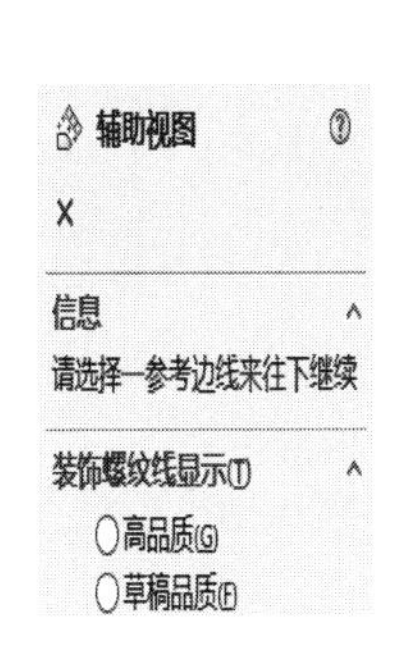


图 5-65 “辅助视图”属性管理器

图 5-66 更新后的“辅助视图”属性管理器

“辅助视图”属性管理器中各选项的含义和“投影视图”属性管理器相同，这里不再做介绍。

例 5-11 创建辅助视图

下面以实例形式介绍辅助视图的创建过程。

【例 5-11】 创建图 5-67 所示零件的辅助视图

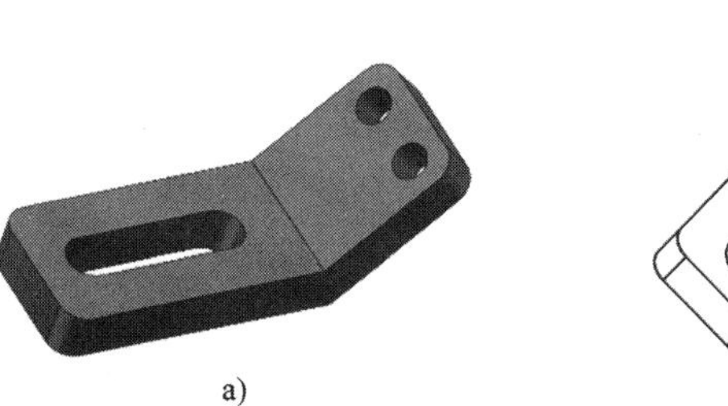

a) b)

图 5-67 辅助视图

a) 零件模型 b) 生成的辅助视图

1）打开资源文件\模型文件\第 5 章\工程图素材\“例 5-11 辅助视图. SLDDRW”文件，工程视图如图 5-68 所示。

2）单击“工程图”控制面板上的“辅助视图”按钮，系统弹出“辅助视图”属性管理器。

3）此时鼠标指针变为形状，在视图上选择图 5-68 所示的斜线为投影参考线，系统更新了“辅助视图”属性管理器。

4）在与投影参考线垂直的地方出现一个辅助视图的预览效果，拖动鼠标到合适的位置，单击放置辅助视图，如图 5-69 所示。

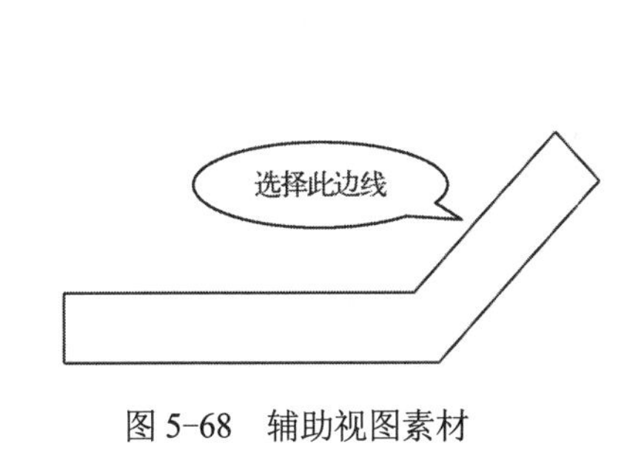


图 5-68 辅助视图素材

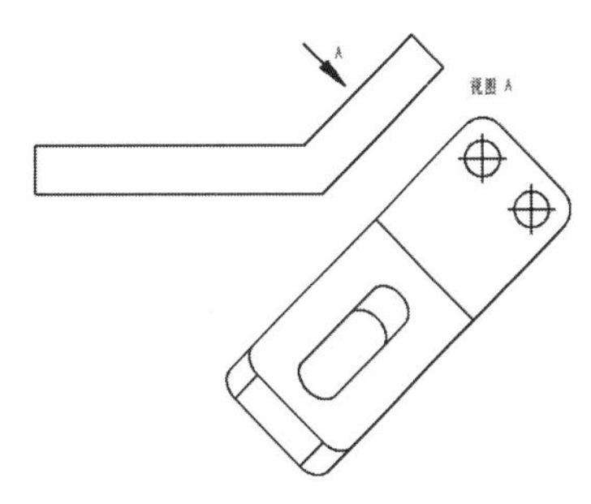


图 5-69 生成辅助视图

5）单击“确定”按钮✓，完成创建辅助视图操作。

## 5.4.7 局部剖视图

图 5-70 “断开的剖视图”属性管理器

局部剖视图是用剖切面局部地剖开零件所得到的剖视图，是现有工程视图的一部分，不是单独的视图，可以显示模型内部某一局部的形状和尺寸。在 SolidWorks 中“断开的剖视图”即为国家标准中的局部剖视图。

“断开的剖视图”属性管理器如图 5-70 所示。其中各选项含义如下。

- “深度参考”拾取框：在图形区拾取一边线为断开的剖视图指定剖切深度。
- “深度”微调框：在微调框中输入一个数值，为断开的剖视图指定剖切深度。
- “预览”复选框：选中此复选框，预览剖切后的图形。

例 5-12 创建局部剖视图

**【例 5-12】** 绘制图 5-71 所示零件的局部剖视图

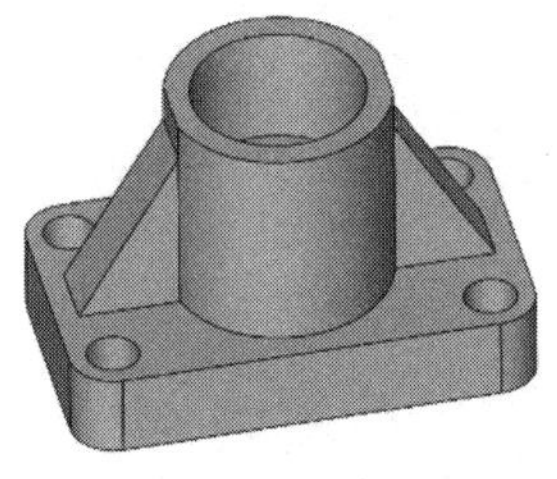

a)

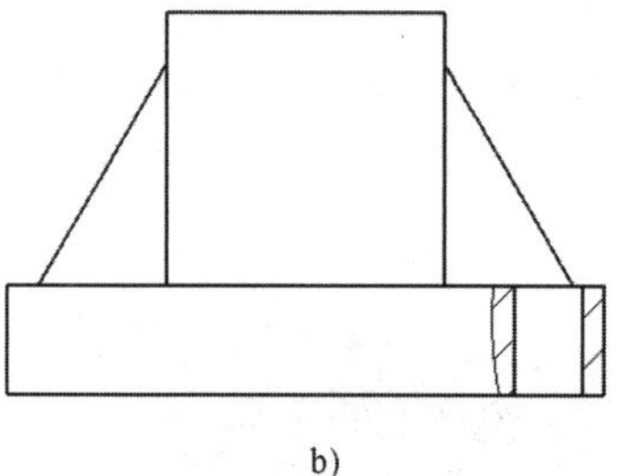

b)

图 5-71 局部剖视图

a) 零件模型 b) 生成的局部剖视图

1）打开资源文件\模型文件\第 5 章\工程图素材\“例 5-12 局部剖视图. SLDDRW”文件。打开的工程图如图 5-72 所示。

2）单击“工程图”控制面板上的“断开的剖视图”按钮，此时鼠标指针变成形状。在前视图上绘制一条闭合的样条曲线，如图 5-73 所示，绘制完成后弹出“断开的剖视图”属性管理器。

3）在图 5-73 所示的俯视图中单击 A 圆的边线，或者在属性管理器中的“深度”微调框中输入“10mm”均可。

4）单击“确定”按钮✓，完成创建局部剖视图，结果如图 5-74 所示。

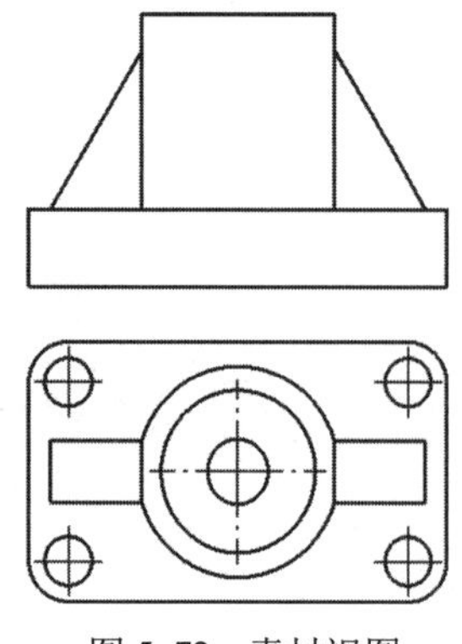

图 5-72 素材视图

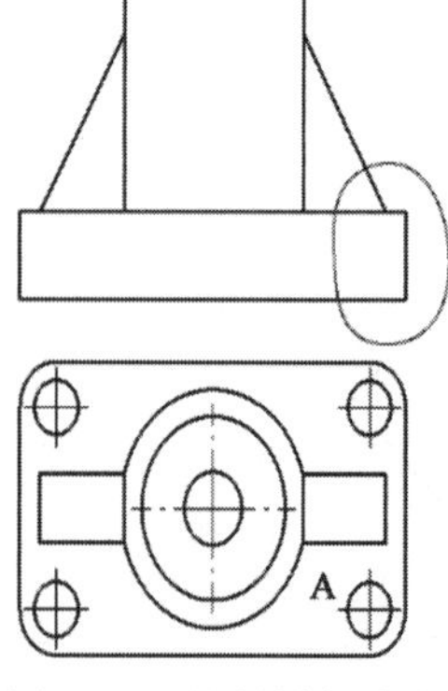


图 5-73 绘制样条曲线

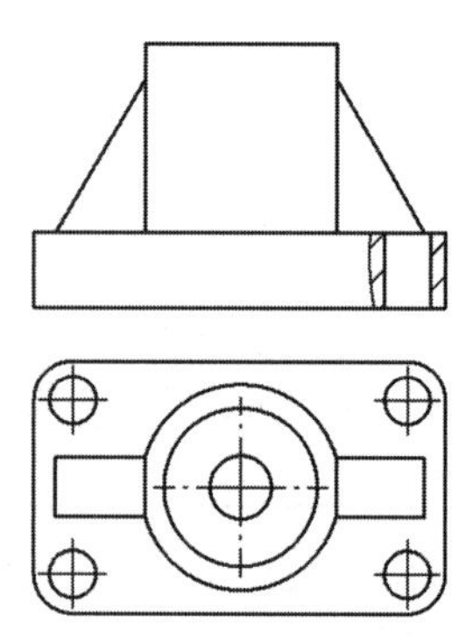

图 5-74 创建局部剖视图

### 5.4.8 断裂视图

对于一些较长的零件（如轴、杆、型材等），可以用折断显示的断裂视图来表达，这样就可以将零件以较大比例显示在较小的工程图样上。断裂视图可以应用于多个视图，并可根据要求撤销断裂视图。

单击“工程图”控制面板上的“断裂视图”按钮，或选择“插入”→“工程图视图”→“断裂视图”命令，系统弹出“断裂视图”对话框，单击视图后，系统弹出“断裂视图”属性管理器，如图 5-75 所示。“断裂视图”属性管理器中各选项的含义如下。

图 5-75 “断裂视图”属性管理器

- “添加竖直折断线”按钮：单击此按钮，对水平长杆零件，添加竖直折断线。
- “添加水平折断线”按钮：单击此按钮，对竖直长杆零件，添加水平折断线。
- “缝隙大小”微调框：输入数值，改变折断线缝隙之间的距离。
- “折断线样式”选项组：定义折断线的样式，有 5 个选项，其效果如图 5-76 所示。

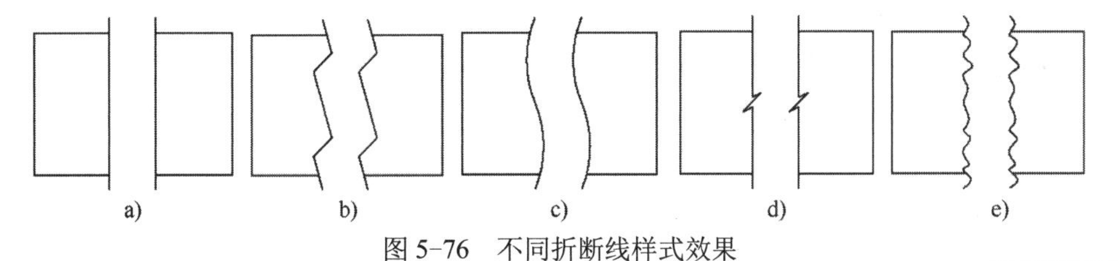


图 5-76 不同折断线样式效果

a) 直线折断 b) 锯齿线折断 c) 曲线折断 d) 小锯齿线折断 e) 锯齿状折断

例 5-13 创建断裂视图

下面以实例形式介绍断裂视图的创建过程。

【例 5-13】 创建图 5-77 所示的断裂视图

1）打开资源文件\模型文件\第五章\工程图素材\“例 5-13 断裂视图.SLDDRW”文件，打开的工程图如图 5-78 所示。

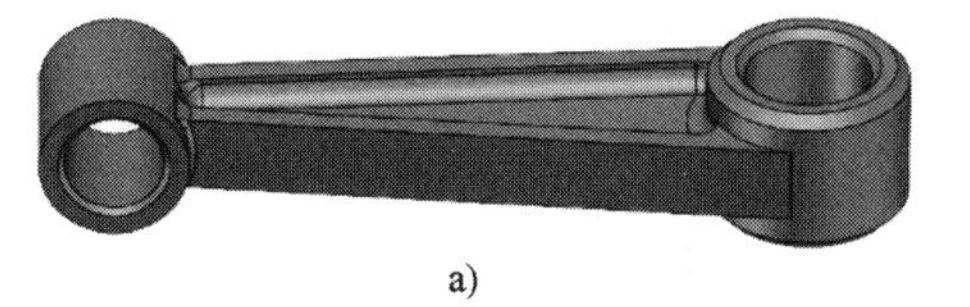

a)

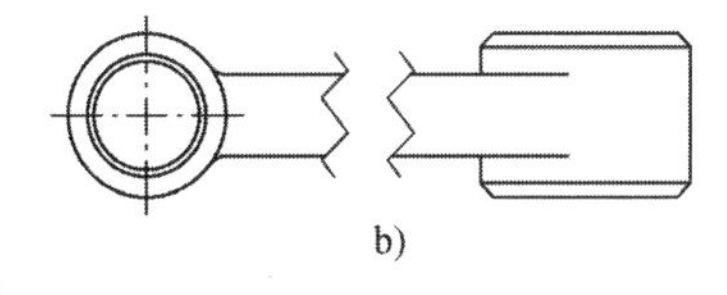

b)

图 5-77 断裂视图

a) 零件模型 b) 生成的断裂视图

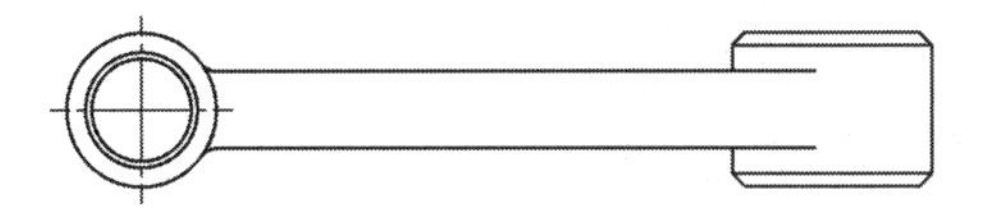

图 5-78 断裂视图素材

2）在图形区中激活视图，单击“工程图”控制面板上的“断裂视图”按钮，选中视图，系统弹出“断裂视图”属性管理器。

3）在“缝隙大小”的微调框中输入“10mm”，“折断线样式”为“锯齿线折断”，出现第一条折断线，左右拖动鼠标移动折断线，在需要的位置单击放置该折断线。接着出现第二条折断线，在需要断开的位置放置。

4）单击“确定”按钮✓，生成断裂视图，如图 5-79 所示。

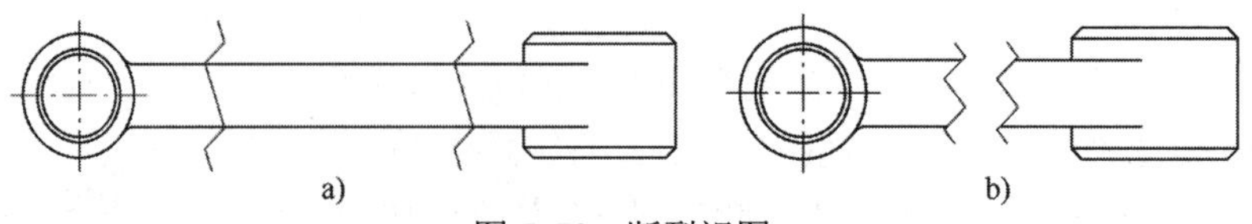


图 5-79　断裂视图

a) 确定折断线位置　b) 断裂完成

## 5.4.9 相对视图

相对视图是指利用模型中两个正交的表面或基准面来定义视图方向（即定义空间坐标系），从而得到特定视角的视图（即生成前视图）。在工程图创建过程中，当默认的视图方向不能满足要求时，设计者可以使用“相对视图”命令来创建所需的正交视图。

单击“工程图”控制面板上的“相对视图”按钮，或选择“插入”→“工程图视图”→“相对于模型”命令，系统弹出“相对视图”属性管理器，如图 5-80 所示。“相对视图”属性管理器中各选项的含义如下。

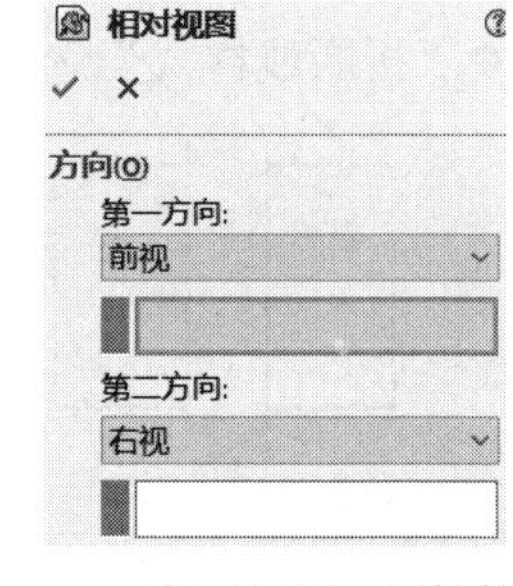


图 5-80　“相对视图”属性管理器

- 第一方向：定义视图方向，在下拉列表框中选择视图方向，然后在图形区选择该方向的参考面。
- 第二方向：选择视图方向，然后在图形区选择该方向的参考面。

例 5-14　创建相对视图

**【例 5-14】** 创建图 5-81 所示的相对视图

1）打开资源文件\第 5 章\工程图素材\“例 5-14 相对视图. SLDDRW”，进入空白的工程图纸。

2）单击“工程图”控制面板上的“相对视图”按钮，系统弹出“相对视图”属性管理器。

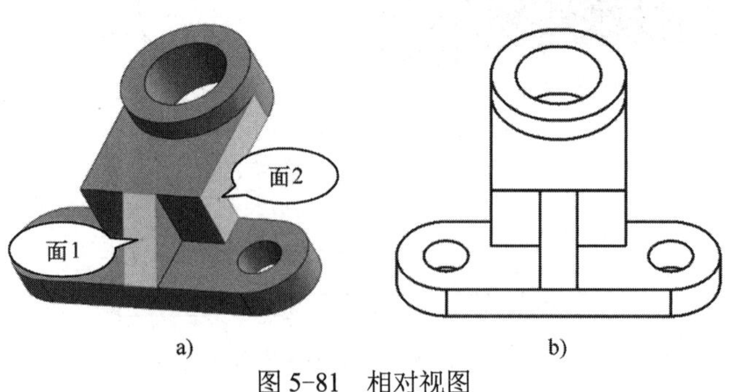


a)　b)

图 5-81　相对视图

a) 定义视图方向　b) 生成的相对视图

3）在图纸区空白位置右击，在弹出的快捷菜单中选择“从文件中插入”命令，如图 5-82 所示。

4）系统弹出“打开”对话框，打开资源文件\第 5 章\模型素材\“例 5-14 相对视图素材模型. SLDPRT”文件。打开的图形如图 5-81a 所示。

从文件中插入... (A)
消除选择 (B)
自定义菜单(M)

图 5-82　快捷菜单

5）零件模型出现在图形区，在“相对视图”属性管理器中对投射方向进行设置，“第一方向”选择“前视”，选择图 5-81a 所示的“面 1”作为前视面，“第二方向”选择“右视”，然后选择图 5-81a 所示的“面 2”作为右视面。

6）单击“确定”按钮✓，回到工程图窗口中，拖动鼠标，在合适的位置单击，放置相对视图。弹出“工程图视图 1”对话框，单击“确定”按钮，生成相对视图，如图 5-81b 所示。

## 5.4.10 零件的轴测剖视图

为了直观地表达零件的内部形状和结构，可对零件的轴测图进行剖切，生成轴测剖视图，并按一定方向在剖面区域画上剖面符号，如图 5-83 所示。

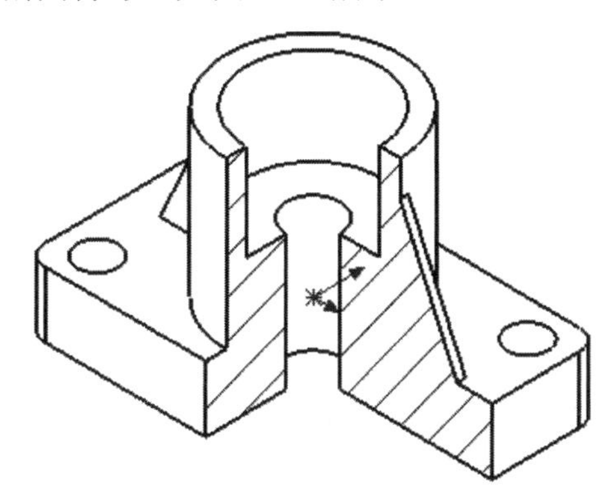

图 5-83　轴测剖视图

通过“等轴测剖面视图”命令，可以将零件的剖面视图转换为“等轴测剖面视图”，下面以创建轴测半剖视图为例，介绍创建轴测剖视图的一般步骤。

例 5-15　创建等轴测半剖视图

【例 5-15】　创建轴测半剖视图

1）打开资源文件\模型文件\第 5 章\工程图素材\“例 5-15 轴测半剖视图. SLDDRW”文件，打开的工程图如图 5-84 所示。

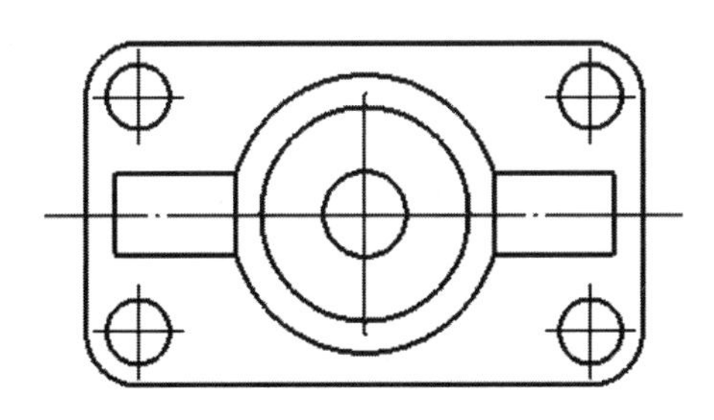

图 5-84　视图素材

2）参考 5.4.2 节半剖视图的内容，绘制出图 5-85 所示的半剖视图。

3）在设计树中右击“剖面视图 A—A”，在弹出的快捷菜单中选择“等轴测剖面视图”命令，生成轴测半剖视图，如图 5-86 所示。

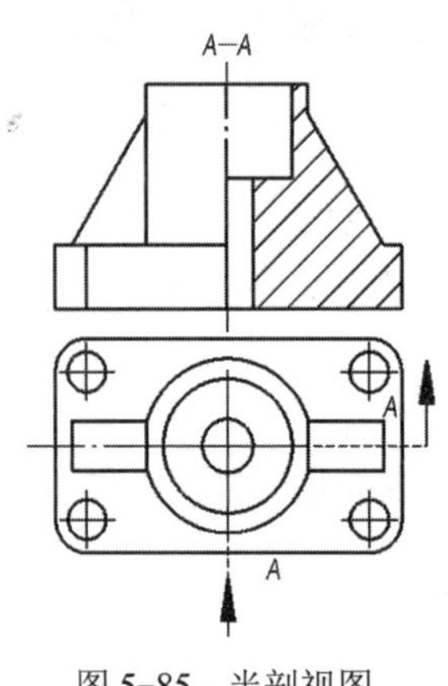


图 5-85　半剖视图

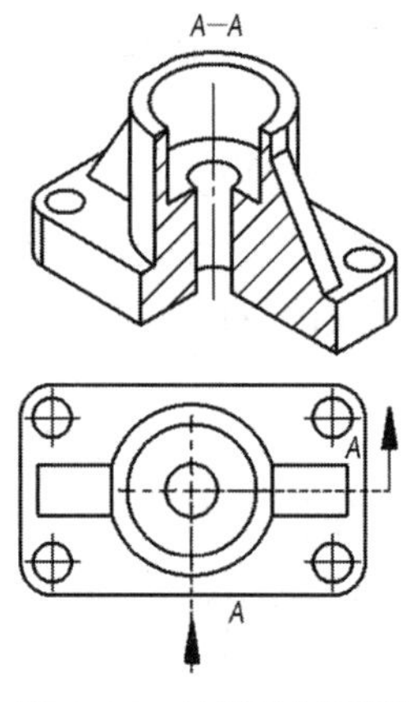


图 5-86　轴测半剖视图

# 5.5　编辑工程视图

在工程图设计环境下，可对已有的工程视图进行移动、旋转、去除切边、修改线宽与线型等操作，即编辑工程视图。

例 5-16　移动视图

## 5.5.1 移动与旋转视图

### 1. 移动视图

移动视图前，先看该视图是否被锁定，通常系统默认所有的视图都处于未锁定状态。

**【例 5-16】** 移动视图

1）打开资源文件\模型文件\第 5 章\工程图素材\“例 5-16 移动视图. SLDDRW”文件，打开的工程图如图 5-87 所示。

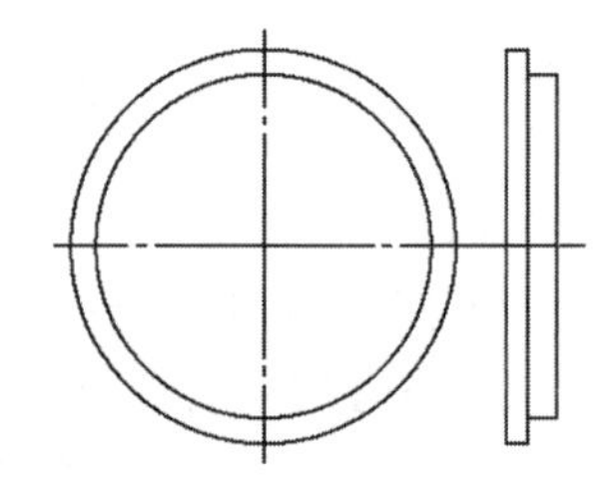

图 5-87　移动视图素材

2）将鼠标指针放置在左视图上，在视图周围会显示视图界线（虚线框），将鼠标指针移动至视图界线上时，鼠标指针显示为形状，按住鼠标左键并拖动左视图到合适的位置，完成移动视图操作，结果如图 5-88 所示。

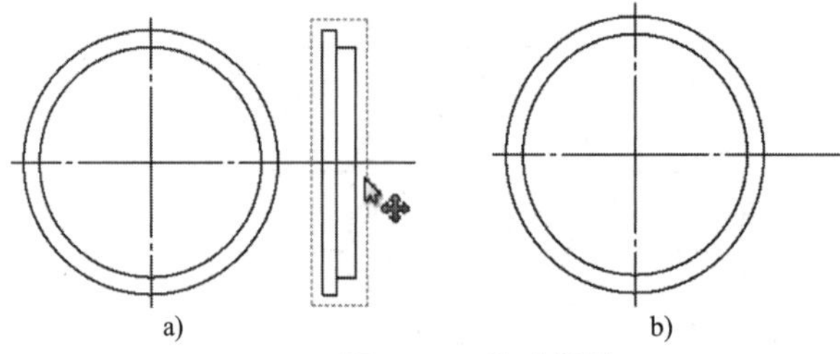


图 5-88　移动视图

a) 移动前　b) 移动后

注意：

1）将鼠标指针移动到视图内的边线上时，鼠标指针显示为形状，也可以移动视图。

2）如果移动投影视图的父视图（如主视图），其投影视图也会随之移动；如果移动投影视图，只能上下或左右移动，以保证与父视图的对齐关系，除非解除对齐关系。

3）如需锁定视图，则右击待锁定视图，在弹出的快捷菜单中选择“锁住视图位置”命令，将锁定视图。视图锁定后，当移动其父视图时，被锁定的视图会随其父视图的移动而移动，以保持对齐关系。

4）在待解除锁定视图的右键快捷菜单中选择“解除锁住视图位置”命令，即可解除锁定。

**2. 旋转视图**

例5-17 旋转视图

SolidWorks提供了两种旋转视图的方法，一种是绕所选边线旋转视图，另一种是绕视图中心点以任意角度旋转视图。

**【例5-17】** 绕所选边线旋转视图

1）打开资源文件\模型文件\第5章\工程图素材\“例5-17 旋转视图. SLDDRW”，打开的视图如图5-89a所示。

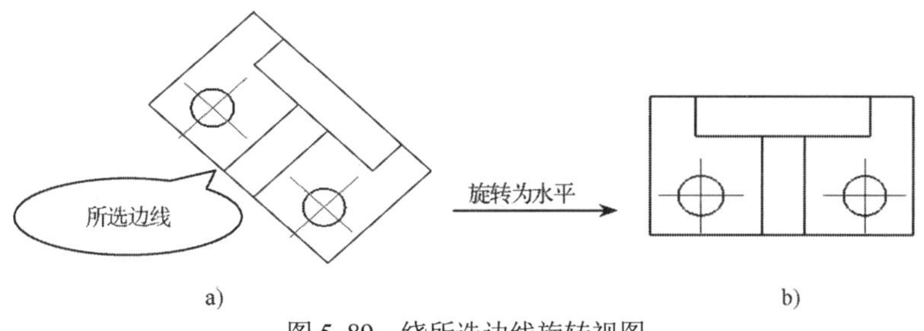


图5-89 绕所选边线旋转视图

a) 旋转前 b) 旋转后

2）在工程图中选择图5-89a所示的直线，再选择“工具”→“对齐工程图视图”→“水平边线”命令。

3）此时视图会旋转为水平状态，如图5-89b所示。

## 5.5.2 删除视图

选中一个视图并右击，在弹出的快捷菜单中选择“删除”选项；或选中要删除的视图，直接按〈Delete〉键，系统弹出“确认删除”对话框，单击“是”按钮即可删除该视图。

## 5.5.3 剪裁视图

例5-18 剪裁视图

在工程图某个视图中绘制一个闭合轮廓，执行“剪裁视图”命令后，剪裁掉轮廓以外的视图，称为剪裁视图。

**【例5-18】** 剪裁视图

1）打开资源文件\模型文件\第5章\工程图素材\“例5-18 剪裁视图. SLDDRW”文件，进入工程图设计环境，视图如图5-90所示。

2）在图5-90所示工程图的基础上，单击“草图”控制面板上的“样条曲线”按钮，绘制一个封闭的草图轮廓，如图5-91所示。

3）选中所绘制的草图轮廓，单击“工程图”控制面板上的“剪裁视图”按钮，轮廓以外的视图消失，只留下轮廓内的视图，如图 5-92 所示。

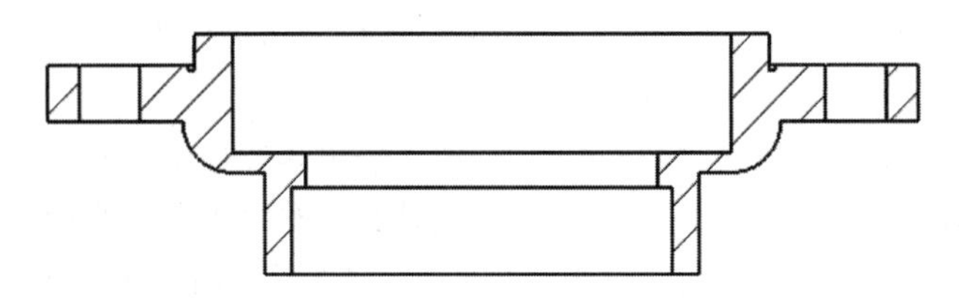

图 5-90　剪裁视图素材

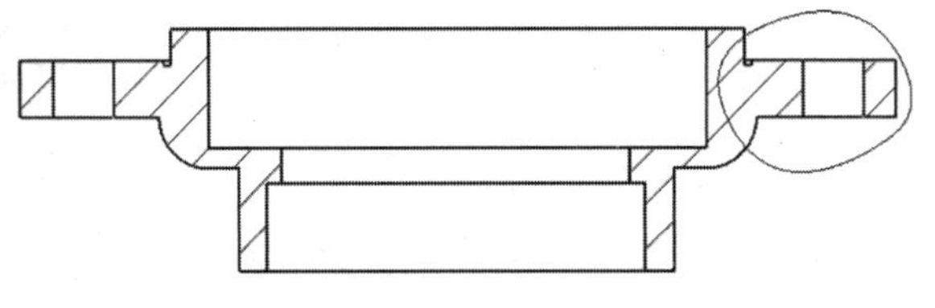

图 5-91　绘制闭合轮廓

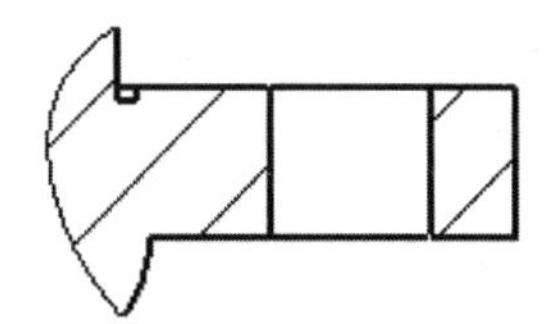

图 5-92　剪裁后的视图

## 5.5.4 隐藏/显示切边

切边是两个面在相切处所形成的过渡边线，最常见的切边是圆角过渡形成的边线。在工程视图中，一般轴测图需要显示切边，而在正交视图中则需要隐藏切边。下面以一个模型视图为例，介绍隐藏切边操作。

例 5-19　隐藏切边视图

**【例 5-19】** 隐藏切边视图

1）打开资源文件\模型文件\第 5 章\工程图素材\"例 5-19 隐藏切边.SLDDRW"文件，系统默认的切边显示状态为"切边可见"，如图 5-93a 所示。

2）隐藏切边。在图形区选中视图，选择"视图"→"显示"→"切边不可见"命令；或右击视图，在弹出的快捷菜单中选择"切边"→"切边不可见"命令，隐藏视图中的切边，结果如图 5-93b 所示。

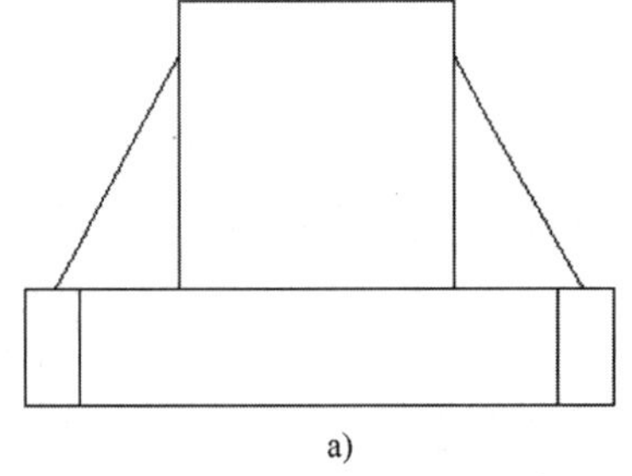

a)　　　b)

图 5-93　隐藏切边

a) 隐藏前　b) 隐藏后

## 5.5.5 视图的线型操作

在工程图视图中，设计者可以通过使用"线型"工具栏中的各命令来修改指定边线的颜色、线宽及线型。如果工具栏按钮区没有显示"线型"工具栏，可右击工具栏按钮区，在弹出的快捷菜单中选择"工具栏"→"线型工具栏"命令，系统弹出"线型"工具栏，拖动"线型"工具栏到合适位置。

**1．修改边线线宽**

例 5-20　修改边线线宽

**【例 5-20】** 修改边线线宽

1）打开资源文件\模型文件\第 5 章\工程图素材\“例 5-20 修改边线线宽.SLDDRW”文件，进入工程图设计环境，打开的工程图如图 5-94 所示。

2）在视图中选择图 5-94 所示的边线，然后在“线型”工具栏中单击“线宽”按钮☰，系统弹出图 5-95 所示的“线宽”列表。

3）在“线宽”列表中选择“0.7mm”线宽类型，结果如图 5-96 所示。

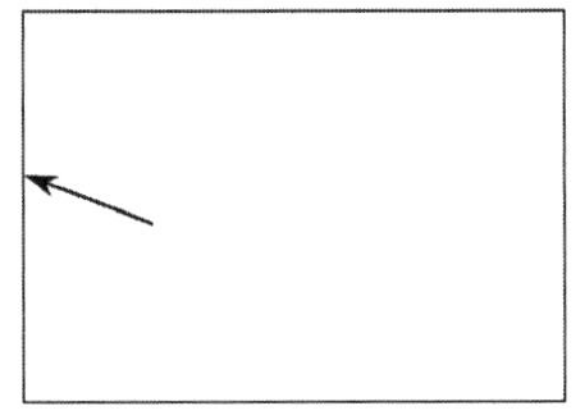

图 5-94　修改边线线宽素材

默认
0.18mm
0.25mm
0.35mm
0.5mm
0.7mm
1mm

图 5-95　“线宽”列表

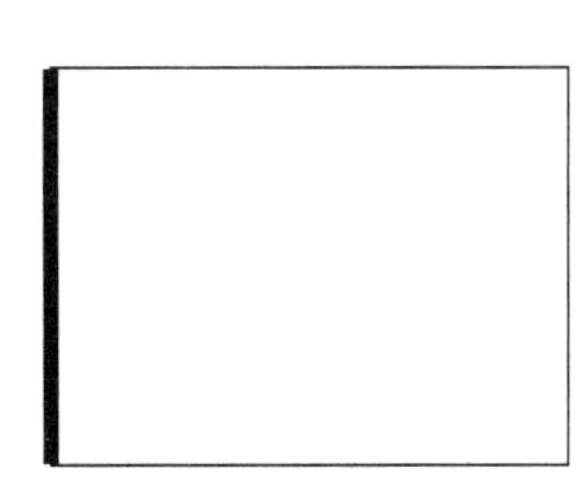

图 5-96　修改后图形

4）在图形区空白处单击，完成操作。

**2．修改边线线型**

下面介绍在视图中修改边线线型的一般操作步骤。

例 5-21　修改边线线型

**【例 5-21】** 修改边线线型

1）打开资源文件\模型文件\第 5 章\工程图素材\“例 5-21 修改边线线型.SLDDRW”文件，进入工程图设计环境，打开的工程图如图 5-97 所示。

2）在视图中选择相应的边线，然后在“线型”工具栏中单击“线条样式”按钮，系统弹出图 5-98 所示的“线条样式”列表。

3）在“线条样式”列表中选择“双点画线”，结果如图 5-99 所示。

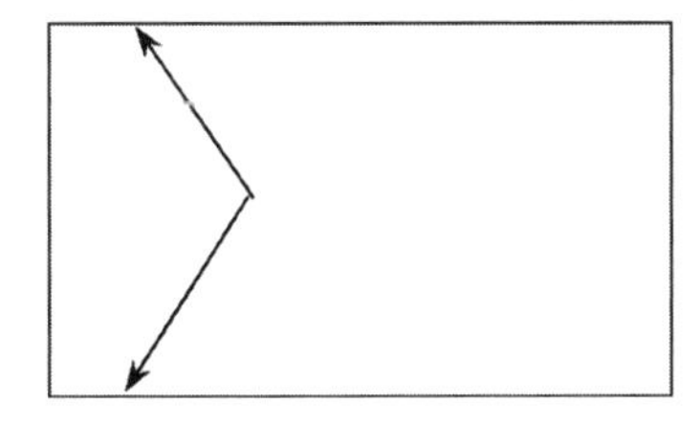

图 5-97　修改边线线型素材

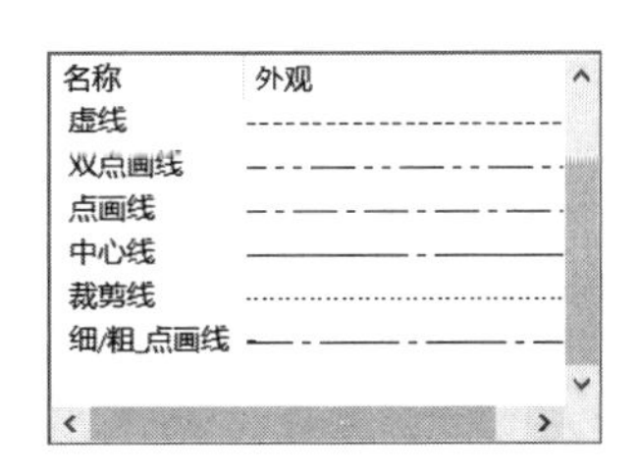


图 5-98　“线条样式”列表

图 5-99　修改后的边线线型

# 5.6　工程图的标注

工程图作为设计者与制造者之间交流的语言，重在向其用户反映零部件的各种信息，这些信息中的绝大部分是通过工程图中的标注来反映的。因此，一张高质量的工程图必须具备完整、合理的标注。

工程图中的标注种类很多，如尺寸标注、注释标注、基准标注、公差标注、表面粗糙度标注、焊接符号标注等。

## 5.6.1 模型尺寸

在工程图的各种标注中，尺寸标注是最重要的一种，它有着自身的特点与要求。首先，尺寸是反映零件几何形状的重要信息（对于装配体，尺寸是反映连接配合部分、关键零部件尺寸等的重要信息），在具体的工程图尺寸标注中，应力求尺寸能全面地反映零件的几何形状，不能有遗漏的尺寸，也不能有重复的尺寸（在本书中，为了便于介绍某些尺寸的操作，并未标注出能全面反映零件几何形状的全部尺寸）。其次，工程图中的尺寸标注是与模型相关联的，而且模型尺寸的变更会反映到工程图中，在工程图中改变尺寸也会改变模型。最后，由于尺寸标注属于机械制图中一个必不可少的部分，因此标注应符合制图标准中的相关要求。

在 SolidWorks 中，工程图中的尺寸被分为两种类型：模型尺寸和参考尺寸。模型尺寸是存在于系统内部数据库中的尺寸信息，它们来源于零件的三维模型尺寸。参考尺寸是用户根据具体的标注需要手动创建的尺寸。这两类尺寸的标注方法不同，功能与应用也不同。通常先显示出存在于系统内部数据库中的某些重要的尺寸信息，再根据需要手动创建某些尺寸。

由于工程图中的模型尺寸受零件模型驱动，并且也可反过来驱动零件模型，所以这些尺寸常被称为驱动尺寸。注意：在工程图中可以修改模型尺寸值的小数位数，但是四舍五入之后的尺寸值不驱动模型。

模型尺寸是创建零件特征时标注的尺寸信息，在默认情况下，将模型插入到工程图时，这些尺寸是不可见的。

在工程图设计环境中，单击“注解”控制面板上的“模型项目”按钮，打开的“模型项目”属性管理器如图 5-100 所示，可将模型尺寸在工程图中自动地显现出来。

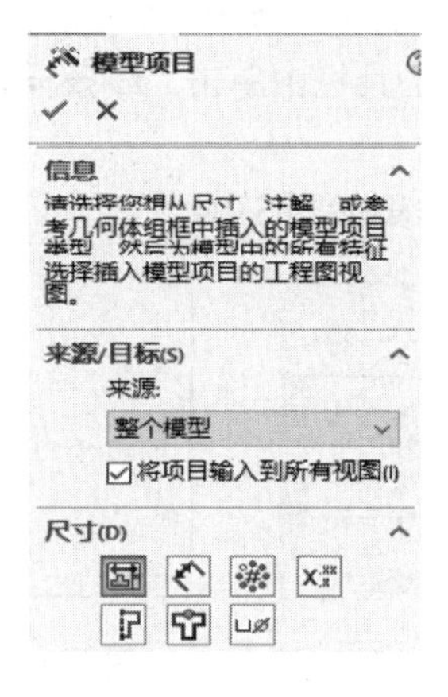


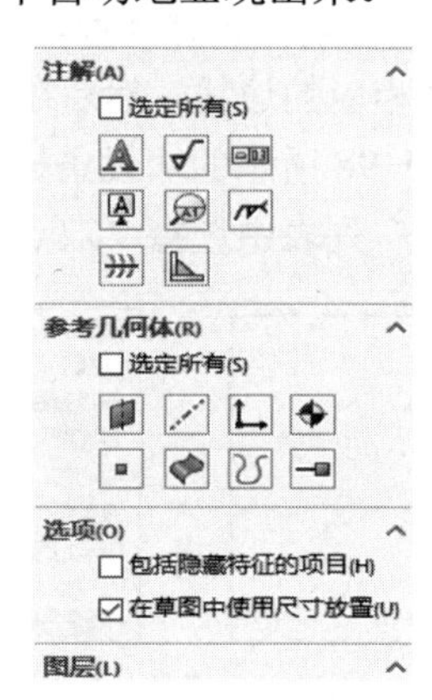


图 5-100 “模型项目”属性管理器

“模型项目”属性管理器中部分选项含义如下。

（1）“来源/目标”选项组

用于选取要标注的特征或视图。

- 来源：在其下拉列表中可选择要插入模型项目的对象，包括“整个模型”和“所选特征”选项。选择“整个模型”选项，标注的是整个模型的尺寸；选择“所选特征”选项，标注的是所选零件特征的尺寸。

- 将项目输入到所有视图：选中该复选框，将模型尺寸插入所有视图中；不选中该复选框，则需要在图形区指定视图。

（2）“尺寸”选项组

- 为工程图标注：单击该按钮，将对工程图标注尺寸。
- 没为工程图标注：单击该按钮，将不对工程图标注尺寸。
- 实例/圈数计数：单击该按钮，将对阵列特征的实例个数进行标注。
- 公差尺寸：单击该按钮，将对尺寸标注公差。
- 异型孔向导轮廓：单击该按钮，将对工程图中孔的尺寸进行标注。
- 异型孔向导位置：单击该按钮，将对工程图中孔的位置进行标注。
- 孔标注：单击该按钮，将对工程图中的孔进行标注。
- 消除重复：选中该复选框，将工程图中标注的重复尺寸自动删除；不选中则在工程图中会出现重复标注的情况。

在“尺寸”选项组中，除“异型孔向导轮廓”按钮和“孔标注”按钮不能同时被选中外，其他都可以同时选中。

例 5-22　创建模型尺寸

**【例 5-22】** 创建模型尺寸

1）打开资源文件\模型文件\第 5 章\工程图素材\“例 5-22 模型尺寸. SLDDRW”文件，进入工程图设计环境，打开的工程图如图 5-101 所示。

2）单击“注解”控制面板上的“模型项目”按钮，系统弹出图 5-102 所示的“模型项目”属性管理器。

3）在“来源/目标”选项组中的“来源:”下拉列表框中选择“整个模型”选项。选中“将项目输入到所有视图”复选框。在“尺寸”选项组中，单击“为工程图标注”按钮，并选中“消除重复”复选框，其他参数默认。

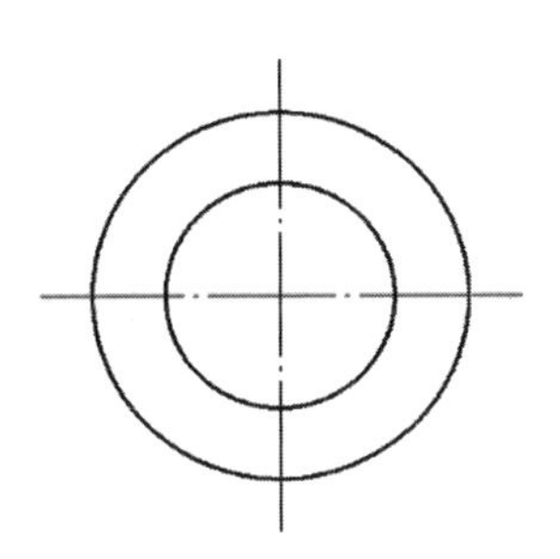

图 5-101　模型尺寸素材

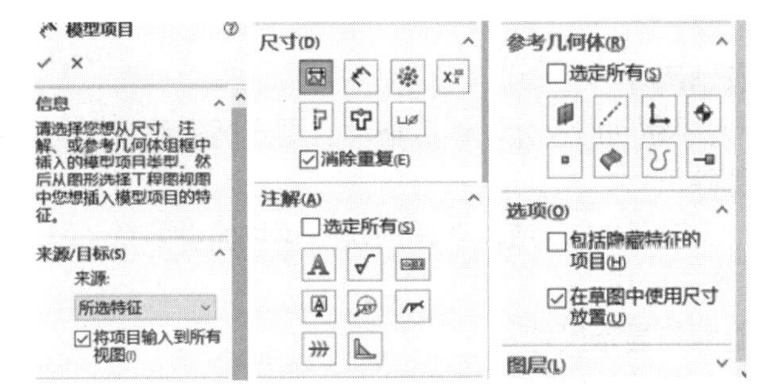


图 5-102　“模型项目”属性管理器

4）单击“确定”按钮，完成为工程图标注尺寸的操作，结果如图 5-103 所示。

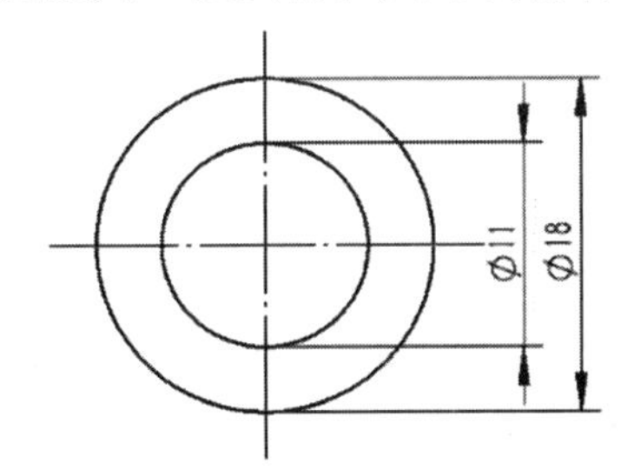


图 5-103　标注尺寸后的图形

使用“模型项目”标注尺寸时，尺寸的排列比较凌乱。可以在视图上单击插入的尺寸线及尺寸数字，将其拖动到合适位置。

## 5.6.2 参考尺寸

参考尺寸是通过“标注尺寸”命令在工程图中创建的尺寸。参考尺寸一般通过手动方式标注。单击“注解”控制面板上“智能尺寸”下拉按钮，打开尺寸标注菜单，如图 5-104 所示。利用该菜单中的命令可手动标注尺寸。

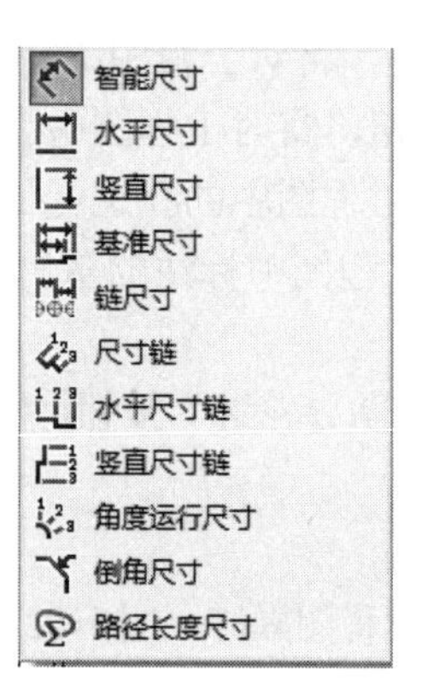


图 5-104　尺寸标注菜单

手动标注尺寸方法与草图尺寸标注方法相同，在此不再介绍。

## 5.6.3 编辑尺寸

尺寸的编辑操作包括尺寸（包含尺寸文本）的移动、隐藏、删除，修改尺寸文字、尺寸线或尺寸延长线等。

**1. 移动尺寸**

选择需要移动的尺寸，然后拖动它到合适的位置即可实现尺寸移动。

**2. 删除尺寸**

对于一些标注重复或不合理的尺寸可以将其删除。选择需要删除的尺寸，然后按〈Delete〉键即可删除该尺寸。

**3. 隐藏与显示尺寸**

隐藏只是暂时使尺寸处于不可见的状态，还可以通过显示操作使其显示出来。隐藏尺寸不同于删除尺寸，隐藏的尺寸仍存在于视图中，可根据需要将其显示。如果删除尺寸，尺寸将不能被显示，必须重新标注。

下面介绍隐藏与显示尺寸的一般操作步骤。

例 5-23　隐藏与显示尺寸

【例 5-23】 隐藏与显示尺寸

1）打开资源文件\模型文件\第 5 章\工程图素材\“例 5-23 隐藏与显示尺寸. SLDDRW”文件，进入工程图设计环境，打开的工程图如图 5-105a 所示。

2）选择菜单栏上的“视图”→“隐藏/显示”→“注解”命令。

3）选取如图 5-105a 中所示的“$\phi$18”尺寸，再按〈Esc〉键即可将其隐藏，隐藏后图形如图 5-105b 所示。

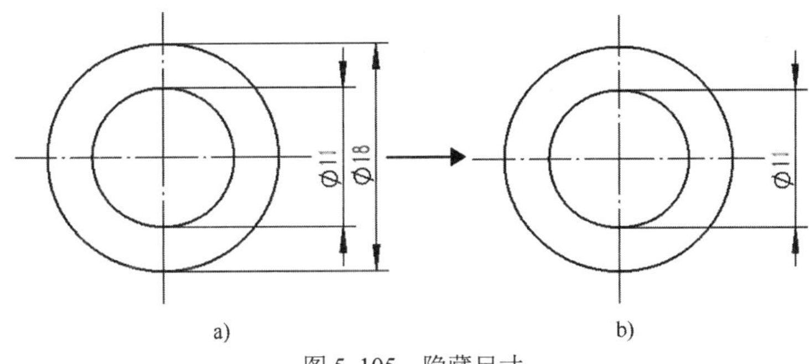


图 5-105　隐藏尺寸

a) 隐藏前　b) 隐藏后

4）选择“视图”→“隐藏/显示”→“注解”命令，已隐藏的尺寸在图形区以灰色显示。单击灰色尺寸，则正常显示，按〈Esc〉键退出隐藏模式。

**4．修改尺寸文字**

修改尺寸文字是指修改尺寸的主要值、标注尺寸文字、公差、字体、字体样式等。下面介绍修改主要值和标注尺寸文字的一般操作步骤。

选取视图中标注的尺寸，弹出图 5-106 所示的“尺寸”属性管理器。其中“主要值”选项组中部分选项的含义如下。

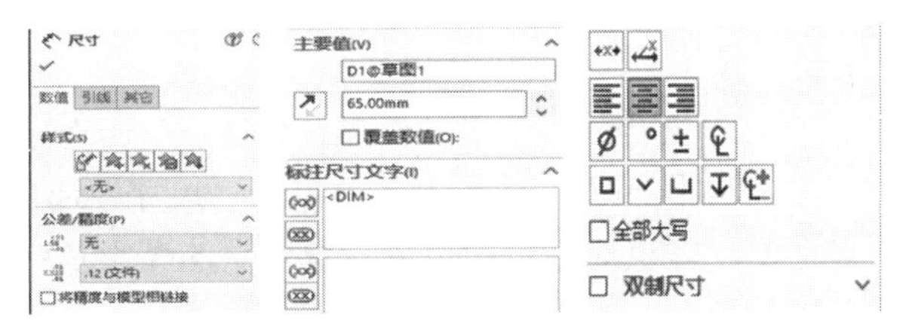


图 5-106　“尺寸”属性管理器

- “所选尺寸名称”拾取框：在工程视图中拾取尺寸后，尺寸名称显示在该拾取框中，尺寸名称@的后缀表明该尺寸为草图尺寸或参考尺寸，例如，“D6@草图 1”表明该尺寸为模型的草图尺寸；“RD1@工程视图 1”为参考尺寸。
- “所选尺寸数值”微调框：微调框中显示所选尺寸的数值。微调框为激活状态，表明该尺寸值为模型的草图尺寸值，修改该尺寸值后，单击“标准”工具栏中的“重建模型”按钮，系统将重建零件的三维模型及工程视图。微调框为灰色状态，表明该尺寸为参考尺寸。
- 覆盖数值：用新尺寸值覆盖原尺寸值。选中此复选框后，出现“主要”微调框，在微调框中输入新数值后，单击“确定”按钮，在视图中新数值覆盖了原数值，此微调框中的数值不能驱动草图重建模型。
- “标注尺寸文字”选项组：<DIM>表示尺寸的真实值。在该选项组的文本框中，通过改变光标的位置可添加文字的前缀、后缀、上标和下标。如果在文本框中删除<DIM>，可自定义尺寸值，该尺寸值不能改变零部件尺寸，只能作为原始尺寸的覆盖值。

例 5-24　修改尺寸

**【例 5-24】** 修改尺寸

1）打开资源文件\模型文件\第 5 章\工程图素材\“例 5-24 修改尺寸文字.SLDDRW”文件，进入工程图设计环境，如图 5-107 所示。

2）选取要修改的尺寸。选取图 5-107 所示“46”的尺寸，系统弹出“尺寸”属性管理器。

3）修改尺寸值。在“主要值”选项组的“反向”按钮右侧微调框中输入主要值“50mm”，如图 5-108 所示，单击“确定”按钮，修改后的图形如图 5-109 所示。

4）修改标注尺寸文字。选取图 5-107 所示的尺寸“11”，系统弹出“尺寸”属性管理器。将鼠标在<DIM>前单击，再单击插入“标注尺寸文字”选项组中的“直径”按钮Ø，如图 5-108 所示。

5）单击“确定”按钮，在“标准”工具栏中单击“重建模型”按钮，此时工程图的尺寸和视图得到了更新，结果如图 5-109 所示。

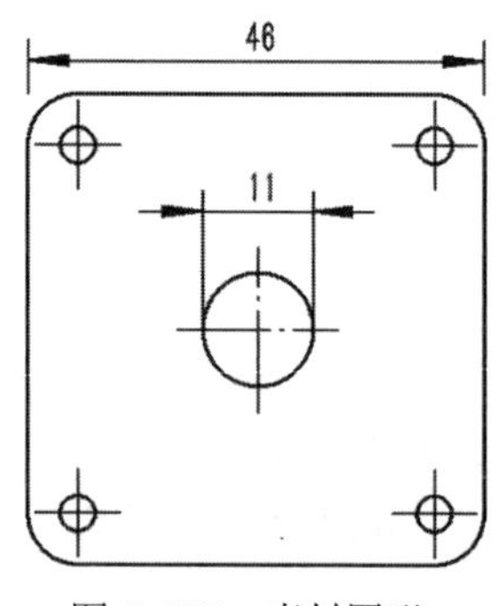


图 5-107　素材图形

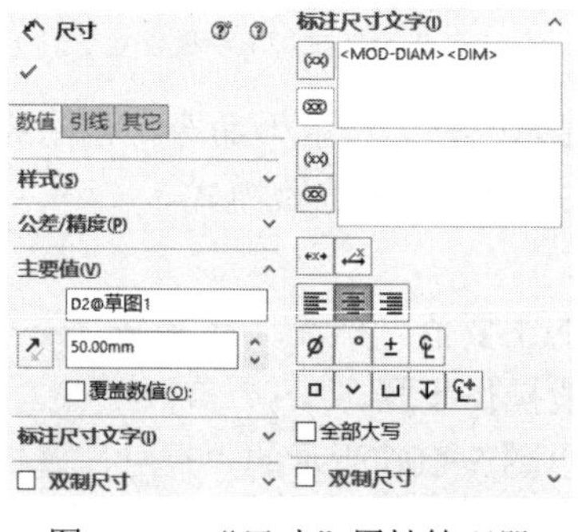


图 5-108　“尺寸”属性管理器

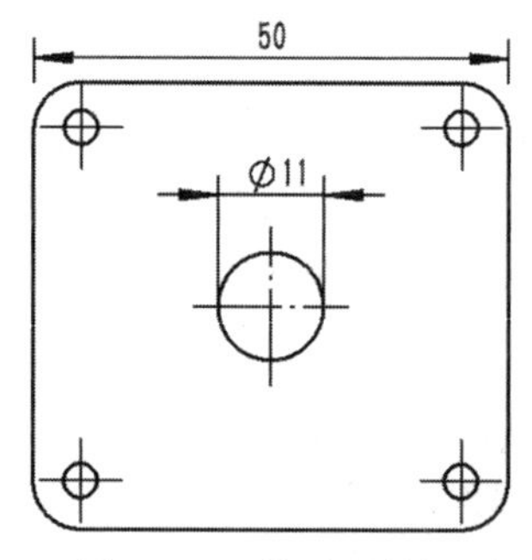


图 5-109　修改后的视图

**5. 设置尺寸箭头大小和样式**

尺寸箭头的大小和样式可在“文档属性”对话框进行设置。单击“标准”工具栏中的“选项”按钮，在弹出的对话框中单击“文档属性”选项卡，再单击“尺寸”选项，出现图 5-110 所示的“文档属性（D）-尺寸”对话框。在该对话框中可以设置箭头的大小及样式。

图 5-110　“文档属性（D）-尺寸”对话框

在“系统选项”对话框中设置的尺寸箭头样式将被应用到当前所有的尺寸标注中。

## 5.6.4 标注基准特征符号

在工程图中，位置公差需要有参考基准面或基准轴。基准面一般标注在视图的边线上，基准轴一般标注在中心轴或尺寸上。在 SolidWorks 中标注基准面和基准轴使用的是“基准特征”命令。

图 5-111 “基准特征”属性管理器（部分）

单击“注解”控制面板上的“基准特征”按钮；或选择“插入”→“注解”→“基准特征符号”命令，系统弹出“基准特征”属性管理器，如图 5-111 所示。

“基准特征”属性管理器部分选项组中选项的功能如下。

- “标号设定”文本框：用于输入基准的标号。在这里设置第一个标号，系统会自动按一定的顺序自动添加标号。
- “使用文件样式”复选框：取消选中该复选框，出现相应的“基准特征符号”选项组，其中“方框”按钮被激活。如果选择“圆形”按钮，将激活 3 种“引线”样式：“垂直”、“竖直”和“水平”。如果选择（方形）按钮，单击该按钮，将激活两种引线样式及 4 种基准符号样式：“实三角形”、“带肩角的实三角形”、“虚三角形”和“带肩角的虚三角形”。

在“标号设定”选项组中完成各选项设置后，在图形区选择表示基准面的边线或表示基准轴的中心线，拖动鼠标到合适位置单击即可。

例 5-25 标注基准特征符号

**【例 5-25】** 标注基准特征符号

1）打开资源文件\模型文件\第 5 章\工程图素材\“例 5-25 基准特征符号标注. SLDDRW”文件，进入工程图设计环境，如图 5-112 所示。

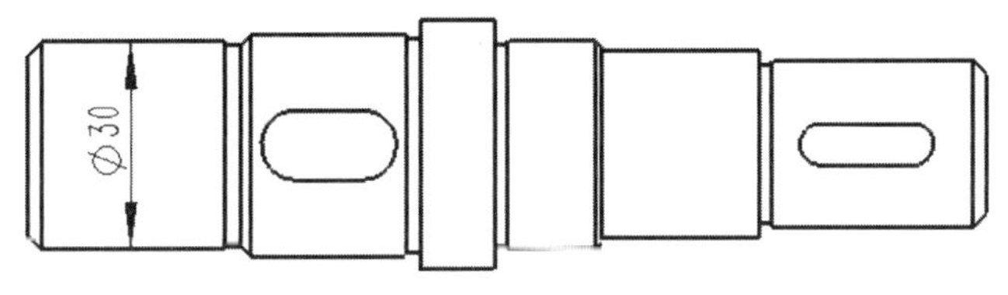

图 5-112 基准特征符号标注素材

2）单击“注解”控制面板上的“基准特征符号”按钮，系统弹出“基准特征”属性管理器，如图 5-113 所示。

3）定义标号和引线样式。在“基准特征”属性管理器的“标号设定”文本框中输入 A，在“引线”选项组中取消选中“使用文本样式”复选框，单击“方框”按钮，再单击“实三角形”按钮。

4）放置基准特征。在图形区中选择相应的线，单击放置符号。此时属性管理器没有关闭，可在图形上标注多个基准特征符号。

5）单击“确定”按钮，完成基准特征符号的标注，标注后的工程图如图 5-114 所示。

图 5-113 “基准特征”属性管理器

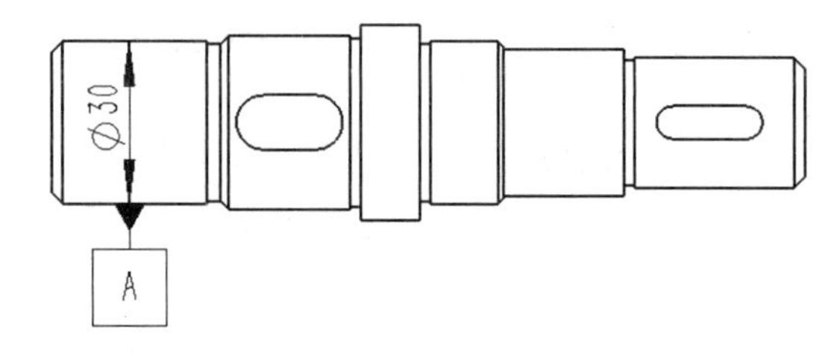


图 5-114 标注基准特征符号后的工程图

## 5.6.5 标注几何公差

几何公差表示工程图中某一面自身的形状控制，即形状公差，或者与基准之间的位置约束，即位置公差。一个完整的公差标注包括公差类型、参考对象和公差数值。

**1.“几何公差”属性管理器①**

单击“注解”控制面板上的“几何公差”按钮，或选择“插入”→“注解”→“几何公差”命令，系统弹出“几何公差”属性管理器，如图 5-115 所示，同时系统弹出几何公差“属性”对话框，如图 5-116 所示。

“几何公差”属性管理器中部分选项含义如下。

1）“引线”选项组：用于设置引线的样式。

2）“角度”选项组：用于设置几何公差文本框的放置角度。

- “角度”微调框：在该微调框中输入数值，设置几何公差文本框的放置角度。
- 设置水平尺寸：水平放置几何公差符号。
- 设置竖直尺寸：竖直放置几何公差符号。

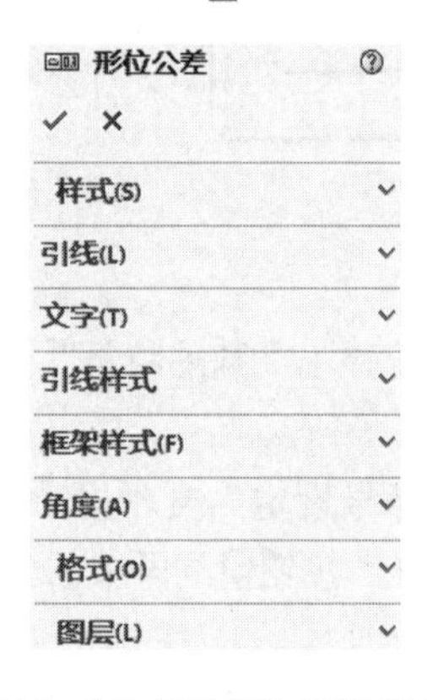


图 5-115 “几何公差”属性管理器

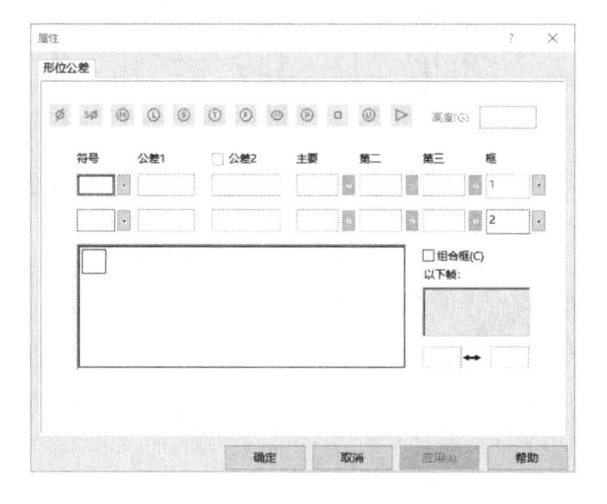


图 5-116 “属性”对话框

**2.“属性”对话框**

各按钮含义见表 5-2。

① 因软件版本问题，软件中的形位公差应为几何公差。

表 5-2　几何公差“属性”对话框中按钮含义

| 按钮 | 含义 | 按钮 | 含义 | 按钮 | 含义 |
|---|---|---|---|---|---|
| Ø | 直径按钮 | SØ | 球形直径按钮 | Ⓜ | 最大材质条件 |
| Ⓛ | 最小材质条件 | Ⓢ | 无论特征大小如何按钮 | Ⓣ | 相切基准面 |
| Ⓕ | 自由状态按钮 | (ST) | 统计按钮 | Ⓟ | 投影公差按钮 |
| □ | 方形按钮 | Ⓤ | 不相等排列的轮廓按钮 | ▷ | 平移按钮 |

- “符号”下拉列表框：用于选择几何公差符号。
- “公差 1”文本框：用于设置几何公差的公差值。
- “公差 2”复选框：选中该复选框，“公差 2”文本框被激活，该文本框用于设置几何公差的第二公差值。
- “主要”“第二”“第三”文本框：在这 3 个文本框中可输入位置公差的主要、第二和第三基准。
- “组合框”复选框：选中该复选框，当指定基准点时，软件会进行检查，以确保在下层中指定的基准点用与上层相同的优先顺序输入。
- “高度”文本框：该文本框在单击“投影公差”按钮Ⓟ后激活，用于设置延伸带的高度。

我国的国家标准中规定的几何公差及其符号，见表 5-3。

表 5-3　几何公差及其符号

| 类别 | 名称 | 符号 | 类别 | 名称 | 符号 |
|---|---|---|---|---|---|
| 形状公差 | 直线度 | — | 方向公差 | 面轮廓度 | ⌓ |
| | 平面度 | ▱ | 位置公差 | 位置度 | ⌖ |
| | 圆度 | ○ | | 同心度（用于中心点） | ◎ |
| | 圆柱度 | ⌭ | | 同轴度（用于轴线） | ◎ |
| | 线轮廓度 | ⌒ | | 对称度 | ⌯ |
| | 面轮廓度 | ⌓ | | 线轮廓度 | ⌒ |
| 方向公差 | 平行度 | // | | 面轮廓度 | ⌓ |
| | 垂直度 | ⊥ | 跳动公差 | 圆跳动 | ↗ |
| | 倾斜度 | ∠ | | 全跳动 | ⌰ |
| | 线轮廓度 | ⌒ | | | |

**【例 5-26】** 标注位置公差

例 5-26　标注位置公差

1）打开资源文件\模型文件\第 5 章\工程图素材\“例 5-26 位置公差.SLDDRW”文件，进入工程图设计环境，打开的工程图如图 5-117 所示。

2）单击“注解”控制面板上的“几何公差”按钮；或选择“插入”→“注解（A）”→“几何公差”命令，系统弹出“属性”对话框。

3）定义“圆跳动”位置公差。在“属性”对话框中“符号”下拉列表框中选择“圆跳动”选项↗；在“公差 1”文本框中输入公差值“0.012”；在“主要”文本框中输入 A。

4）放置“圆跳动”公差符号。在“几何公差”属性管理器的“引线”选项组中依次单击、和按钮，单击图 5-117 所示的边线后，选择合适位置放置位置公差。

5）单击“确定”按钮，完成公差的标注，结果如图 5-118 所示。

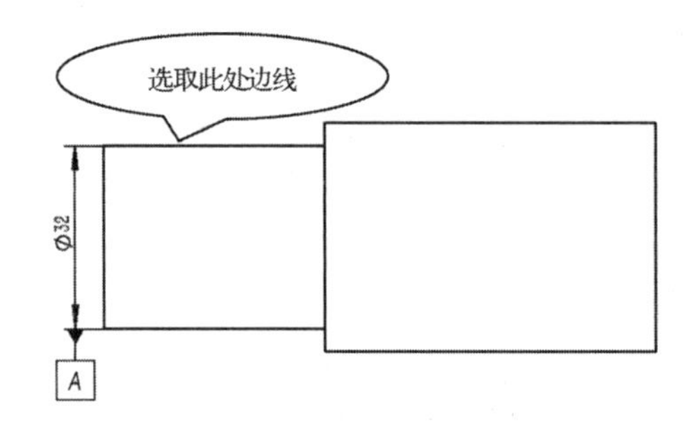


图 5-117　打开的工程图

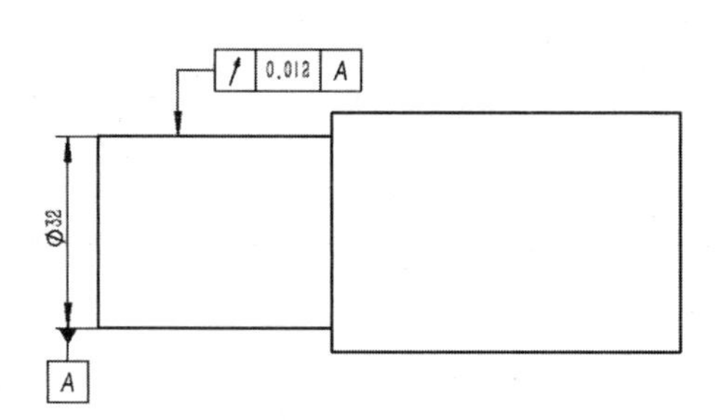


图 5-118　标注圆跳动位置公差

## 5.6.6 标注表面粗糙度符号

在零件工程图中需标注表面粗糙度符号。表面粗糙度符号是用来表示零件表面粗糙程度的参数代号及数值，单位为μm（微米）。

单击“注解”工具栏中的“表面粗糙度符号”按钮；或选择“插入”→“注解（A）”→“表面粗糙度符号”命令，系统弹出“表面粗糙度”属性管理器，如图 5-119 所示。“表面粗糙度”属性管理器中各选项的含义如下。

1）“符号”选项组：根据要求，选择一种表面粗糙度符号。

2）“符号布局”选项组：此选项组根据选择的粗糙度符号而显示出不同的布局，如选择的粗糙度符号为（要求切削加工），符号布局如图 5-120 所示。

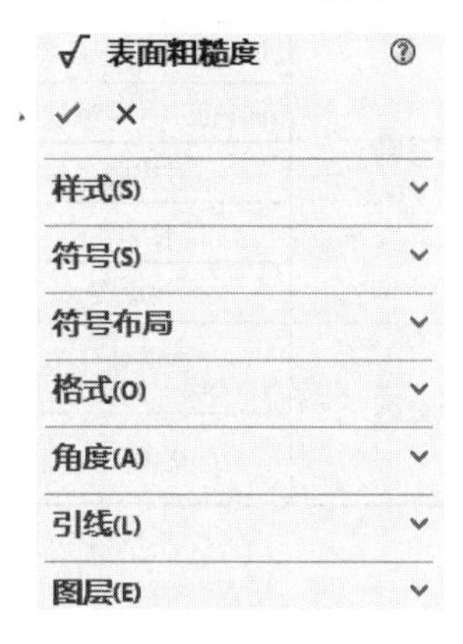


图 5-119 “表面粗糙度”属性管理器

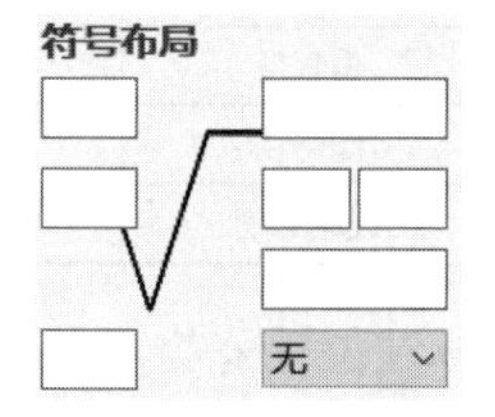


图 5-120　符号布局

鼠标指针指向“符号布局”选项组中的相应文本框，会有相应的文字提示，在此不再介绍。

3）“角度”选项组：为符号设置旋转角度。

**【例 5-27】** 插入表面粗糙度符号

1）打开资源文件\模型文件\第 5 章\工程图素材\“例 5-27 插入粗糙度符

例 5-27　插入表面粗糙度符号

号.SLDDRW”文件，进入工程图设计环境，如图5-121所示。

2）单击“注解”控制面板上的“表面粗糙度”按钮，系统弹出“表面粗糙度”属性管理器，如图5-122所示。

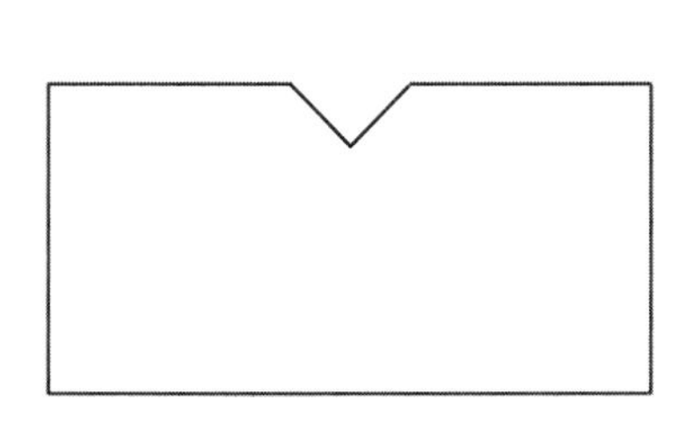

图5-121　插入粗糙度符号素材

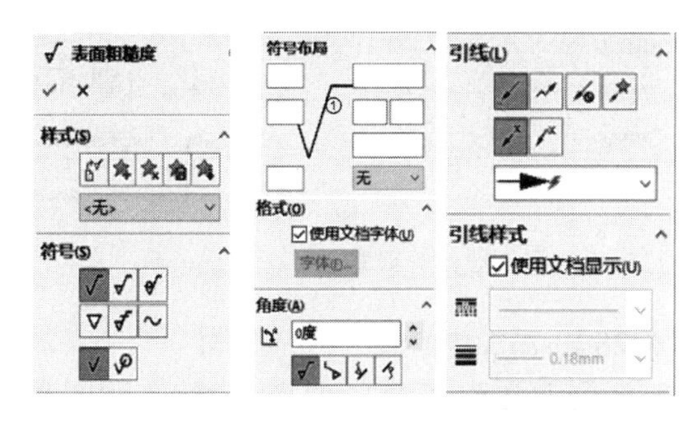


图5-122　“表面粗糙度”属性管理器

3）选择粗糙度符号。在图5-122所示属性管理器的“符号”选项组中单击“要求切削加工”按钮，在“符号布局”选项组的“抽样长度”文本框（见图5-122中①）中输入“*Ra*1.6”。

4）放置表面粗糙度符号。在图5-123所示的边线上单击，放置表面粗糙度符号。若需要设置多个表面粗糙度符号，可以不关闭属性管理器，在视图中多次单击。

5）单击“确定”按钮，完成表面粗糙度的标注，结果如图5-124所示。

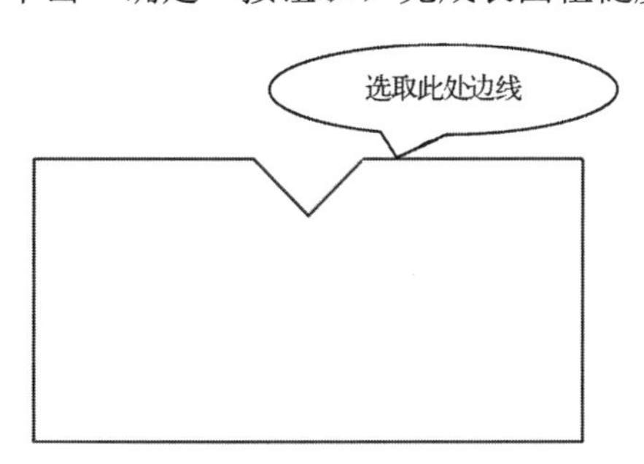


图5-123　选择边线

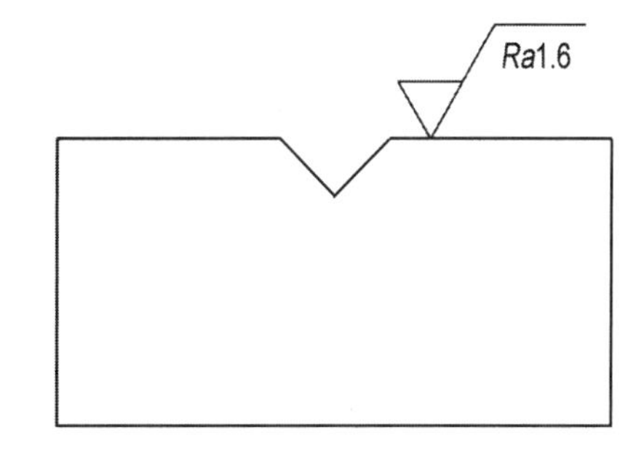


图5-124　完成表面粗糙度标注

沿边线拖动表面粗糙度符号，会从边线引出一条延伸线。

## 5.6.7 添加注释

在尺寸标注的过程中，注释是很重要的因素，如技术要求等。

单击“注解”控制面板上的“注解”按钮，或选择“插入”→“注解（A）”→“注释”命令，系统弹出“注释”属性管理器，如图5-125所示。单击“引线”选项组中的“无引线”按钮，在视图中空白处单击，系统弹出如图5-126所示的“格式化”对话框，在对话框中可输入需要的注释文字及修改文字样式。单击“确定”按钮，完成注释文字添加操作。

## 5.6.8 添加中心线

中心线常应用在旋转类零件工程视图中，本节介绍添加中心线的方法。

单击“注解”控制面板上的“中心线”按钮，或选择“插入”→“注解”→“中心线”命令，系统弹出“中心线”对话框。

图 5-125 “注释”属性管理器

图 5-126 “格式化”对话框

【例 5-28】 添加中心线

例 5-28 添加中心线

1）打开资源文件\模型文件\第 5 章\工程图素材\“例 5-28 添加中心线.SLDDRW”文件，进入工程图设计环境，如图 5-127 所示。

2）单击“注解”控制面板上的“中心线”按钮。

3）添加中心线。依次单击圆柱两边的边线，视图中出现中心线，单击添加的中心线，然后拖动中心线的端点，将其调节到合适的长度。

4）单击“确定”按钮✓，完成操作，结果如图 5-128 所示。

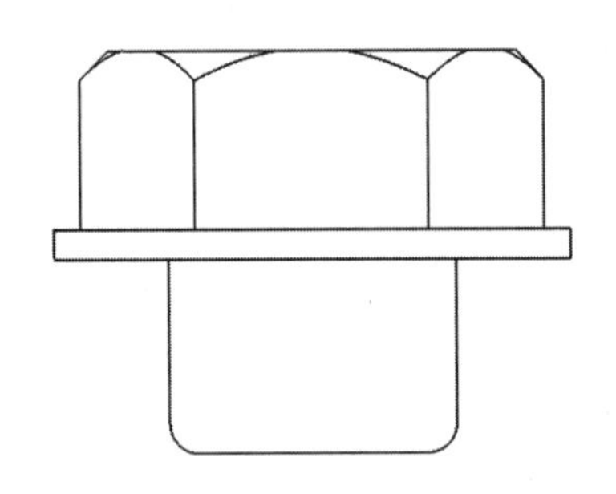

图 5-127 添加中心线素材

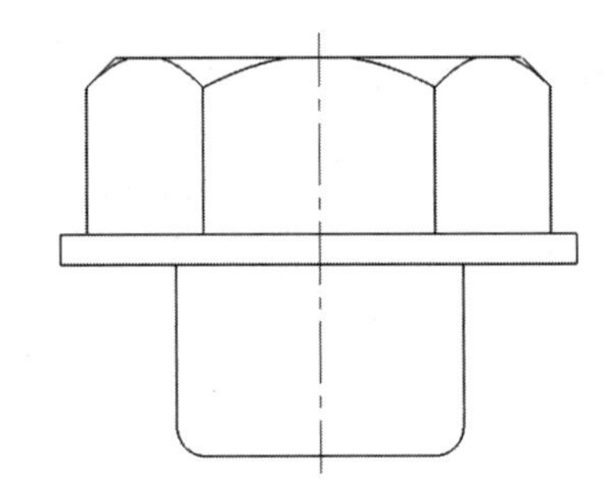

图 5-128 添加中心的工程图

## 5.6.9 标注零件序号

零件序号用于装配体中，可以指定零件的编号，也可以在工程图与注释中使用，通常与 BOM（明细表）表相关联。当工程图中没有材料明细表时，如果不插入材料明细表，系统则按默认序号标注，如果激活的图样中没有材料明细表，但另一图样中有，则将使用该图样明细表的序号。

插入零件序号前，要设置插入零件序号的字体及字体高度，步骤如下：

**1. 设置字体高度**

单击“标准”工具栏中的“选项”按钮，在弹出的“系统选项-（普通）”选项卡中，单击“文档属性”按钮，系统出现“文档属性-绘图标准”选项卡，单击左侧“注解”选项前的“+”号，在展开的下拉列表中单击“零件序号”选项，出现图 5-129 所示的“文档属性（D）-零件序号”对话框。单击对话框中的“字体”按钮，弹出图 5-130 所示的“选择字体”对话框，在“单位”文本框中输入“5.00mm”，单击“确定”按钮，字体设置完毕。

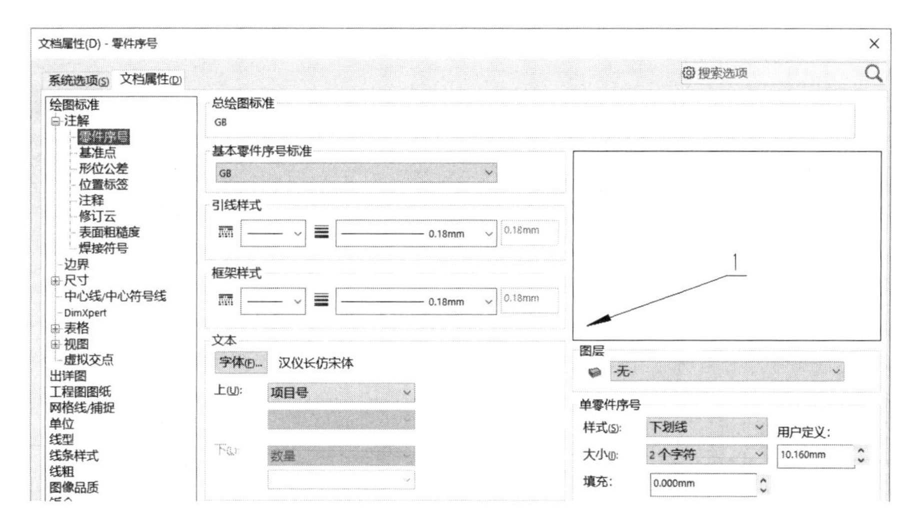


图 5-129 “文档属性（D）-零件序号”对话框

### 2.“零件序号”属性管理器

在工程图文件中，单击“注解”工具栏中的“零件序号”按钮，或选择“插入”→“注解（A）”→“零件序号”命令，系统弹出“零件序号”属性管理器，如图 5-131 所示。

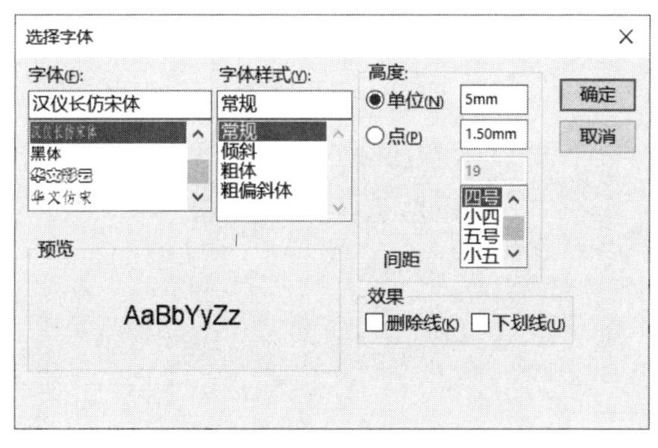


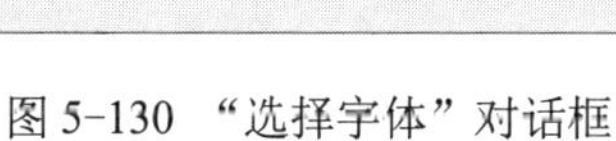

图 5-130 “选择字体”对话框

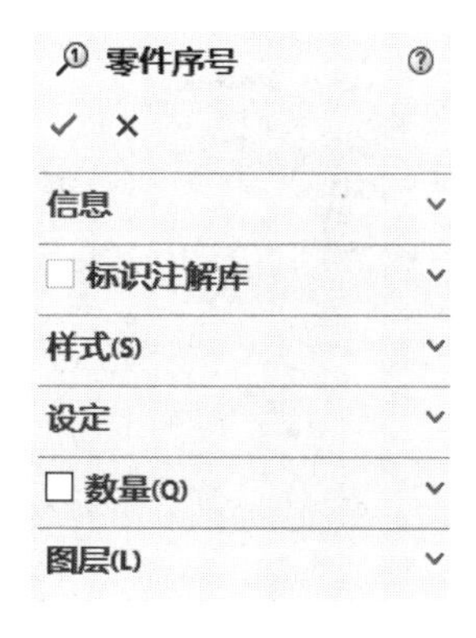


图 5-131 “零件序号”属性管理器

在属性管理器的“设定”选项组中，可以对序号的样式、大小及零件序号文字进行设置。下面通过实例来介绍标注零件序号的操作过程。

**【例 5-29】** 标注零件序号

例 5-29 标注零件序号

1）打开资源文件\模型文件\第 5 章\工程图素材\“例 5-29 标注零件序号.SLDDRW”文件，进入工程图设计环境，如图 5-132 所示。

2）单击“注解”控制面板上的“零件序号”按钮，系统弹出“零件序号”属性管理器。

3）在“设定”选项组中定义“圆形”“4 个字符”，如图 5-133 所示。

4）标注零件序号。在视图上单击确定引线位置，再次单击确定序号位置，可以连续标注多个序号。

5）单击“确定”按钮✓，完成标注零件序号，如图 5-134 所示。

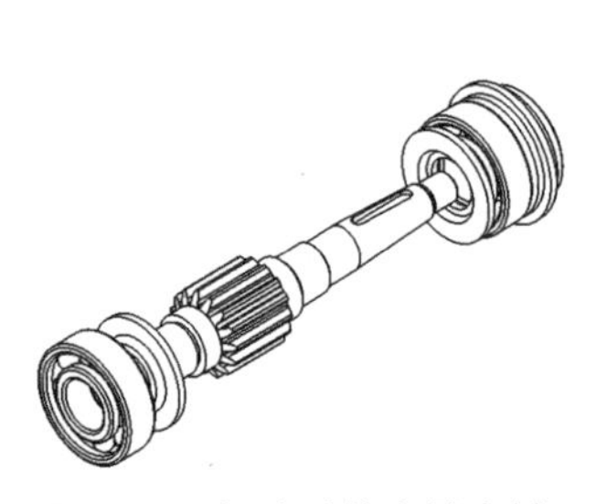

图 5-132　标注零件序号素材

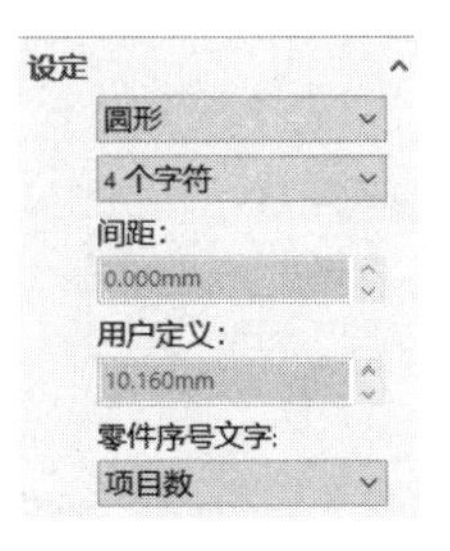


图 5-133　“设定”选项组

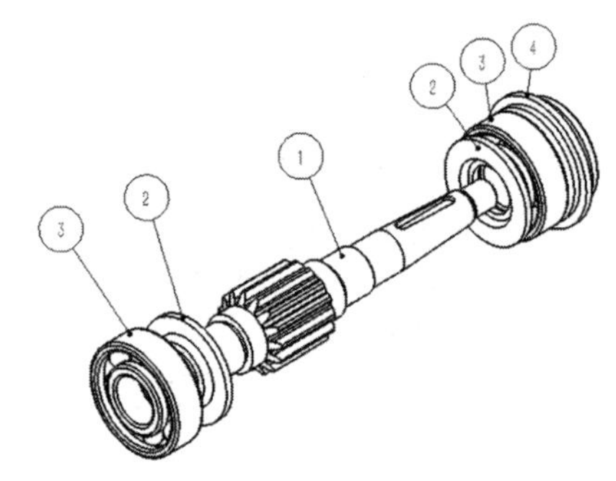


图 5-134　标注零件序号

## 5.6.10 生成明细表

在装配体工程图中需列出装配零件的各种明细，一般包括项目号、名称、材料、数量等内容，俗称 BOM 表（明细表）。

单击“标准”工具栏中的“选项”按钮⚙，在弹出的“系统选项-（普通）”选项卡中，单击“文档属性”按钮，系统出现“文档属性-绘图标准”选项卡，单击选项卡中的“表格”→“材料明细表”选项，系统出现图 5-135 所示的“文档属性（D）-材料明细表”对话框，在对话框中可以设定明细表字体、字体样式和高度。

图 5-135　“文档属性（D）-材料明细表”对话框

在工程图环境中，选择“插入”→“表格”→“材料明细表”命令，然后在图形区选择一个工程视图，系统弹出“材料明细表”属性管理器，如图 5-136 所示。“材料明细表”属性管理器中部分选项的含义如下。

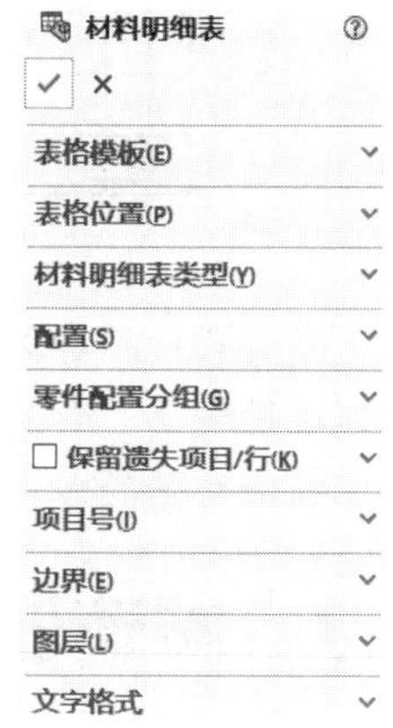


图 5-136 “材料明细表”属性管理器

（1）“表格模板”选项组

单击“为材料明细表打开模板”按钮，可选择标准或自定义模板。

（2）“表格位置”选项组

将指定的边角附加到表定位点。

（3）“材料明细表类型”选项组

- 仅限顶层：列举零件和子装配体，子装配体的零部件不列出。
- 仅限零件：不列举子装配体，列举子装配体零部件为单独项目。
- 缩进：列举子装配体，子装配体零部件也缩进列出。

（4）“配置”选项组

在材料明细表中为所有所选项配置列举数量。

（5）“零件配置分组”选项组

- 显示为一个项目号：零部件不同的配置使用同一项目编号。
- 将同一零件的配置显示为单独项目：如果零部件有多个配置，每个配置都列举在材料明细表中。
- 将同一零件的所有配置显示为一个项目：如果零部件有多个配置，零部件只在材料明细表的一行中列举。
- 将具有相同名称的配置显示为单一项目：如果一个以上零部件具有相同配置名称，它们将在材料明细表一行中列举。

（6）“项目号”选项组

- 起始：输入起始项目号。
- 不更改项目号：当在其他位置更改项目号时，选中此选项可阻止材料明细表项目号更新。

例 5-30 插入材料明细表

（7）“边界”选项组

取消选中“使用文档设定”选项，并单击“框边界”按钮或“网格边界”按钮，从列表中选取对应的边界厚度，即表格线宽。

**【例 5-30】** 插入材料明细表

1）打开资源文件\模型文件\第 5 章\工程图素材\“例 5-30 插入材料明细. SLDDRW”文件，进入工程图设计环境，如图 5-137 所示。

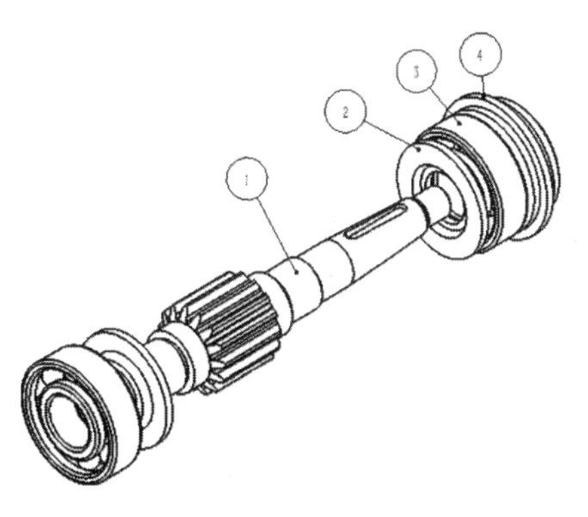


图 5-137 插入材料明细表素材

2）单击“注解”控制面板上的“表格”→“材料明细表”按钮，单击选择视图，系统弹出“材料明细表”属性管理器。

3）在属性管理器的“表格模板”选项组中单击“为材料明细表打开表格模板”按钮，在弹出的“打开”对话框中选择“gb-bom-material.sldbomtbt”表格模板。

4）单击“确定”按钮，在图形区单击以确定表格位置，完成添加材料明细表操作，如图 5-138 所示。

| 4 | | 输入轴嵌入端盖 | 1 | 45 | 16.76 | 16.76 | |
|---|---|---|---|---|---|---|---|
| 3 | | 滚动轴承6204 | 2 | 高碳钢 | 12.99 | 25.98 | |
| 2 | | 挡油环 | 2 | 45 | 3.91 | 7.82 | |
| 1 | | 主动齿轮轴 | 1 | 高碳钢 | 55.79 | 55.79 | |
| 序号 | 代号 | 名称 | 数量 | 材料 | 单重(千克) | 总重(千克) | 备注 |

图 5-138　材料明细表

鼠标指针移动到表格上，表格周围出现行标和列标，单击相应的行标、列标，可以对整行或整列进行编辑。单击左上角⊕符号，弹出“材料明细表”属性管理器，可以编辑明细表格式，按住左键拖动⊕符号，可以移动表格。

# 5.7　减速器输出轴装配体工程图

例 5-31　创建减速器输出轴装配体工程图

本节给出了创建减速器输出轴装配体工程图范例，该范例综合了本章中的大部分内容，主要运用了尺寸、注释、零件序号、材料明细表的标注与修改等知识。通过本例的学习，使读者掌握装配体工程图标注的一般过程及标注技巧。

**【例 5-31】** 创建减速器输出轴装配体工程图，效果如图 5-139 所示

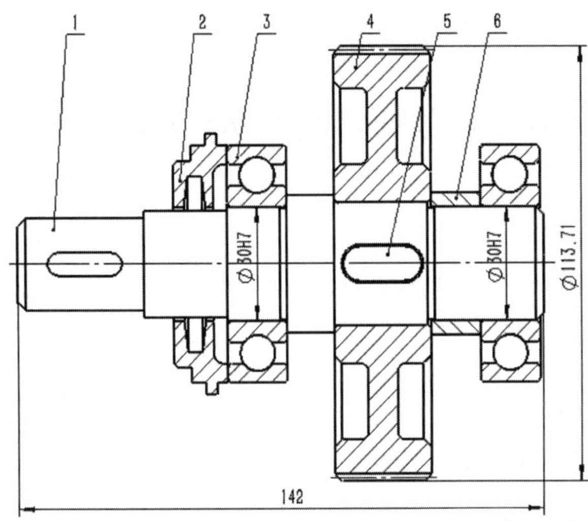


技术要求

1. 零件配合面洗净后涂以润滑油。
2. 装配前，所有零件用煤油清洗，滚动轴承用汽油清洗，不许有任何杂物存在。
3. 内壁涂上不被机油腐蚀的涂料两次。

| 6 | 006 | 套筒 | 1 | 灰铸铁 | 34.48 | 34.48 | |
|---|---|---|---|---|---|---|---|
| 5 | 005 | 键10×22 | 1 | 普通碳钢 | 12.28 | 12.28 | |
| 4 | 004 | 从动齿轮 | 1 | 合金钢 | 1084.19 | 1084.19 | |
| 3 | 003 | 滚动轴承6206 | 2 | 合金钢 | 192.25 | 384.50 | |
| 2 | 002 | 嵌入端盖 | 1 | 合金钢 | 174.98 | 174.98 | |
| 1 | 001 | 输出轴 | 1 | 普通碳钢 | 735.33 | 735.33 | |
| 序号 | 代号 | 名称 | 数量 | 材料 | 单重(千克) | 总重(千克) | 备注 |

| 标记 | 处数 | 分区 | 更改文件号 | 签名 | 年 月 日 | 阶 段 标 记 | 重量 | 比例 | 输出轴组件 |
|---|---|---|---|---|---|---|---|---|---|
| 设计 | | | 标准化 | | | | 2.428 | 1:1 | |
| 校核 | | | 工艺 | | | | | | 1 |
| 主管设计 | | | 审核 | | | | | | |
| | | | 批准 | | | 共1张　第1张 | 版本 | | 替代 |

图 5-139　减速器输出轴装配体工程图

**1．添加属性和属性值**

（1）打开装配体文件

打开资源文件\模型文件下\第 5 章\模型素材\“减速器输出轴装配体.SLDASM”文件，进入装配体环境，如图 5-140 所示。

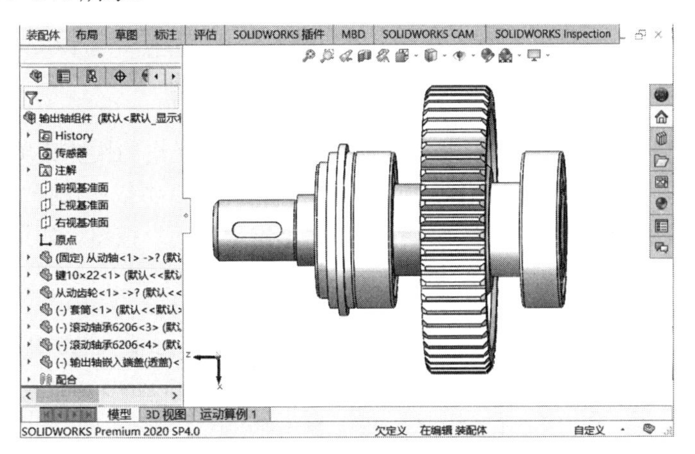


图 5-140　减速器输出轴装配体

（2）定义装配体属性

在“标准”工具栏中单击“文件属性”按钮，弹出“摘要信息”对话框，在“自定义”选项卡中定义图 5-141 所示的“代号”和“名称”选项。

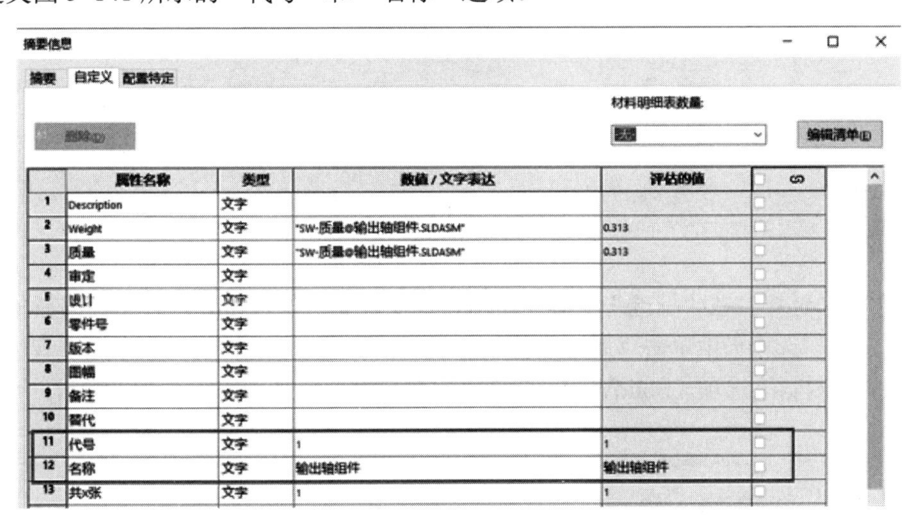


| | 属性名称 | 类型 | 数值 / 文字表达 | 评估的值 |
|---|---|---|---|---|
| 1 | Description | 文字 | | |
| 2 | Weight | 文字 | "SW-质量@输出轴组件.SLDASM" | 0.313 |
| 3 | 质量 | 文字 | "SW-质量@输出轴组件.SLDASM" | 0.313 |
| 4 | 审定 | 文字 | | |
| 5 | 设计 | 文字 | | |
| 6 | 零件号 | 文字 | | |
| 7 | 版本 | 文字 | | |
| 8 | 图幅 | 文字 | | |
| 9 | 备注 | 文字 | | |
| 10 | 替代 | 文字 | | |
| 11 | 代号 | 文字 | 1 | 1 |
| 12 | 名称 | 文字 | 输出轴组件 | 输出轴组件 |
| 13 | 共x张 | 文字 | 1 | 1 |

图 5-141　“摘要信息”对话框

（3）定义输出轴零件属性

1）在装配体的设计树中选中“输出轴”并右击，在弹出的快捷菜单栏中选择“打开零件”命令，进入输出轴零件设计环境。

2）自定义属性。在“标准”工具栏中单击“文件属性”按钮，弹出“摘要信息”对话框，在“自定义”选项卡中定义图 5-142 所示的“名称”和“代号”选项。

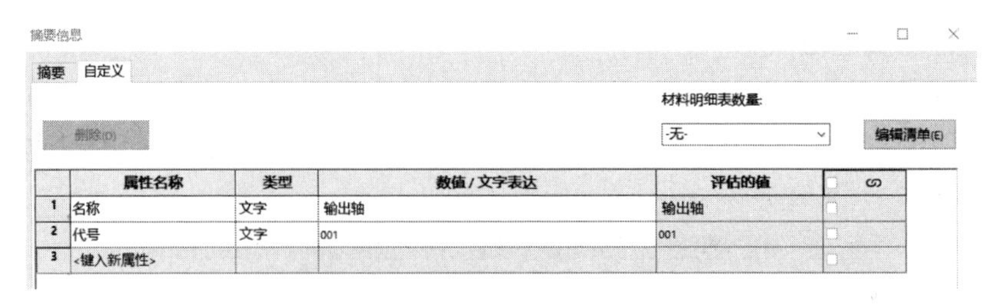

图 5-142　输出轴“自定义”选项卡

3）定义零件材料。在设计树上右击“材质”文件夹，在弹出的快捷菜单中选择“编辑材料”选项，系统弹出“材料”对话框，如图 5-143 所示。在“材料”对话框中依次选择“solidworks materials”→“钢”→“普通碳钢”，单击“应用”按钮，然后单击“关闭”按钮。如果 SolidWorks 默认的材质库里面没有需要的材料，可自定义材料。

图 5-143　“材料”对话框

4）设置材料链接。在“标准”工具栏中单击“文件属性”按钮，弹出“摘要信息”对话框，在“自定义”选项卡中单击“属性名称”中“Material”项对应的“数值/文字表达式”下拉列表框，选择“材料”选项。SolidWorks 自动读取材料属性信息，如图 5-144 所示。

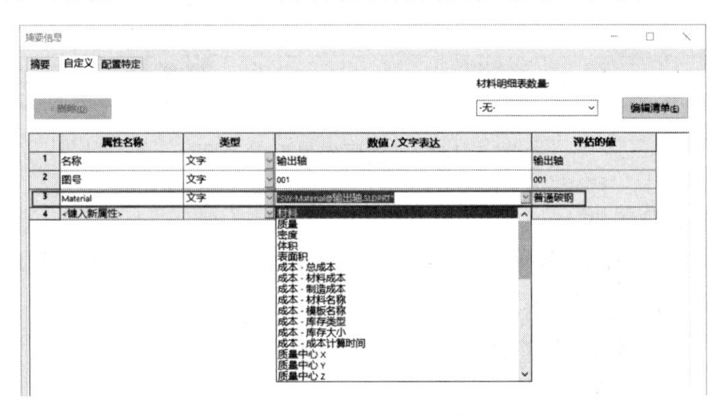

图 5-144　添加材料

5）定义质量。以同样的方法，在“属性名称”中“Weight”项对应的“数值/文字表达式”下拉列表框中选择“质量”选项。

（4）定义其他零件属性

参照上述方法，为从动齿轮、套筒等零件添加属性和属性值。

**2．工程图绘制**

（1）打开工程图

准备完成后，打开资源文件\模型文件\第5章\工程图素材\“例5-31 输出轴组件工程图. SLDDRW”文件，进入工程图设计环境，如图5-145所示。

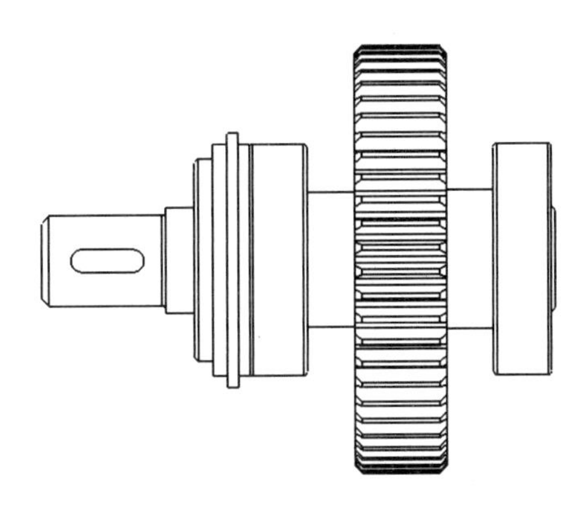

图5-145 输出轴组件工程图

（2）创建断开的剖视图

1）单击“工程图”控制面板上的“断开的剖视图”按钮，鼠标指针变为“样条曲线”命令。

2）在视图上绘制图5-146所示的闭合轮廓，系统弹出“剖面视图”对话框，在图形区空白处单击，关闭“样条曲线”管理器，依次单击“设计树” →“工程图视图1”的下拉按钮，在展开的设计树中选择“输出轴”和“键 10×22”零件，在对话框内“不包括零件部件/筋特征”列表框中出现“输出轴组件/输出轴”，如图5-147所示，单击“确定”按钮，关闭对话框。

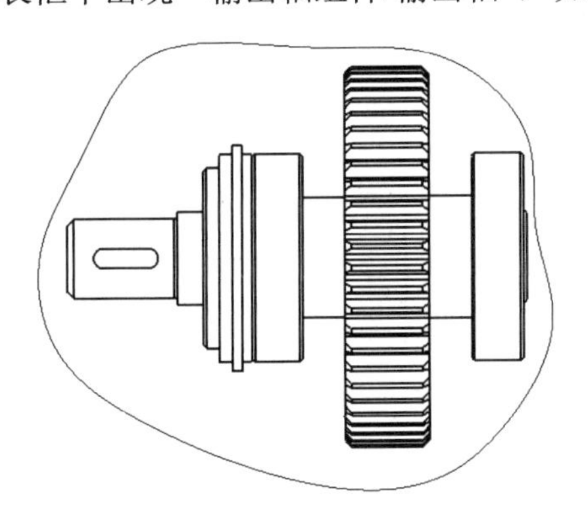

图5-146 绘制闭合轮廓

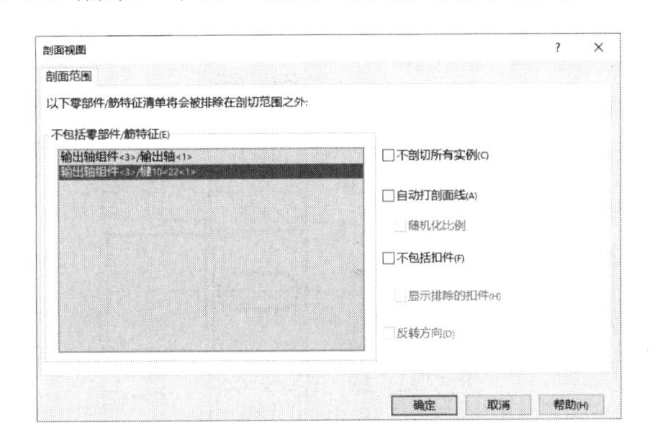


图5-147 “剖面视图”对诂框

3）在弹出的“断开的剖视图”属性管理器的“深度”微调框中输入“57mm”，并选中“自动加剖面线”复选框，单击“确定”按钮，完成创建剖面视图操作。选择“主视图”并右击，在弹出的快捷菜单中选择“切边”→“切边不可见”命令，去除主视图中的切边，结果如图5-148所示。

4）单击滚珠区域剖面线，弹出图5-149所示的“断开的剖视图”属性管理器，取消选中“材质剖面线”复选框，在“应用到”下拉列表框中选择“局部范围”选项，单击“无”单选按钮，再单击“确定”按钮✓。重复上述过程，结果如图5-150所示。

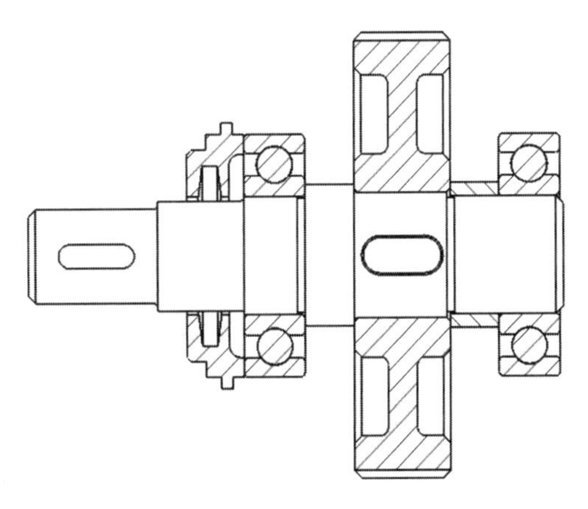

图5-148 剖面视图（滚珠区域含剖面线）

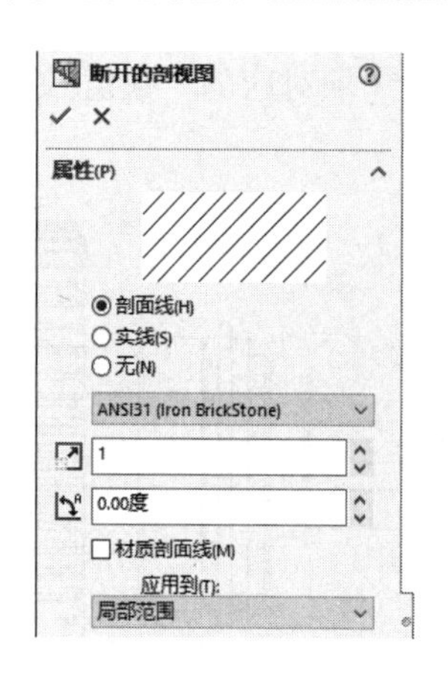


图 5-149 “断开的剖视图”属性管理器

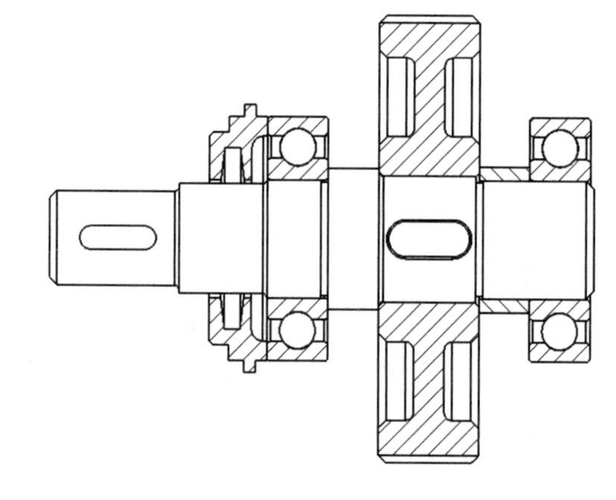

图 5-150 剖面视图

（3）插入中心线

单击“注解”控制面板上的“中心线”按钮，弹出“中心线”属性管理器，依次单击圆柱上、下两边的边线，视图中出现中心线，再对其长度进行拖动调节，单击“确定”按钮，完成创建中心线操作，结果如图 5-151 所示。

（4）插入尺寸标注及装配公差

利用“注解”控制面板上的“智能尺寸”命令，标注图 5-152 所示的公差及外形尺寸。

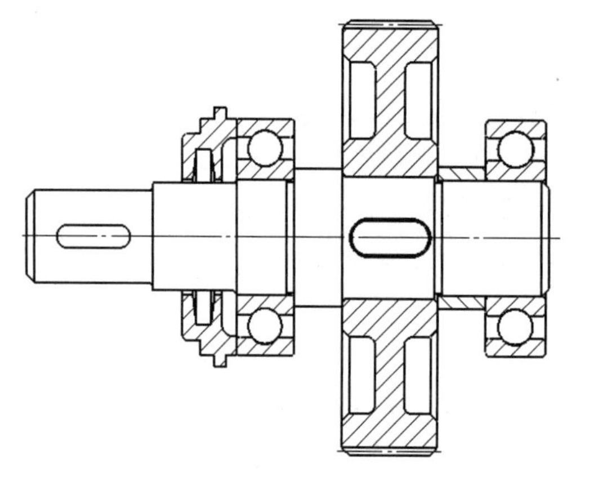

图 5-151 插入中心线

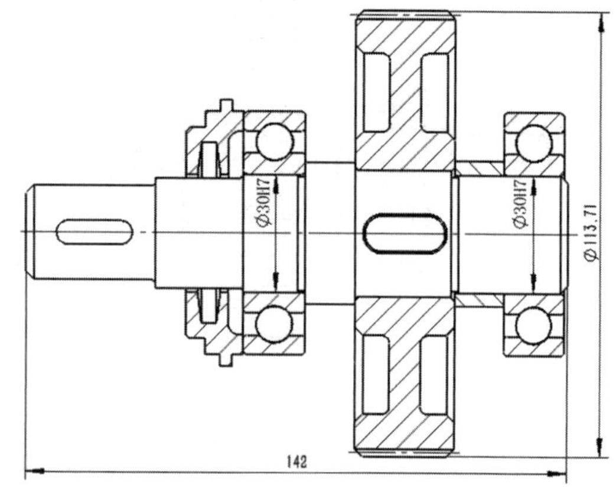


图 5-152 插入尺寸标注

（5）插入零件序号

单击“注解”控制面板上的“零件序号”按钮，系统弹出“零件序号”属性管理器。在“设定”选项组的“样式”下拉列表中选择“下划线”，在“大小”下拉列表中选择“4 个字符”。在视图上单击确定引线位置，再次单击确定序号位置，连续标注多个序号。单击“确定”按钮，完成标注零件序号操作，结果如图 5-153 所示。

（6）插入材料明细表

单击“注解”控制面板上的“表格”→“材料明细表”按钮，再单击视图，在弹出的“材料明细表”属性管理器中定义“表格模板”为“gb-bom-material”，如图 5-154 所示；单击“确定”按钮，生成材料明细表，将其放置在标题栏上，如图 5-155 所示。

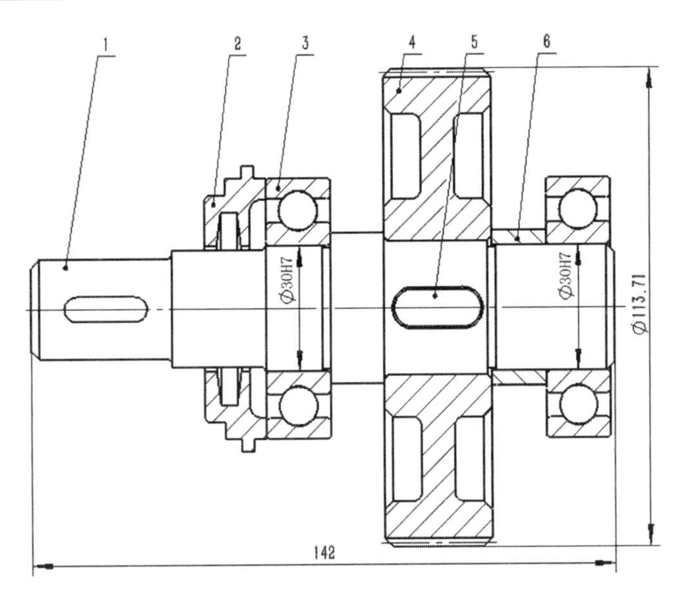


图 5-153　插入零件序号

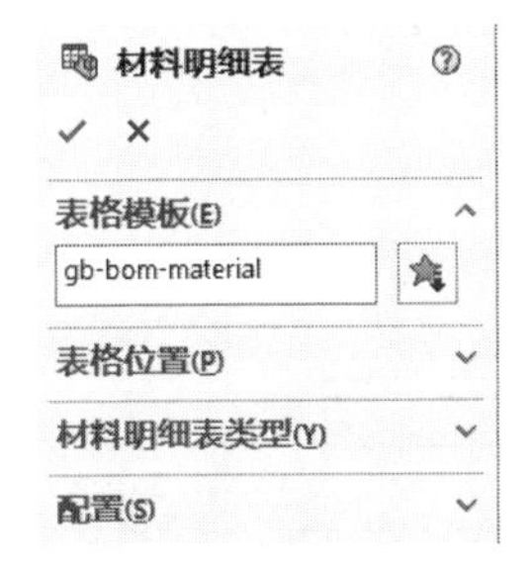


图 5-154 “材料明细表”属性管理器

| 序号 | 代号 | 名称 | 数量 | 材料 | 单重(千克) | 总重(千克) | 备注 |
|---|---|---|---|---|---|---|---|
| 6 | 006 | 套筒 | 1 | 灰铸铁 | 34.48 | 34.48 | |
| 5 | 005 | 键10×22 | 1 | 普通碳钢 | 12.28 | 12.28 | |
| 4 | 004 | 从动齿轮 | 1 | 合金钢 | 1084.19 | 1084.19 | |
| 3 | 003 | 滚动轴承6208 | 2 | 合金钢 | 192.25 | 384.50 | |
| 2 | 002 | 嵌入端盖 | 1 | 合金钢 | 174.98 | 174.98 | |
| 1 | 001 | 输出轴 | 1 | 普通碳钢 | 735.33 | 735.33 | |

图 5-155　插入材料明细表

若需要调整零件序号，在材料明细表左侧拖动表格，调整表格，则对应的零件序号发生变动。

(7) 插入技术要求

1）单击“注解”控制面板上的“注释”按钮A，系统弹出“注释”属性管理器。

2）在视图的空白处单击，系统弹出“格式化”对话框，在该对话框中将字号改为“14”，然后输入图 5-139 所示的文字。

3）选中除“技术要求”外的文字，单击“格式化”对话框中的“数字”按钮☰，添加数字符号，单击“注释”属性管理器中的“确定”按钮✓，完成插入技术要求操作。

(8) 保存文件

至此，完成创建减速器输出轴装配体工程图操作，结果如图 5-139 所示。单击“标准”工具栏中“保存”按钮，选择路径保存工程图。

# 上机练习

1）使用资源文件\上机练习\第 5 章工程图\“练习 1 支撑轴零件. SLDPRT”零件模型，绘制图 5-156 所示的支撑轴工程图。

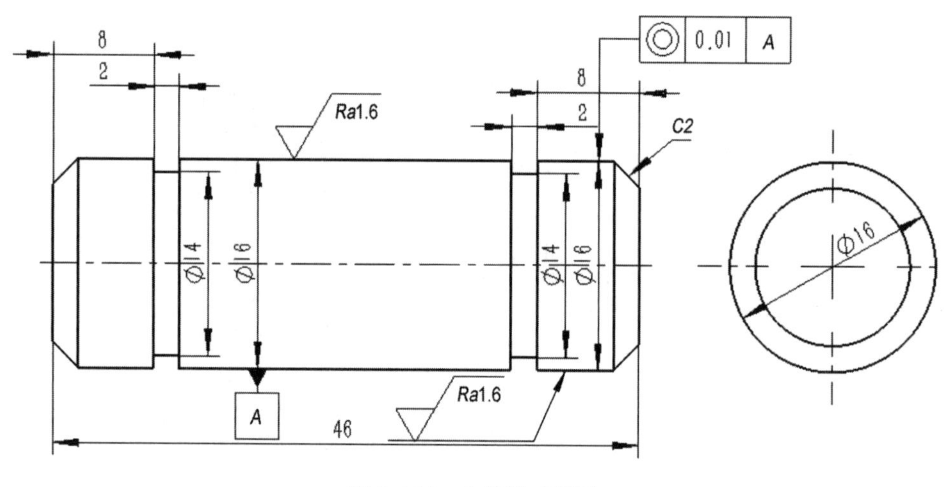


图 5-156 支撑轴工程图

2）使用资源文件\上机练习\第 5 章工程图\“练习 2 轴承座零件. SLDPRT”零件模型，绘制图 5-157 所示的轴承座工程图。

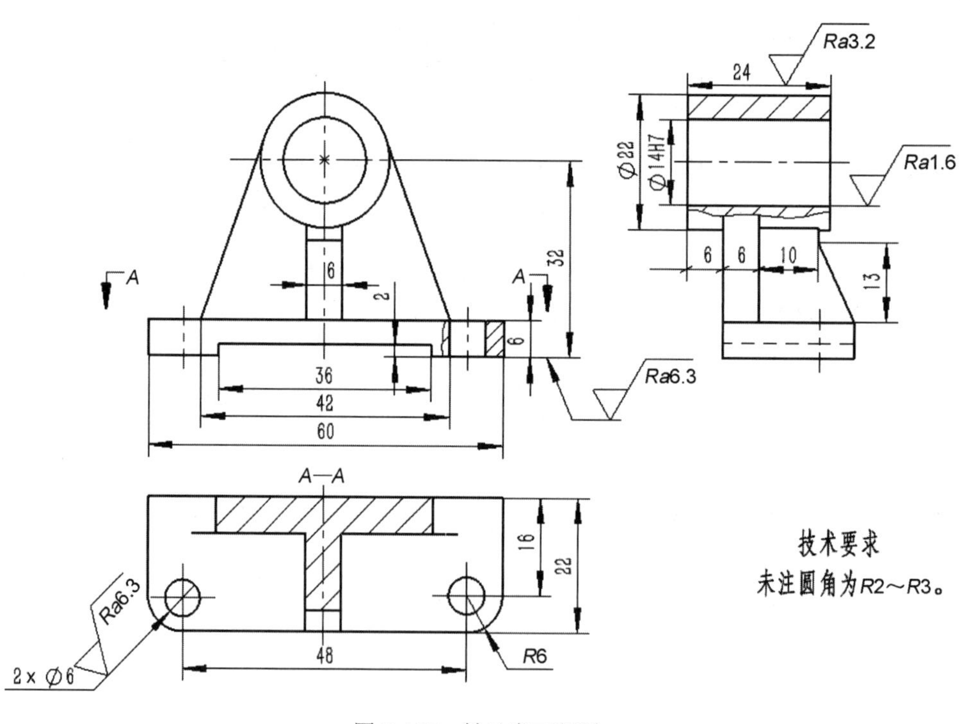


图 5-157 轴承座工程图

3）使用资源文件\上机练习\第 5 章工程图\“练习 3 支架零件. SLDPRT”零件模型，绘制图 5-158 所示的支架主视图。

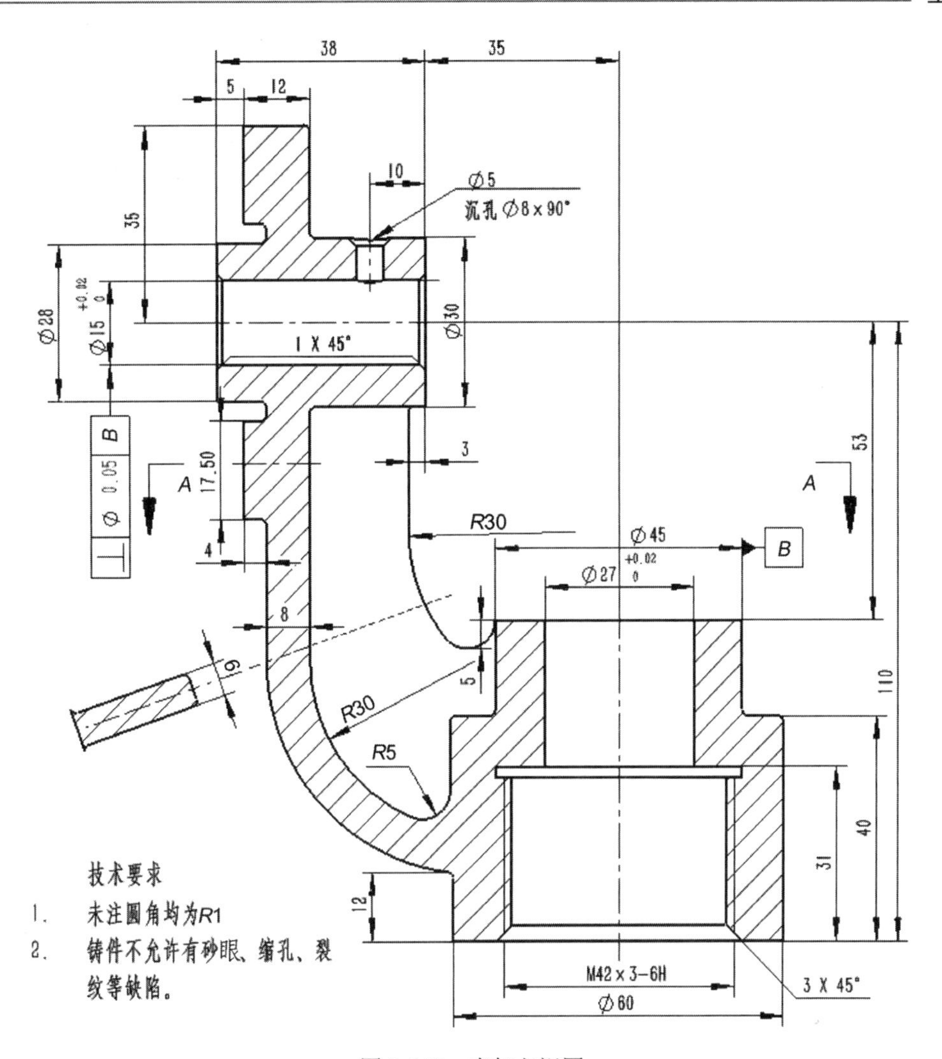
38
35
5
12
10
⌀5
沉孔 ⌀8×90°
35
⌀28
⌀15 +0.02 0
1 X 45°
⌀30
B
⌀ 0.05
A
17.50
3
53
A
R30
⌀45
B
4
⌀27 +0.02 0
8
6
5
R30
110
R5
40
31
12
技术要求
1. 未注圆角均为R1
2. 铸件不允许有砂眼、缩孔、裂纹等缺陷。
M42×3-6H
3 X 45°
⌀60

图5-158　支架主视图

# 第 6 章　动画与运动仿真分析

SolidWorks 的动画设计功能可以快速地生成装配体的运动仿真演示性动画，使设计者观看到装配体的运动过程，展示装配体的功能。SolidWorks 的 Motion 插件在实现装配体动画的基础上，可以对机构的运动学与动力学特性进行分析，获得机构的设计参数，避免复杂的数值计算。

本章介绍 SolidWorks 的动画设计与 Motion 仿真分析基本知识。通过本章的学习，读者可在以下方面展开自我评价。

- 掌握 SolidWorks 动画设计和仿真的基本知识。
- 掌握基本动画制作过程与方法。
- 掌握 Motion 插件的使用。
- 掌握机构仿真与分析方法。

## 6.1　运动仿真概述

机械产品的三维设计采用零件模型、装配体模型和工程图来表示机械零件及其装配关系，设计结果是产品的静态图形，静态图形无法直观表达机器的运动过程，难以反映机器运行过程中各零件的运动状态及其相对位置关系。设计者通过静态图形无法直观判断运动是否合理，各零件之间是否存在干涉。采用机械产品的运动仿真动画可有效解决上述问题。

机械产品开发时，需要用到大量的机构组合，以实现预定的工艺动作，因此，需优化设计机构的组合方案，计算零件的运动学参数（速度、加速度、角速度、角加速、运动轨迹、位移等）及动力学参数（力、力矩）等。对于复杂机构采用静态的二维图形或装配体运动仿真动画无法解决上述问题，而采用计算机运动学与动力学仿真分析可有效解决上述问题。目前，典型机械产品三维设计软件均具有运动学与动力学分析功能，如 SolidWorks、UG、Creo 等。

### 6.1.1　SolidWorks 运动仿真类型

所谓运动仿真就是在计算机上模拟机器的运动过程。在 SolidWorks 软件中，所有运动仿真都是面向装配体模型的，而不是针对零件模型。无论采用哪种方式生成最后的运动仿真动画，都是在统一的 SolidWorks Motion Manager 界面下完成的，只是对应的工具略有差别。下面将按照 3 种划分方式，以不同的维度对运动仿真进行分类，让读者有一个系统、全面的了解。

**1. 按算例类型划分**

在“算例类型”下拉列表中，共有 3 种运动仿真类型：动画、基本运动和 Motion 分析。需要特别注意的是，只有 SolidWorks Premium 版本，算例类型中才会出现 Motion 分析的选项，而且还必须提前在插件中选中“SolidWorks Motion”复选框。

（1）动画

装配体动画是 SolidWorks 软件中最基本的运动仿真方式，是不考虑质量或引力的演示性动画，可以直观地观看到机械产品的运动过程和功能。

（2）基本运动

基本运动源于物理仿真，又称为物理模拟，是模仿在马达、弹簧、碰撞及引力作用下装配体运动的演示性动画，常用于模拟装配体在马达、弹簧、碰撞及引力作用下的某些物理特性效果，适用于观察机构运动状态，不适用于运动学与动力学分析。

（3）Motion 分析

Motion 插件的仿真与分析功能用于精确模拟装配体在运动单元（马达、弹簧、碰撞、引力、阻尼及摩擦）作用下的真实运动，能精确获得零件的运动学与动力学参数，包括位置、速度和加速度、驱动力、反馈力、力矩、惯性力和功率等，并用动画、图形、表格等多种形式输出结果，其分析结果可指导方案设计、结构设计。此外，还可将零部件在复杂运动情况下的复杂载荷直接输出到主流有限元分析软件中，对其强度和结构进行分析。Motion 的分析功能使用了计算能力强大的动力学求解器，在计算中考虑了零件的材料属性、质量及惯性等物理特性。

**2. 按运动类型划分**

1）自由运动，自由运动仅存在于虚拟的计算机世界中。例如，迎面行驶的两辆汽车可以在虚拟环境中互相穿过，而不会发生碰撞事件。在自由运动时，用户无须考虑重力、质量和力等要素。

2）运动学运动，运动学运动主要基于零部件之间的配合和连接关系来计算运动结果。通常需要关注位移、速度、加速度和重力等要素。

3）动力学运动，动力学运动主要基于初始输入条件，计算不同零部件之间的相互关系及运动结果。通常需要考虑实体之间的接触来计算诸如碰撞的效果。

## 6.1.2 SolidWorks 运动仿真界面

SolidWorks 的动画和运动仿真分析是以装配体模型为基础的，因此创建动画和运动仿真分析之前，必须保存相关的装配体模型文件。

SolidWorks 2020 中的运动仿真与分析都是在运动算例界面下完成的。在装配体设计界面中，单击左下角的“运动算例 1”按钮，系统弹出运动算例界面，如图 6 1 所示。在运动算例界面中，制作动画和仿真时，更改栏、键码点、时间栏、时间线是最为核心的属性。

在图 6-1 中，①为算例类型；②为“播放”工具栏；③为“运动管理”工具栏；④为运动算例特征设计树；⑤为时间线；⑥为时间栏；⑦为键码点；⑧为更改栏。现对各部分功能分别介绍如下。

**1. 运动算例类型**

“运动算例类型”下拉列表中包括动画、基本运动和 Motion 分析（加载 Motion 插件后显示）。

**2. 工具栏中各按钮含义**

- 计算：单击此按钮，计算动画或运行 Motion 仿真。
- 从头播放：重新播放动画。
- 播放▶：从当前时间栏位置播放动画。
- 停止■：停止播放。

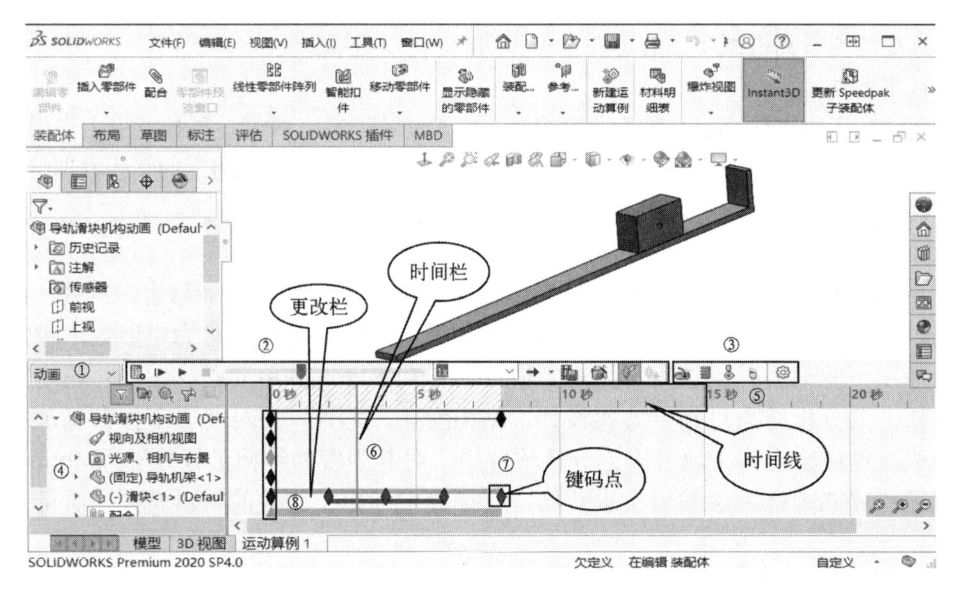


图 6-1　运动算例界面

- 播放速度：设定播放速度乘数或总的播放持续时间。
- 播放模式：包括正常、循环和往复 3 种模式。“正常”模式，一次性从头到尾播放；“循环”模式，从头到尾连续播放，然后从头反复，继续播放；“往复”模式，从头到尾连续播放，然后从尾反放。
- 保存动画：将动画保存为 AVI 或其他类型文件。
- 动画向导：以动画向导形式制作动画。
- 自动键码：处于按下状态时，移动或更改零部件时自动放置新键码。再次单击可切换该选项。
- 添加/更新键码：单击以添加新键码或更新现有键码的属性。
- 马达：在零部件上添加模拟马达，使零部件发生运动。
- 弹簧：在两个零部件之间添加模拟弹簧。
- 阻尼：在两个零部件之间添加模拟阻尼。
- 力：对装配体或零件施加力或力矩。
- 接触：在零部件之间添加接触关系。
- 引力：给仿真模型添加引力。
- 结果和图解：生成所需物理属性的图表，如力、速度等，还可以显示运动轨迹。
- 运动算例属性：设置运动算例的属性。

**3．运动算例特征设计树**

运动算例特征设计树管理着零部件实体、配合、运动单元属性、视向及相机视图、光源、相机与布景。制作动画和仿真的步骤都会在设计树中显示。

**4．时间线区域**

时间线区域是动画与仿真的时间界面，由时间栏、键码点、更改栏等组成。在时间线区域可完成动画时间、键码点的设置。

### 6.1.3 运动仿真常用术语

**1．时间线**

时间线是指用来设定和编辑动画与仿真时间的界面，它显示在动画特征管理器设计树的右侧。时间线区域被竖直网格线均分，这些网格线对应于表示时间的数字标记。数字标记从 00:00:00 开始，其间距取决于窗口的大小。

**2．时间栏**

时间线区域中的黑色竖直线即为时间栏，它表示动画当前所处的时刻，相当于进度条，随着动画的播放会看到时间栏前进。通过定位时间栏可以跳转到相应的时刻，并显示动画中当前时刻对应的模型状态。

定位时间栏的方法如下。

1）拖动选中的时间栏到任意位置。

2）在时间线区域单击，时间栏将会跳转到该处。

**3．键码点**

动画设计就是在动画设计软件中，确定某一时间段内物体运动或属性改变的起始画面（起始帧）和结束画面（结束帧），系统自动在起始画面和结束画面间生成过渡画面，进而生成动画。

键码点表示动画中零部件位置（状态）更改的起始画面或结束画面，或零部件视像属性更改的起始画面或结束画面。可以将 SolidWorks 中的键码点理解为动画设计软件中的关键帧，关键帧为零件所在位置（状态、视像属性）的画面。SolidWorks 在两个键码点间自动插入过渡画面。

在时间线区域内定位一个新的键码点，表示设置一个零部件运动（状态）或视像属性更改的画面。

定位时间栏和图形区中的零部件后，可以通过控制键码点来编辑动画。在时间线区域右击，弹出的“选项”快捷菜单如图 6-2 所示；右击键码点，弹出的“操作”快捷菜单如图 6-3 所示。

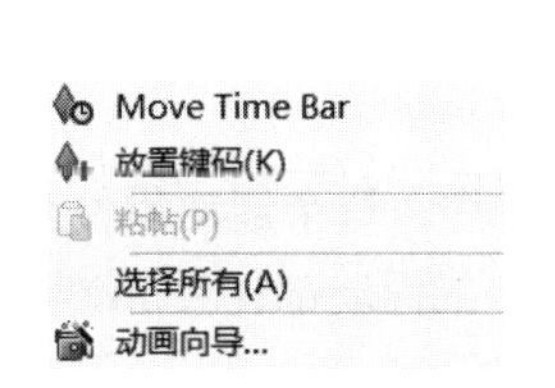


图 6-2 “选项”快捷菜单

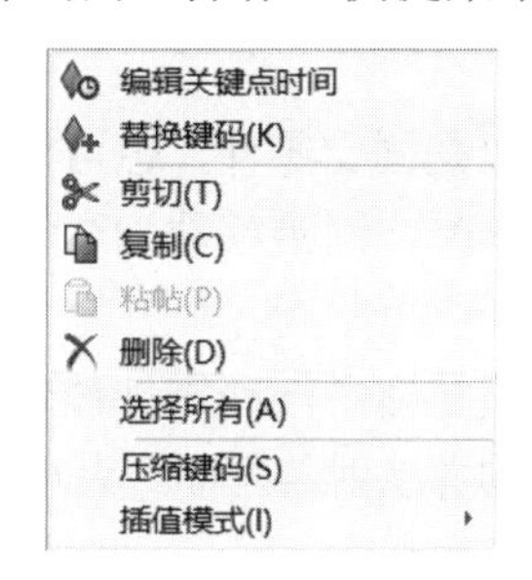


图 6-3 “操作”快捷菜单

- 放置键码：添加新的键码点，在鼠标指针位置添加一组相关联的键码点。
- 动画向导：可以调出“动画向导”对话框。
- 剪切、删除：剪切、删除键码点。
- 替换键码：更新所选键码点以反映模型的当前状态。
- 压缩键码：将所选键码点及相关键码点暂时排除。
- 插值模式：在播放过程中控制零部件的加速、减速。

**4．关键点**

单击时间线区域中的任意一点，此点就称为关键点。在图形区会显示此时刻模型零部件的状态，可以设置此时刻模型的属性，如材质、颜色、透明度等。

**5. 更改栏**

1）更改栏是连接键码点的水平栏，表示两个键码点之间模型状态（属性）发生的变化。变化的内容包括动画时间长度、零部件运动状态、相机属性更改、视图定向（如缩放、旋转）、视向属性（如颜色外观或视图的显示状态）等。

2）不同的颜色及外观的更改栏代表不同属性状态的更改。例如，当特征管理器设计树中“装配体名称”所对应的更改栏长度发生变化时，对应总动画持续时间发生变化；零部件属性中“移动”所对应的更改栏长度发生变化，对应该零部件发生了移动，其具体含义见表 6-1。

**表 6-1 更改栏含义**

| 图标 | 更改栏 | 更改栏含义 |
| --- | --- | --- |
| | | 总动画持续时间 |
| | | 视向及相机视图属性的变化 |
| | | 光源、相机与布景的变化 |
| | | 移动动作 |
| | | 爆炸动作 |
| | | 外观改变 |

**6. 刚体**

在 SolidWorks Motion 仿真分析中，所有构件被看作理想刚体，这也意味着在仿真过程中，构件内部和构件之间都不会出现变形。刚性物体可以是单一零部件，也可以是子装配体。

**7. 固定零件**

一个零件可以是固定零件，也可以是运动零件。固定零件是绝对静止的，每个固定的零件自由度为零。在仿真时，固定零件为运动零件提供参考坐标系。

**8. 运动零件**

在仿真时，装配体中浮动零件被定义为机构中的运动零件，每个运动零件有 6 个自由度。当创建一个新的机构并映射装配体约束时，SolidWorks 装配体中的浮动部件会自动转换为运动零件。

**9. 配合**

配合定义了刚性物体是如何连接和如何做相对运动的，配合将移去所连接构件的自由度。在两个刚体间添加一个配合将移去刚体之间的相应自由度。

*在机械原理中有运动副的概念，运动副用于约束刚体间的相对运动。在 SolidWorks 2020 中系统自动将配合关系映射为运动副。*

**10. 马达**

SolidWorks 中马达为一个零件提供速度。注意马达不提供力。

## 6.2 SolidWorks 动画设计

动画是用连续的图片来描述物体的运动，在以一定的速度（如每秒 24 张以上）连续播放时，肉眼因视觉残像产生错觉，而误以为物体进行运动。

动画是一种传递设计思想，记录仿真的良好载体，其特点是形象和直观。机器的三维仿真动画让机器动起来，同时模拟机器的工作情况，使机器的设计原理、工作过程、功能特征、使用方式等以动态视频的形式演示出来。仿真动画能形象、直观地表达文字或叙述不易讲解清楚的复杂产品结构，使人们形象化地理解系统模型，达到与非专业人士交流设计思想的目的。制作的动画可以很方便地保存为视频文件，通过互联网进行大范围传播和宣传。

动画设计也称为动画制作。SolidWorks 2020 通过运动算例功能可以快速地完成动画设计及Motion 仿真运动与分析。运动算例中可以实现装配体运动动画、基本运动动画（物理模拟）及Motion 仿真分析，并可以生成基于 Windows 的视频文件。

动画并不意味着物体必须运动，即使物体没有任何运动，只要前后画面有改动，都可以生成动画。在 SolidWorks 中，当物体外观、相机位置等发生改变时，都可以制作相应的动画。

SolidWorks 2020 中动画的种类很多，从制作方法角度可以分为时间栏动画、配合与键码点动画、Motion 仿真动画等；从动画向导角度可以分为旋转动画、装配/拆卸动画等；从添加驱动角度可以分为：马达动画、基本运动动画等。

SolidWorks 可生成已知运动过程，人为地把运动过程用时间线的方法叠加成不考虑质量或引力的演示性动画。

本节将介绍 SolidWorks 2020 中常见的动画设计过程与方法。

## 6.2.1 基于时间栏的动画

基于时间栏的动画，首先要定位时间栏，确定机构中某个零部件变化的时间，接着在图形区拖动或旋转零部件，使其发生移动（转动），这时在时间线区域中就会生成此操作的更改栏。重复此步骤即可制作基于时间栏的动画。

下面以实例形式介绍基于时间栏的动画设计过程。

例 6-1　滑块的左右移动动画

**【例 6-1】** 滑块的左右移动动画

**1. 要求**

1）制作 0～4 秒滑块从中位运动到右位，4～8 秒滑块从右位运动到左位的动画。

2）2～6 秒滑块渐变全红色，并保持红色不变。动画原理如图 6-4 所示

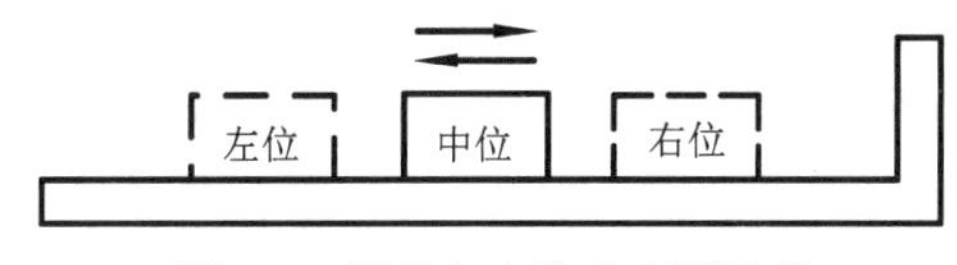


图 6-4　滑块左右移动动画原理

**2. 设计步骤**

（1）打开文件

打开资源文件\模型文件\第 6 章\模型素材\“例 6-1\导轨滑块机构.SLDASM”文件。

（2）打开运动算例界面

单击图形区左下角的“运动算例 1”按钮，系统弹出运动算例界面。在设计树左上方的“算例类型”下拉列表中选择“动画”选项，系统默认“自动键码”按钮已被按下，如图 6-5 所示。

（3）设置滑块向右移动的时间

单击“4 秒”处的时间线使时间栏定位在“4 秒”处，或拖动时间栏至“4 秒”处，完成设置

滑块向右移动的时间操作，如图 6-6 所示。

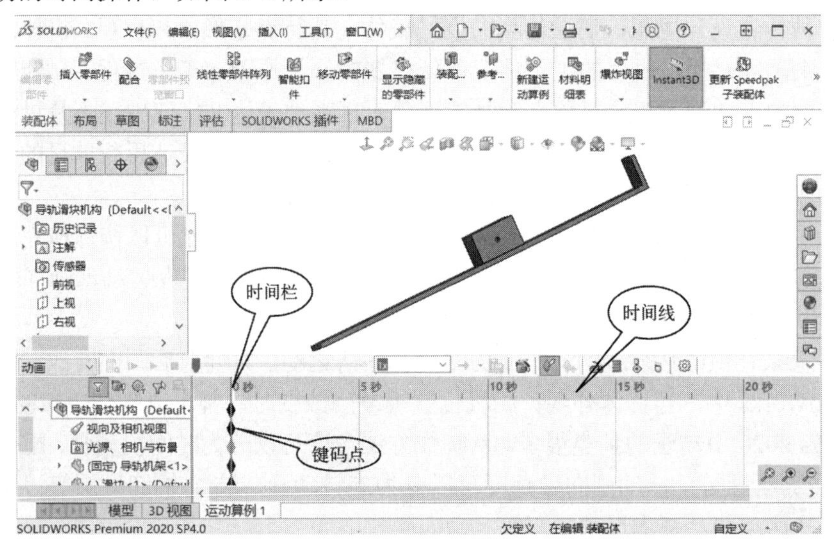


图 6-5　运动算例界面

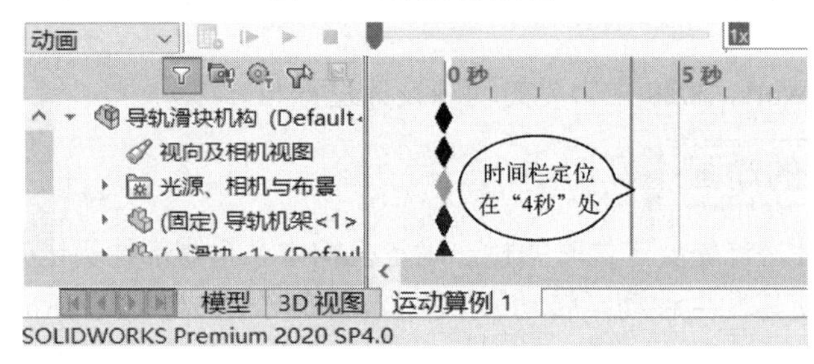


图 6-6　定位时间栏

（4）设置滑块向右移动动作

在图形区拖动滑块零件向右运动一段距离，系统在时间线区域中自动生成动画总时长与滑块零件运动的更改栏，如图 6-7 所示。

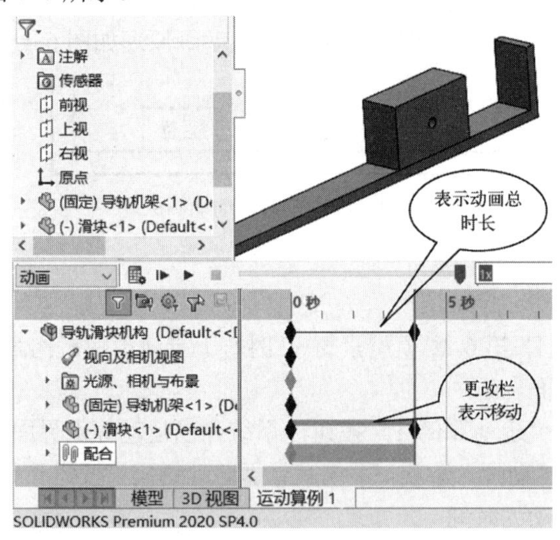


图 6-7　完成添加向右运动操作

（5）设置滑块向左移动的时间

单击“8 秒”处的时间线，使时间栏定位在“8 秒”处；或拖动时间栏至“8 秒”处，如图 6-8 所示。

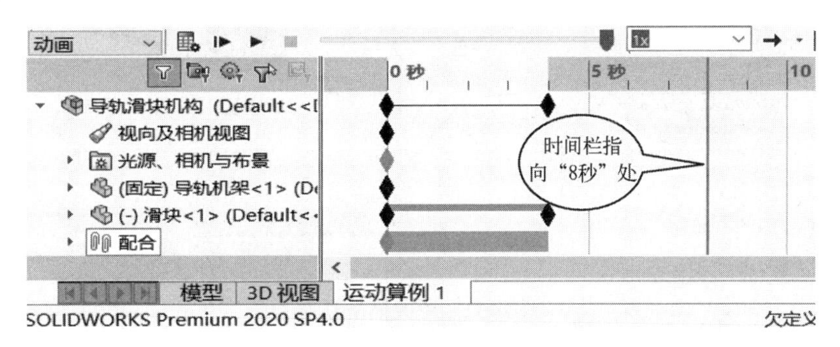


图 6-8　定位时间栏

（6）设置滑块向左移动的动作

在图形区拖动滑块零部件向左运动一段距离，系统在时间线区域中自动生成动画总时长与滑块零件运动的更改栏，如图 6-9 所示。

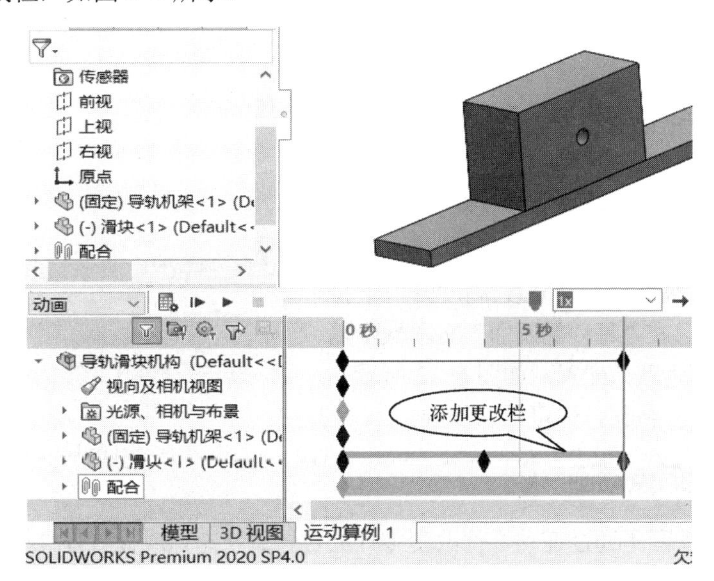


图 6-9　完成添加向左运动操作

（7）更改模型颜色属性

1）设置颜色改变的起始时间。单击“2 秒”处的时间线，时间栏移动到“2 秒”处。

2）放置起始键码点。右击此时刻的时间栏，弹出快捷菜单，如图 6-10 所示，选择“放置键码”命令，放置键码。

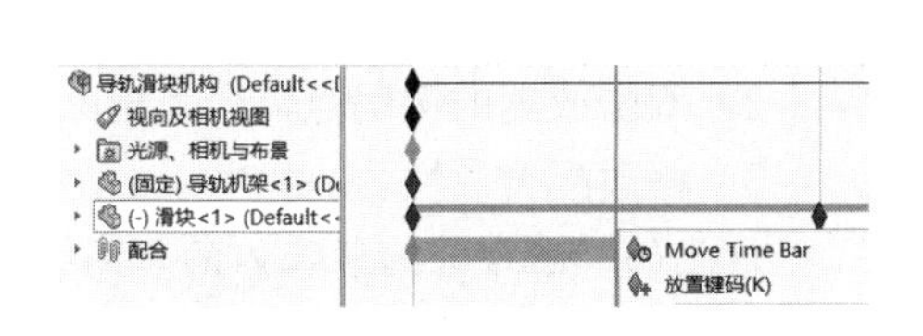


图 6-10　放置键码点

3）放置终止键码点。同理，右击“6 秒”处的时间线，再次放置键码点。

4）更改模型颜色。将“6 秒”时刻图形区的滑块颜色更改为红色。系统在时间线区域中自动生成滑块零件颜色改变的更改栏，如图 6-11 所示。

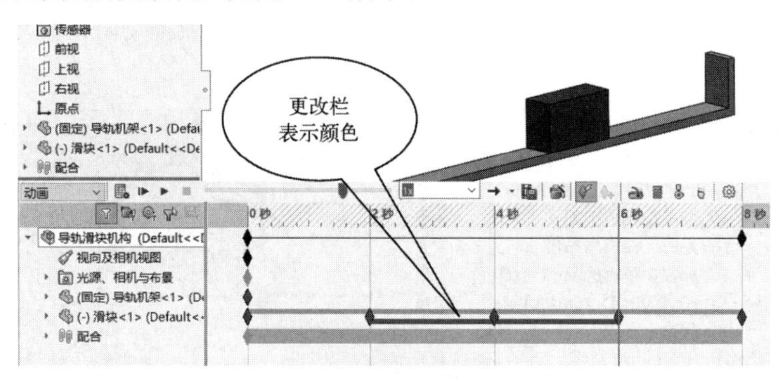


图 6-11　更改模型颜色

（8）生成动画

单击工具栏中的“计算”按钮，系统自动生成动画，并在图形区播放动画。可以看到在 0～2 秒，滑块向右运动，滑块颜色为灰色；2～4 秒滑块继续向右运动，但颜色呈渐变色；4～6 秒滑块向左运动，颜色呈渐变色，6 秒时颜色变成红色；6～8 秒滑块向左运动，颜色为红色。

（9）播放动画

单击工具栏中的“播放”按钮▶，系统在图形区播放动画。

（10）保存动画

1）单击工具栏中的“保存动画”按钮，系统弹出“保存动画到文件”对话框。

2）在“保存类型”下拉列表中选择“MP4 视频文件（*mp4）”选项。

3）在“自定义高宽比例（宽度:高度）:”下拉列表中选择“16:9”，在“每秒的画面”文本框中输入“30”，其他选项为默认配置，如图 6-12 所示。

4）单击“保存”按钮，即可保存动画。

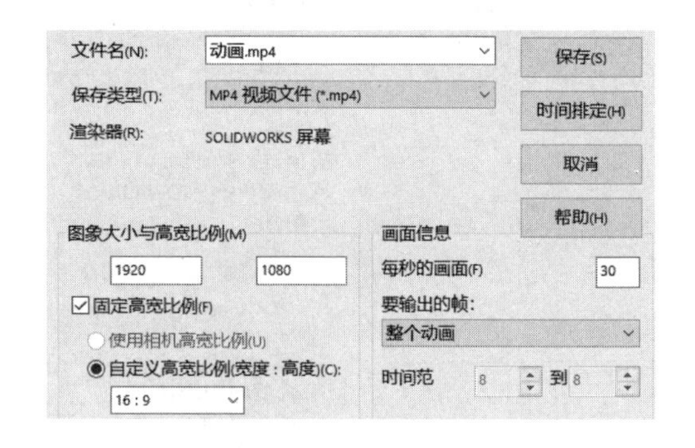


图 6-12　保存动画

## 6.2.2 配合和键码点动画

基于时间栏的动画是通过拖动零件改变零件的位置、状态，或设置零件的颜色等属性，生成关键帧。

配合和键码点动画是通过修改键码点所代表的配合属性，生成关键帧。其设计过程如下。

1）在某配合所对应的某时刻更改栏处放置键码点。

2）双击放置的键码点，会弹出配合属性“修改”对话框。

3）修改配合属性。

这里的“配合”为装配体的“高级配合”。

下面以实例形式介绍配合和键码点动画设计过程。

例 6-2　连杆弯折动画

**【例 6-2】** 连杆弯折动画

**1. 要求**

1）制作 0～2 秒杆 1 相对基杆弯折 90°，杆 2 相对杆 1 不动的动画。

2）2～4 秒杆 2 相对杆 1 弯折 90° 的动画，动画效果如图 6-13 所示。

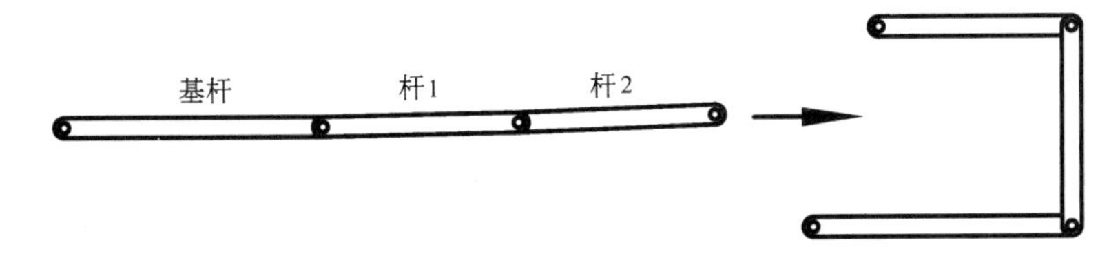


图 6-13　连杆弯折动画效果

**2．原理**

1）在“角度 1” 配合所在更改栏的“2 秒”处放置键码点，双击此键码点，将配合角度修改为 90°；在“角度 2” 配合所在更改栏的“2 秒”处放置键码点（此时键码点和上一个键码点所代表的画面相同，即“角度 2” 配合的初始时刻画面）。表示“2 秒”时刻，杆 1 与杆 2 相对基杆弯折 90°，而杆 2 相对杆 1 不动。

2）在“角度 2” 配合所在更改栏的“4 秒”处放置键码点，双击此键码点，将配合角度修改为 90°。表示“4 秒”时刻，杆 2 相对杆 1 弯折 90°。

**3．操作步骤**

（1）打开文件

打开资源文件\模型文件\第 6 章\模型素材\“例 6-2\连杆机构装配体.SLDASM”文件，如图 6-14 所示。

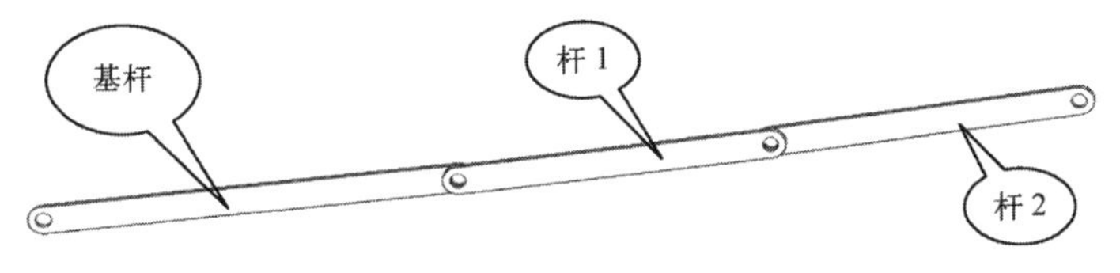


图 6-14　连杆机构装配体

（2）打开运动算例界面

单击“运动算例 1”按钮，在图形区下方出现运动算例界面，在设计树左上方的“算例类型”下拉列表中选择“动画”选项，系统默认“自动键码”按钮已被按下，如图 6-15 所示。

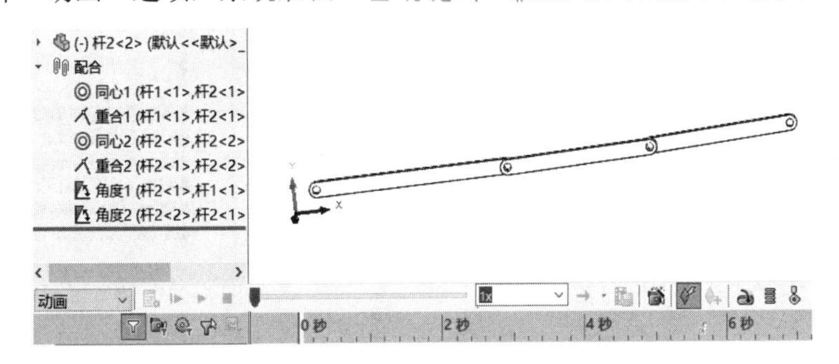


图 6-15　运动算例界面

（3）设置“2 秒”时刻杆 1 与杆 2 相对基杆弯折 90° 画面

1）将时间栏拖动至“2 秒”处。

2）单击设计树“配合”配合标签左侧箭头，出现的下拉列表，如图 6-16 所示。

3）在“角度 1”配合 角度1 所对应的“2 秒”时间栏处右击，弹出的快捷菜单如图 6-17 所示，选择“放置键码”命令，在时间线区域出现键码点。

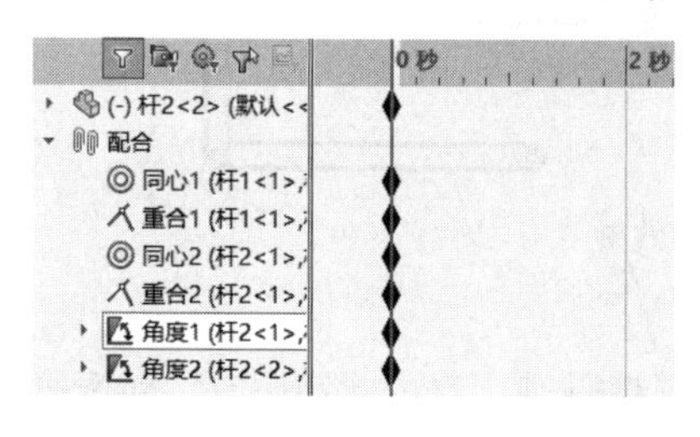

图 6-16 “配合”下拉列表 1

图 6-17 快捷菜单

4）双击该键码点，系统弹出“修改”对话框，在“角度”微调框中输入“90 度”，如图 6-18 所示。

5）单击“确定”按钮，完成修改配合参数操作。单击工具栏中的“计算”按钮，在图形区更新装配体状态，如图 6-19 所示。

图 6-18 “修改”属性管理器 1

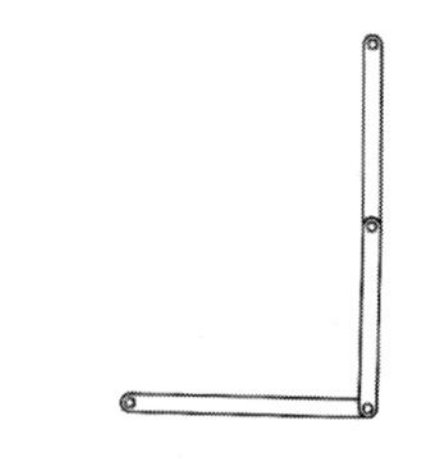

图 6-19 更新装配体状态 1

（4）设置“4 秒”时刻杆 1 与杆 2 相对基杆弯折 90° 画面

1）在“角度 2”配合所对应的“2 秒”时刻时间栏处放置键码点，如图 6-20 所示（此键码点和上一个键码点所代表的画面相同，即“角度 2” 配合初始时刻画面）。

2）将时间栏拖动至“4 秒”处。

3）在“角度 2”配合所对应的“4 秒”时刻时间栏处放置键码点，如图 6-21 所示。

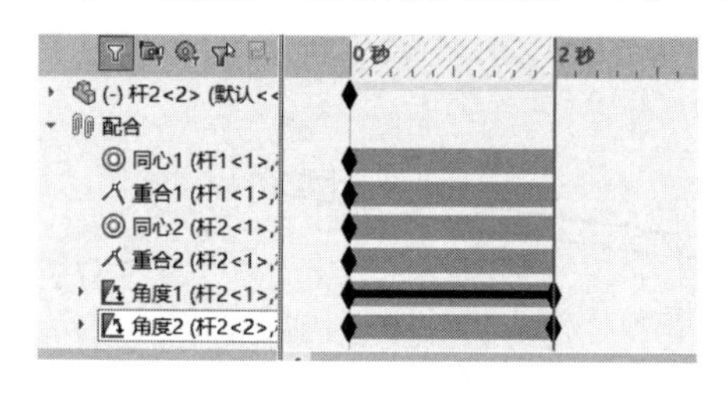

图 6-20 “配合”下拉列表 2

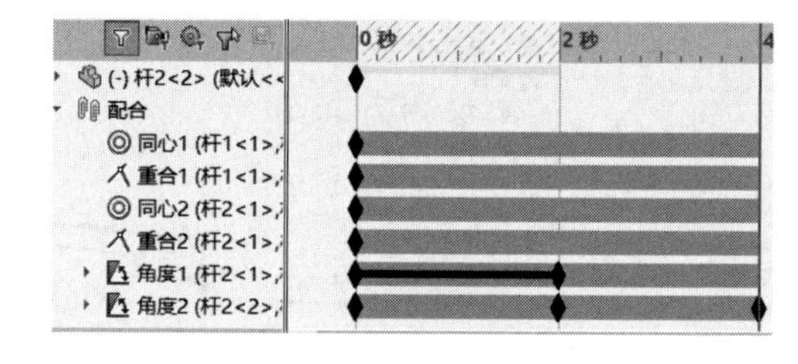

图 6-21 放置键码点

4）双击该键码点，系统弹出“修改”属性管理器，在“角度”微调框中输入“90 度”，如图 6-22 所示。

5）单击“确定”按钮，完成修改配合参数操作。单击工具栏中的“计算”按钮，在图形区更新装配体状态，如图 6-23 所示。

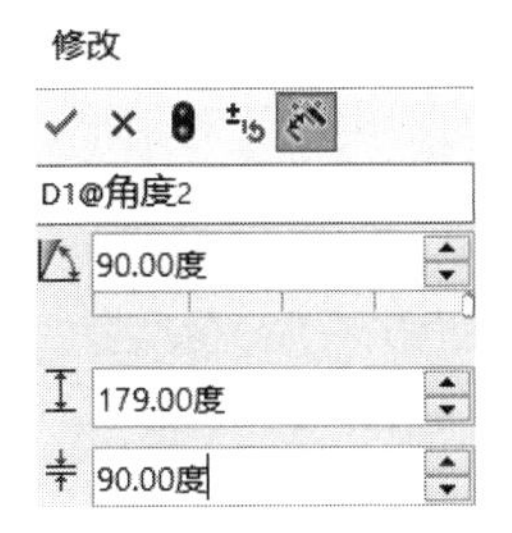


图 6-22 “修改”属性管理器 2

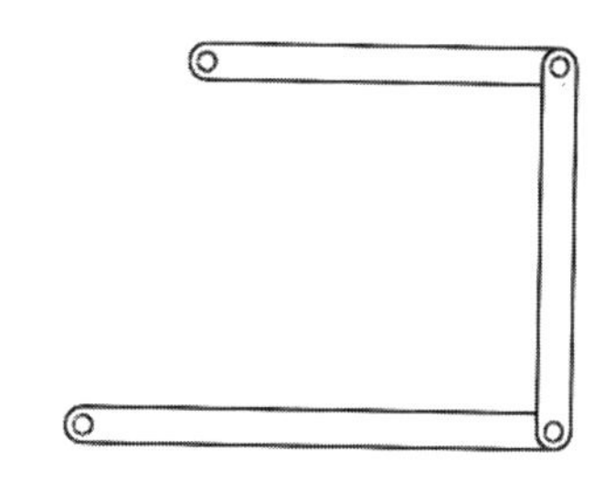

图 6-23 更新装配体状态 2

（5）生成动画

单击工具栏中的“计算”按钮，系统自动生成动画，并在图形区播放动画。

（6）播放动画

单击工具栏中的“播放”按钮▶，系统在图形区播放动画。

（7）保存动画

单击工具栏中的“保存动画”按钮，系统弹出“保存动画到文件”对话框，在“保存类型”下拉列表中选择“MP4 视频文件（*mp4）”选项，在“自定义高宽比例（宽度:高度）：”下拉列表中选择“16:9”，在“每秒的画面”文本框中输入“30”，其他选择默认配置。单击“保存”按钮即可保存动画。

## 6.2.3 旋转动画

旋转动画是系统改变相机视角而生成的动画。图形区内装配体绕指定的旋转轴旋转，多用于机构的外形展示。下面以实例形式介绍旋转动画设计过程。

例 6-3 创建旋转动画

**【例 6-3】** 创建旋转动画

（1）打开文件

打开资源文件\模型文件\第 6 章\模型素材\“例 6-3\盘类零件.SLDASM”文件，如图 6-24 所示。

（2）打开运动算例界面

单击图形区下方的“运动算例 1”按钮，在图形区下方出现运动算例界面，在设计树左上方的“算例类型”下拉列表中选择“动画”选项，系统默认“自动键码”按钮已被按下，如图 6-25 所示。

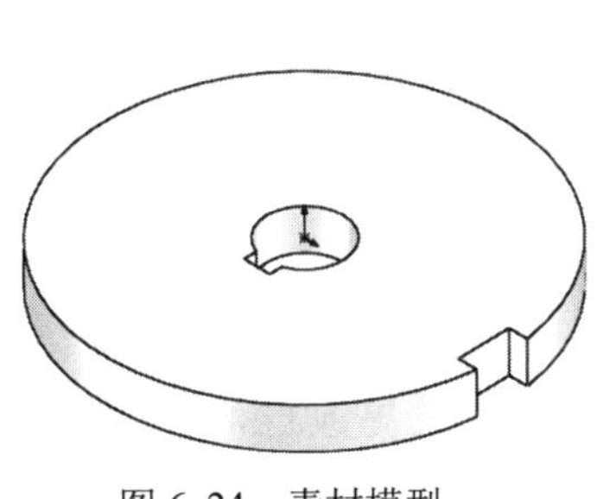

图 6-24 素材模型

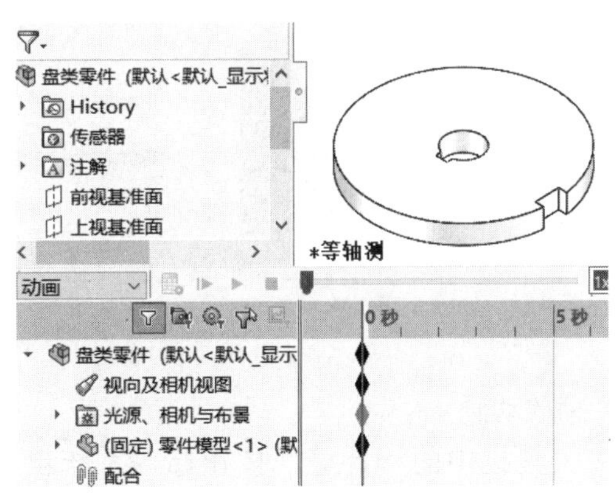


图 6-25 运动算例界面

（3）打开动画向导

单击工具栏中的“动画向导”按钮，系统弹出“选择动画类型”对话框，如图 6-26 所示。

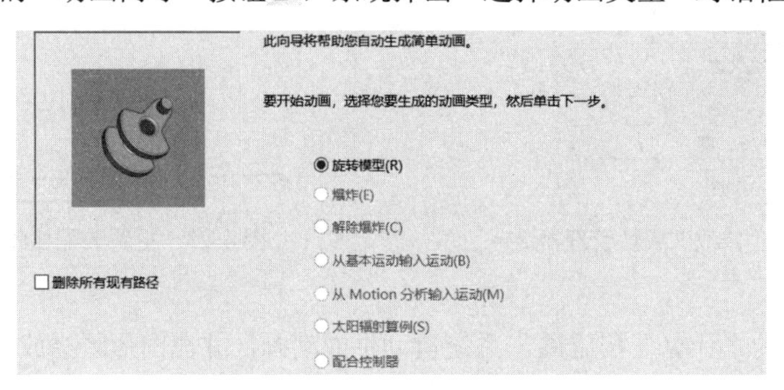


图 6-26 “选择动画类型”对话框

（4）设置旋转轴

在“选择动画类型”对话框中选择“旋转模型”选项，单击“下一步”按钮，系统弹出“选择—旋转轴”对话框。在“选择—旋转轴”选项组中选择“Y-轴”选项，“旋转次数”文本框中输入“1”，选择“顺时针”选项，如图 6-27 所示。

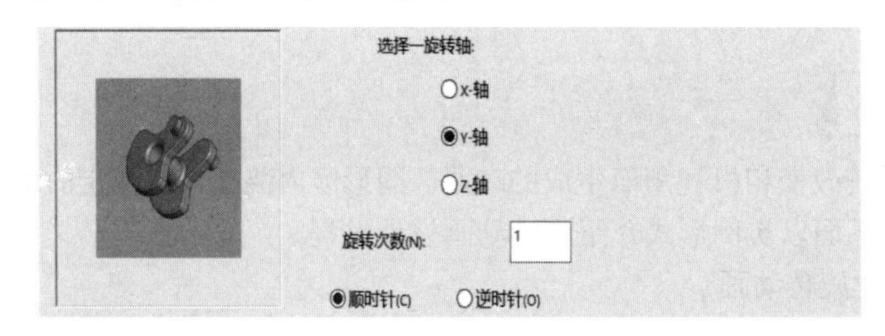


图 6-27 “选择—旋转轴”对话框

（5）设置动画速度和时间

单击“选择动画类型”对话框中“下一步”按钮，系统弹出“动画控制选项”对话框。在“时间长度（秒）”文本框中输入“8”，在“开始时间（秒）”文本框输入“0”，如图 6-28 所示。单击“完成”按钮，即可创建旋转动画。

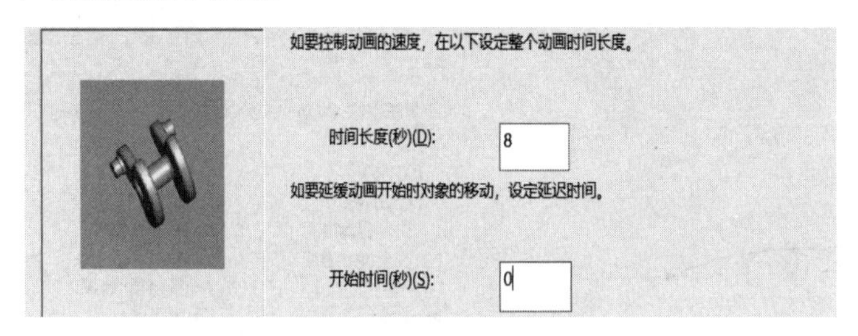


图 6-28 “动画控制选项”对话框

（6）播放动画

单击工具栏中的“计算”按钮，系统自动更新随动零件的更改栏，并在图形区播放动画。

## 6.2.4 插值动画

在动画中可使用插值模式来控制键码点之间动画变更速度，多用于机构中某一零件变速度的模拟。下面以实例形式介绍插值动画设计过程。

例 6-4　创建球轨机构插值动画

【例 6-4】 创建球轨机构插值动画

（1）打开文件

打开资源文件\模型文件\第 6 章\模型素材\“例 6-4\球轨机构装配体.SLDASM”文件，如图 6-29 所示。

（2）打开运动算例界面

单击图形区下方的“运动算例 1”按钮，在图形区下方出现运动算例界面，在设计树左上方的“算例类型”下拉列表中选择“动画”选项，系统默认“自动键码”按钮已被按下，如图 6-30 所示。

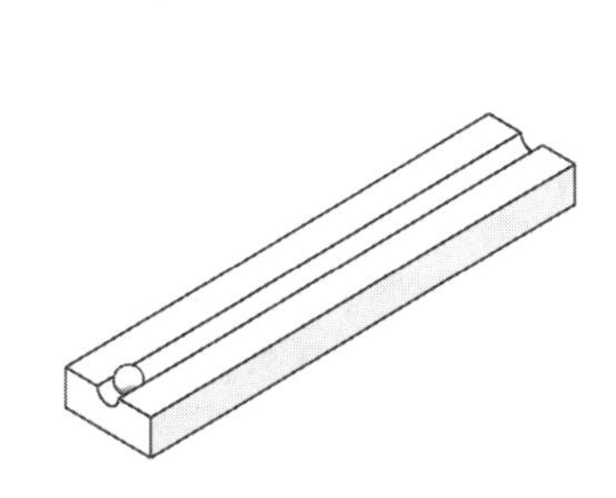

图 6-29　球轨机构装配体

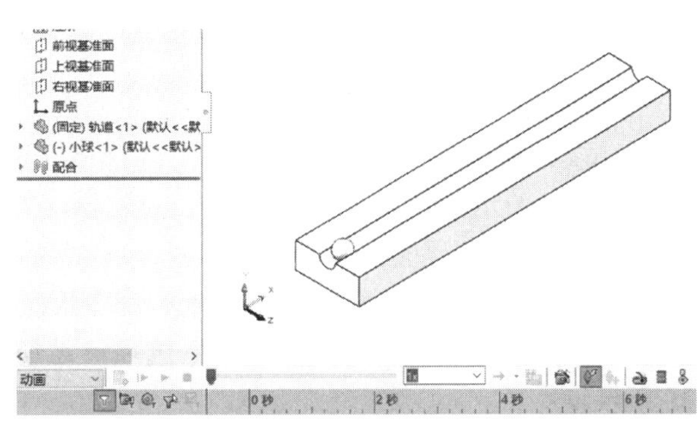


图 6-30　运动算例界面

（3）设置动画时间

拖动时间栏定位在“6 秒”处，如图 6-31 所示。

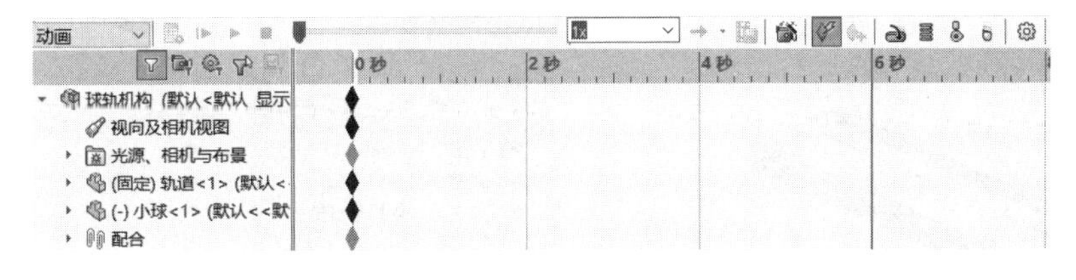


图 6-31　定位时间栏

（4）拖动零部件

在图形区拖动小球至图 6-32 所示的位置。

（5）添加插值模式

右击小球对应的“6 秒”时刻的键码点，在弹出的快捷菜单中选择“插值模式”→“渐入”命令，如图 6-33 所示。

（6）播放动画

单击工具栏中的“计算”按钮，系统自动更新随动零件的更改栏，并在图形区播放动画，可以观察到小球的运动越来越快。

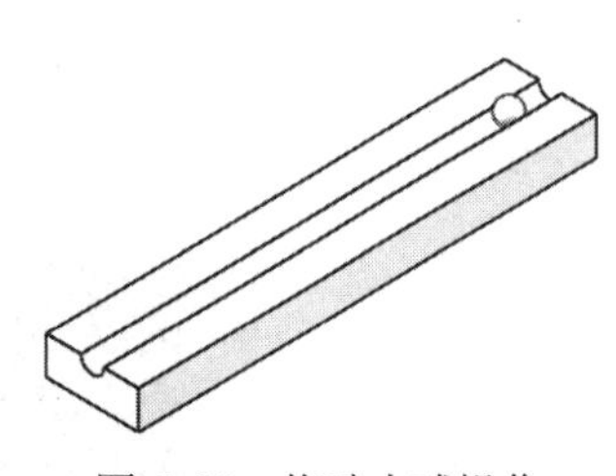

图 6-32 拖动小球操作

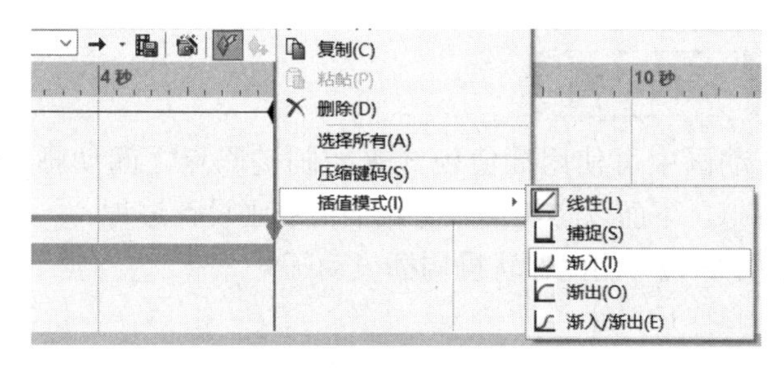


图 6-33 “插值模式”子菜单

## 6.2.5 线性马达动画

线性马达动画可以为装配体零件添加线性马达驱动，模拟在线性马达作用下装配体的运动。线性马达为装配体提供直线速度。添加的马达沿直线运动，马达位置应添加在运动零件上，尽量选择与运动方向垂直的截面。下面以实例形式介绍线性马达动画设计过程。

例 6-5 平板机构运动动画

**【例 6-5】** 平板机构运动动画

（1）打开文件

打开资源文件\模型文件\第 6 章\模型素材\“例 6-5\平板机构装配体.SLDASM”文件，如图 6-34 所示。

（2）打开运动算例界面

单击图形区下方的“运动算例 1”按钮，在图形区下方出现运动算例界面，在设计树左上方的“算例类型”下拉列表中选择“动画”选项，系统默认“自动键码”按钮已被按下，如图 6-35 所示。

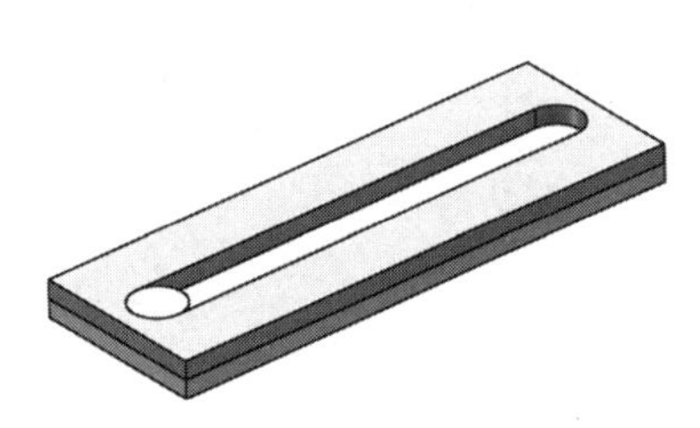

图 6-34 平板机构装配体

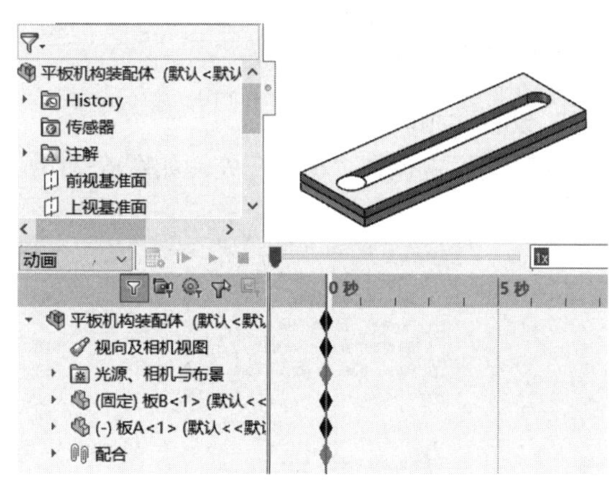


图 6-35 运动算例界面

（3）添加“线性马达”单元

1）单击工具栏中的“马达”按钮，系统弹出“马达”属性管理器。

2）在“马达类型”选项组中选择“线性马达（驱动器）”。

3）单击“零部件/方向”选项组中的“马达位置”拾取框，在图形区选择“板 A”零件的左侧表面。

4）在“运动”选项组的“函数”下拉列表框中选择“等速”运动类型，在“速度”微调框中输入“50mm/s”，如图 6-36 所示。其他选项为默认配置。

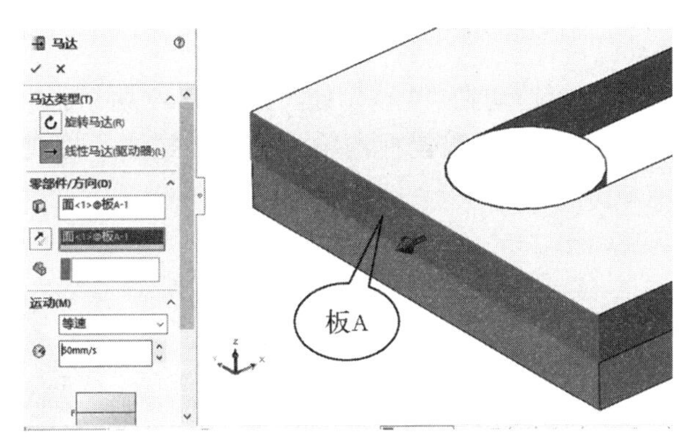


图 6-36　添加线性“马达”单元

5）单击“确定”按钮✓，完成添加“马达”单元的操作。

（4）播放动画

单击工具栏中的“计算”按钮，系统在图形区播放动画。单击时间线区域任意时刻，图形区显示装配体对应时刻的动画。

## 6.2.6 视向属性动画

视向属性动画是指模型区视图变化的动画，通过设置“视向及相机视图”选项对应某时间栏处键码点所代表的视图画面而生成，如旋转视图、放大视图等。用于从不同的视角观察装配体，其作用主要用来制作产品的宣传动画。下面以实例形式介绍视向属性动画设计过程。

**【例 6-6】** 自定心卡盘演示动画

例 6-6　自定心卡盘演示动画

（1）打开文件

打开资源文件\模型文件\第 6 章\模型素材\“例 6-6\自定心卡盘机构装配体.SLDASM”文件，如图 6-37 所示。

（2）打开运动算例界面

单击图形区下方的“运动算例 1”按钮，系统弹出运动算例界面，在设计树左上方的“算例类型”下拉列表中选择“动画”选项，系统默认“自动键码”按钮已被按下，如图 6-38 所示。

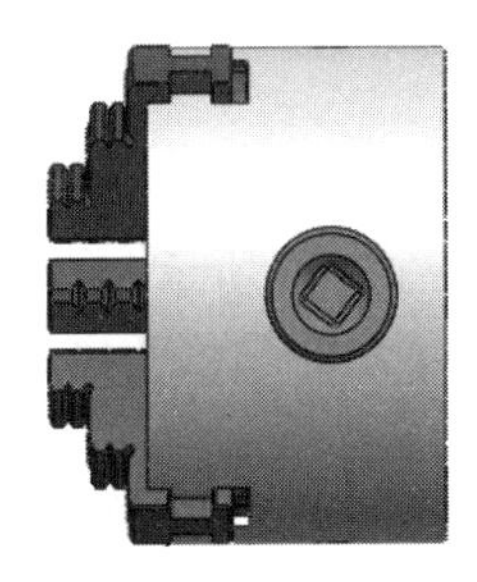

图 6-37　自定心卡盘机构装配体

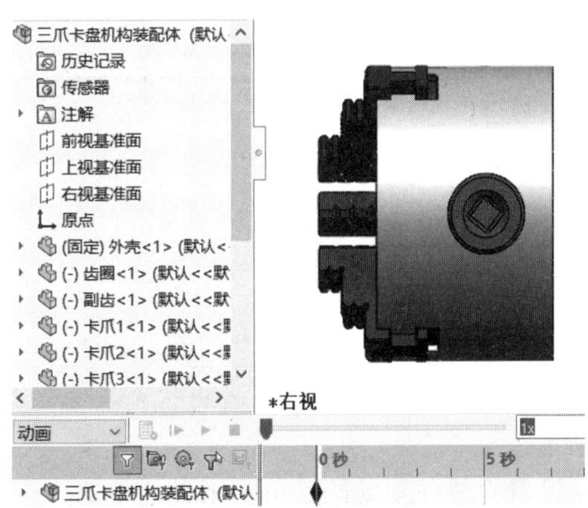


图 6-38　运动算例界面

（3）装配体视向属性动画

1）设置动画时间。将时间栏拖动到“4 秒”处，如图 6-39 所示。

2）调整相机视角。在图形区，按着鼠标滚轮，旋转装配体，将视角调整至图 6-40 所示的状态。

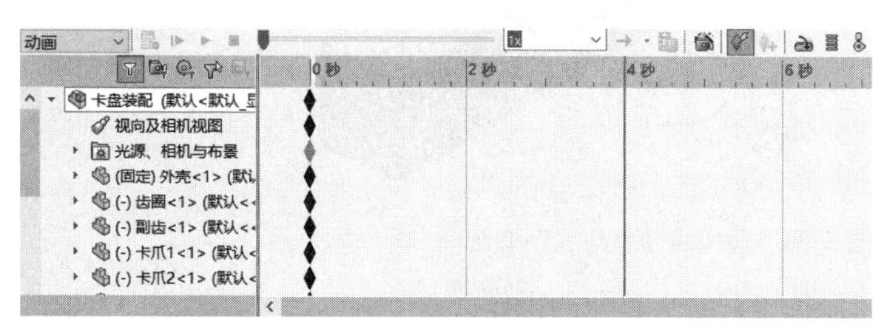


图 6-39　定位时间栏

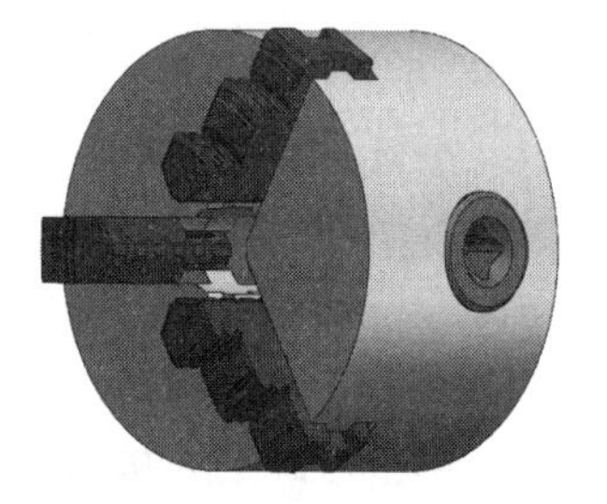

图 6-40　调整相机视角

3）放置“视向及相机视图”键码点。在“视向及相机视图”所对应的“4 秒”时刻栏处放置键码点，系统自动添加视向及相机视图更改栏，如图 6-41 所示。

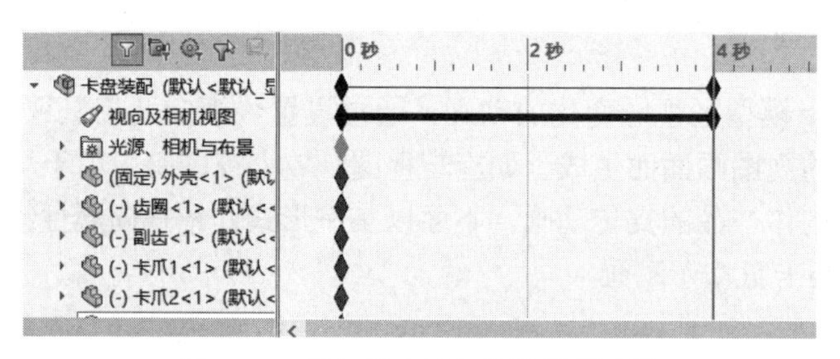


图 6-41　添加视向及相机视图更改栏

4）完成设置装配体视向属性动画。单击工具栏中的“计算”按钮，在图形区更新装配体状态。

（4）壳体外观动画

1）设置动画时间。将时间栏拖动至“8 秒”处，如图 6-42 所示。

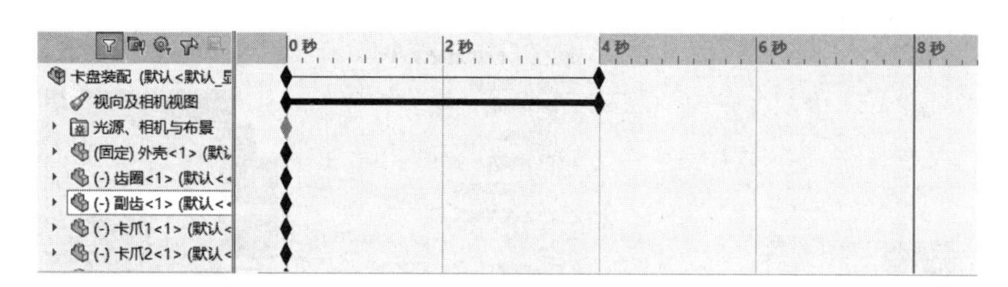


图 6-42　定位时间栏

2）更改透明度。右击“外壳”零部件，系统弹出的快捷菜单如图 6-43 所示。单击“更改透明度”按钮，外壳零部件变为半透明状态，系统自动添加外壳零部件颜色变化的更改栏，如图 6-44 所示。

3）完成设置壳体外观动画。单击工具栏中的“计算”按钮，在图形区域更新装配体状态，完成设置壳体外观动画。

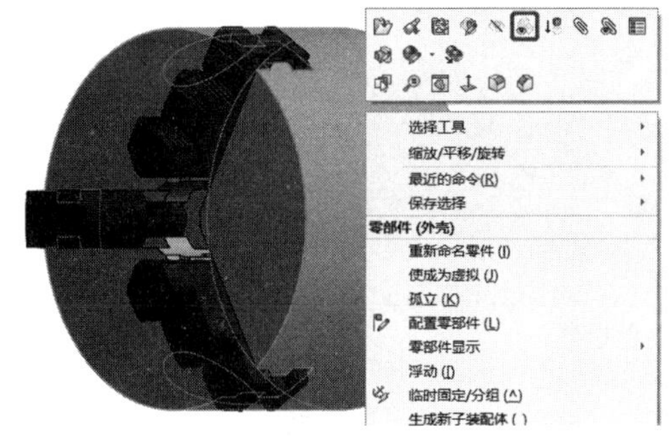

图 6-43　更改透明度

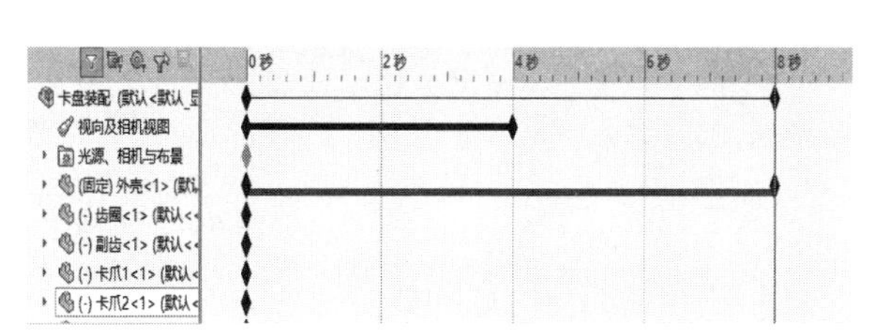

图 6-44　添加外壳零部件颜色变化更改栏

（5）卡爪运动动画

1）拖动零部件。鼠标按住“卡爪 1”零件不放，拖动鼠标至图 6-45 所示的状态，系统自动添加卡爪 1 移动的更改栏，如图 6-46 所示。

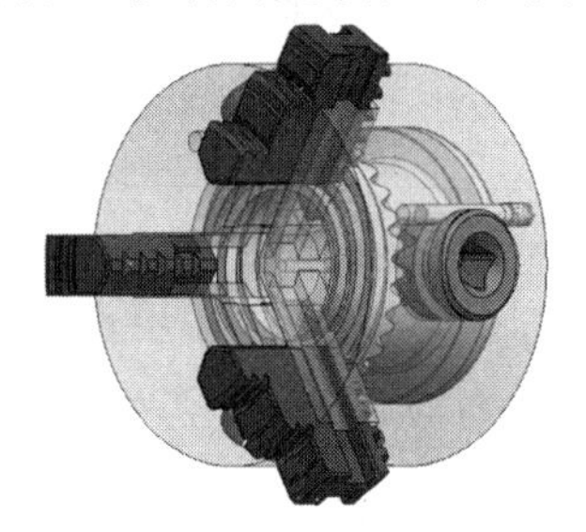

图 6-45　拖动“夹爪 1”零部

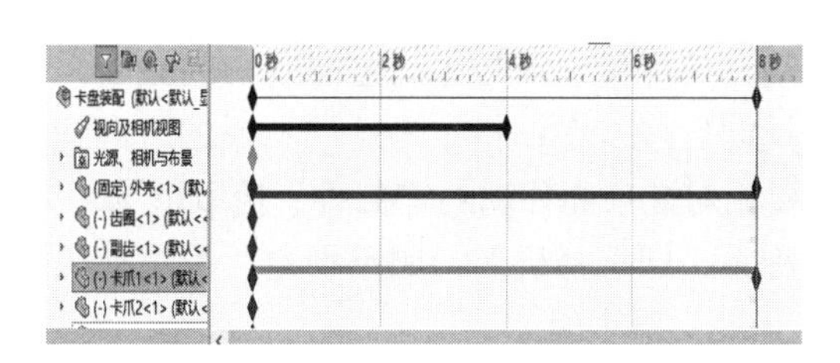

图 6-46　添加卡爪 1 移动的更改栏

2）完成卡爪运动动画设计。单击工具栏中的“计算”按钮，在图形区更新装配体状态。

（6）播放动画

单击工具栏中的“计算”按钮，系统在图形区播放动画，随着时间栏前进，相机视角发生变化，外壳零部件也透明化，可以细致地观察到自定心卡盘机构的组成和运动规律。单击任意时刻，图形区显示装配体对应时刻的画面。

# 6.3　Motion 运动单元

在 SolidWorks 2020 中，使用 Motion 插件可以对装配体进行运动仿真与分析（简称 Motion 仿真分析）用于模拟装配体在运动单元作用下的运动，求解出运动过程中装配体零部件的运动学与动力学特性参数，并以图表等多种形式显示出来。相对于基本运动仿真，它是更高一级的模拟仿真。

在装配体设计环境下，单击 SolidWorks“插件”控制面板上的“SolidWorks Motion”按钮，加载 Motion 插件后，可以使用 Motion 仿真分析功能。

Motion 运动单元包括马达、引力、弹簧、力、阻尼、接触。

## 6.3.1　马达

马达为机构提供运动速度，不提供力。

单击“运动管理”工具栏中的“马达”按钮，系统弹出“马达”属性管理器，如图 6-47 所示。“马达”属性管理器中各选项含义如下。

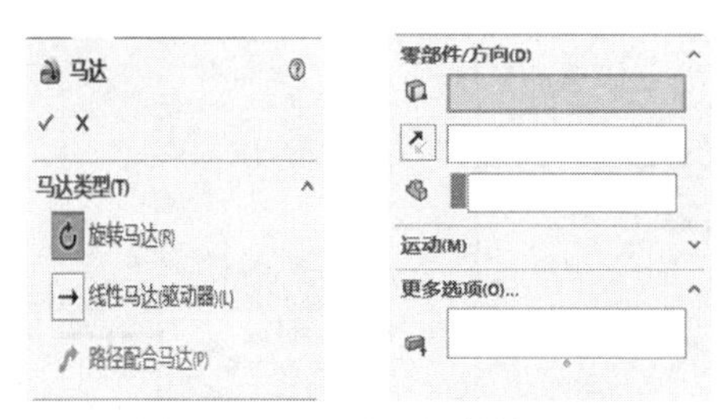


图 6-47 “马达”属性管理器

（1）“马达类型”选项组

- 旋转马达：模拟旋转马达的运动，为仿真提供转速，形成旋转运动。
- 线性马达：模拟线性马达的运动，为仿真提供线速度，形成直线运动。
- 路径配合马达：在路径配合中添加马达，形成路径运动。

（2）“零部件/方向”选项组

- “马达位置”拾取框：在图形区的相应零件上拾取马达的作用位置。旋转马达为绕某轴线旋转运动，应尽量选择具有轴线的圆柱面、圆面等为马达的作用位置。线性马达为线性运动，应尽量选择与运动方向垂直的截面。
- “反向”按钮：指定马达向相反的方向运动。
- “要相对此项而移动的零部件”拾取框：为马达的运动选择参照坐标系。一般选择大地坐标系，即选择机架，如不指定，系统默认装配体的坐标系为马达运动参考坐标系。

（3）“运动”选项组

- 运动类型：在下拉列表框中选择马达的运动类型，包括等速、距离、振荡、插值和表达式。
- 等速：指定马达的速度为常值。在“速度”微调框中输入速度值；旋转马达的速度单位为 r/min，线性马达的速度单位为 mm/s。
- 距离：马达以设定的距离（角度）和时间运动。为“位移”“开始时间”及“持续时间”输入数值，如图 6-48 所示。
- 振荡：设置零部件以某频率在某个角度范围内或距离内振荡。
- 线段：选中此选项后，可打开一对话框，在此对话框中可添加多个时间段，并设置在每个时间段中零件的运行距离或运行速度。
- 数据点：与“线段”选项的作用基本相同，只是此选项用于设置某个时间点处的零件运行速度或位移。

图 6-48 “距离”选项运动参数

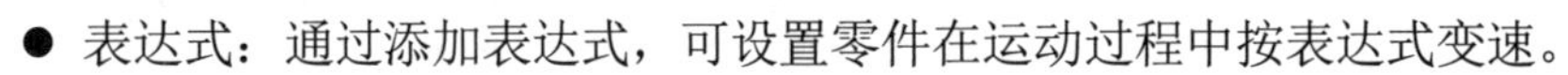
- 表达式：通过添加表达式，可设置零件在运动过程中按表达式变速。
- 从文件装入函数和删除函数：用于导入速度函数或删除速度函数文件。

## 6.3.2 引力

通过施加引力来模拟装配体在引力场中的运动特性。引力仅限基本运动，并在 Motion 分析中使用。

单击“运动管理”工具栏中的“引力”按钮，系统弹出“引力”属性管理器，如图 6-49 所示。“引力”属性管理器中各选项含义如下。

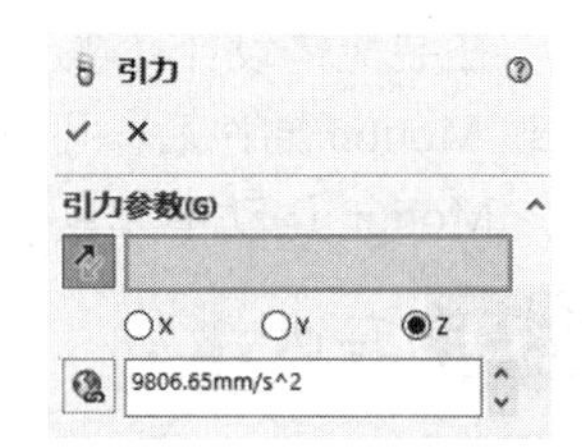


图 6-49 “引力”属性管理器

1）“引力参数”选项组：可单击“X”“Y”或“Z”单选按钮，选择引力方向，也可以在视图中选择线或面作为引力参考。“反向”按钮可调节所选择的方向。

2）“数字引力值”微调框：默认为“9806.65mm/s^2”，即重力加速度常量，也可以根据实际情况更改这一数值。

【例 6-7】 引力作用下单摆机构运动仿真分析

例 6-7 引力作用下单摆机构运动仿真分析

**1. 机构原理**

单摆机构原理如图 6-50 所示。

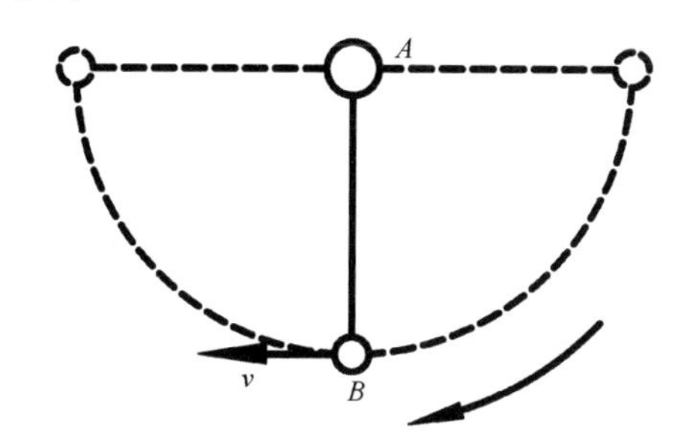


图 6-50 单摆机构原理图

单摆机构是能够产生往复摆动的一种装置，将无重力细杆或不可伸长的细柔绳一端悬于重力场内一定点，另一端固定一个重力小球，就构成了单摆机构。在理想状态下忽略一切摩擦，小球会上升到初始下落的高度。

**2. 设计参数**

已知单摆机构无重力杆长为 1m，一端固定，另一端连接小球。初始时，杆为水平状态，无初速度释放小球。

**3. 仿真目的**

当小球从初始位置下落且忽略摩擦阻力时，重力势能完全转化为小球的动能。理论上可计算出小球在最低点的速度，通过仿真可以得到小球在时间范围内的速度变化曲线。可通过小球在最低点的速度来验证单摆机构仿真的正确性，进而获得单摆机构仿真的运动数据。

**4. 仿真过程**

（1）打开文件

打开资源文件\模型文件\第 6 章\模型素材\“例 6-7\单摆机构装配体.SLDASM”文件，如图 6-51 所示，完成打开文件操作。

图 6-51 单摆机构装配体

（2）打开运动算例界面

单击状态栏上方的“运动算例 1”按钮，打开运动算例界面。在设计树左上方的“算例类型”下拉列表中选择“Motion 分析”，系统默认“自动键码”按钮已被按下，如图 6-52 所示，完成打开运动算例界面操作。

（3）添加“引力”单元

1）单击“运动管理”工具栏中的“引力”按钮，系统弹出“引力”属性管理器。

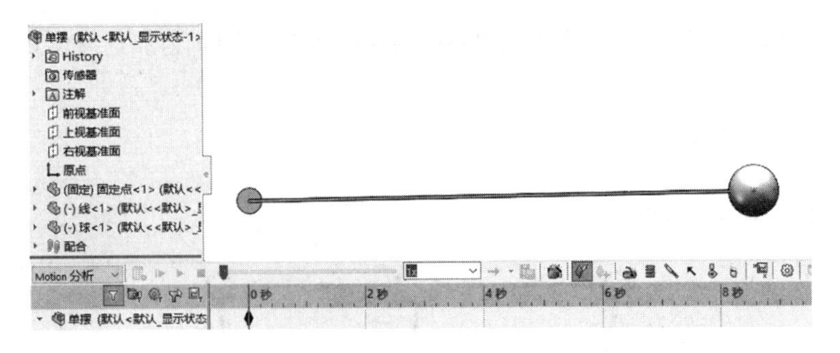


图 6-52　运动算例界面

2）在“引力参数”选项组中选择“Y”，单击“反向”按钮调节方向。

3）“数字引力值”微调框中使用默认值“9806.65mm/s^2”，如图 6-53 所示。

图 6-53　添加“引力”单元

4）单击“确定”按钮，完成添加“引力”单元的操作。

（4）运动仿真

单击工具栏中的“计算”按钮，系统自动更新随动零件的更改栏，且在图形区播放运动仿真动画，动画结束后运动参数计算完成。

（5）仿真结果

获取小球的线性速度。单击工具栏中的“结果和图解”按钮，系统弹出“结果”属性管理器，如图 6-54 所示。

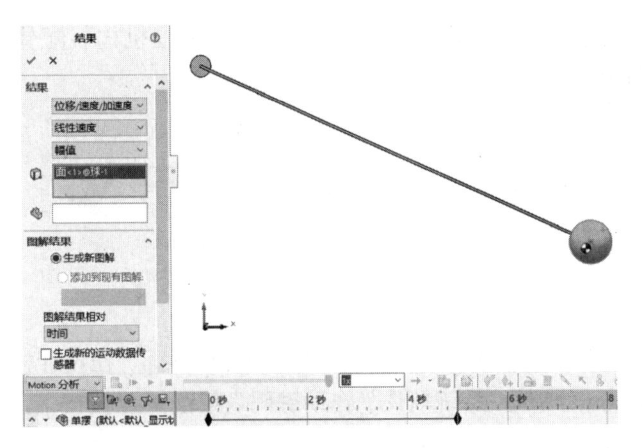


图 6-54　获取线性速度图解界面

1）在“结果”选项组的“选取类别”下拉列表框中选择“位移/速度/加速度”选项。

2）在“选取子类别”下拉列表框中选择“线性速度”选项。

3）在“选取结果分量”下拉列表框中选择“幅值”选项。

4）单击“零部件”拾取框，在图形区选择球表面。

5）单击“确定”按钮✓，完成获取球线性速度图解的操作，结果如图 6-55 所示。

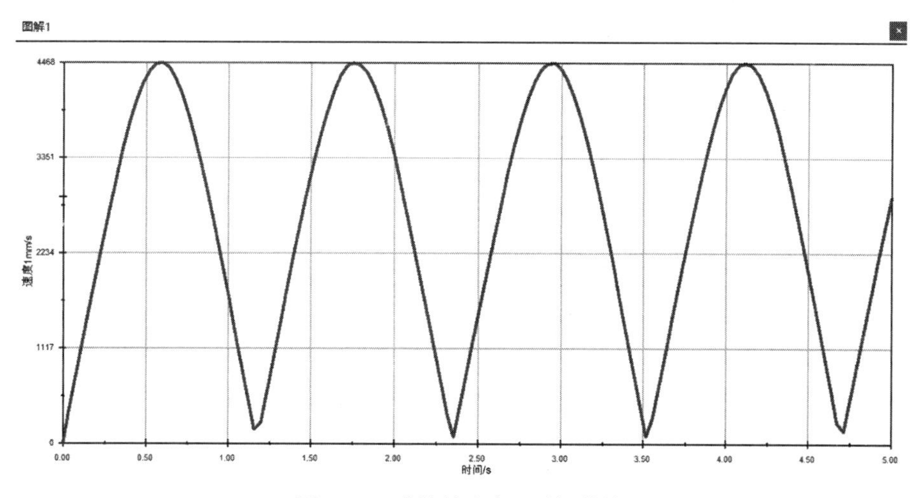


图 6-55　球线性速度—时间曲线

（6）结果分析

1）计算理论值。自由释放小球，小球重力势能转化为动能，由能量守恒可得：

$$mgh = \frac{1}{2}mv^2$$

杆长为 1m，重力加速度约为 $9.8\text{m/s}^2$，求得小球在最低点的速度为 4.43m/s。

2）由图 6-55 所示可知，小球在最低点最大速度为 4468mm/s，即 4.468m/s，在误差允许范围内，仿真结果和理论结果相符合，验证了仿真的正确性。

## 6.3.3 弹簧

通过对装配体施加各种类型的弹簧，模拟装配体加入弹簧后的各项运动特性。

单击“运动管理”工具栏中的“弹簧”按钮，系统弹出“弹簧”属性管理器，如图 6-56 所示。“弹簧”属性管理器中各选项含义如下：

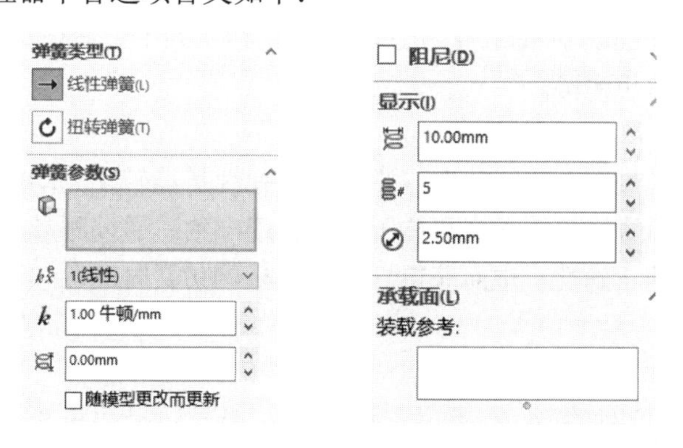


图 6-56　“弹簧”属性管理器

（1）“弹簧类型”选项组

- 线性弹簧→：提供直线作用方式的常规力。
- 扭转弹簧↻：提供旋向的扭转力。

下面以线性弹簧为例介绍后续选项组。

（2）“弹簧参数”选项组

- “弹簧端点”拾取框：在图形区选择要添加弹簧的表面或零件。
- “弹簧力表达式指数”下拉列表框$k_x^e$：默认为“1（线性）”，也可以选择指数量，即 2、3、-1、-2 等。
- “弹簧常数”微调框$k$：默认值为“1.00 牛顿/mm”，表示弹簧每形变 1mm 将产生 1N 的力。
- “自由长度”微调框：在两个端面间添加弹簧后，微调框中显示的数值为两端面间的距离，输入弹簧长度值，输入值为弹簧没有外力作用下的长度值，即自由长度，单位为 mm。

（3）“阻尼”选项组

选中“阻尼”复选框可添加阻尼，“阻尼”选项组如图 6-57 所示。

- “阻尼力表达式指数”下拉列表框$c_v^e$：默认选择“1（线性）”。
- “阻尼常数”微调框$C$：输入阻尼常数，单位为 N/（mm/s）。

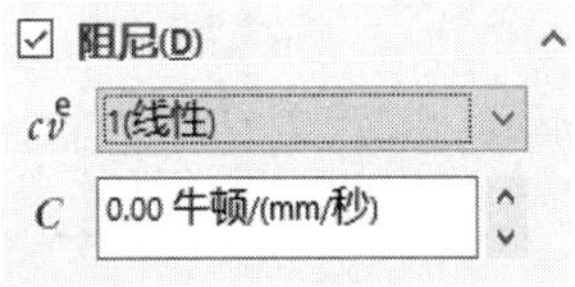

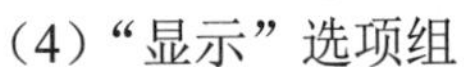

（4）“显示”选项组

在装配体中显示弹簧的属性，可输入“弹簧圈直径”、“圈数”和“丝径”。这些参数，只表示在图形区显示的画面，不参与仿真计算。

图 6-57 “阻尼”选项组

【例 6-8】 弹簧作用下导轨滑块机构的运动仿真与分析

例 6-8 弹簧作用下导轨滑块机构的运动仿真与分析

**1．机构原理**

导轨滑块机构仿真原理图如图 6-58 所示。

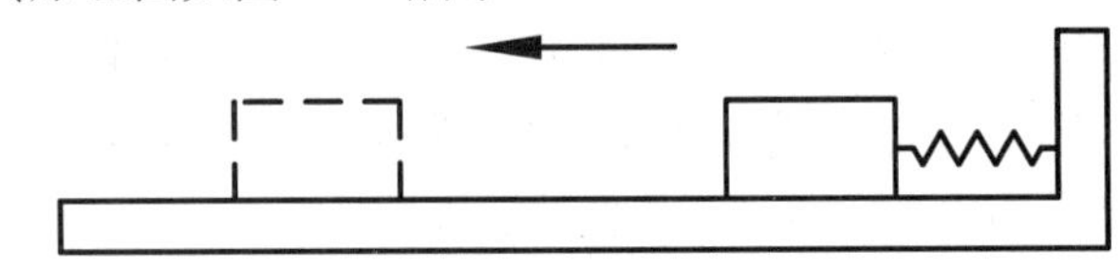

图 6-58 导轨滑块机构原理图

已知弹簧一端连接滑块，另一端连接导轨机架。初始状态弹簧被压缩，运行仿真后弹簧伸长至图中虚线位置，此时滑块受到弹簧力向右运动，如此往复。

**2．相关参数**

弹簧自由长度为 200mm，弹簧常数为 1N/mm，初始状态下弹簧被压缩 100mm。导轨和滑块之间没有摩擦，弹簧为理想弹簧。

**3．仿真目的**

在初始状态下弹簧被压缩，当滑块向左弹出时，弹性势能转化为动能；弹簧恢复原长时，动能转化为弹性势能，故弹簧伸长的长度和被压缩的长度一致。通过测量滑块在最远点处的距离来验证导轨滑块机构仿真的正确性，进而获得导轨滑块机构仿真时的各项运动数据。

**4．仿真步骤**

（1）打开文件

打开资源文件\模型文件\第 6 章\模型素材\“例 6-8\导轨滑块机构装配体.SLDASM”文件，如图 6-59 所示。

（2）打开运动算例界面

单击状态栏上方的“运动算例 1”按钮，打开运动算例界面。在设计树左上方的“算例类型”下拉列表中选择“Motion 分析”选项，系统默认“自动键码”按钮已被按下，如图 6-60 所示。

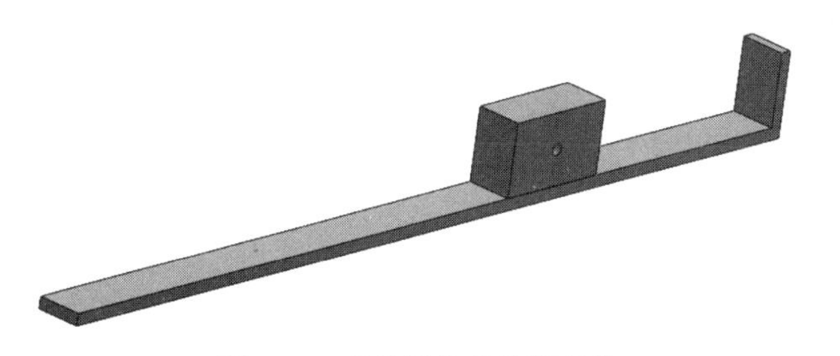

图 6-59　导轨滑块机构装配体

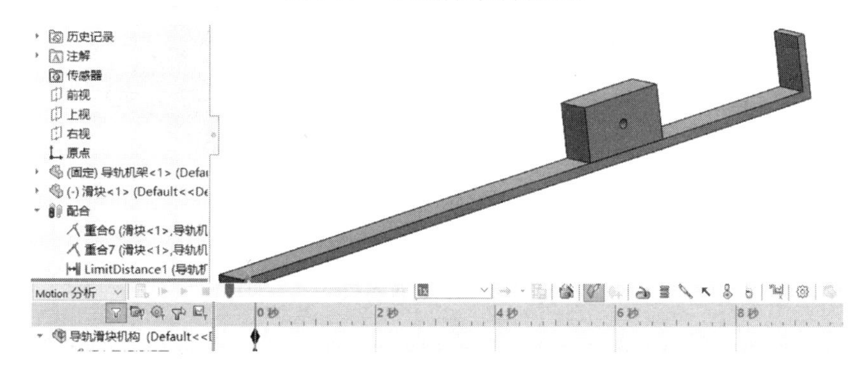


图 6-60　运动算例界面

（3）添加弹簧单元

1）单击“运动管理”工具栏中的“弹簧”按钮，系统弹出“弹簧”属性管理器。

2）“弹簧类型”选项组：选择“线性弹簧”。

3）“弹簧端点”拾取框：在图形区选择“导轨挡板”的左表面和“滑块”的右表面。

4）“弹簧力表达式指数”下拉列表框：默认选择“1（线性）”。

5）“弹簧常数”微调框 $k$：输入“1 牛顿/mm”。

6）“自由长度”微调框中显示“100mm”（系统测量出滑块右端面距导轨挡板的距离为 100mm），更改为 200mm（弹簧自由长度），故弹簧被压缩 100mm，如图 6-61 所示。其他选项为默认配置。

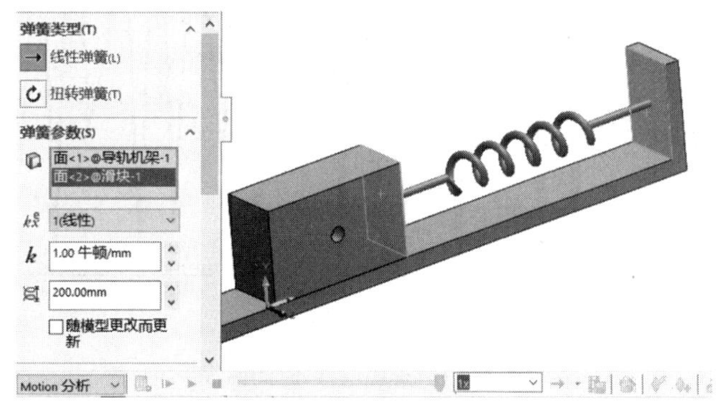


图 6-61　添加弹簧单元

7）单击“确定”按钮✓，完成添加弹簧单元的操作。

（4）运动仿真

单击工具栏中的“计算”按钮，系统自动更新随动零件的更改栏，且在图形区播放运动仿真动画，动画结束后运动参数计算完成。

（5）滑块位移仿真结果

单击工具栏中的“结果和图解”按钮，系统弹出“结果”属性管理器，如图 6-62 所示。

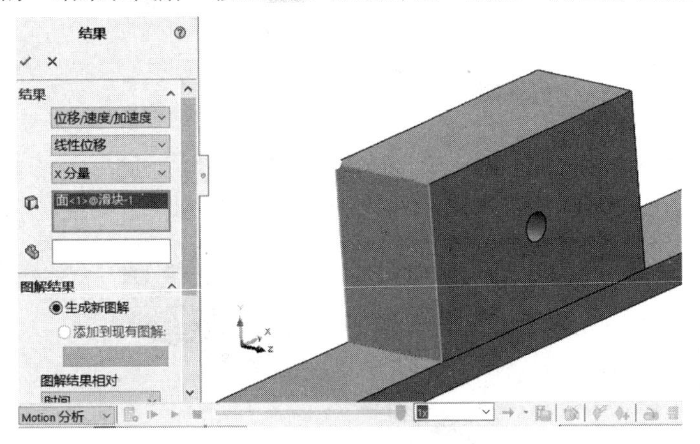


图 6-62　设置参数

1）在“结果”选项组的“选取类别”下拉列表框中选择“位移/速度/加速度”选项。

2）在“选取子类别”下拉列表框中选择“线性位移”选项。

3）在“选取结果分量”下拉列表框中选择“X 分量”选项。

4）单击“零部件”拾取框，在图形区选择滑块表面。

5）单击“确定”按钮✓，完成获取滑块位移图解的操作，如图 6-63 所示。

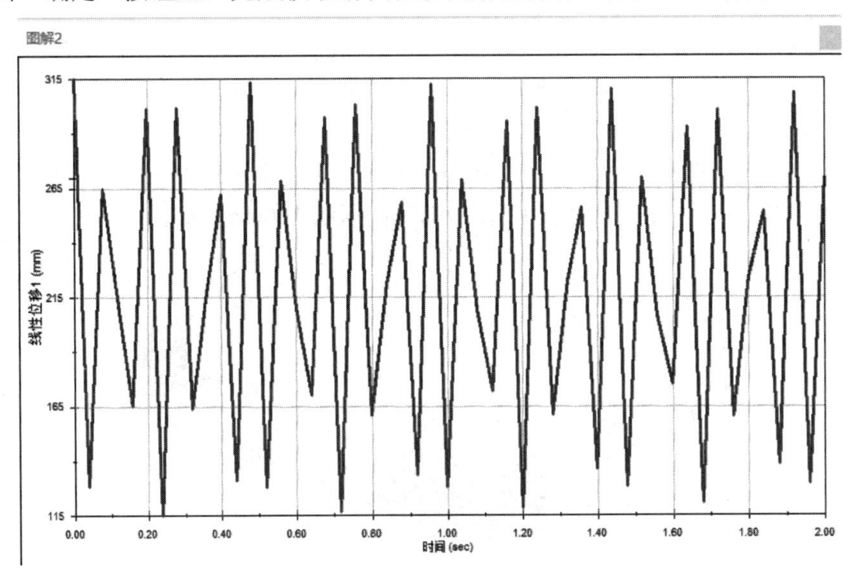


图 6-63　滑块位移-时间曲线

（6）结果分析

由图6-63所示可知，滑块最大位移 $x$ 为

$$x=(315-115)\text{mm}=200\text{mm}$$

已知弹簧初始状态被压缩了100mm，释放滑块后，弹簧弹性势能转化为动能又转化为弹性势能，故弹簧总位移为200mm， 仿真结果和理论结果相符合，仿真成功。

## 6.3.4 接触

如果零部件滚动、滑动或碰撞，应在运动算例中使用“接触”命令，以约束零件在运动分析过程中保持接触状态。默认情况下零部件之间的接触将被忽略，如果不指定“接触”约束关系，零部件将彼此穿模。

单击“运动管理”工具栏中的“接触”按钮，系统弹出“接触”属性管理器，如图6-64所示。“接触”属性管理器中各选项含义如下。

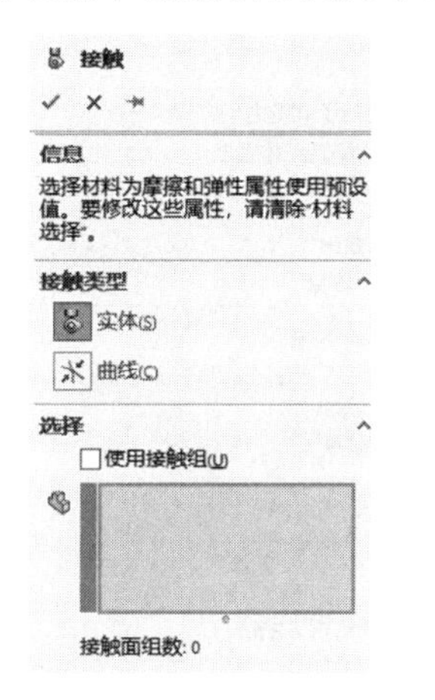

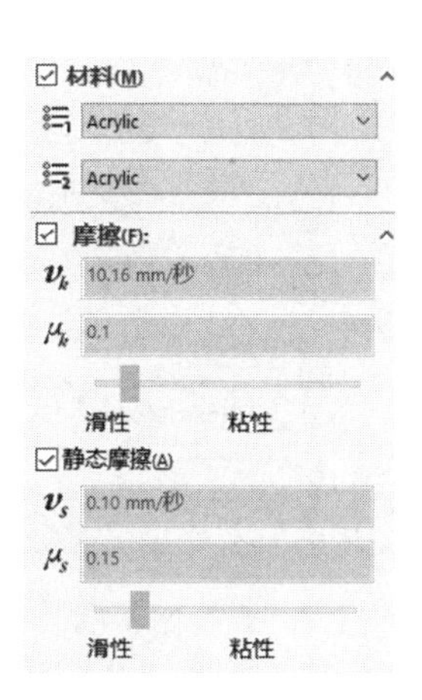


图6-64 “接触”属性管理器

（1）“接触类型”选项组

- 实体：在两个或多个零部件之间添加三维接触。
- 曲线：在两条接触曲线之间添加二维接触。

（2）“选择”选项组

- “零部件”拾取框：选择两个或多个需要添加接触的零部件。在没有选择“使用接触组”复选框时使用。
- 当选中“使用接触组”复选框时，“选择”选项组弹出“组1：零部件”拾取框及“组2：零部件”拾取框。这时需要选择不同零部件的某一个面分别放入“组1：零部件”和“组2：零部件”拾取框中，同一组中接触被忽略。此选项适用于大型零部件的接触，或多个零部件多处接触时选定某一组接触。

（3）“材料”选项组

选中“材料”复选框，可添加零件材料类型，默认两个材料类型分别选择为“Steel（Dry）”与“Aluminum(Dry)”。

（4）“摩擦”选项组

- “动态摩擦速度”文本框 $v_k$：输入动态摩擦速度，默认值为“10.16mm/秒”。

● “动态摩擦系数”文本框$\mu_s$：输入动态摩擦系数，默认值为“0.1”。

选中“静态摩擦”复选框可添加静态摩擦。

● “静态摩擦速度”文本框$v_s$：输入静态摩擦速度，默认值为“0.10mm/秒”。

● “静态摩擦系数”文本框$\mu_s$：输入静态摩擦系，数默认值为“0.15”。

（5）“弹性属性”选项组

可设置“冲击”或“恢复系数”等参数。

## 6.3.5 力

力/力矩可以施加在任何面、边线、参考点、顶点上，模拟装配体在力/力矩作用下的运动学及动力学特性。

单击“运动管理”工具栏中的“力”按钮，弹出“力/扭矩”属性管理器，如图 6-65 所示。“力/扭矩”属性管理器中各选项含义如下。

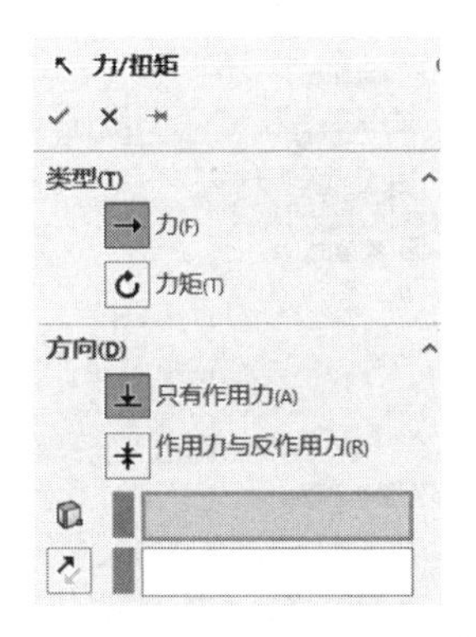


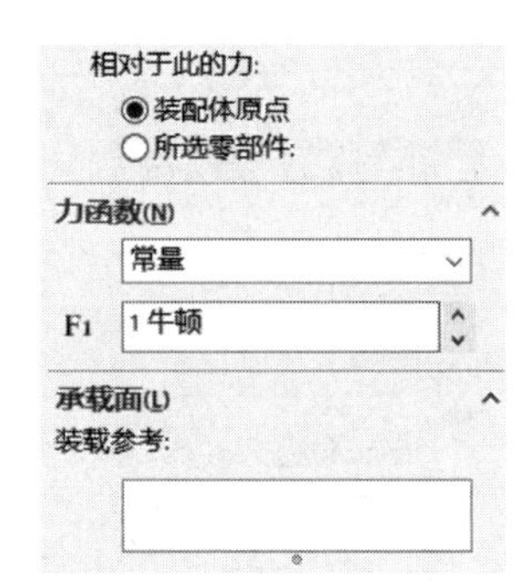


图 6-65 “力/扭矩”属性管理器

（1）“类型”选项组

● 力：在零部件上添加线性力。

● 力矩：在零部件上添加扭矩。

（2）“方向”选项组

● 只有作用力：为力或力矩指定参考特征和方向。力或力矩作用在实体上，而不是由实体产生。

● 作用力与反作用力：为力或力矩指定参考特征和方向。作用在实体上的力或力矩，实体会产生一个同等大小的反作用力或力矩。

● “作用零件和作用应用点”拾取框：选择两个发生作用力的零件，可通过“反向”按钮来调节方向。

● “相对于此的力”选项组：可选择“装配体原点”或“所选零部件”选项。

（3）“力函数”选项组

在“函数”下拉列表框中选择类型，包括常量、步进、谐波、线段、数据点和表达式。

## 6.3.6 阻尼

对动态系统施加了初始能量，系统会以不断减小的振幅消散能量，直到最终停止，这种现象称为阻尼效应。阻尼效应是一种复杂的现象，它以多种机制（如内摩擦和外摩擦、材料的微观热效应以及空气阻力）消耗能量。

单击“运动管理”工具栏中的“阻尼”按钮，系统弹出“阻尼”属性管理器，如图 6-66 所示。“阻尼”属性管理器中各选项含义如下。

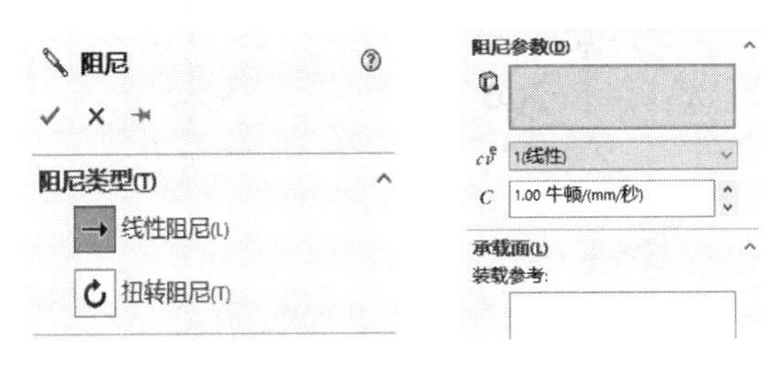


图 6-66 “阻尼”属性管理器

（1）“阻尼类型”选项组

- 线性阻尼：提供直线作用方式的阻尼。
- 扭转阻尼：提供旋向的阻尼。

下面以线性阻尼为例介绍后续选项组。

（2）“阻尼参数”选项组

- “阻尼端点”拾取框：选择要添加阻尼的表面或零件。
- “阻尼力表达式指数”下拉列表框 $cv^e$：默认选择“1（线性）”，也可以选择指数量，即 2、3、-1、-2 等。
- “阻尼常数”微调框 $C$：输入阻尼常数，默认值为“1.00 牛顿/（mm/秒）”。

# 6.4 机构综合仿真分析

机构设计时，有时很难用传统的理论计算方法获得机构的运动学与动力学参数，而通过 Motion 仿真分析很容易获得这些参数。在布局草图中也可进行机构仿真，进而用仿真结果指导机构的方案设计。本节通过实例形式介绍用 SolidWorks 2020 对机机构进行 Motion 仿真分析的方法。

## 6.4.1 布局草图机构仿真与分析

6.4.1 布局草图机构仿真与分析

方案设计是机构设计中的重要环节，设计时需不断调整设计参数，以符合设计要求。传统的图解法获得关键点的运动轨迹费时费力，且不直观，通过解析法计算机构的运动学参数较困难。在已知机构原理图的基础上，通过 SolidWorks 布局草图下的机构运动仿真分析，可直观地获得关键点运动轨迹及机构的运动学参数，便于设计人员改进机构的设计方案。下面以曲柄摇杆机构为例，介绍布局草图下机构的运动仿真分析方法。

**1．曲柄摇杆机构原理及参数**

曲柄摇杆机构是指具有一个曲柄和一个摇杆的铰链四杆机构。通常，曲柄为主动件且等速转动，而摇杆为从动件作变速往返摆动，连杆作平面复合运动。曲柄摇杆机构原理如图 6-67 所示。

图 6-67 中 $AB$ 为曲柄、$BC$ 为连杆、$CD$ 为摇杆、$AD$ 为机架。$\varphi$ 为摆角，即摇杆两极限位置

间的夹角；$\theta$ 为极位夹角。

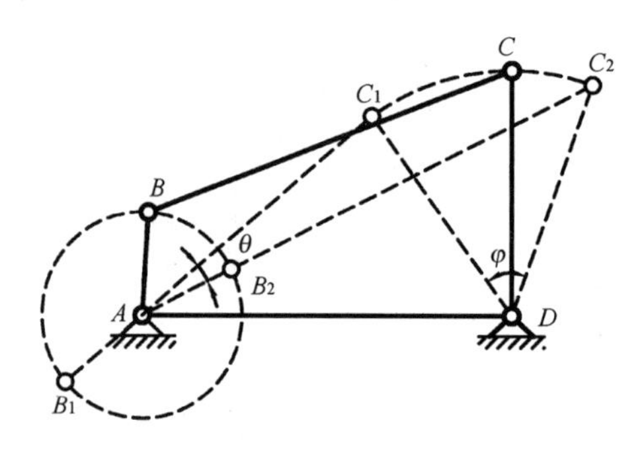


图 6-67　曲柄摇杆机构原理图

1）已知曲柄摇杆机构参数：摇杆 $CD$=100mm，摆角 $\varphi$=30°，速比系数 $K$=1.2。

2）通过相关设计软件计算可得：曲柄 $AB$=17mm、连杆 $BC$=139mm、机架 $AD$=91mm。

3）要求：设计该机构，获得点 $C$ 的运动轨迹。调整机构参数，计算速比系数。

**2．绘制布局草图**

（1）进入布局草图设计环境

1）选择“文件”→“新建”命令，弹出“新建 SolidWorks 文件”对话框，单击“装配体”按钮，单击“确定”按钮，系统弹出“打开”对话框，进入装配体设计环境。

2）单击“布局”控制面板上的“布局”按钮，进入布局草图设计环境，如图 6-68 所示。

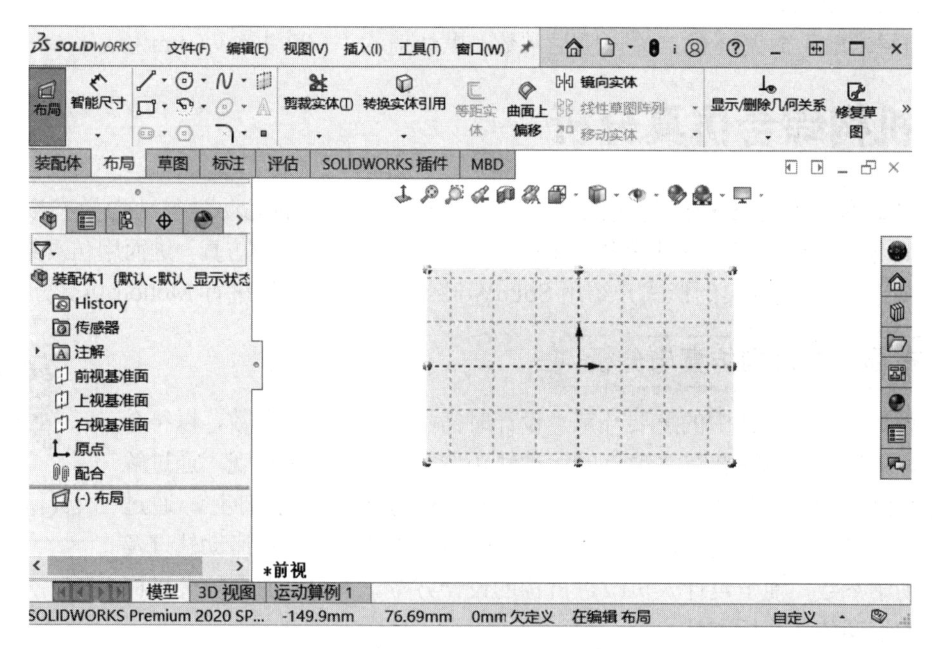


图 6-68　布局草图设计环境

（2）绘制布局草图

1）绘制二维草图。按照曲柄摇杆机构原理图，绘制图 6-69 所示的二维草图。

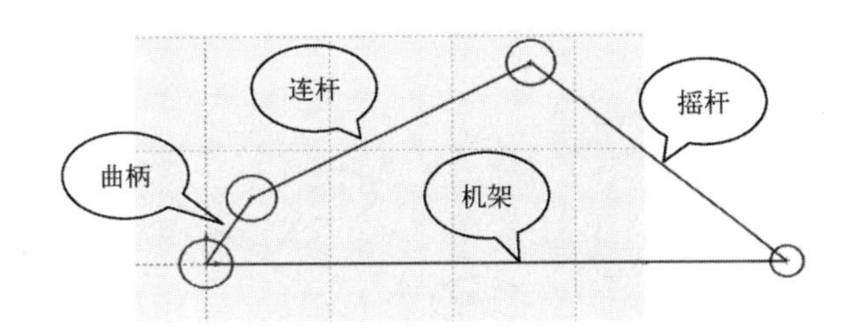


图 6-69　抽象后的二维草图

2）制作块。单击“布局”控制面板上的“制作块”按钮，进入制作块状态，将曲柄、连杆、摇杆、机架分别制作成块，如图 6-70 所示。

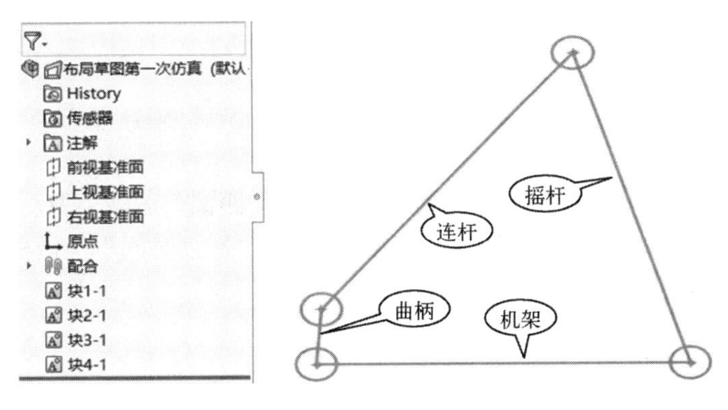


图 6-70　制作块

3）编辑块。单击“布局”控制面板上的“编辑块”按钮，分别按照已知参数修改长度，并约束机架水平且固定，如图 6-71 所示。

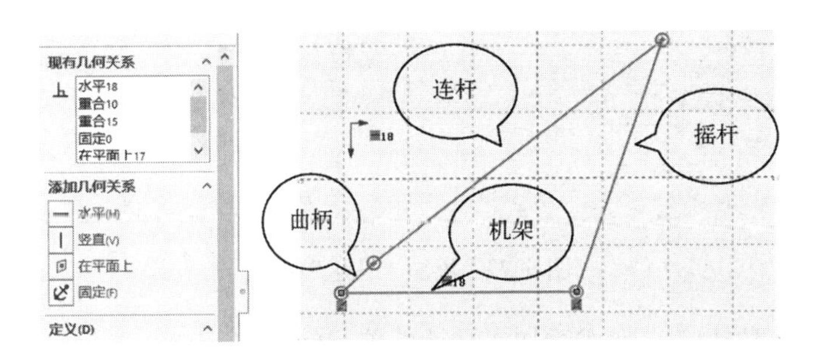


图 6-71　约束二维草图

4）单击“布局”控制面板上的“布局”按钮，退出布局草图环境。

**3. 仿真**

（1）打开运动算例

单击状态栏上方的“运动算例 1”按钮，打开运动算例界面。在设计树左上方的“算例类型”下拉列表中选择“Motion 分析”，系统默认“自动键码”按钮已被按下，如图 6-72 所示。

（2）添加“马达”单元

1）单击工具栏中的“马达”按钮，系统弹出“马达”属性管理器。

2）在“马达类型”选项组中选择“旋转马达”。

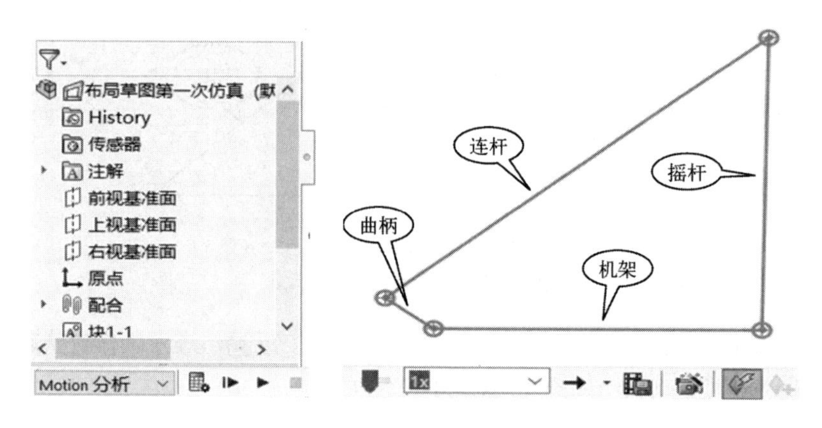


图 6-72　运动算例界面

3）单击“零部件/方向”选项组中的“马达位置”拾取框，在图 6-73 所示的图形区中选择圆弧。

4）在“运动”选项组的“函数”下拉列表框中选择“距离”运动类型，在“位移”微调框中输入“360 度”，“开始时间”微调框中输入“0 秒”，“持续时间”微调框中输入：“5 秒”，参数设置如图 6-73 所示。其他选项为默认配置。

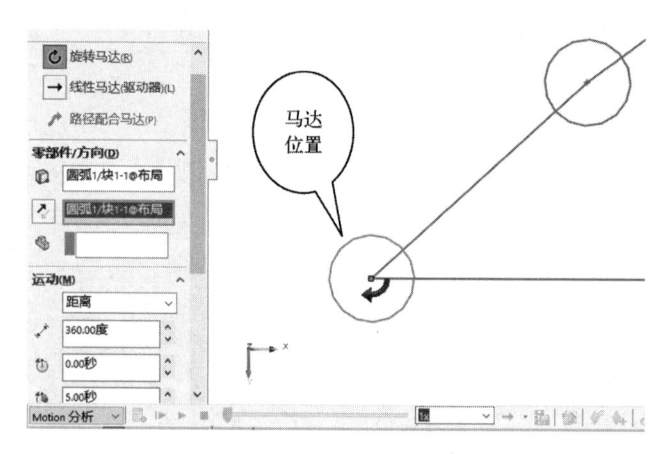


图 6-73　添加“马达”单元

5）单击“确定”按钮，完成添加“马达”单元的操作。

（3）运行仿真

单击工具栏中的“计算”按钮，系统自动更新随动零件的更改栏，且在图形区播放运动仿真动画，动画结束后运动参数计算完成。

**4．仿真结果**

（1）摇杆的角位移

单击工具栏中的“结果和图解”按钮，系统弹出“结果”属性管理器，如图 6-74 所示。

1）在“结果”选项组的“选取类别”下拉列表框中选择“位移/速度/加速度”选项。

2）在“选取子类别”下拉列表框中选择“角位移”选项。

3）在“选取结果分量”下拉列表框中选择“幅值”选项。

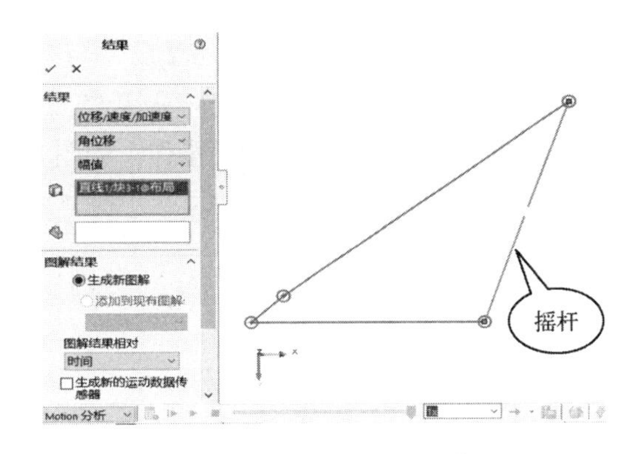


图 6-74　获取摇杆角位移参数设置

4）单击“零部件”拾取框，在图形区选择摇杆。

5）单击“确定”按钮✓，完成获取摇杆角位移图解操作，结果如图 6-75 所示。

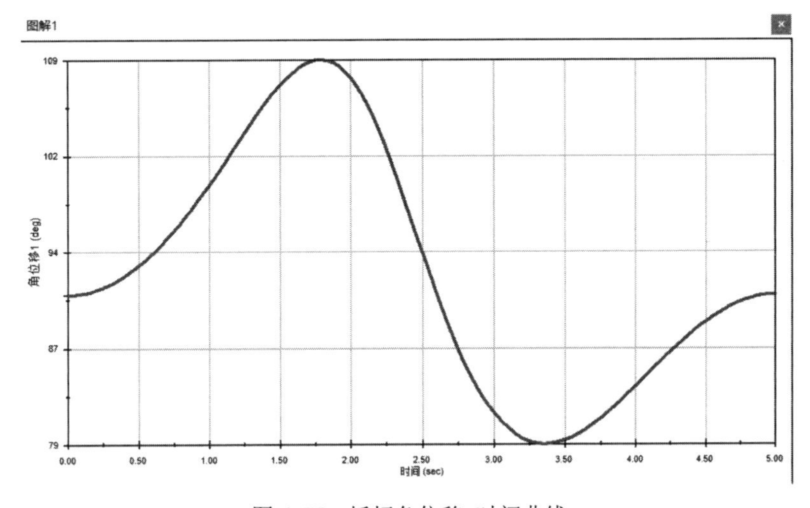


图 6-75　摇杆角位移-时间曲线

（2）曲柄的角位移

单击工具栏中的“结果和图解”按钮，系统弹出“结果”属性管理器，如图 6-76 所示。

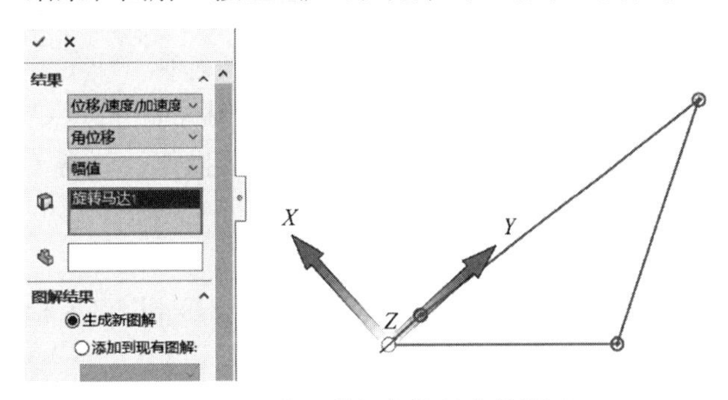


图 6-76　获取曲柄角位移参数设置

1）在“结果”选项组的“选取类别”下拉列表框中选择“位移/速度/加速度”选项。

2）在“选取子类别”下拉列表框中选择“角位移”选项。

3）在“选取结果分量”下拉列表框中选择“幅值”选项。

4）单击“零部件”拾取框，在设计树中选择“旋转马达 1”。

5）单击“确定”按钮，完成获取曲柄角位移图解操作，如图 6-77 所示。

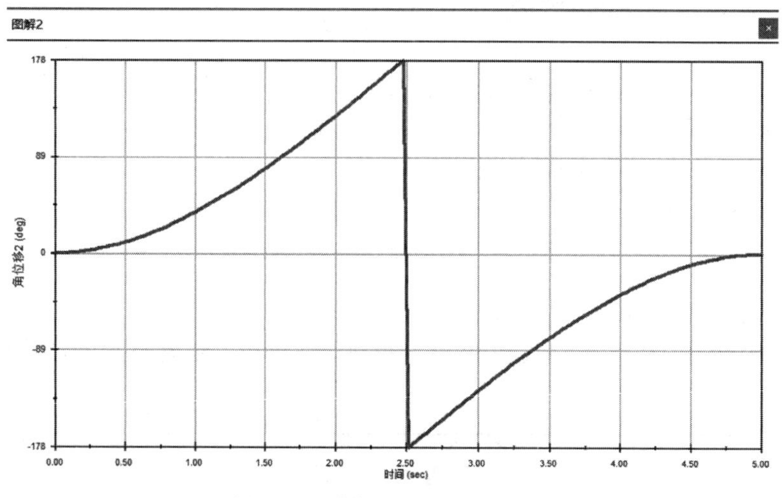


图 6-77　曲柄角位移-时间曲线

（3）$C$ 点位移曲线

单击工具栏中的“结果和图解”按钮，系统弹出“结果”属性管理器，如图 6-78 所示。

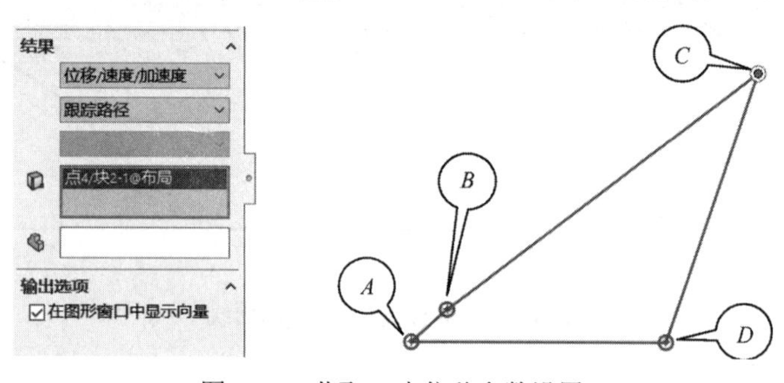


图 6-78　获取 $C$ 点位移参数设置

1）在“结果”选项组的“选取类别”下拉列表框中选择“位移/速度/加速度”选项。

2）在“选取子类别”下拉列表框中选择“跟踪路径”选项。

3）单击“零部件”拾取框，在图形区选择摇杆和连杆的连接点 $C$。

4）单击“确定”按钮，完成获取 $C$ 点位移曲线的操作，获得 $C$ 点位移曲线如图 6-79 所示。

**5. 仿真结果分析**

1）从图 6-75 所示摇杆角位移-时间曲线可以看出，1.81s 和 3.37s 摇杆到达两个极点，故摆角 $\varphi$ 为

$$\varphi = 109^\circ - 79^\circ = 30^\circ$$

2）从图 6-77 所示曲柄角位移-时间曲线可以得出，1.81s 和 3.37s 曲柄角位移分别为 107° 和 −90°，可以曲柄的初始位置为开始边，计算曲柄的角位移。极位夹角 $\theta$ 的求解原理如图 6-80 所示。

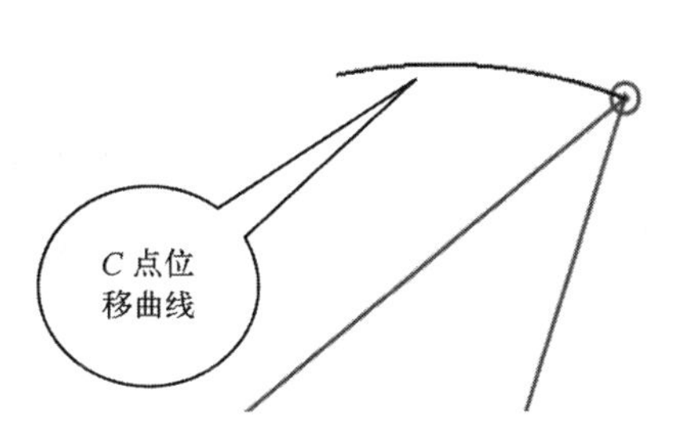


图 6-79　C 点位移曲线

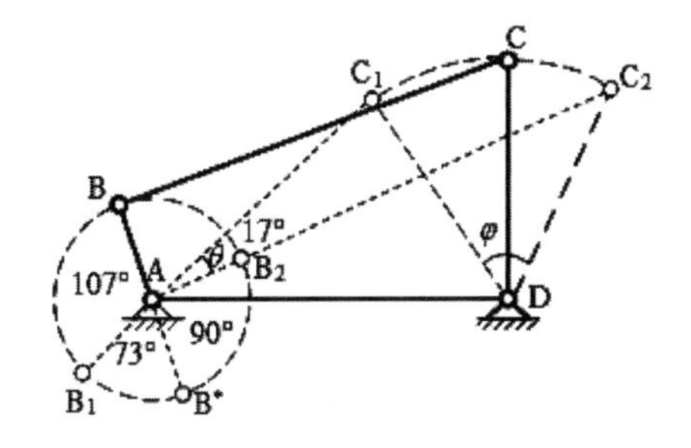


图 6-80　求解极位夹角原理图

1）以 $B$ 为起点，当曲柄第一次到达极位时，曲柄旋转了 107°，故 $\angle BAB_1=107°$。

2）当曲柄旋转了 180° 到达 $B^*$ 时，$\angle B_1AB^*=180°-107°=73°$。

3）当曲柄第二次到达极位时，曲柄从 $B^*$ 旋转了 90°，故 $\angle B^*AB_2=90°$。

4）由于 $B_1C_1$ 在一条直线上，故极位夹角 $\theta$ 为

$$\theta=180°-73°-90°=17°$$

行程速比系数 $K$ 为

$$K=\frac{180°+\theta}{180°-\theta}=\frac{180°+17°}{180°-17°}=1.21$$

在误差允许范围内，符合设计要求。

**6．更改数据**

现将曲柄 $AB$ 长度改为 23mm，计算新的摆角 $\varphi$ 和行程速比系数 $K$。

将曲柄 $AB$ 的长度更改为 23mm，重复上述仿真步骤，获得摇杆角位移曲线如图 6-81 所示。

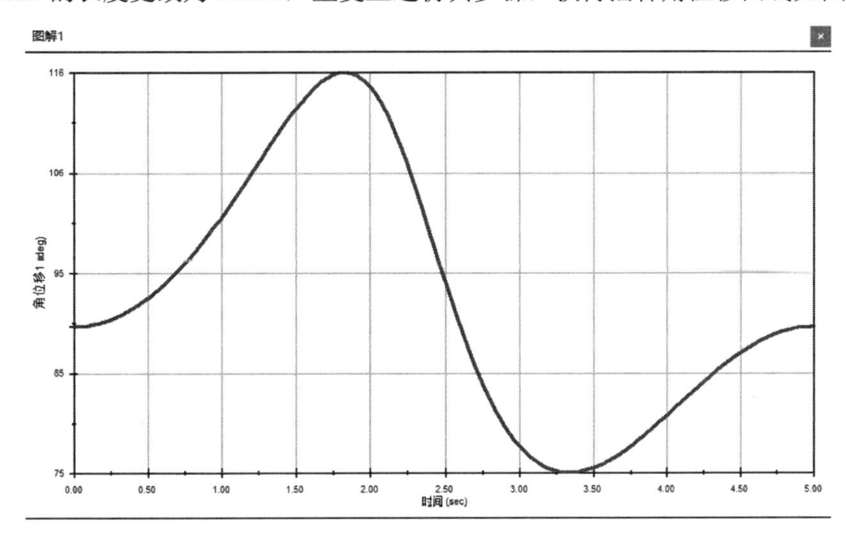


图 6-81　摇杆角位移-时间曲线

1）从图 6-81 所示摇杆角位移-时间曲线上可以看出，1.83s 和 3.37s 摇杆到达两个极点。故摆角为

$$\varphi=116°-75°=41°$$

2）从图 6-77 所示的曲柄角位移-时间曲线上可以得出，1.83s 和 3.37s 曲柄角位移分别为 110°

和−90°，由第 5 步推导可知，极位夹角 $\theta$ 为 20°。

新的行程速比系数 $K$ 为

$$K=\frac{180^\circ+\theta}{180^\circ-\theta}=\frac{180^\circ+20^\circ}{180^\circ-20^\circ}=1.25$$

6.4.2 曲柄滑块机构仿真与分析

## 6.4.2 曲柄滑块机构仿真与分析

**1. 曲柄滑块机构原理及参数**

曲柄滑块机构是指用曲柄和滑块来实现转动和移动相互转换的平面连杆机构。曲柄滑块机构中与机架构成移动副的构件为滑块，通过转动副连接曲柄和滑块的构件为连杆。曲柄滑块机构原理图如图 6-82 所示，图中 $AB$ 为曲柄、$BC$ 为连杆，$C$ 为滑块，$e$ 为偏距，$L$ 为滑块的行程。

1）已知曲柄滑块机构参数：曲柄 $AB$=215mm，连杆 $BC$=465mm，偏距 $e$=200mm。

2）要求：通过仿真求解滑块的行程 $L$。

**2. 仿真步骤**

（1）打开文件

打开资源文件\模型文件\第 6 章\模型素材\曲柄滑块\“曲柄滑块机构装配体.SLDASM”文件，如图 6-83 所示。

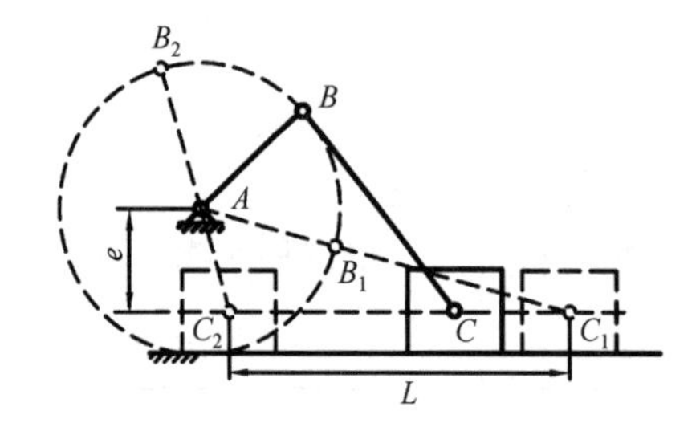


图 6-82 曲柄滑块机构原理图

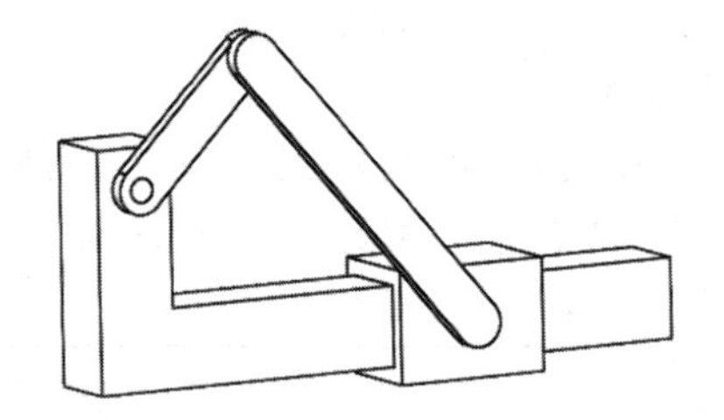

图 6-83 曲柄滑块机构

（2）打开运动算例

单击状态栏上方的“运动算例 1”按钮，打开运动算例界面。在设计树左上方的“算例类型”下拉列表中选择“Motion 分析”选项，系统默认“自动键码”按钮已被按下，如图 6-84 所示。

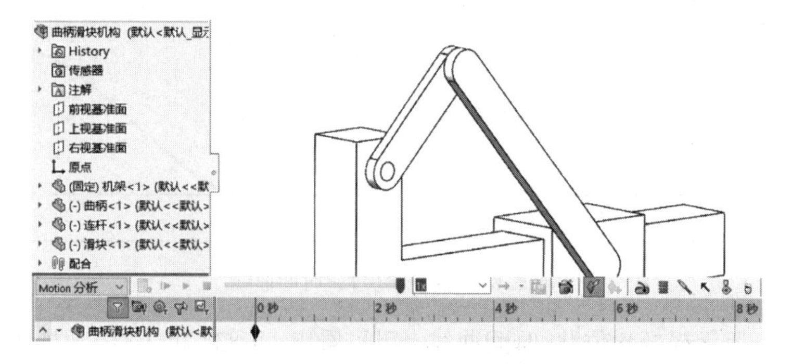


图 6-84 运动算例界面

（3）添加“马达”单元

1）单击工具栏中的“马达”按钮，系统弹出“马达”属性管理器。

2）在“马达类型”选项组中选择“旋转马达”。

3）单击“零部件/方向”选项组中“马达位置”拾取框，在图形区选择曲柄零部件的旋转中心。

4）单击“运动”选项组，在其“函数”下拉列表框中选择“距离”运动类型，在“位移”微调框中输入“360 度”，“开始时间”微调框中输入“0 秒”，“持续时间”微调框中输入“5 秒”，参数设计如图 6-85 所示。其他选项为默认配置。

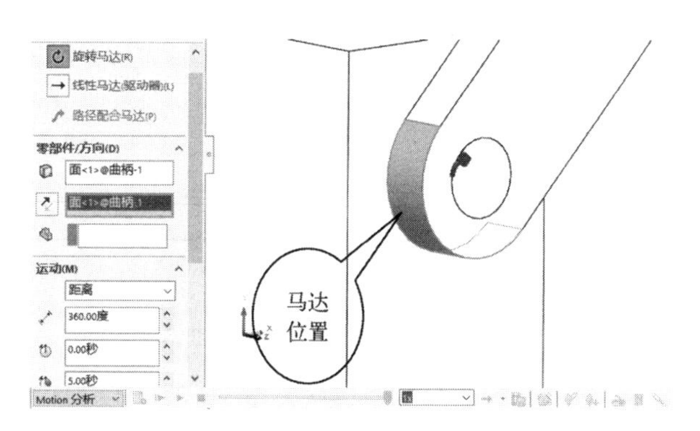


图 6-85　添加“马达”单元

5）单击“确定”按钮，完成添加“马达”单元的操作。

（4）运行仿真。

单击工具栏中的“计算”按钮，系统自动更新随动零件的更改栏，并且在图形区播放运动仿真动画，动画结束后运动参数计算完成。

**3．仿真结果**

1）单击工具栏中的“结果和图解”按钮，系统弹出“结果”属性管理器，如图 6-86 所示。

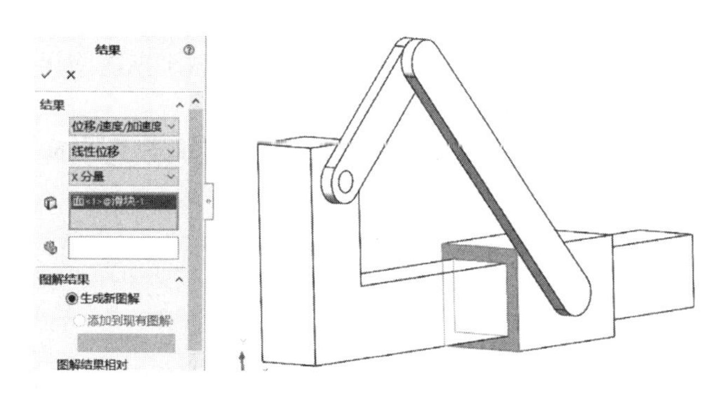


图 6-86　获取滑块位移参数设置

2）在“结果”选项组的“选取类别”下拉列表框中选择“位移/速度/加速度”选项。

3）在“选取子类别”下拉列表框中选择“线性位移”选项。

4）在“选取结果分量”下拉列表框中选择“X 分量”选项。

5）单击“零部件”拾取框，在图形区选择滑块表面。

6）单击“确定”按钮，完成获取滑块位移操作，结果如图 6-87 所示。

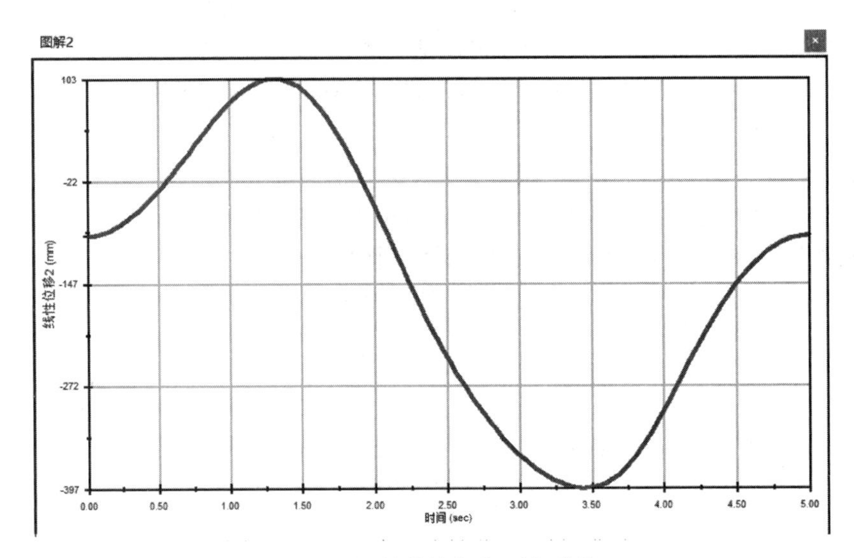


图 6-87　滑块线性位移-时间曲线

**4．结果分析**

1）计算理论值，利用三角关系求得滑块行程 $L$ 公式为

$$L=\sqrt{(BC+AB)^2-e^2}-\sqrt{(BC-AB)^2-e^2}$$

解得 $L=500\text{mm}$。

2）由图 6-87 所示可知，滑块的行程为

$$L=[103-(-397)]\text{mm}=500\text{mm}$$

仿真结果和理论结果相符合，仿真成功。

## 6.4.3 阻尼杆仿真与分析

6.4.3　阻尼杆仿真与分析

**1．机构原理**

阻尼杆由缸筒和活塞杆组成，在实际工程中起到缓冲、减小振荡的作用。

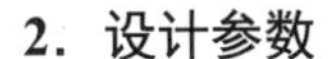

**2．设计参数**

在忽略摩擦的情况下，对活塞施加 10mm/s 的速度，阻尼常数为 10N/（$\text{mm}\cdot\text{s}^{-1}$）。

**3．仿真目的**

通过本例加深对线性马达、阻尼运动单元的理解。

**4．仿真过程**

（1）打开文件

打开资源文件\模型文件\第 6 章\模型素材\阻尼杆\“阻尼杆装配体.SLDASM”文件。

（2）打开运动算例

单击状态栏上方的“运动算例 1”按钮，打开运动算例界面。在设计树左上方的“算例类型”下拉列表中选择“Motion 分析”选项，系统默认“自动键码”按钮已被按下，如图 6-88 所示。

（3）添加阻尼单元

1）单击工具栏中的“阻尼”按钮，系统弹出“阻尼”属性管理器。

2）在“阻尼类型”选项组中选择“线性阻尼”。

3）单击“阻尼参数”选项组中的“阻尼端点”拾取框，选择“活塞”零部件的活塞面和

“气筒”的内边线。

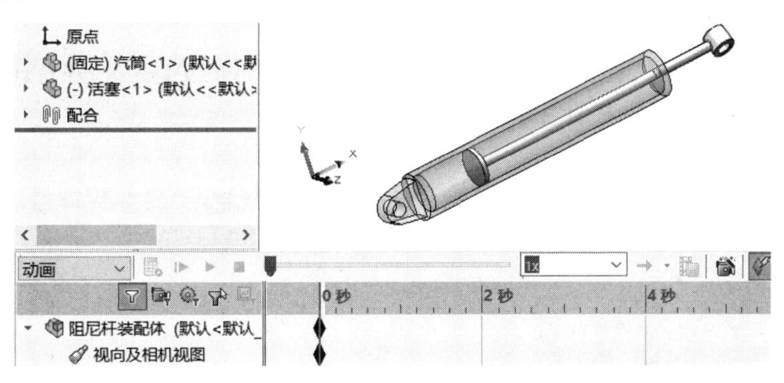


图 6-88　运动算例界面

4）在“阻尼常数”微调框中输入“10 牛顿/（mm/秒）”，参数设置如图 6-89 所示。

5）单击“确定”按钮✔，完成添加阻尼单元的操作。

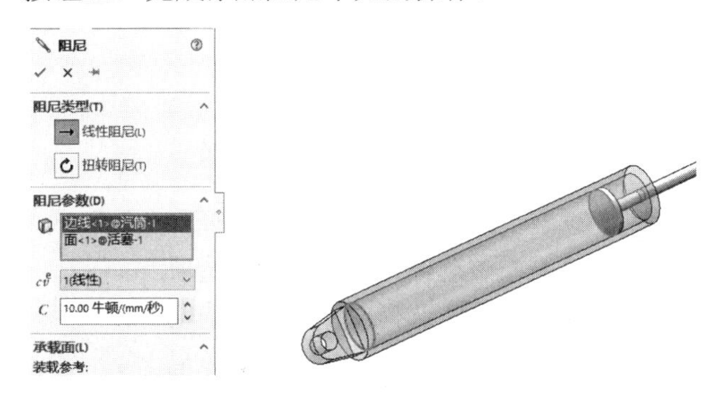


图 6-89　添加阻尼单元

（4）添加马达单元

1）单击工具栏中的“马达”按钮，系统弹出“马达”属性管理器。

2）在“马达类型”选项组中选择“线性马达”→。

3）单击“零部件/方向”选项组中的“马达位置”拾取框，在图形区选择“活塞”零件的活塞面。

4）在“运动”选项组的“函数”下拉列表框中选择“等速”运动类型，在“速度”微调框中输入“10mm/s”，如图 6-90 所示。其他选项为默认配置。

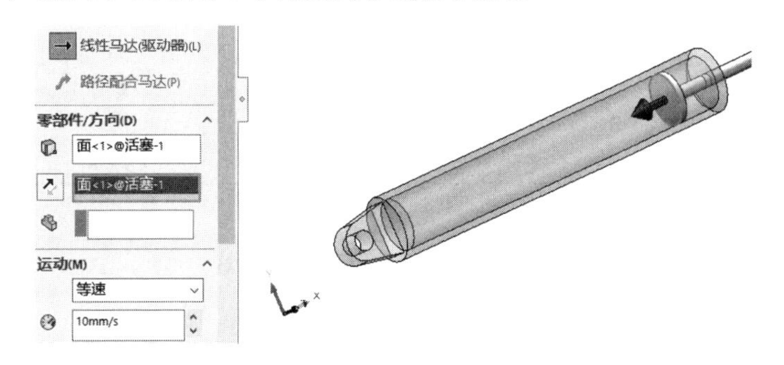


图 6-90　添加马达单元

5）单击“确定”按钮✓，完成添加马达单元的操作。

（5）运动仿真

单击工具栏中的“计算”按钮，系统自动更新随动零件的更改栏，并且在图形区播放运动仿真动画，动画结束后运动参数计算完成。

**5. 仿真结果**

1）单击工具栏中的“结果和图解”按钮，系统弹出“结果”属性管理器，如图 6-91 所示。

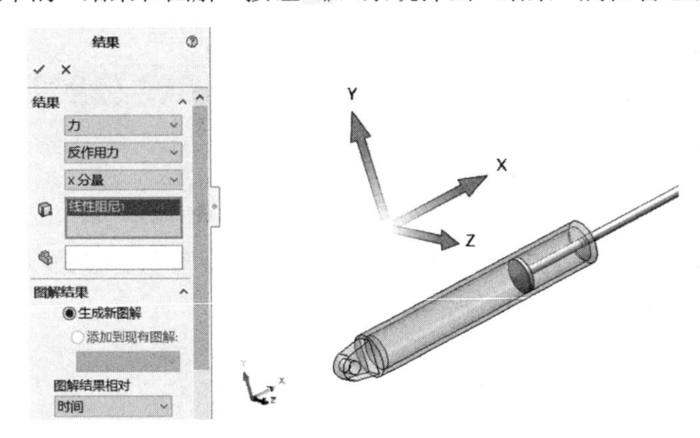


图 6-91　获取阻尼力参数设置

2）在“结果”选项组的“选取类别”下拉列表框中选择“力”选项。

3）在“选取子类别”下拉列表框中选择“反作用力”选项。

4）在“选取结果分量”下拉列表框中选择“X 分量”选项。

5）单击“零部件”拾取框，在设计树中选择“线性阻尼 1”。

6）单击“确定”按钮✓，完成获取阻尼力图解的操作，结果如图 6-92 所示。

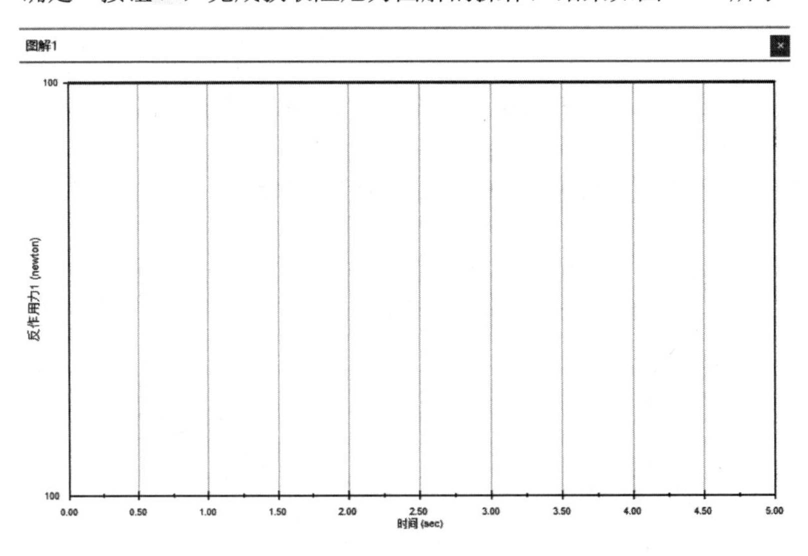


图 6-92　阻尼反作用力-时间曲线

**6. 结果分析**

计算理论值，阻尼常数 $c$ 为 10N/（mm・s$^{-1}$），滑块的速度 $v$ 为 10mm/s，由阻尼力公式：

$$F = cv$$

解得滑块所受得阻尼力为 100N。

由图 6-92 所示可知，活塞受到的作用力为 100N，仿真结果和理论结果相符合。

## 6.4.4 夹紧机构仿真与分析

6.4.4 夹紧机构仿真与分析

图 6-93 所示是一种应用于阿波罗飞船上被称为挂锁的夹紧机构。这种夹紧机构的主要功能是将两个物体夹紧在一起。

该机构的工作原理是在 $E$ 点处下压手柄，枢板绕 $A$ 点顺时针旋转，使 $B$ 点向后运动，此时，支杆上的 $D$ 点向下运动。当 $D$ 点处于 $C$ 点和 $F$ 点的连线上时，夹紧力达到最大值。即 $D$ 点应在 $C$ 点和 $F$ 点连线的上方移动，直到手柄停在钩头上，使夹紧力接近最大值。但只需一个较小的力就可以打开挂锁。

**1. 仿真目的**

基于本模型，验证手柄在 80N（垂直手柄）的力作用下，钩头端能否产生 800N 以上的夹持力。

**2. 仿真原理**

仿真原理如图 6-94 所示，在机架与钩头间添加水平弹簧，通过弹簧力来模拟夹紧力。

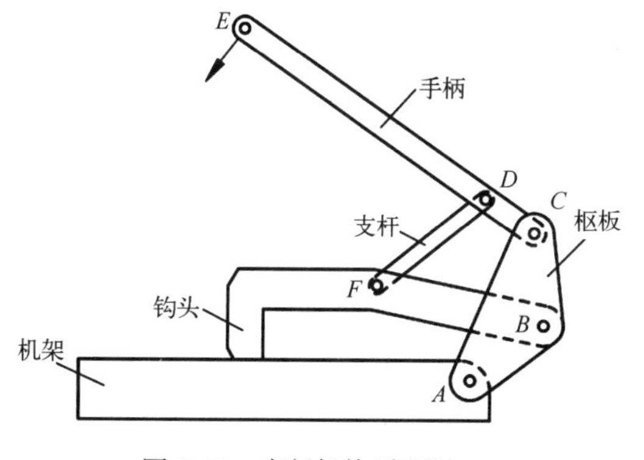


图 6-93 夹紧机构原理图

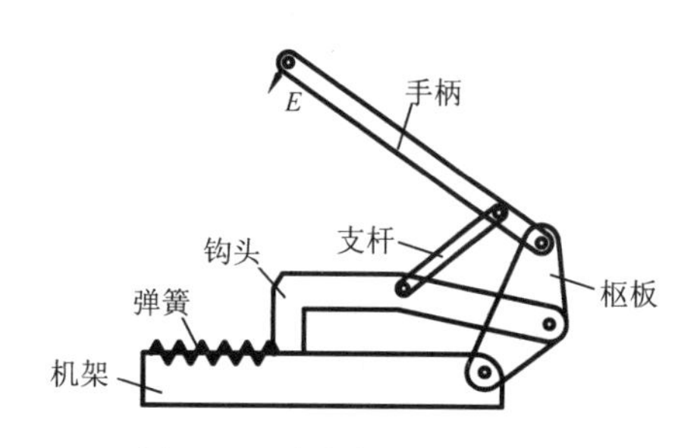


图 6-94 夹紧机构仿真原理图

**3. 仿真步骤**

（1）打开文件

打开资源文件\模型文件\第 6 章\模型素材\夹紧机构\“夹紧机构装配体.SLDASM”文件。

（2）打开运动算例

单击状态栏上方的“运动算例 1”按钮，打开运动算例界面。在设计树左上方的“算例类型”下拉列表中选择“Motion 分析”选项，系统默认“自动键码”按钮已被按下，如图 6-95 所示。

（3）添加接触单元

1）单击工具栏中的“接触”按钮，系统弹出“接触”属性管理器。

2）在“接触类型”选项组中选择“实体”。

3）单击“使用接触组”选项。

4）单击“组 1：零部件”拾取框，在图形区选择“钩头”零部件；接着单击“组 2：零部件”拾取框，选择“机架”零件和“手柄”零件。

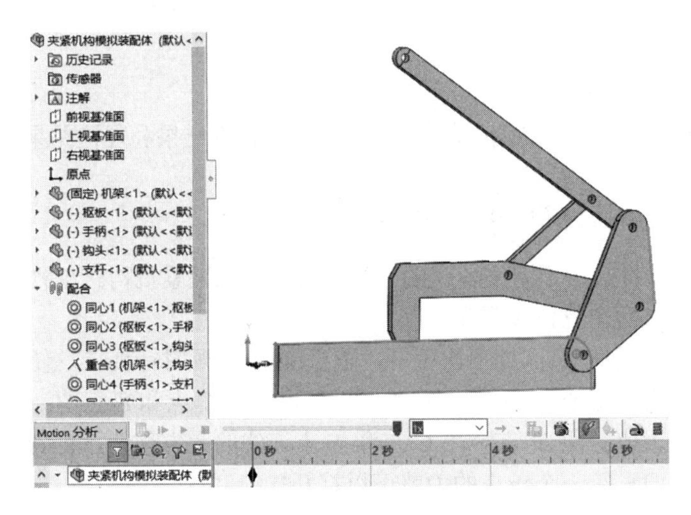


图 6-95　运动算例界面

5）在“材料”选项组中选择相互接触零件的材料，在“材料”选项组的“材料 1”下拉列表框和“材料 2”下拉列表框中均选择“Steel（Dry）”，即相互接触的零件均为钢材。参数设置如图 6-96 所示，其他选项为默认设置。

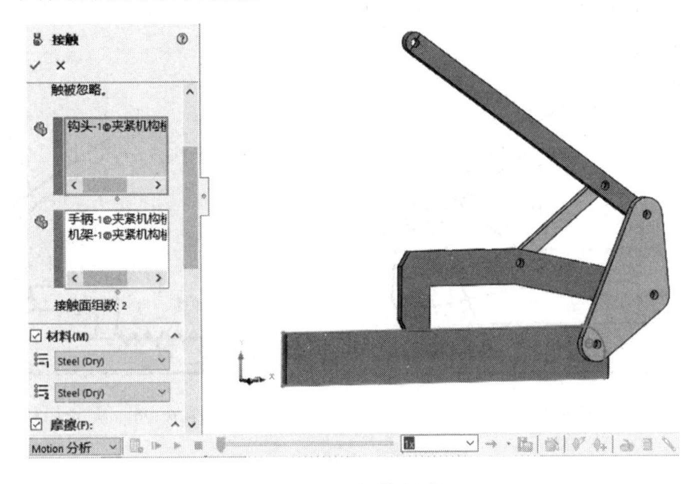


图 6-96　添加接触单元

6）单击“确定”按钮，完成添加接触单元的操作。

（4）添加弹簧运动单元

1）单击工具栏中的“弹簧”按钮，系统弹出“弹簧”属性管理器。

2）在“弹簧类型”选项组中选择“线性弹簧”。

3）单击“弹簧端点”拾取框，在图形区选择机架和钩头的边线。

4）在“弹簧力表达式指数”下拉列表框中默认选择“1（线性）”。

5）在“弹簧常数”微调框中输入“110 牛顿/mm”。

6）在“自由长度”微调框自动填入系统测量值。

7）参数设置如图 6-97 所示，其他选项为默认设置。

8）单击“确定”按钮，完成添加弹簧单元的操作。

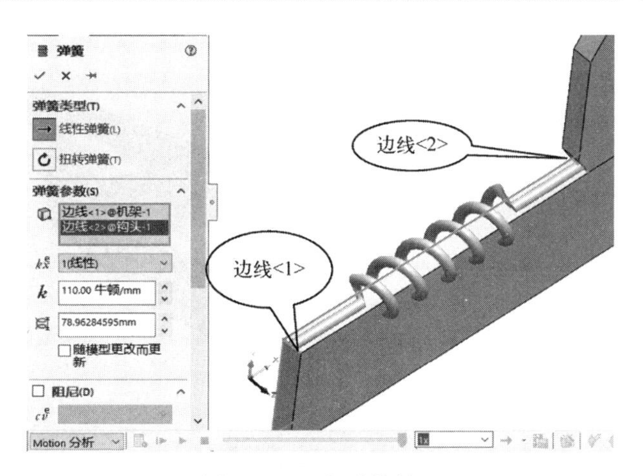


图 6-97　添加弹簧单元

（5）添加力单元

1）单击工具栏中的“力”按钮，系统弹出“力”属性管理器。

2）在“类型”选项组中选择“力”。

3）在“方向”选项组中选择“只有作用力”选项。

4）单击“作用零件和作用应用点”拾取框，在图形区选择手柄的“面 2”，如图 6-98 所示。

5）单击“力的方向”拾取框，在图形区选择手柄的“面 1”，如图 6-98 所示。

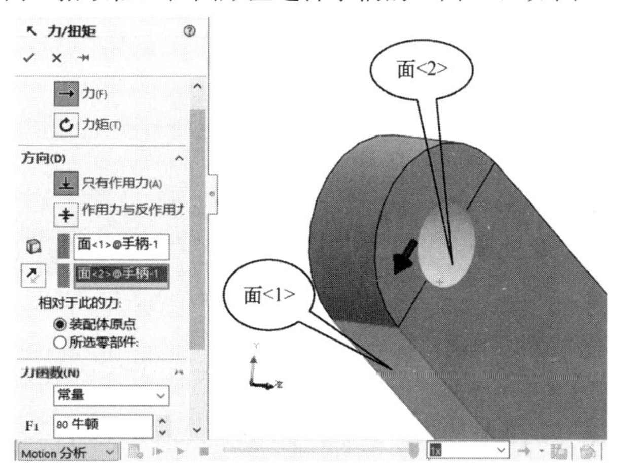


图 6-98　添加“力”单元

6）在“力函数”选项组的“函数”下拉列表中选择“常量”，在“常量值”微调框 $F_1$ 中输入“80 牛顿”。

7）参数设置如图 6-98 所示。单击“确定”按钮，完成添加力单元的操作。

（6）运动仿真

单击工具栏中的“计算”按钮，系统自动更新随动零件的更改栏，并且在图形区播放运动仿真动画，动画结束后运动参数计算完成。

**4．仿真结果**

1）单击工具栏中的“结果和图解”按钮，系统弹出“结果”属性管理器，如图 6-99 所示。

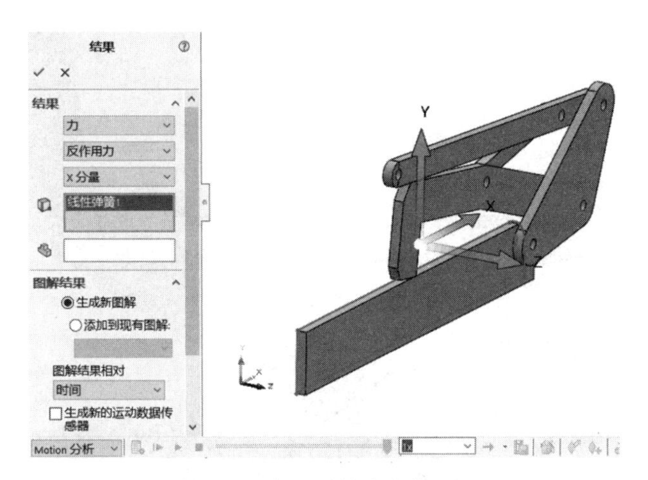


图 6-99　获取弹簧力参数设置

2）在“结果”选项组的“选取类别”下拉列表框中选择“力”选项。

3）在“选取子类别”下拉列表框中选择“反作用力”选项。

4）在“选取结果分量”下拉列表框中选择“X 分量”选项。

5）单击“零部件”拾取框，在设计树中选择“线性弹簧 1”。

6）单击“确定”按钮，完成获取弹簧反作用力操作，结果如图 6-100 所示。

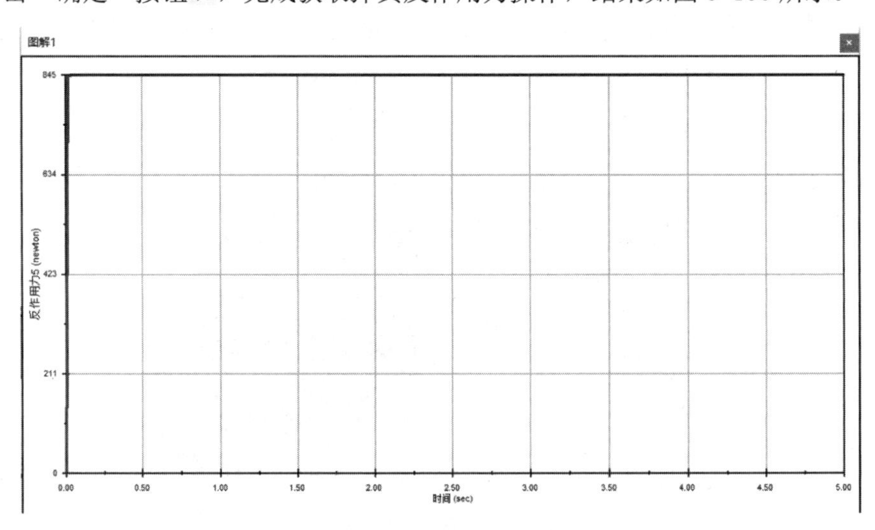


图 6-100　弹簧反作用力-时间曲线

**5．仿真结果分析**

由图 6-100 所示可知，夹紧力的幅值为 845N，即本模型中，手柄在 80N 的压力作用下，夹紧机构能产生 845N 的夹持力。由此表明，在手柄和钩头还没有接触时，夹紧机构就可以产生 800N 的夹持力。仿真结果表明，模型设计合理，满足设计要求。

6.4.5　牛头刨床六杆机构仿真与分析

## 6.4.5 牛头刨床六杆机构仿真与分析

牛头刨床是金属切削类机床中刨削类机床的一种，利用往复运动的刀具切削固定在机床工作台上的工件。主运动表现出明显的急回特性，即空行程时速度大，工作行程（切削）时速度小。工作行程中需考虑切削阻力对机构动态特性的影响。本节利用 SolidWorks 建立机构仿真模型，通过仿真计算关键杆件的位移、速度、加速度并以图形形式输出其随时间变化的规律曲线，为机构的设计和力分析提供理论基础。

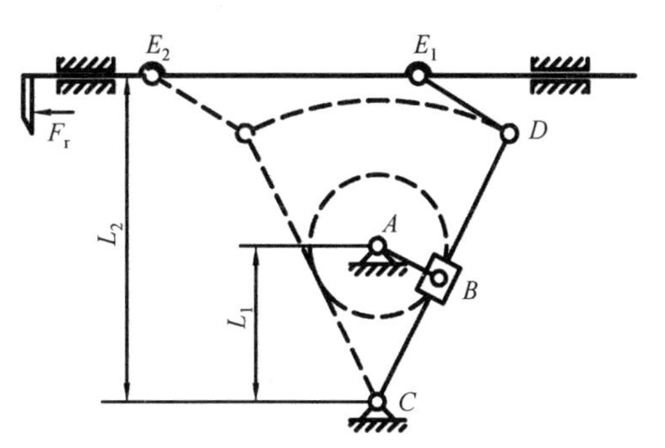


图 6-101　牛头刨床机构原理图

**1．牛头刨床的工作原理**

牛头刨床为六杆机构，工作原理如图 6-101 所示。当主动件曲柄 *AB* 匀速转动时，导杆 *CD* 左右摆动，带动滑枕及刨刀左右运动，实现将回转运动转化为直线往复运动的功能。

**2．相关参数**

以某型号牛头刨床为例，其参数如下：曲柄 *AB*=140mm、导杆 *CD*=600mm、连杆 *DE*=150mm、机架 $L_1$=280mm，$L_2$=650mm。

**3．仿真目的**

通过仿真计算关键杆件的位移、速度、加速度并以图形形式输出其随时间变化的规律曲线，进而评估机构的运动特性。

**4．仿真步骤**

（1）打开文件

打开资源文件\模型文件\第 6 章\模型素材\牛头刨床\“牛头刨床机构装配体.SLDASM”文件。

（2）打开运动算例

单击状态栏上方的“运动算例 1”按钮，打开运动算例界面。在设计树左上方的“算例类型”下拉列表中选择“Motion 分析”选项，系统默认“自动键码”按钮已被按下，如图 6-102 所示。

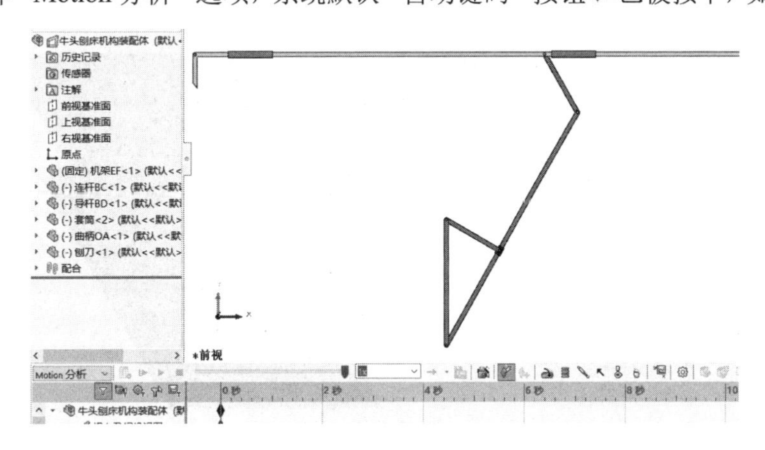


图 6-102　运动算例界面

（3）添加马达单元

1）单击工具栏中的“马达”按钮，系统弹出“马达”属性管理器。

2）在“马达类型”选项组中选择“旋转马达”。

3）单击“零部件/方向”选项组中的“马达位置”拾取框，在图形区选择“曲柄”零部件的旋转中心，如图 6-103 所示。

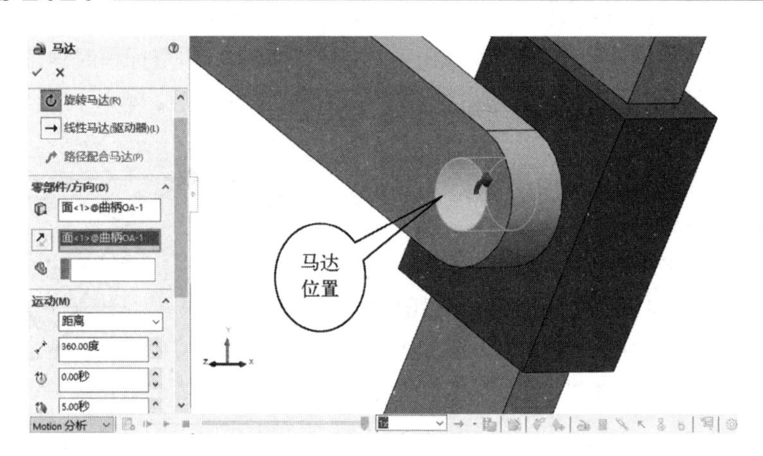


图 6-103　添加马达单元

4）展开“运动”选项组，在“函数”下拉列表框中选择“距离”运动类型，在“位移”微调框中输入“360 度”；“开始时间”微调框中输入“0 秒”；“持续时间”微调框中输入“5 秒”。参数设置如图 6-103 所示，其他选项为默认设置。

5）单击“确定”按钮，完成添加马达单元的操作。

（4）运动仿真

单击工具栏中的“计算”按钮，系统自动更新随动零件的更改栏，并且在图形区播放运动仿真动画，动画结束后运动参数计算完成。

**5．仿真结果**

（1）曲柄的角位移

1）单击工具栏中的“结果和图解”按钮，系统弹出“结果”属性管理器，如图 6-104 所示。

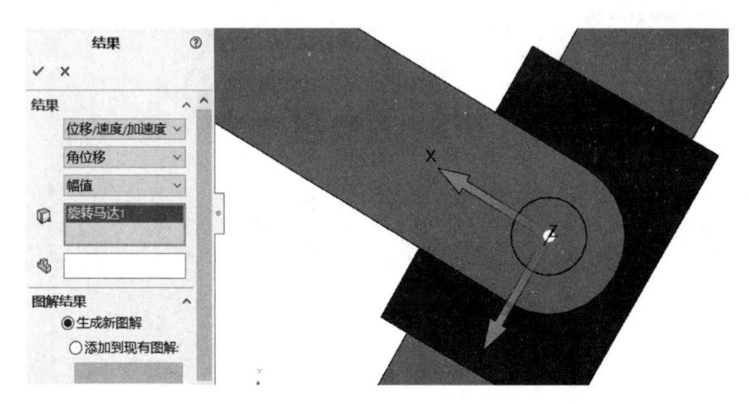


图 6-104　获取曲柄角位移参数设置

2）在“结果”选项组的“选取类别”下拉列表框中选择“位移/速度/加速度”选项。

3）在“选取子类别”下拉列表框中选择“角位移”选项。

4）在“选取结果分量”下拉列表框中选择“幅值”选项。

5）单击“零部件”拾取框，在设计树中选择“旋转马达 1”。

6）单击“确定”按钮，完成获取曲柄角位移图解的操作，结果如图 6-105 所示。

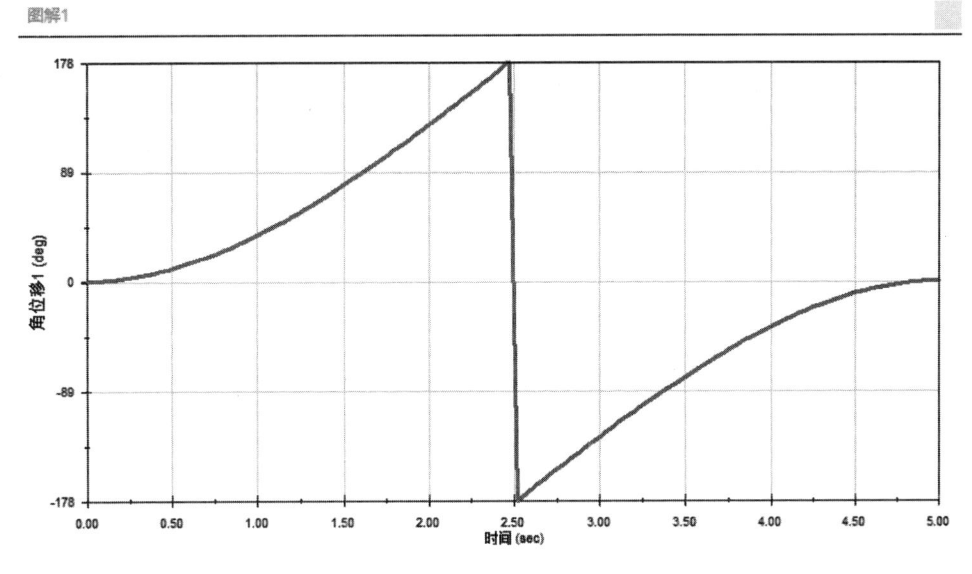


图 6-105　曲柄角位移-时间曲线

（2）刨刀的线性位移

1）单击工具栏中的“结果和图解”按钮，系统弹出“结果”属性管理器，如图 6-106 所示。

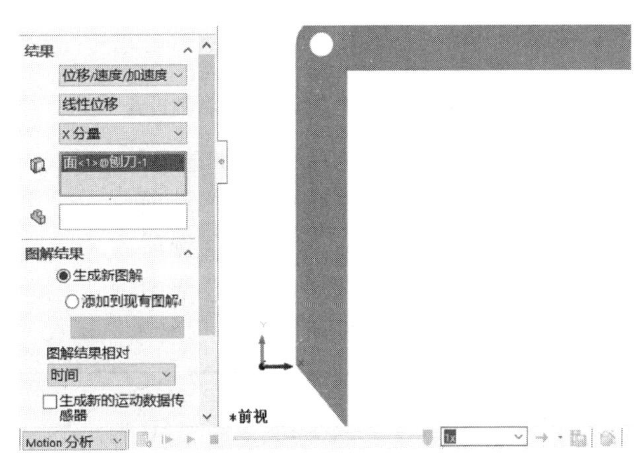


图 6-106　获取刨刀位移参数设置

2）在“选取类别”下拉列表框中选择“位移/速度/加速度”选项。

3）在“选取子类别”下拉列表框中选择“线性位移”选项。

4）在“选取结果分量”下拉列表框中选择“X 分量”。

5）单击“零部件”拾取框，在图形区选择“刨刀”表面。

6）单击“确定”按钮✓，完成获取图解的操作，结果如图 6-107 所示。

（3）刨刀的线性速度

1）单击“结果和图解”按钮，弹出“结果”属性管理器，如图 6-108 所示。

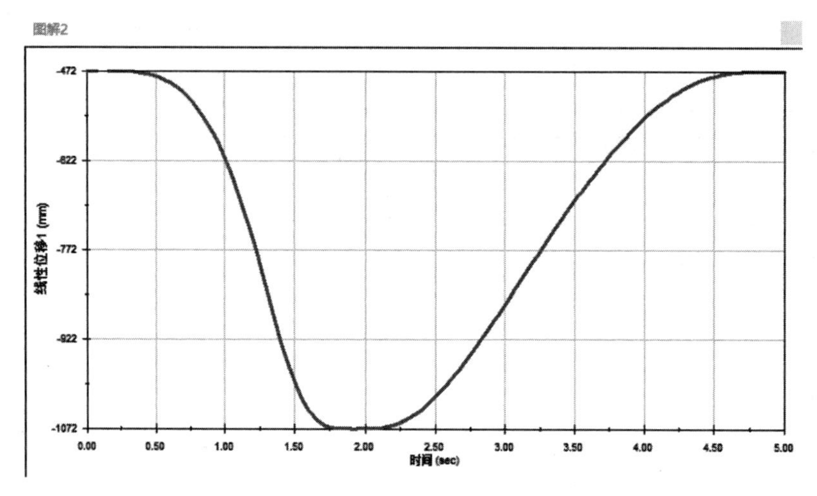


图 6-107　刨刀线性位移-时间曲线

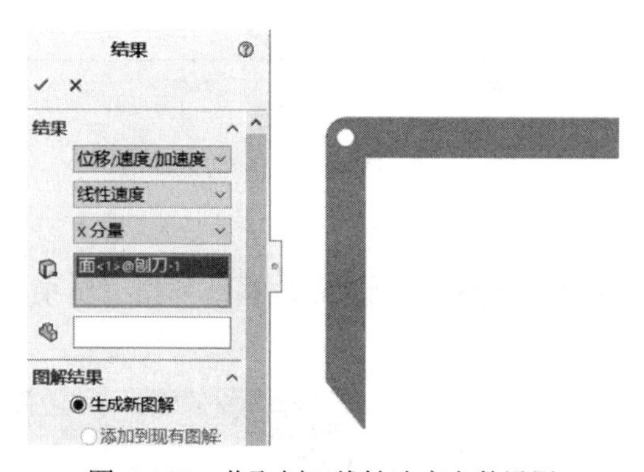


图 6-108　获取刨刀线性速度参数设置

2）在“选取类别”下拉列表框中选择“位移/速度/加速度”选项。

3）在“选取子类别”下拉列表框中选择“线性速度”选项。

4）在“选取结果分量”下拉列表框中选择“X 分量”选项。

5）单击“零部件”拾取框，在图形区选择“刨刀”表面。

6）单击“确定”按钮✓，结果如图 6-109 所示。

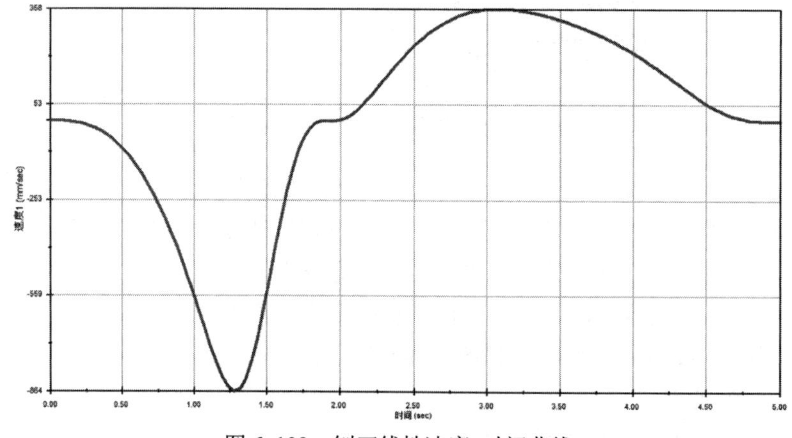


图 6-109　刨刀线性速度-时间曲线

（4）刨刀的线性加速度

1）单击工具栏中的“结果和图解”按钮，系统弹出“结果”属性管理器，如图 6-110 所示。

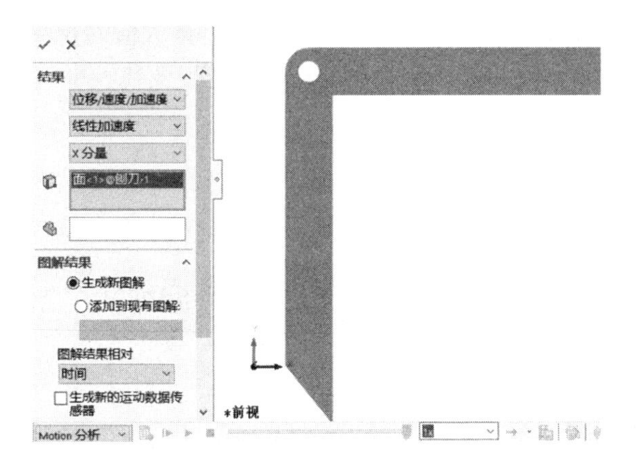


图 6-110　获取刨刀线性加速度参数设置

2）在“结果”选项组的“选取类别”下拉列表框中选择“位移/速度/加速度”选项。

3）在“选取子类别”下拉列表框中选择“线性加速度”选项。

4）在“选取结果分量”下拉列表框中选择“X 分量”选项。

5）单击“零部件”拾取框，在图形区选择“刨刀”表面。

6）单击“确定”按钮，完成获取刨刀线性加速度图解的操作，结果如图 6-111 所示。

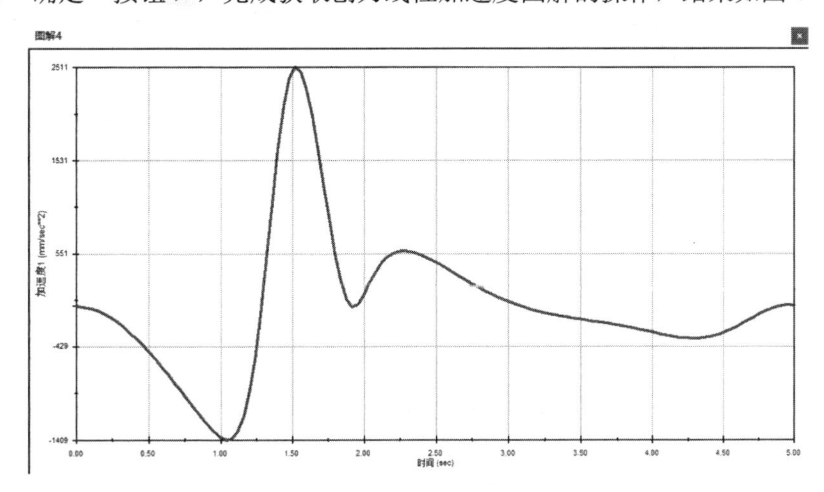


图 6-111　刨刀线性加速度-时间曲线

**6. 仿真结果分析**

1）从图 6-109 所示的刨刀线性速度-时间曲线可以看出，0～1.8s 时，刨刀向左运动，为回程阶段（不切削）阶段，0～1.3s 为加速阶段，最大速度为 864mm/s，从 1.3～1.8s 为减速阶段。从速度曲线还可以看出，1.8s 时，刨刀速度为零，表明刨刀向左运动到极限位置，对应位移曲线可以看出，回程阶段位移为 600mm；1.8～5s 刨刀向右运动，为切削阶段，3.0s 时速度达到最大值为 358mm/s；切削阶段的加速与减速较平稳，表明该机构的切削速度变化较平稳；回程阶段的速度大于切削阶段的速度，表明牛头刨床具有急回特性，验证了曲柄摇杆机构具有急回特性的特点。

2）从图 6-111 的刨刀线性加速度-时间曲线可以看出，从 0～1.3s，刨刀向左加速，1.3s 时加速度为 0，表明此时速度达到最大值；1.3s 时刨刀速度达到最大值为 864mm/s；从 1.3～1.8s，刨刀回程减速阶段，减速时间为 0.5s。1.8～5s，切削阶段的加速度变化较小，表明切削速度变化较平稳。

# 上机练习

**1．机械手开合动画制作**

1）打开资源文件\上机练习\第 6 章动画与运动仿真分析\练习 1\“机械手装配体.SLDASM”文件，如图 6-112 所示。

2）制作机械手开合动画。

**2．机械臂工作动画制作**

1）打开资源文件\上机练习\第 6 章动画与运动仿真分析\练习 2\“机械臂装配体. SLDASM”文件，如图 6-113 所示。

机械手开合动画

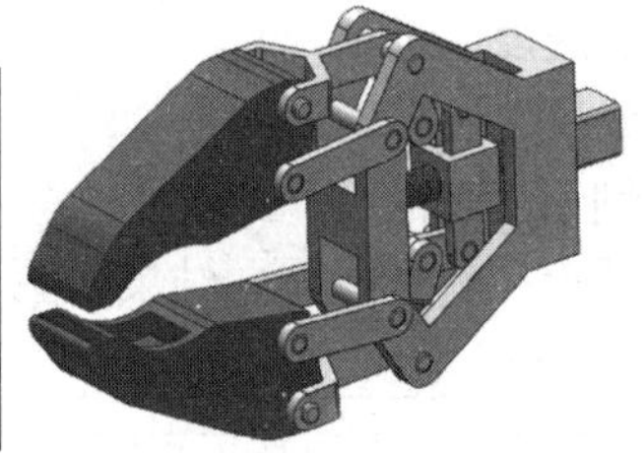

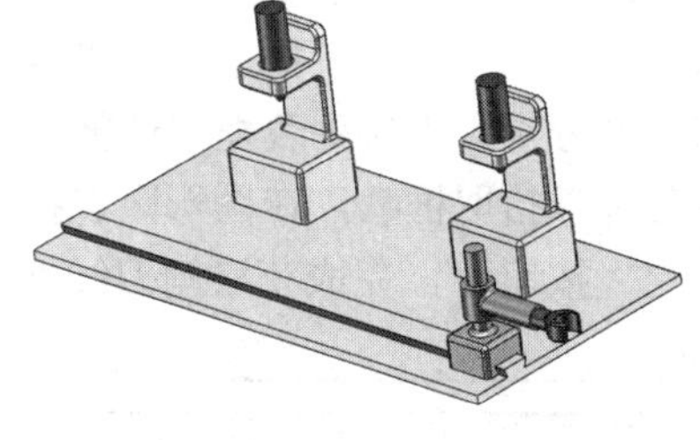

机械臂工作动画

图 6-112　机械手装配体三维模型　　图 6-113　机械臂装配体三维模型

2）制作机械臂工作动画。

**3．曲柄摇杆机构仿真与分析**

（1）机构原理

曲柄摇杆机构原理与 6.4.1 节布局草图曲柄摇杆原理类同，请读者阅读此节。模型如图 6-114 所示。

（2）文件位置

资源文件\模型文件\第 6 章动画与运动仿真分析\上机练习\练习 3\曲柄摇杆机构装配体.SLDASM

（3）相关参数

曲柄 $AB$=100mm，连杆 $BC$=240mm，摇杆 $CD$=300mm，机架 $AD$=330mm

（4）仿真目的

1）求曲柄摇杆机构的摆角 $\varphi$。

2）求曲柄摇杆机构的行程速比系数 $K$。

**4．凸轮机构仿真与分析**

（1）机构原理

凸轮机构是由凸轮、从动件和机架 3 个基本构件组成的高副机构。凸轮是一个具有曲线轮廓或凹槽的构件，一般为主动件，作等速回转运动。被凸轮直接推动的构件称为推杆，又常称其为从动件。凸轮机构三维模型如图 6-115 所示。

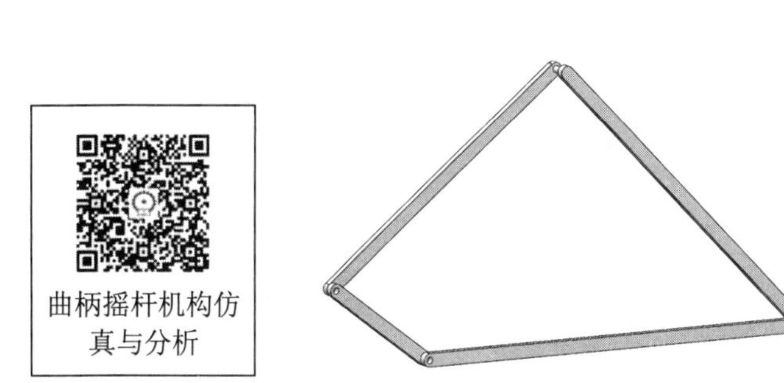


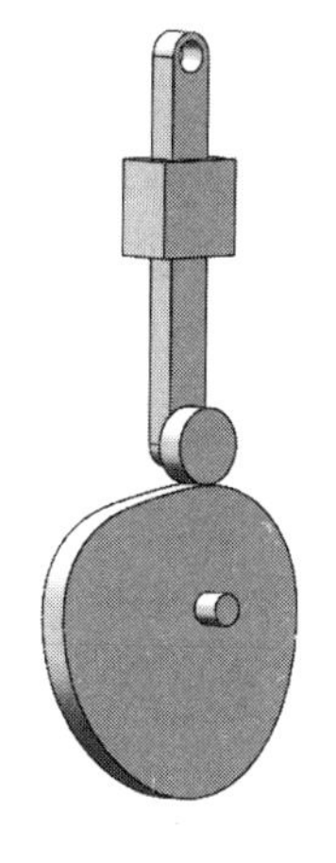

图 6-114　曲柄摇杆机构三维模型　　图 6-115　凸轮机构三维模型

（2）文件位置

资源文件\模型文件\第 6 章动画与运动仿真分析\上机练习\练习 4\凸轮机构装配体. SLDASM

（3）相关参数

对推杆施加 10N 向下的作用力。

（4）仿真目的

1）求推杆的行程 $H$。

2）求驱动凸轮的马达力矩最大值。